よくわかるマスター

はじめに

Microsoft Office Specialist（以下MOSと記載）は、Officeの利用能力を証明する世界的な資格試験制度です。

本書は、MOS Excel 365&2019 Expertに合格することを目的とした試験対策用教材です。出題範囲をすべて網羅しており、的確な解説と練習問題で試験に必要なExcelの機能と操作方法を学習できます。さらに、出題傾向を分析し、出題される可能性が高いと思われる問題からなる**「模擬試験」**を5回分用意しています。模擬試験で、様々な問題に挑戦し、実力を試しながら、合格に必要なExcelのスキルを習得できます。

また、添付の模擬試験プログラムを使うと、MOS 365&2019の試験形式**「マルチプロジェクト」**の試験を体験でき、試験システムに慣れることができます。試験結果は自動採点され、正答率や解答の正誤を表示できるばかりでなく、ナレーション付きのアニメーションで標準解答を確認することもできます。

本書をご活用いただき、MOS Excel 365&2019 Expertに合格されますことを心よりお祈り申し上げます。

なお、基本操作の習得には、次のテキストをご利用ください。

●**「よくわかる Microsoft Excel 2019 基礎」**（FPT1813）

●**「よくわかる Microsoft Excel 2019 応用」**（FPT1814）

本書を購入される前に必ずご一読ください
本書に記載されている操作方法や模擬試験プログラムの動作確認は、2021年2月現在のExcel 2019（16.0.10369.20032）またはMicrosoft 365（16.0.13231.20110）に基づいて行っています。本書発行後のWindowsやOfficeのアップデートによって機能が更新された場合には、本書の記載のとおりにならない、模擬試験プログラムの採点が正しく行われないなどの不整合が生じる可能性があります。あらかじめご了承ください。

2021年3月31日
FOM出版

本書を使った学習の進め方

本書やご購入者特典には、試験の合格に必要なExcelのスキルを習得するための秘密が詰まっています。
ここでは、それらをフル活用して試験に合格できるレベルまでスキルアップするための学習方法をご紹介します。これを参考に、前提知識や好みに応じて適宜アレンジし、自分にあったスタイルで学習を進めましょう。

自分のExcelのスキルを確認！

MOS Excel Expertの学習を始める前に、Excelのスキルの習得状況を確認し、足りないスキルを事前に習得しましょう。

「Excel Expertスキルチェックシート」を使ってチェック

2　Excel Expertスキルチェックシート

MOS Excel 365&2019 Expertに求められるスキル

MOS Excel 365&2019 Expertの学習を始める前に、最低限必要とされるExcelのスキルを習得済みかどうか確認しましょう。

	事前に習得すべき項目	習得済み
1	新しいブックを作成できる。	☑
2	シートの表示／非表示を切り替えることができる。	☑
3	セルを参照して数式を入力できる。	☑
4	データベース用の表の構成を理解している。	☑
5	テーブルの構造を理解している。	☑
6	数式に名前付き範囲を使用できる。	☑
7	関数を入力できる。	☑
8	SUM、AVERAGE、COUNT、MAX、MIN関数などの基本的な関数を使用できる。	☑
9	数式で、絶対参照、相対参照、複合参照を適切に設定できる。	☑
10	棒グラフや円グラフなどの基本的なグラフを作成できる。	☑
習得済み個数		個

習得済みのチェック個数に合わせて、事前に次の内容を学習することをお勧めします。

チェック個数	学習内容
10個	最低限必要とされるExcelのスキルを習得済みです。本書を使って、MOS Excel 365&2019 Expertの学習を始めてください。
6～9個	最低限必要とされるExcelのスキルをほぼ習得済みです。FOM出版の書籍「MOS Excel 365&2019 対策テキスト&問題集」(FPT1912)を使って、習得できていない箇所を学習したあと、MOS Excel 365&2019 Expertの学習を始めてください。
0～5個	最低限必要とされるExcelのスキルを習得できていません。FOM出版の書籍「よくわかる Microsoft Excel 2019 基礎」(FPT1813)や「よくわかる Microsoft Excel 2019 応用」(FPT1814)、「MOS Excel 365&2019 対策テキスト&問題集」(FPT1912)を使って、Excelの操作方法を学習したあと、MOS Excel 365&2019 Expertの学習を始めてください。

15

※Excel Expertスキルチェックシートについては、P.15を参照してください。

よくわかるマスター
Microsoft® Office Specialist
MOS Excel 365&2019 対策テキスト&問題集
FOM出版

「MOS Excel 365&2019 対策テキスト&問題集」(FPT1912)でスキルを習得

学習計画を立てる！

目標とする受験日を設定し、その受験日に照準を合わせて、どのような日程で学習を進めるかを考えます。

1-1　特典1　便利な学習ツール
学習スケジュール表

試験日に照準を合わせて、計画的に学習を進めましょう。
「学習予定日」を最初に設定し、「学習日」には実際に学習した日を記入します。
「チェック」には、計画どおりに学習できたら「○」、計画より遅れた場合は「×」を記入します。

●出題範囲の学習

出題範囲	内容	学習予定日	学習日	チェック
1 ブックのオプションと設定の管理	1-1 ブックを管理する	月　日(　)	月　日(　)	
	1-2 共同作業のためにブックを準備する	月　日(　)	月　日(　)	
	1-3 言語オプションを使用する、設定する	月　日(　)	月　日(　)	
	確認問題	月　日(　)	月　日(　)	
2 データの管理と書式設定	2-1 既存のデータを使用してセルに入力する	月　日(　)	月　日(　)	
	2-2 データに表示形式や入力規則を適用する	月　日(　)	月　日(　)	
	2-3 詳細な条件付き書式やフィルターを適用する	月　日(　)	月　日(　)	
	確認問題	月　日(　)	月　日(　)	
3 高度な機能を使用した数式およびマクロの作成	3-1 関数で論理演算を行う	月　日(　)	月　日(　)	
	3-2 関数を使用してデータを検索する	月　日(　)	月　日(　)	
	3-3 高度な日付と時刻の関数を使用する	月　日(　)	月　日(　)	
	3-4 データ分析を行う	月　日(　)	月　日(　)	
	3-5 数式のトラブルシューティングを行う	月　日(　)	月　日(　)	
	3-6 簡単なマクロを作成する、変更する	月　日(　)	月　日(　)	
	確認問題	月　日(　)	月　日(　)	
4 高度な機能を使用したグラフやテーブルの管理	4-1 高度な機能を使用したグラフを作成する、変更する	月　日(　)	月　日(　)	
	4-2 ピボットテーブルを作成する、変更する	月　日(　)	月　日(　)	
	4-3 ピボットグラフを作成する、変更する	月　日(　)	月　日(　)	
	確認問題	月　日(　)	月　日(　)	

-2-

ご購入者特典の「学習スケジュール表」を使って、無理のない学習計画を立てよう

※ご購入者特典については、P.11を参照してください。

STEP 03 出題範囲の機能を理解し、操作方法をマスター！

出題範囲の機能をひとつずつ理解し、その機能を実行するための操作方法を確実に習得しましょう。

※出題範囲については、P.13を参照してください。

STEP 04 模擬試験で力試し！

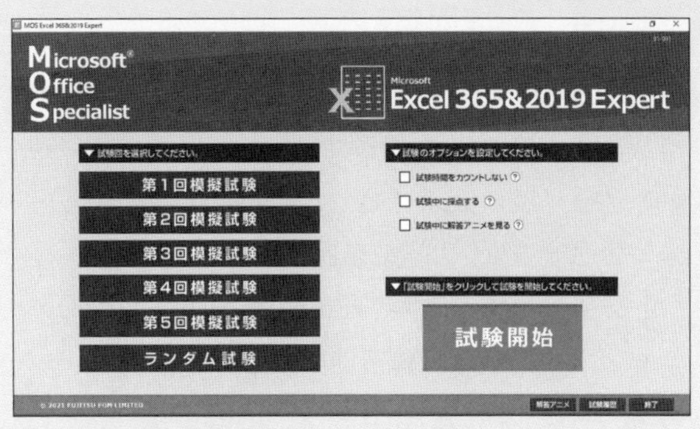

出題範囲をひととおり学習したら、模擬試験で実戦力を養います。
模擬試験は1回だけでなく、何度も繰り返して行って、自分が苦手な分野を克服しましょう。

※模擬試験については、P.232を参照してください。

STEP 05 出題範囲のコマンドを暗記する

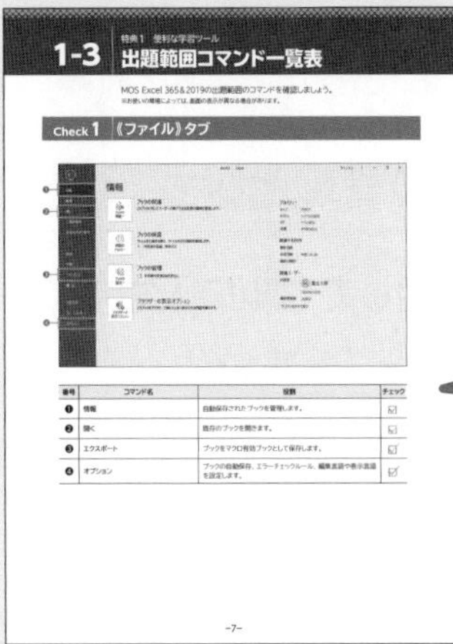

合格を確実にするために、出題範囲のコマンドをおさらいしましょう。

ご購入者特典の「出題範囲コマンド一覧表」を使って、出題範囲のコマンドとその使い方を確認

※ご購入者特典については、P.11を参照してください。

STEP 06 試験の合格を目指して！

ここまでやれば試験対策はバッチリ！自信をもって受験に臨みましょう。

Contents 目次

Contents

Introduction 本書をご利用いただく前に

1 製品名の記載について

本書では、次の名称を使用しています。

正式名称	本書で使用している名称
Windows 10	Windows 10 または Windows
Microsoft Office 2019	Office 2019 または Office
Microsoft Excel 2019	Excel 2019 または Excel

※主な製品を挙げています。その他の製品も略称を使用している場合があります。

2 学習環境について

◆出題範囲の学習環境

出題範囲の各Lessonを学習するには、次のソフトウェアが必要です。

Excel 2019 または Microsoft 365

◆本書の開発環境

本書を開発した環境は、次のとおりです。

カテゴリ	開発環境
OS	Windows 10(ビルド19042.746)
アプリ	Microsoft Office 2019 Professional Plus(16.0.10369.20032)
グラフィックス表示	画面解像度　1280×768ピクセル
その他	インターネット接続環境

※お使いの環境によっては、画面の表示が異なる場合や記載の機能が操作できない場合があります。
※画面解像度によって、ボタンの形状やサイズが異なる場合があります。

◆模擬試験プログラムの動作環境

模擬試験プログラムを使って学習するには、次の環境が必要です。

カテゴリ	動作環境
OS	Windows 10 日本語版(32ビット、64ビット) ※Windows 10 Sモードでは動作しません。
アプリ	Office 2019 日本語版(32ビット、64ビット) Microsoft 365 日本語版(32ビット、64ビット) ※異なるバージョンのOffice(Office 2016、Office 2013など)が同時にインストールされていると、正しく動作しない可能性があります。 ※ストアアプリでは一部採点できない問題があります。詳しくは、P.249をご確認ください。
CPU	1GHz以上のプロセッサ
メモリ	OSが32ビットの場合:4GB以上 OSが64ビットの場合:8GB以上
グラフィックス表示	画面解像度　1280×768ピクセル以上
CD-ROMドライブ	24倍速以上のCD-ROMドライブ
サウンド	Windows互換サウンドカード(スピーカー必須)
ハードディスク	空き容量1GB以上

◆Officeの種類に伴う注意事項

Microsoftが提供するOfficeには**「ボリュームライセンス」「プレインストール」「パッケージ」「Microsoft 365」**などがあり、種類によって画面が異なります。

※本書はOffice 2019 Professional Plusボリュームライセンスをもとに開発しています。

●Office 2019 Professional Plusボリュームライセンス（2021年2月現在）

●Microsoft 365（2021年2月現在）

Point

ボタンの形状

ディスプレイの画面解像度やウィンドウのサイズなど、お使いの環境によって、ボタンの形状やサイズ、位置が異なる場合があります。ボタンの操作は、ポップヒントに表示されるボタン名を確認してください。

※本書に掲載しているボタンは、ディスプレイの画面解像度を「1280×768ピクセル」、ウィンドウを最大化した環境を基準にしています。

例：検索と選択  

◆アップデートに伴う注意事項

Office 2019やMicrosoft 365は、自動アップデートによって定期的に不具合が修正され、機能が向上する仕様となっています。そのため、アップデート後に、コマンドの名称が変更されたり、リボンに新しいボタンが追加されたりする可能性があります。

今後のアップデートによってExcelの機能が更新された場合には、本書の記載のとおりにならない、模擬試験プログラムの採点が正しく行われないなどの不整合が生じる可能性があります。あらかじめご了承ください。

※本書の最新情報について、P.11に記載されているFOM出版のホームページにアクセスして確認してください。

Point

お使いのOfficeのビルド番号を確認する

Office 2019やMicrosoft 365をアップデートすることで、ビルド番号が変わります。

①Excelを起動します。

②《ファイル》タブ→《アカウント》→《Excelのバージョン情報》をクリックします。

③表示されるダイアログボックスで確認します。

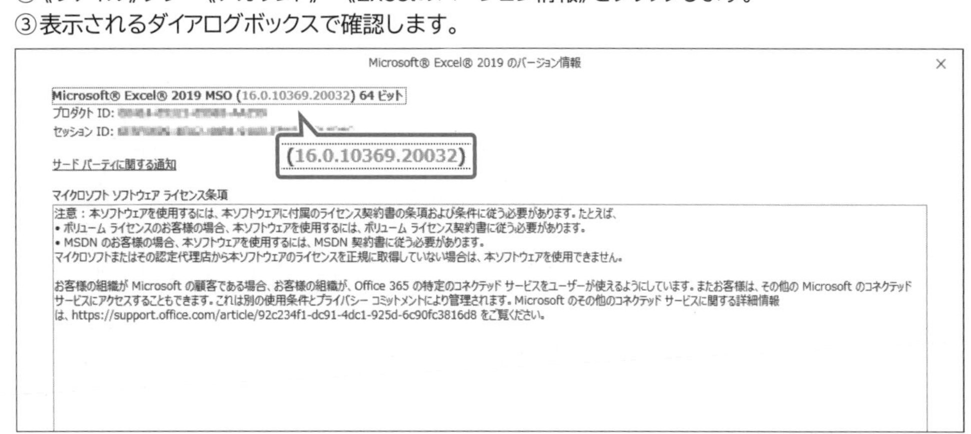

3 テキストの見方について

出題範囲4　高度な機能を使用したグラフやテーブルの管理

4-1 高度な機能を使用したグラフを作成する、変更する

❶理解度チェック
学習前後の理解度の伸長を把握するために使います。本書を学習する前にすでに理解している項目は**「学習前」**に、本書を学習してから理解できた項目は**「学習後」**にチェックを付けます。**「試験直前」**は試験前の最終確認用です。

理解度チェック 習得すべき機能	参照Lesson	学習前	学習後	試験直前
■2軸グラフを作成できる。	➡Lesson63	☑	☑	☑
■ヒストグラムを作成できる。	➡Lesson64	☑	☑	☑
■パレート図を作成できる	➡Lesson64	☑	☑	☑
■箱ひげ図を作成できる。	➡Lesson65	☑	☑	☑
■マップグラフを作成できる。	➡Lesson66	☑	☑	☑
■サンバーストを作成できる。	➡Lesson67	☑	☑	☑
■じょうごグラフを作成できる。	➡Lesson68	☑	☑	☑
■ウォーターフォール図を作成できる。	➡Lesson69	☑	☑	☑

4-1-1 2軸グラフを作成する

❷解説
出題範囲で求められている機能を解説しています。

2019：Excel 2019での操作方法です。
365：Microsoft 365での操作方法です。

解説　■2軸グラフの作成
ひとつのグラフ内に異なる種類のグラフを組み合わせて表示したものを**「複合グラフ」**といいます。また、複合グラフを主軸（左または下側）と第2軸（右または上側）を使った**「2軸グラフ」**にすると、データの数値に大きな開きがあるグラフや、単位が異なるデータを扱ったグラフを見やすくすることができます。

2019 365 ◆《挿入》タブ→《グラフ》グループの（複合グラフの挿入）

❶（集合縦棒－折れ線）
集合縦棒グラフと折れ線グラフの複合グラフを作成します。
❷（集合縦棒－第2軸の折れ線）
主軸と第2軸を使って、集合縦棒グラフと折れ線グラフの複合グラフを作成します。
❸（積み上げ面－集合縦棒）
積み上げ面グラフと集合縦棒グラフの複合グラフを作成します。
❹ユーザー設定の複合グラフを作成する
ユーザーがグラフの種類を設定して複合グラフを作成します。

❸Lesson
出題範囲で求められている機能が習得できているかどうかを確認する練習問題です。

❹Hint
問題を解くためのヒントです。

Lesson 69

Hint
グラフのコネクタを非表示にするには、《データ系列の書式設定》作業ウィンドウを使います。

OPEN ブック「Lesson69」を開いておきましょう。

次の操作を行いましょう。
(1) 表のデータをもとに、日付ごとの在庫数の増減を表すウォーターフォール図を作成してください。
(2) グラフのコネクタを非表示にしてください。
(3) 当月在庫を合計として設定してください。

確認問題　標準解答

184

Point

本書の記述について

操作の説明のために使用している記号には、次のような意味があります。

記述	意味	例
[　]	キーボード上のキーを示します。	[Ctrl]　[F4]
[　]+[　]	複数のキーを押す操作を示します。	[Ctrl]+[V] （[Ctrl]を押しながら[V]を押す）
《　》	ダイアログボックス名やタブ名、項目名など画面の表示を示します。	《OK》をクリックします。 《ファイル》タブを選択します。
「　」	重要な語句や機能名、画面の表示、入力する文字などを示します。	「統合」といいます。 「20000」と入力します。

❺操作方法
一般的かつ効率的と考えられる操作方法です。

❻その他の方法
操作方法で紹介している以外の方法がある場合に記載しています。

❼※印
補助的な内容や注意すべき内容を記載しています。

❽Point
用語の解説や知っていると効率的に操作できる内容など、実力アップにつながるポイントです。

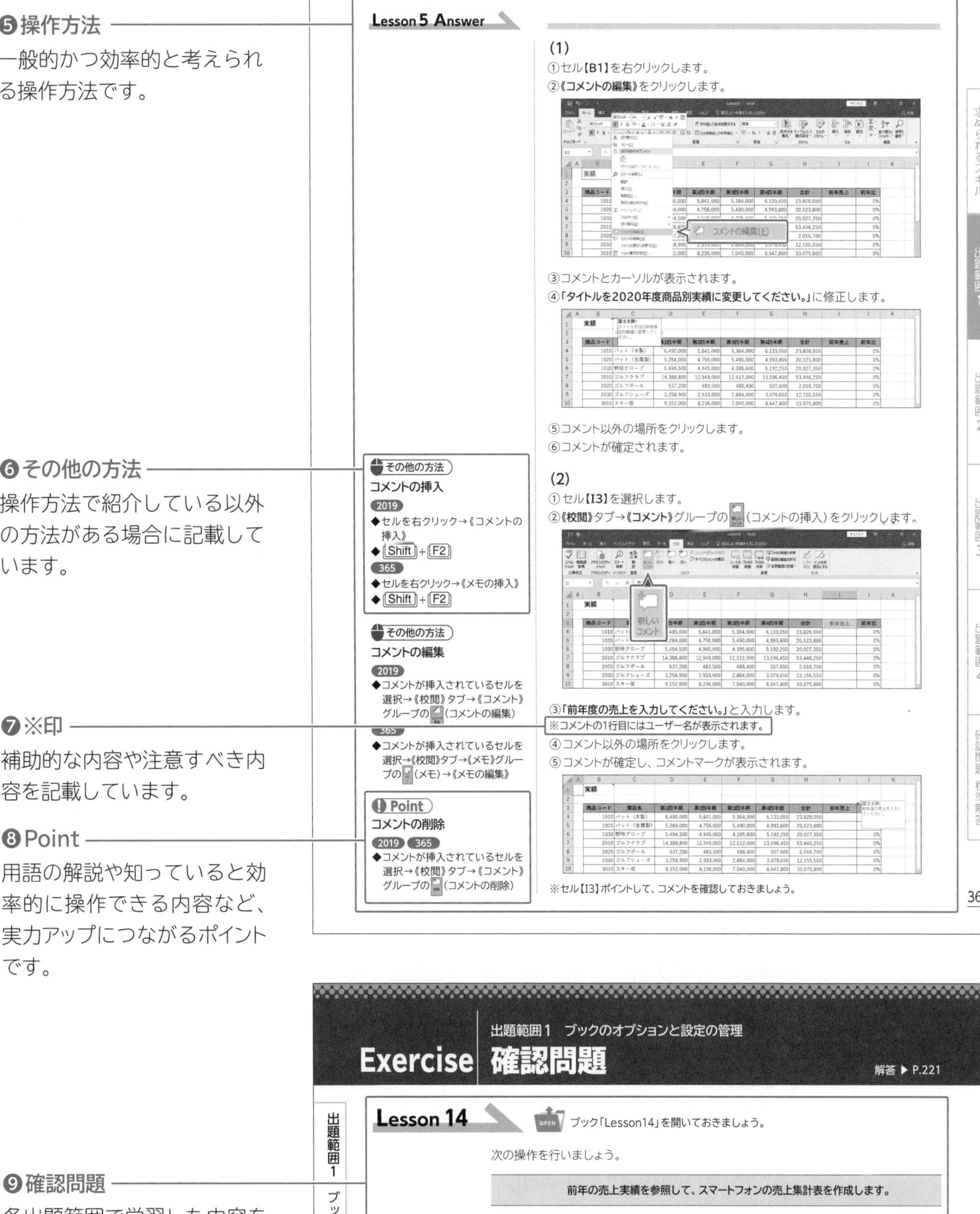

Lesson 5 Answer

(1)
①セル【B1】を右クリックします。
②《コメントの編集》をクリックします。
③コメントとカーソルが表示されます。
④「タイトルを2020年度商品別実績に変更してください。」に修正します。
⑤コメント以外の場所をクリックします。
⑥コメントが確定されます。

(2)
①セル【I3】を選択します。
②《校閲》タブ→《コメント》グループの（コメントの挿入）をクリックします。
③「前年度の売上を入力してください。」と入力します。
※コメントの1行目にはユーザー名が表示されます。
④コメント以外の場所をクリックします。
⑤コメントが確定し、コメントマークが表示されます。

※セル【I3】ポイントして、コメントを確認しておきましょう。

その他の方法
コメントの挿入
2019
◆セルを右クリック→《コメントの挿入》
◆Shift+F2
365
◆セルを右クリック→《メモの挿入》
◆Shift+F2

その他の方法
コメントの編集
2019
◆コメントが挿入されているセルを選択→《校閲》タブ→《コメント》グループの（コメントの編集）
365
◆コメントが挿入されているセルを選択→《校閲》タブ→《メモ》グループの（メモ）→《メモの編集》

Point
コメントの削除
2019 365
◆コメントが挿入されているセルを選択→《校閲》タブ→《コメント》グループの（コメントの削除）

36

❾確認問題
各出題範囲で学習した内容を復習できる確認問題です。試験と同じような出題形式で実習できます。

出題範囲1 ブックのオプションと設定の管理
Exercise 確認問題
解答 ▶ P.221

出題範囲1 ブックのオプションと設定の管理

Lesson 14
ブック「Lesson14」を開いておきましょう。

次の操作を行いましょう。

	前年の売上実績を参照して、スマートフォンの売上集計表を作成します。
問題(1)	ワークシート「売上集計」の前年実績のセル範囲【I4：I15】に、フォルダー「Lesson14」のブック「2019年売上」のワークシート「売上集計」の合計を参照する数式を入力してください。
問題(2)	パスワードを知っているユーザーだけがワークシート「売上集計」のセル範囲【C4：G15】を編集できるように、ワークシートを保護してください。セル範囲を編集するためのパスワードは「abc」とします。
問題(3)	ワークシート「売上明細」を集計するマクロを、ブック「2019年売上」からコピーしてください。ブック「2019年売上」に保存されているマクロは、ファイル「売上上位」として、フォルダー「MOS-Excel 365 2019-Expert(1)」に保存します。
問題(4)	ワークシート「担当者マスター」の担当者氏名の欄に、フリガナを表示してください。
問題(5)	ワークシート「商品マスター」のセル【B3】に、「商品マスターを更新する場合は購買部に確認をとること」とコメントを挿入してください。

4 添付CD-ROMについて

◆CD-ROMの収録内容

添付のCD-ROMには、本書で使用する次のファイルが収録されています。

収録ファイル	説明
出題範囲の実習用データファイル	「出題範囲1」から「出題範囲4」の各Lessonで使用するファイルです。 初期の設定では、《ドキュメント》内にインストールされます。
模擬試験のプログラムファイル	模擬試験を起動し、実行するために必要なプログラムです。 初期の設定では、Cドライブのフォルダー「FOM Shuppan Program」内にインストールされます。
模擬試験の実習用データファイル	模擬試験の各問題で使用するファイルです。 初期の設定では、《ドキュメント》内にインストールされます。

◆利用上の注意事項

CD-ROMのご利用にあたって、次のような点にご注意ください。

- CD-ROMに収録されているファイルは、著作権法によって保護されています。CD-ROMを第三者へ譲渡・貸与することを禁止します。
- お使いの環境によって、CD-ROMに収録されているファイルが正しく動作しない場合があります。あらかじめご了承ください。
- お使いの環境によって、CD-ROMの読み込み中にコンピューターが振動する場合があります。あらかじめご了承ください。
- CD-ROMを使用して発生した損害について、富士通エフ・オー・エム株式会社では程度に関わらず一切責任を負いません。あらかじめご了承ください。

◆取り扱いおよび保管方法

CD-ROMの取り扱いおよび保管方法について、次のような点をご確認ください。

- ディスクは両面とも、指紋、汚れ、キズなどを付けないように取り扱ってください。
- ディスクが汚れたときは、メガネ拭きのような柔らかい布で内周から外周に向けて放射状に軽くふき取ってください。専用クリーナーや溶剤などは使用しないでください。
- ディスクは両面とも、鉛筆、ボールペン、油性ペンなどで文字や絵を書いたり、シールなどを貼付したりしないでください。
- ひび割れや変形、接着剤などで補修したディスクは危険ですから絶対に使用しないでください。
- 直射日光のあたる場所や、高温・多湿の場所には保管しないでください。
- ディスクは使用後、大切に保管してください。

◆CD-ROMのインストール

学習の前に、お使いのパソコンにCD-ROMの内容をインストールしてください。

※インストールは、管理者ユーザーしか行うことはできません。

①CD-ROMをドライブにセットします。

②画面の右下に表示される**《DVD RWドライブ(D:) EX2019E》**をクリックします。

※お使いのパソコンによって、ドライブ名は異なります。

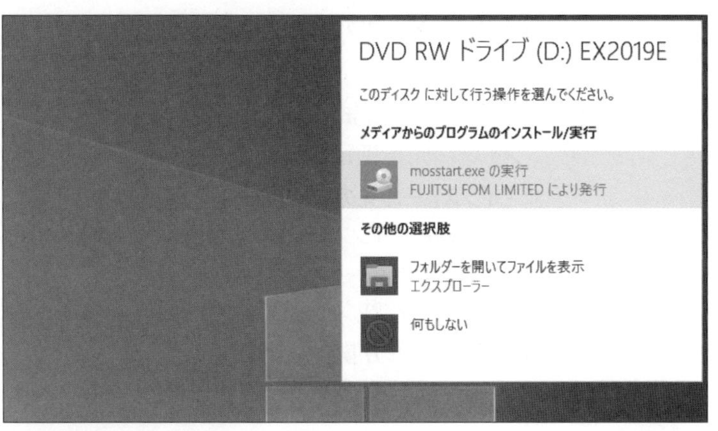

③**《mosstart.exeの実行》**をクリックします。

※《ユーザーアカウント制御》ダイアログボックスが表示される場合は、《はい》をクリックします。

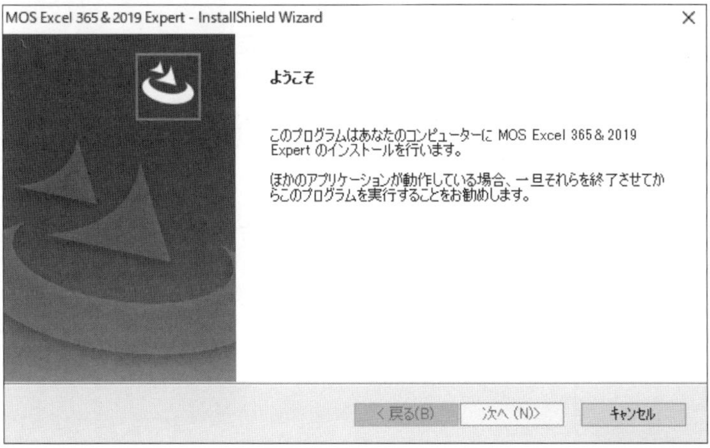

④インストールウィザードが起動し、**《ようこそ》**が表示されます。

⑤**《次へ》**をクリックします。

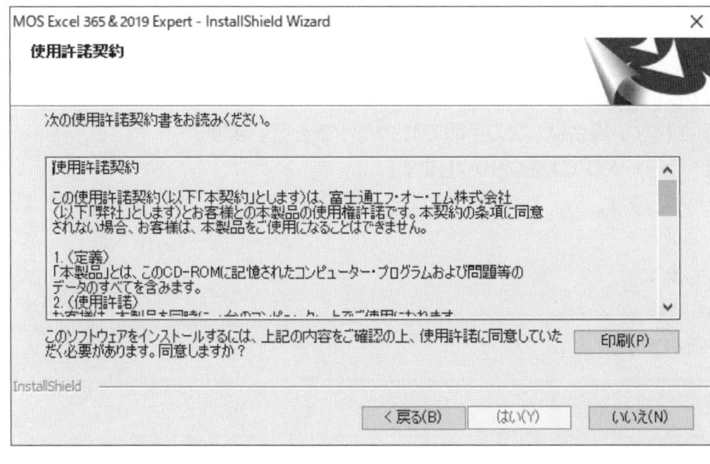

⑥**《使用許諾契約》**が表示されます。

⑦**《はい》**をクリックします。

※《いいえ》をクリックすると、セットアップが中止されます。

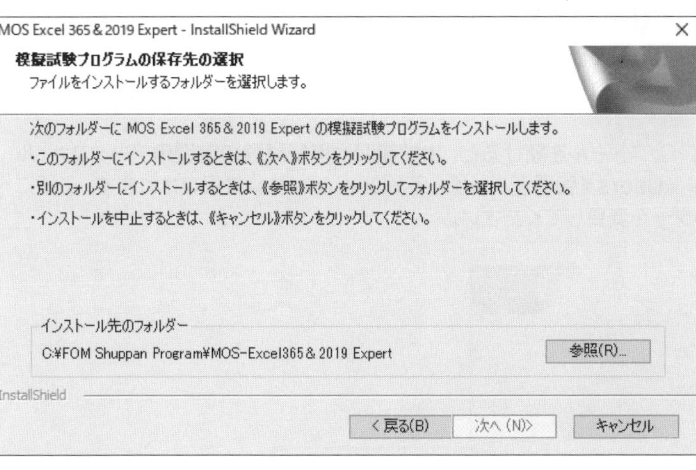

⑧**《模擬試験プログラムの保存先の選択》**が表示されます。

模擬試験のプログラムファイルのインストール先を指定します。

⑨**《インストール先のフォルダー》**を確認します。

※他の場所にインストールする場合は、《参照》をクリックします。

⑩**《次へ》**をクリックします。

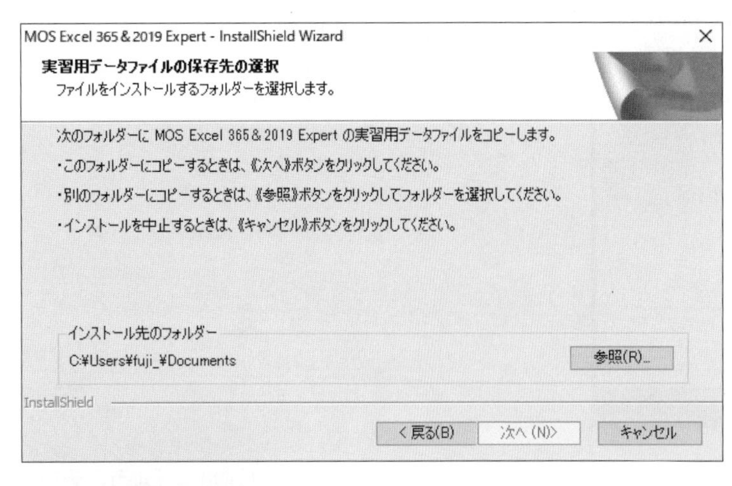

⑪**《実習用データファイルの保存先の選択》**が表示されます。

出題範囲と模擬試験の実習用データファイルのインストール先を指定します。

⑫**《インストール先のフォルダー》**を確認します。

※ほかの場所にインストールする場合は、《参照》をクリックします。

⑬**《次へ》**をクリックします。

⑭インストールが開始されます。

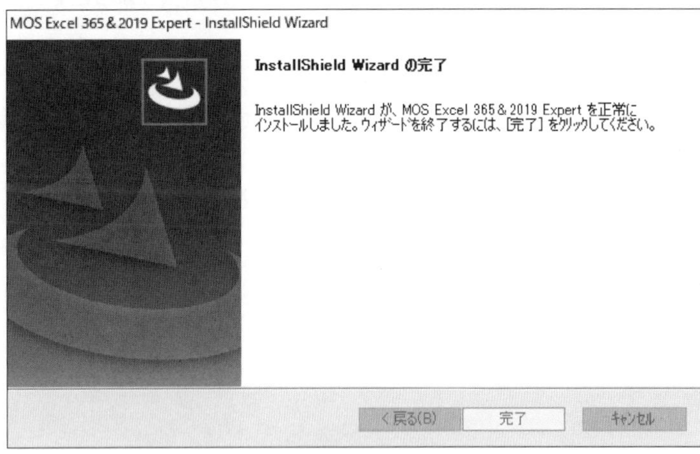

⑮インストールが完了したら、図のようなメッセージが表示されます。

※インストールが完了するまでに10分程度かかる場合があります。

⑯**《完了》**をクリックします。

※模擬試験プログラムの起動方法については、P.233を参照してください。

Point

セットアップ画面が表示されない場合

セットアップ画面が自動的に表示されない場合は、次の手順でセットアップを行います。

①タスクバーの (エクスプローラー) →《PC》をクリックします。

②《EX2019E》ドライブを右クリックします。

③《開く》をクリックします。

④ (mosstart) を右クリックします。

⑤《開く》をクリックします。

⑥指示に従って、セットアップを行います。

Point

管理者以外のユーザーがインストールする場合

管理者以外のユーザーがインストールしようとすると、管理者ユーザーのパスワードを要求するメッセージが表示されます。メッセージが表示される場合は、パソコンの管理者にインストールの可否を確認してください。

管理者のパスワードを入力してインストールを続けると、出題範囲や模擬試験の実習用データファイルは、管理者の《ドキュメント》(C:¥Users¥管理者ユーザー名¥Documents)に保存されます。必要に応じて、インストール先のフォルダーを変更してください。

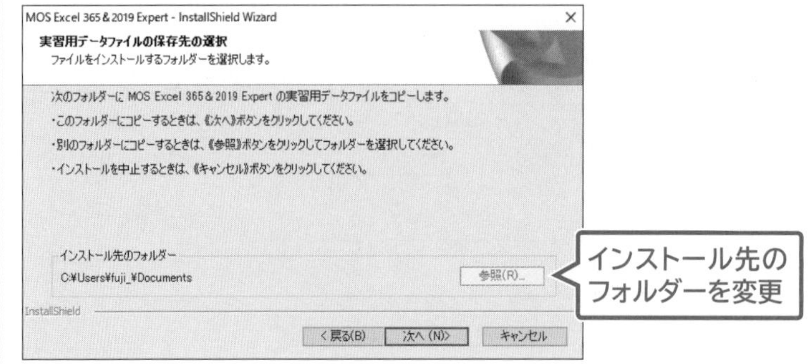

◆実習用データファイルの確認

インストールが完了すると、《ドキュメント》内にデータファイルがコピーされます。
《ドキュメント》の各フォルダーには、次のようなファイルが収録されています。

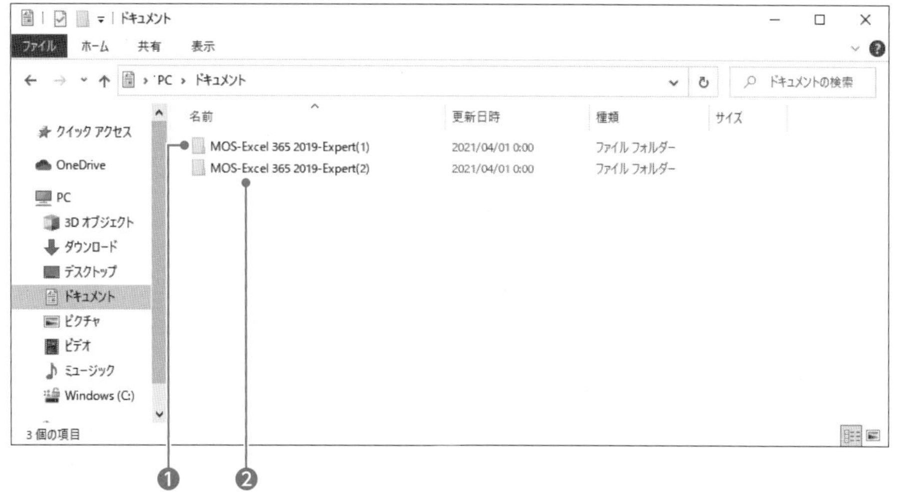

❶MOS-Excel 365 2019-Expert（1）

「出題範囲1」から**「出題範囲4」**の各Lessonで使用するファイルがコピーされます。
これらのファイルは、**「出題範囲1」**から**「出題範囲4」**の学習に必須です。
Lesson1を学習するときは、ファイル**「Lesson1」**を開きます。
Lessonによっては、ファイルを使用しない場合があります。

❷MOS-Excel 365 2019-Expert（2）

模擬試験で使用するファイルがコピーされます。
これらのファイルは、模擬試験プログラムを使わずに学習される方のために用意したファイルで、各ファイルを直接開いて操作することが可能です。
第1回模擬試験のプロジェクト1を学習するときは、ファイル**「mogi1-project1」**を開きます。
模擬試験プログラムを使って学習する場合は、これらのファイルは不要です。

Point

実習用データファイルの既定の場所

本書では、データファイルの場所を《ドキュメント》内としています。
《ドキュメント》以外の場所にセットアップした場合は、フォルダーを読み替えてください。

Point

実習用データファイルのダウンロードついて

データファイルは、FOM出版のホームページで提供しています。ダウンロードしてご利用ください。

ホームページ・アドレス

https://www.fom.fujitsu.com/goods/

※アドレスを入力するとき、間違いがないか確認してください。

ホームページ検索用キーワード

FOM出版

ダウンロードしたデータファイルを開く際、そのファイルが安全かどうかを確認するメッセージが表示される場合があります。データファイルは安全なので、《編集を有効にする》をクリックして、編集可能な状態にしてください。

保護ビュー　注意—インターネットから入手したファイルは、ウイルスに感染している可能性があります。編集する必要がなければ、保護ビューのままにしておくことをお勧めします。　編集を有効にする(E)　×

◆ファイルの操作方法

「出題範囲1」から**「出題範囲4」**の各Lessonを学習する場合、**《ドキュメント》**内のフォルダー**「MOS-Excel 365 2019-Expert(1)」**から学習するファイルを選択して開きます。

Lessonを実習する前に対象のファイルを開き、実習後はファイルを保存せずに閉じてください。

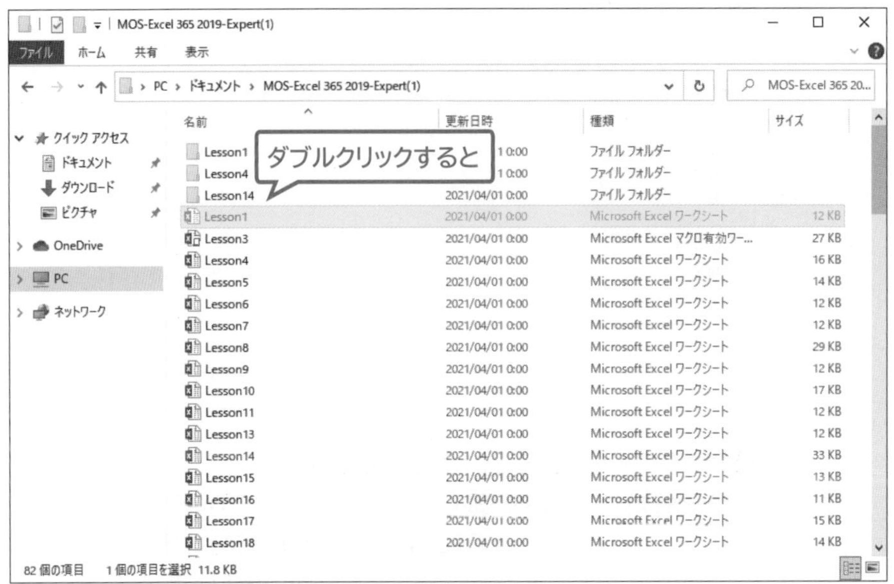

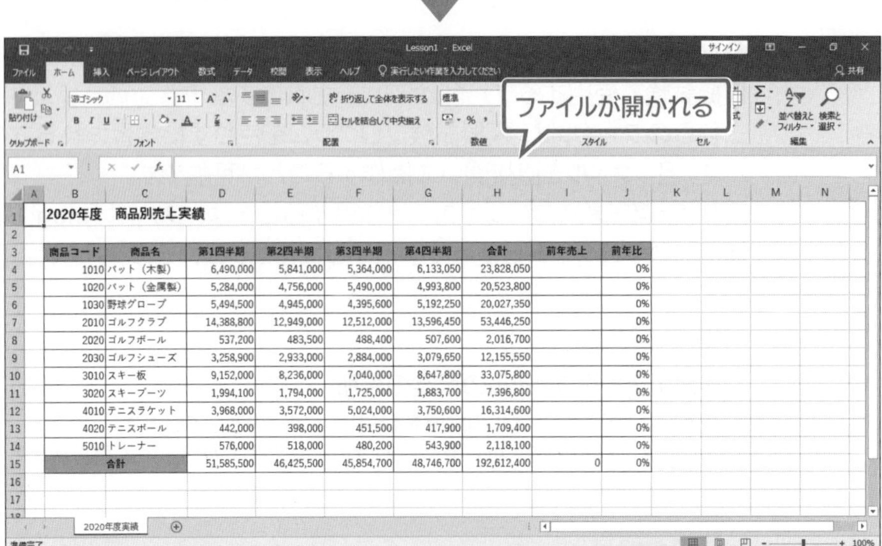

5　プリンターの設定について

模擬試験プログラムの試験結果レポートを印刷するには、あらかじめプリンターの設定が必要です。模擬試験プログラムを開始する前に、プリンターを設定しておきましょう。
プリンターの設定方法は、プリンターの取扱説明書を確認してください。
パソコンに設定されているプリンターを確認しましょう。

①（スタート）をクリックします。
②（設定）をクリックします。

③《**デバイス**》をクリックします。

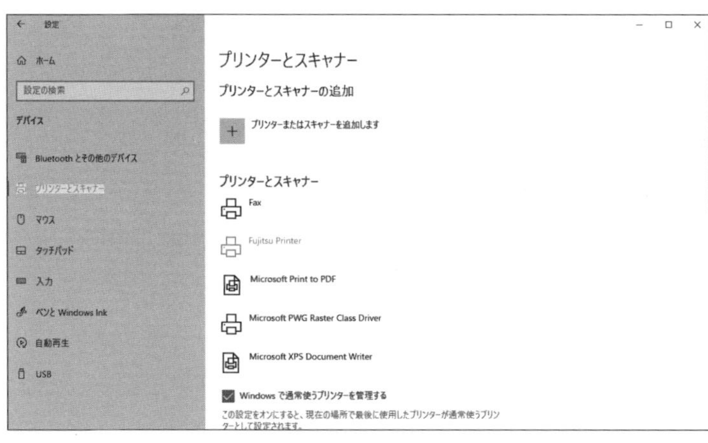

④左側の一覧から《**プリンターとスキャナー**》を選択します。
⑤《**プリンターとスキャナー**》に接続されているプリンターのアイコンが表示されていることを確認します。

Point

通常使うプリンターの設定

初期の設定では、最後に使用したプリンターが通常使うプリンターとして設定されます。
通常使うプリンターを固定する方法は、次のとおりです。

◆《□Windowsで通常使うプリンターを管理する》→プリンターを選択→《管理》→《既定として設定する》

6　ご購入者特典について

ご購入いただいた方への特典として、次のツールを提供しています。PDFファイルを表示してご利用ください。

- **特典1　便利な学習ツール（学習スケジュール表・習熟度チェック表・出題範囲コマンド一覧表）**
- **特典2　MOSの概要**

◆表示方法

パソコンで表示する

①ブラウザーを起動し、次のホームページにアクセスします。

https://www.fom.fujitsu.com/goods/eb/

※アドレスを入力するとき、間違いがないか確認してください。

②「MOS Excel 365&2019 Expert 対策テキスト&問題集（FPT2014）」の《特典PDF・学習データ・解答動画を入手する》を選択します。
③本書に関する質問に回答します。
④《特典PDFを見る》を選択します。
⑤ドキュメントを選択します。
⑥PDFファイルが表示されます。
※必要に応じて、印刷または保存してご利用ください。

スマートフォン・タブレットで表示する

①スマートフォン・タブレットで下のQRコードを読み取ります。

②「MOS Excel 365&2019 Expert 対策テキスト&問題集（FPT2014）」の《特典PDF・学習データ・解答動画を入手する》を選択します。
③本書に関する質問に回答します。
④《特典PDFを見る》を選択します。
⑤ドキュメントを選択します。
⑥PDFファイルが表示されます。

7　本書の最新情報について

本書に関する最新のQ&A情報や訂正情報、重要なお知らせなどについては、FOM出版のホームページでご確認ください。

ホームページ・アドレス

https://www.fom.fujitsu.com/goods/

※アドレスを入力するとき、間違いがないか確認してください。

ホームページ検索用キーワード

FOM出版

MOS Excel
365&2019 Expert

MOS Excel 365&2019 Expertに求められるスキル

1 MOS Excel 365＆2019 Expertの出題範囲

MOS Excel 365＆2019 Expertの出題範囲は、次のとおりです。
※出題範囲には次の内容が含まれますが、この内容以外からも出題される可能性があります。

1 ブックのオプションと設定の管理	
1-1 ブックを管理する	• ブック間でマクロをコピーする • 別のブックのデータを参照する • ブック内のマクロを有効にする • ブックのバージョンを管理する
1-2 共同作業のためにブックを準備する	• 編集を制限する • ワークシートとセル範囲を保護する • ブックの構成を保護する • 数式の計算方法を設定する • コメントを管理する
1-3 言語オプションを使用する、設定する	• 編集言語や表示言語を設定する • 言語（日本語）に特有の機能を使用する
2 データの管理、書式設定	
2-1 既存のデータを使用してセルに入力する	• フラッシュフィルを使ってセルにデータを入力する • 連続データの詳細オプションを使ってセルにデータを入力する
2-2 データに表示形式や入力規則を適用する	• ユーザー定義の表示形式を作成する • データの入力規則を設定する • データをグループ化する、グループを解除する • 小計や合計を挿入してデータを計算する • 重複レコードを削除する
2-3 詳細な条件付き書式やフィルターを適用する	• ユーザー設定の条件付き書式ルールを作成する • 数式を使った条件付き書式ルールを作成する • 条件付き書式ルールを管理する
3 高度な機能を使用した数式およびマクロの作成	
3-1 関数で論理演算を行う	• ネスト関数を使って論理演算を行う（IF()、IFS()、SWITCH()、SUMIF()、AVERAGEIF()、COUNTIF()、SUMIFS()、AVERAGEIFS()、COUNTIFS()、MAXIFS()、MINIFS()、AND()、OR()、NOT() 関数を含む）
3-2 関数を使用してデータを検索する	• VLOOKUP()、HLOOKUP()、MATCH()、INDEX() 関数を使ってデータを検索する
3-3 高度な日付と時刻の関数を使用する	• NOW、TODAY 関数を使って日付や時刻を参照する • WEEKDAY()、WORKDAY() 関数を使って日にちを計算する

3-4 データ分析を行う	• [統合]機能を使って複数のセル範囲のデータを集計する • ゴールシークやシナリオの登録と管理を使って、What-If分析を実行する • AND()、IF()、NPER() 関数を使ってデータを予測する • PMT() 関数を使って財務データを計算する
3-5 数式のトラブルシューティングを行う	• 参照元、参照先をトレースする • ウォッチウィンドウを使ってセルや数式をウォッチする • エラーチェック ルールを使って数式をチェックする • 数式を検証する
3-6 簡単なマクロを作成する、変更する	• 簡単なマクロを記録する • 簡単なマクロに名前を付ける • 簡単なマクロを編集する
4 高度な機能を使用したグラフやテーブルの管理	
4-1 高度な機能を使用したグラフを作成する、変更する	• 2軸グラフを作成する、変更する • 箱ひげ図、組み合わせ、ファンネル、ヒストグラム、マップ、サンバースト、ウォーターフォールなどのグラフを作成する、変更する
4-2 ピボットテーブルを作成する、変更する	• ピボットテーブルを作成する • フィールドの選択項目とオプションを変更する • スライサーを作成する • ピボットテーブルのデータをグループ化する • 集計フィールドを追加する • データを書式設定する
4-3 ピボットグラフを作成する、変更する	• ピボットグラフを作成する • 既存のピボットグラフのオプションを操作する • ピボットグラフにスタイルを適用する • ピボットグラフを使ってドリルダウン分析する

2 Excel Expertスキルチェックシート

MOS Excel 365&2019 Expertの学習を始める前に、最低限必要とされるExcelのスキルを習得済みかどうか確認しましょう。

	事前に習得すべき項目	習得済み
1	新しいブックを作成できる。	☑
2	シートの表示／非表示を切り替えることができる。	☑
3	セルを参照して数式を入力できる。	☑
4	データベース用の表の構成を理解している。	☑
5	テーブルの構造を理解している。	☑
6	数式に名前付き範囲を使用できる。	☑
7	関数を入力できる。	☑
8	SUM、AVERAGE、COUNT、MAX、MIN関数などの基本的な関数を使用できる。	☑
9	数式で、絶対参照、相対参照、複合参照を適切に設定できる。	☑
10	棒グラフや円グラフなどの基本的なグラフを作成できる。	☑
習得済み個数		個

習得済みのチェック個数に合わせて、事前に次の内容を学習することをお勧めします。

チェック個数	学習内容
10個	最低限必要とされるExcelのスキルを習得済みです。 本書を使って、MOS Excel 365&2019 Expertの学習を始めてください。
6～9個	最低限必要とされるExcelのスキルをほぼ習得済みです。 FOM出版の書籍「MOS Excel 365&2019 対策テキスト&問題集」（FPT1912）を使って、習得できていない箇所を学習したあと、MOS Excel 365&2019 Expertの学習を始めてください。
0～5個	最低限必要とされるExcelのスキルを習得できていません。 FOM出版の書籍「よくわかる Microsoft Excel 2019 基礎」（FPT1813）や「よくわかる Microsoft Excel 2019 応用」（FPT1814）、「MOS Excel 365&2019 対策テキスト&問題集」（FPT1912）を使って、Excelの操作方法を学習したあと、MOS Excel 365&2019 Expertの学習を始めてください。

MOS Excel 365&2019 Expert

出題範囲 1

ブックのオプションと設定の管理

1-1 ブックを管理する

理解度チェック

習得すべき機能	参照Lesson	学習前	学習後	試験直前
■別のブックのデータを参照できる。	➡Lesson1	☑	☑	☑
■ブックの自動保存の間隔を設定できる。	➡Lesson2	☑	☑	☑
■自動保存されたブックを回復できる。	➡Lesson2	☑	☑	☑
■ブック内のマクロを有効にできる。	➡Lesson3	☑	☑	☑
■ブック間でマクロをコピーできる。	➡Lesson4	☑	☑	☑

1-1-1 別のブックのデータを参照する

解説

■別のブックのデータを参照

作業中のブックから別のブックのセルのデータを参照することができます。参照元のデータが変更されると、参照先にもその変更が反映されます。ブック間にリンクが設定されるので最新のデータを共有できます。

●ブック「2019年度売上」

2019年度　商品別売上実績

商品コード	商品名	第1四半期	第2四半期	第3四半期	第4四半期	合計
1010	バット（木製）	5,841,000	5,841,000	5,900,400	5,519,745	23,102,145
1020	バット（金属製）	5,284,000	4,756,000	4,941,000	3,995,040	18,976,040
1030	野球グローブ	4,945,050	4,945,000	4,835,160	4,673,025	19,398,235
2010	ゴルフクラブ	15,827,680	14,243,900	12,512,000	14,956,095	57,539,675
2020	ゴルフボール	483,480	483,500	537,240	507,675	2,011,895
2030	ゴルフシューズ	1,595,280	1,435,200	1,725,000	2,072,070	6,827,550
3010	スキー板	2,933,010	2,933,000	2,884,000	3,387,615	12,137,625
3020	スキーブーツ	7,321,600	6,588,800	6,336,000	7,783,020	28,029,420
4010	テニスラケット	4,364,800	3,572,000	4,019,200	3,750,600	15,706,600
4020	テニスボール	442,000	398,000	496,650	417,900	1,754,550
5010	トレーナー	576,000	466,200	480,200	543,900	2,066,300
合計		49,613,900	45,662,600	44,666,850	47,606,685	187,550,035

●ブック「2020年度売上」

I4　='[2019年度.xlsx]2019年度実績'!H4

ブック「2019年度売上」のデータを参照

2020年度　商品別売上実績

商品コード	商品名	第1四半期	第2四半期	第3四半期	第4四半期	合計	前年売上	前年比
1010	バット（木製）	6,490,000	5,841,000	5,364,000	6,133,050	23,828,050	23,102,145	103%
1020	バット（金属製）	5,284,000	4,756,000	5,490,000	4,993,800	20,523,800	18,976,040	108%
1030	野球グローブ	5,494,500	4,945,000	4,395,600	5,192,250	20,027,350	19,398,235	103%
2010	ゴルフクラブ	14,388,800	12,949,000	12,512,000	13,596,450	53,446,250	57,539,675	93%
2020	ゴルフボール	537,200	483,500	488,400	507,600	2,016,700	2,011,895	100%
2030	ゴルフシューズ	3,258,900	2,933,000	2,884,000	3,079,650	12,155,550	6,827,550	178%
3010	スキー板	9,152,000	8,236,000	7,040,000	8,647,800	33,075,800	12,137,625	273%
3020	スキーブーツ	1,994,100	1,794,000	1,725,000	1,883,700	7,396,800	28,029,420	26%
4010	テニスラケット	3,968,000	3,572,000	5,024,000	3,750,600	16,314,600	15,706,600	104%
4020	テニスボール	442,000	398,000	451,500	417,900	1,709,400	1,754,550	97%
5010	トレーナー	576,000	518,000	480,200	543,900	2,118,100	2,066,300	103%
合計		51,585,500	46,425,500	45,854,700	48,746,700	192,612,400	187,550,035	103%

別のブックのデータを参照するには、「=」を入力後、別のブックのセルを選択します。

=［ブック名］シート名！セル番地

■リンクの更新

別のブックのセル参照が設定されているブックを開くと、リンクを更新するかどうかを確認するメッセージが表示されます。**《更新する》**をクリックすると、最新のデータを取り込むことができます。

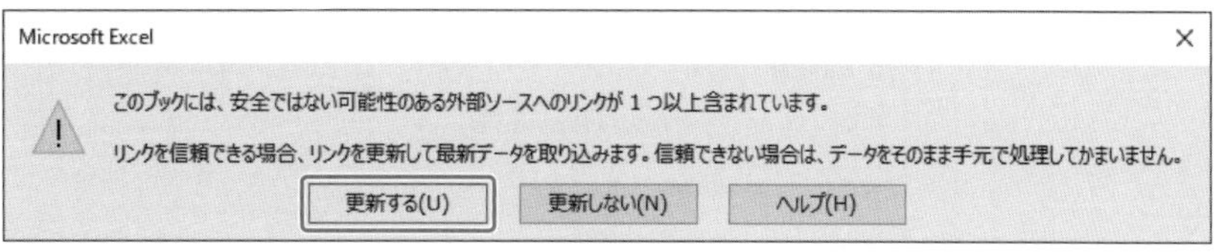

Lesson 1

ブック「Lesson1」を開いておきましょう。

次の操作を行いましょう。

(1) 前年売上の列に、フォルダー「Lesson1」のブック「2019年度」の合計を参照する数式を入力してください。

Lesson 1 Answer

(1)

①**《ファイル》**タブを選択します。

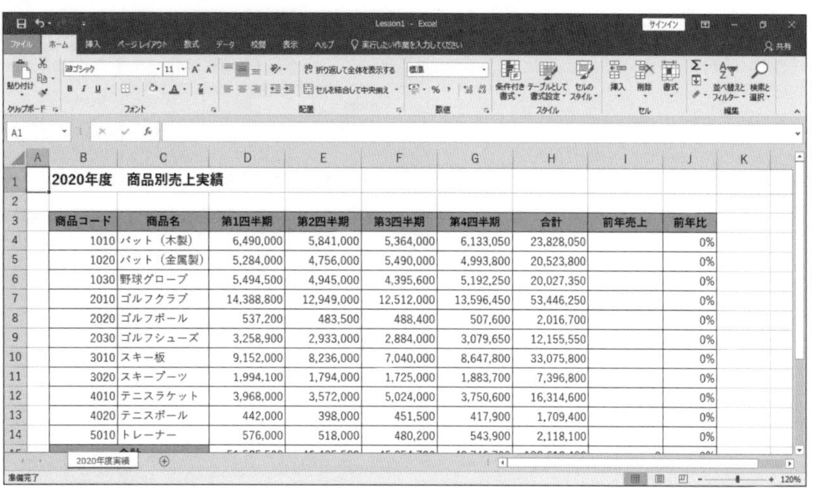

	A	B	C	D	E	F	G	H	I	J
1		2020年度　商品別売上実績								
2										
3		商品コード	商品名	第1四半期	第2四半期	第3四半期	第4四半期	合計	前年売上	前年比
4		1010	バット（木製）	6,490,000	5,841,000	5,364,000	6,133,050	23,828,050		0%
5		1020	バット（金属製）	5,284,000	4,756,000	5,490,000	4,993,800	20,523,800		0%
6		1030	野球グローブ	5,494,500	4,945,000	4,395,600	5,192,250	20,027,350		0%
7		2010	ゴルフクラブ	14,388,800	12,949,000	12,512,000	13,596,450	53,446,250		0%
8		2020	ゴルフボール	537,200	483,500	488,400	507,600	2,016,700		0%
9		2030	ゴルフシューズ	3,258,900	2,933,000	2,884,000	3,079,650	12,155,550		0%
10		3010	スキー板	9,152,000	8,236,000	7,040,000	8,647,800	33,075,800		0%
11		3020	スキーブーツ	1,994,100	1,794,000	1,725,000	1,883,700	7,396,800		0%
12		4010	テニスラケット	3,968,000	3,572,000	5,024,000	3,750,600	16,314,600		0%
13		4020	テニスボール	442,000	398,000	451,500	417,900	1,709,400		0%
14		5010	トレーナー	576,000	518,000	480,200	543,900	2,118,100		0%

②**《開く》**→**《参照》**をクリックします。

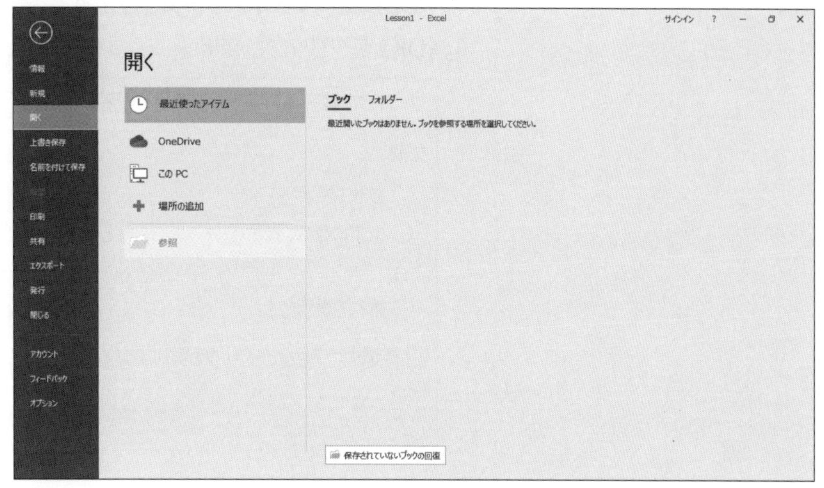

③《**ファイルを開く**》ダイアログボックスが表示されます。

④フォルダー「**Lesson1**」を開きます。

※《PC》→《ドキュメント》→「MOS-Excel 365 2019-Expert（1）」→「Lesson1」を選択します。

⑤一覧から「**2019年度**」を選択します。

⑥《**開く**》をクリックします。

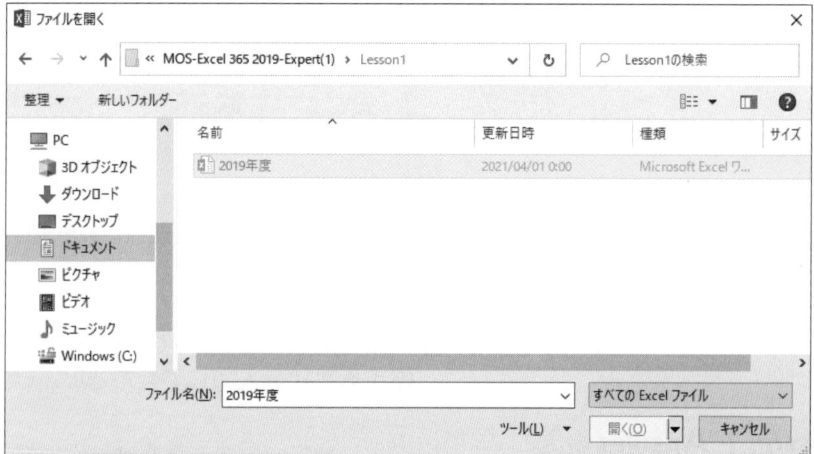

⑦ブック「**2019年度**」が開かれます。

⑧《**表示**》タブ→《**ウィンドウ**》グループの（整列）をクリックします。

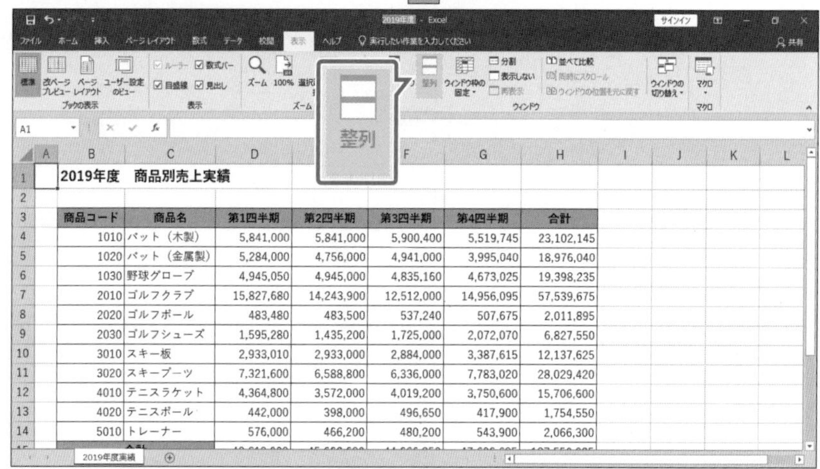

	B	C	D	E	F	G	H
1	2019年度　商品別売上実績						
2							
3	商品コード	商品名	第1四半期	第2四半期	第3四半期	第4四半期	合計
4	1010	バット（木製）	5,841,000	5,841,000	5,900,400	5,519,745	23,102,145
5	1020	バット（金属製）	5,284,000	4,756,000	4,941,000	3,995,040	18,976,040
6	1030	野球グローブ	4,945,050	4,945,000	4,835,160	4,673,025	19,398,235
7	2010	ゴルフクラブ	15,827,680	14,243,900	12,512,000	14,956,095	57,539,675
8	2020	ゴルフボール	483,480	483,500	537,240	507,675	2,011,895
9	2030	ゴルフシューズ	1,595,280	1,435,200	1,725,000	2,072,070	6,827,550
10	3010	スキー板	2,933,010	2,933,000	2,884,000	3,387,615	12,137,625
11	3020	スキーブーツ	7,321,600	6,588,800	6,336,000	7,783,020	28,029,420
12	4010	テニスラケット	4,364,800	3,572,000	4,019,200	3,750,600	15,706,600
13	4020	テニスボール	442,000	398,000	496,650	417,900	1,754,550
14	5010	トレーナー	576,000	466,200	480,200	543,900	2,066,300

⑨《**ウィンドウの整列**》ダイアログボックスが表示されます。

⑩《**左右に並べて表示**》を◉にします。

⑪《**OK**》をクリックします。

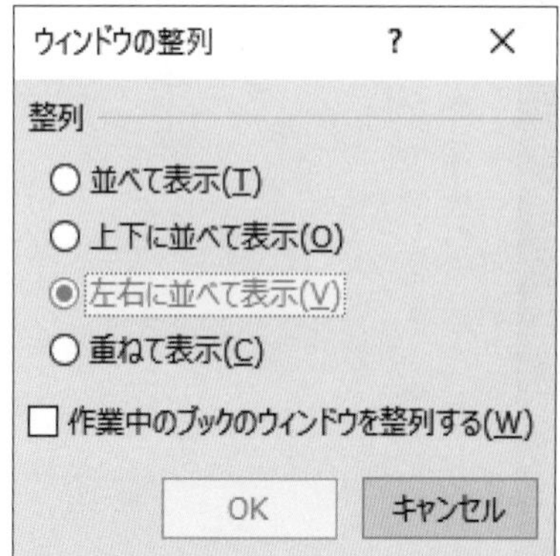

⑫2つのブックが左右に並べて表示されます。

⑬ブック「**Lesson1**」のセル【**I4**】に「**=**」と入力します。

⑭ブック「**2019年度**」のセル【**H4**】をクリックします。

⑮数式バーに「**='[2019年度.xlsx]2019年度実績'!$H$4**」と表示されていることを確認します。

⑯ F4 を3回押します。

※数式をコピーするため相対参照で指定します。

⑰数式バーに「**='[2019年度.xlsx]2019年度実績'!H4**」と表示されていることを確認します。

⑱ Enter を押します。

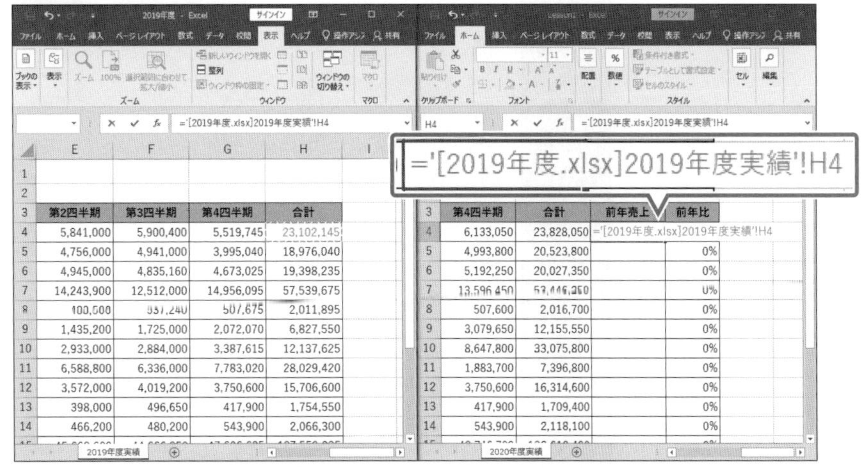

⑲ブック「**2019年度**」のセル【**H4**】の合計が参照されます。

⑳ブック「**Lesson1**」のセル【**I4**】を選択し、セル右下の■（フィルハンドル）をダブルクリックします。

㉑数式がコピーされます。

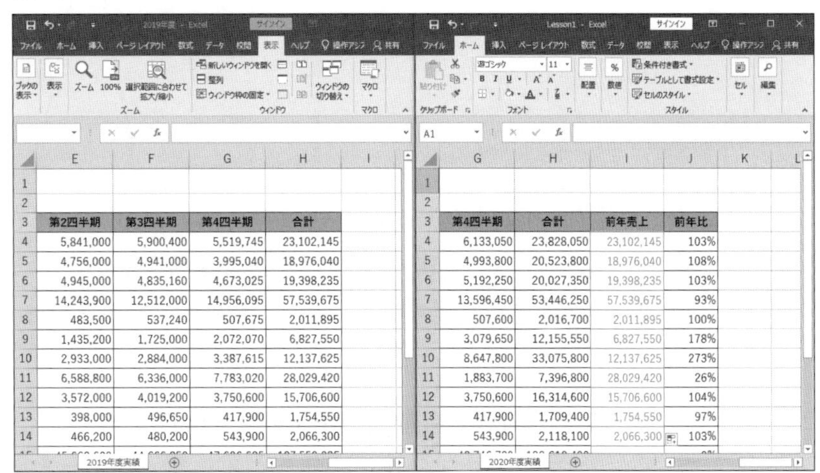

※ブック「2019年度」を閉じておきましょう。

その他の方法

データの参照

2019 365

◆参照元のセルを選択→《ホーム》タブ→《クリップボード》グループの（コピー）→参照先のセルを選択→《ホーム》タブ→《クリップボード》グループの（貼り付け）の→《その他の貼り付けオプション》の（リンク貼り付け）

Point

リンクの編集

別のブックのデータを参照しているブックを開くと、次のようなエラーメッセージが表示される場合があります。このメッセージは、参照元のブックを別のフォルダーに移動したり、ブック名を変更したりして、正しくデータを参照できなくなったために表示されます。このメッセージが表示される場合は、《リンクの編集》をクリックして、リンク情報を修正します。

1-1-2 ブックのバージョンを管理する

解説

■自動保存の設定

誤ってブックを保存せずに閉じてしまったり、突然の停電やパソコンのフリーズなどで入力済みのデータが消えてしまったりした場合でも、自動保存の設定をしておくとブックの一部または全部を回復できます。自動保存の間隔は、初期の設定では10分ごとですが、必要に応じて変更することができます。

2019 365 ◆《ファイル》タブ→《オプション》→《保存》→《ブックの保存》

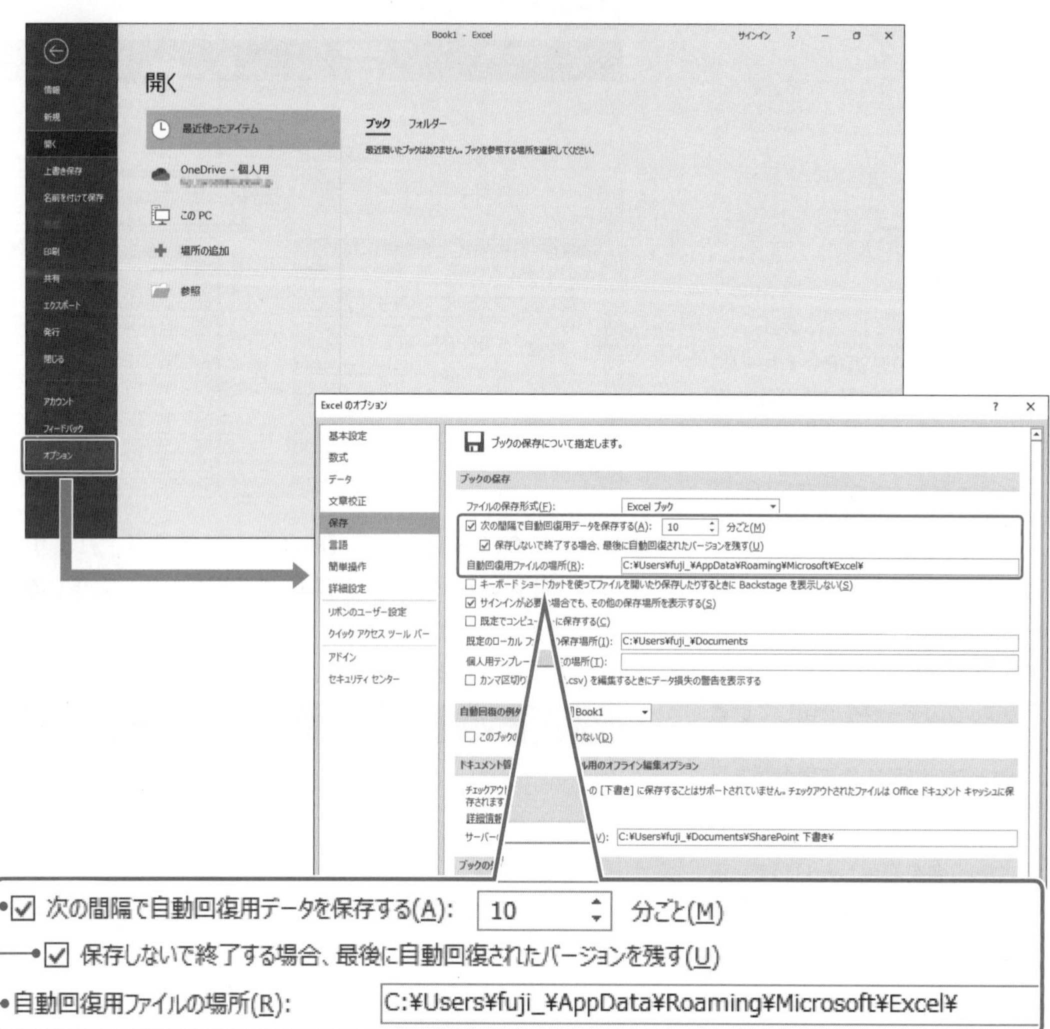

❶次の間隔で自動回復用データを保存する

ブックを自動保存する間隔を設定します。間隔を短くしておくと、自動回復時に、データが最新である可能性が高くなります。

❷保存しないで終了する場合、最後に自動回復されたバージョンを残す

ブックを保存せずに終了した場合でも、最後に自動保存されたブックのバージョンを保持します。

❸自動回復用ファイルの場所

自動回復用データを保存する場所を設定します。保存する場所は、任意のフォルダーに変更することもできます。

■ブックの回復

自動保存の設定を行っておくと、ブックを保存せずに閉じてしまった場合でも、最後に自動保存されたブックを回復することができます。自動保存されたブックを回復する方法は、未保存のブックと既存のブックとで異なります。

●新しいブックで編集していた場合

2019 365 ◆《ファイル》タブ→《情報》→《ブックの管理》→《保存されていないブックの回復》

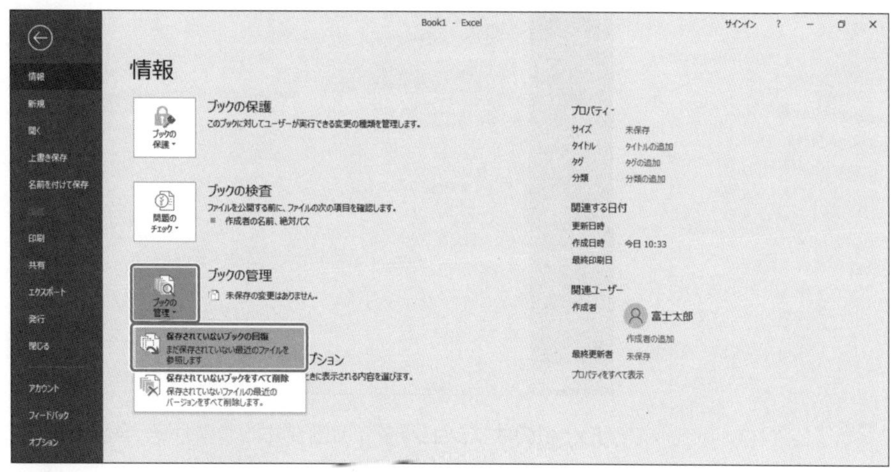

●既存のブックを編集していた場合

2019 365 ◆《ファイル》タブ→《情報》→《ブックの管理》の一覧から選択

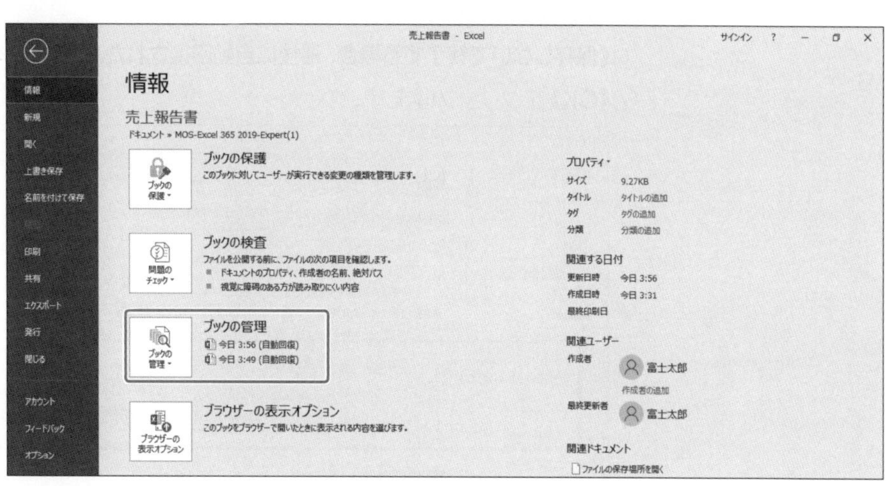

Lesson 2

Excelを起動し、新しいブックを作成しておきましょう。
※このLessonの実習用ファイルはありません。

次の操作を行いましょう。

(1) 自動保存の間隔を1分に設定してください。ブックを保存しないで終了する場合は、最後に保存されたブックを残すようにします。

(2) セル【A1】に「3月度売上報告」と入力し、1分以上経過後にブックを保存せずにExcelを終了してください。

(3) 自動保存されていたブックを回復し、フォルダー「MOS-Excel 365 2019-Expert(1)」に「売上報告書」と名前を付けて保存してください。

(4) セル【A1】に「4月度売上報告」と入力し、1分以上経過後、「5月度売上報告」に修正してください。修正後、「4月度売上報告」と入力した時点にブックを回復してください。

(1) (2)

①《**ファイル**》タブを選択します。

②《**オプション**》をクリックします。

※お使いの環境によっては《オプション》が表示されていない場合があります。その場合は《その他》→《オプション》をクリックします。

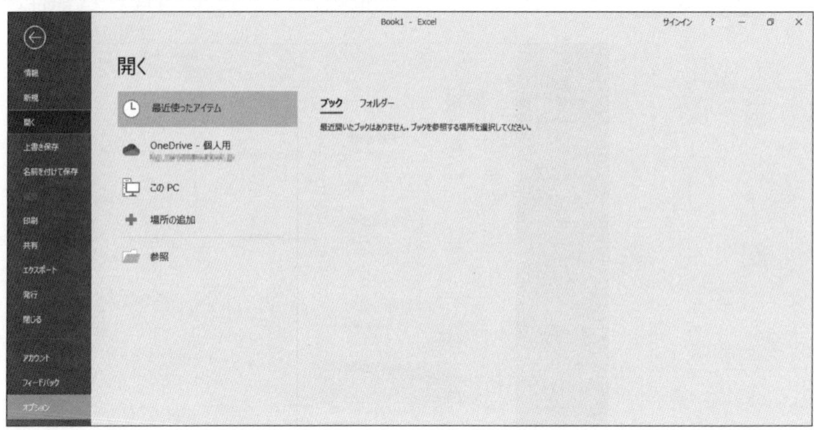

③《**Excelのオプション**》ダイアログボックスが表示されます。

④左側の一覧から《**保存**》を選択します。

⑤《**ブックの保存**》の《**次の間隔で自動回復用データを保存する**》を☑にし、「**1**」分ごとに設定します。

※元の間隔をメモしておきましょう。

⑥《**保存しないで終了する場合、最後に自動回復されたバージョンを残す**》を☑にします。

⑦《**OK**》をクリックします。

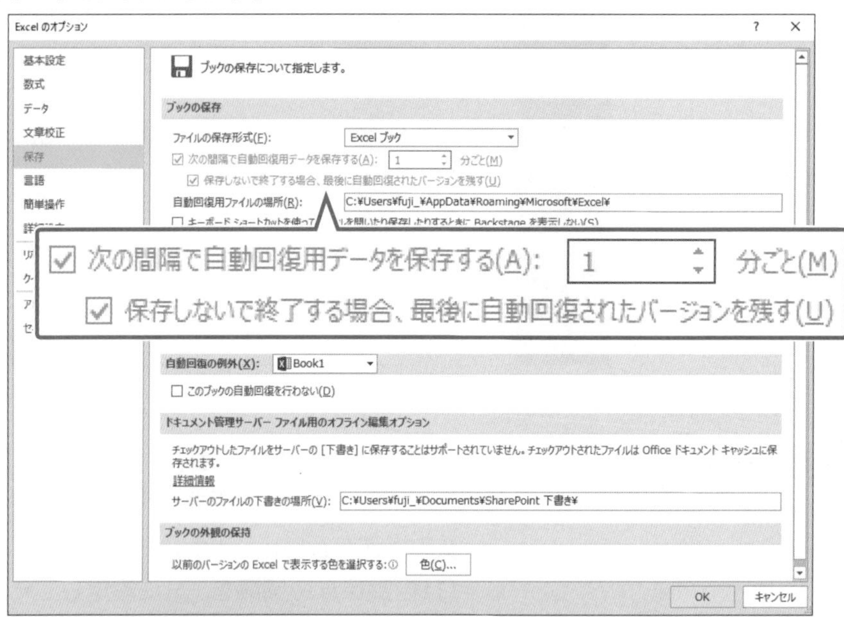

⑧セル【**A1**】に「**3月度売上報告**」と入力します。

⑨1分以上経過後、×（閉じる）をクリックします。

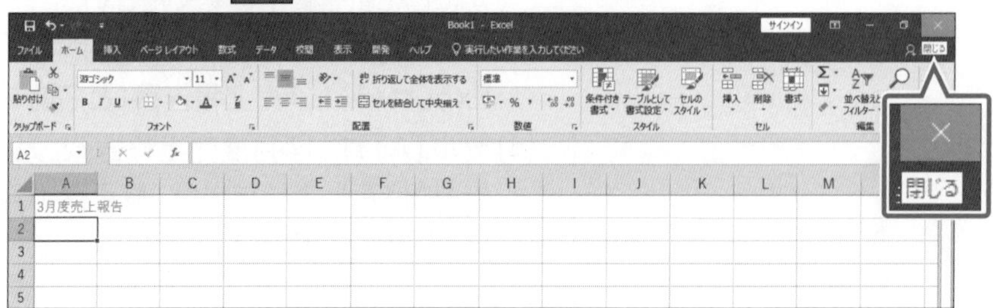

⑩メッセージを確認し、**《保存しない》**をクリックします。

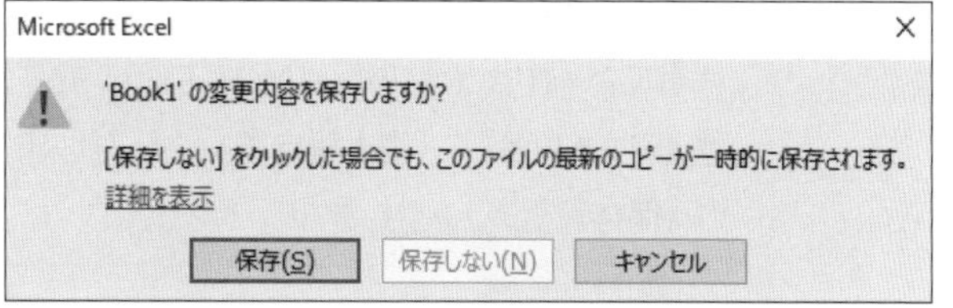

(3)

①Excelを起動し、新しいブックを作成します。

②**《ファイル》**タブを選択します。

③**《情報》**→**《ブックの管理》**→**《保存されていないブックの回復》**をクリックします。

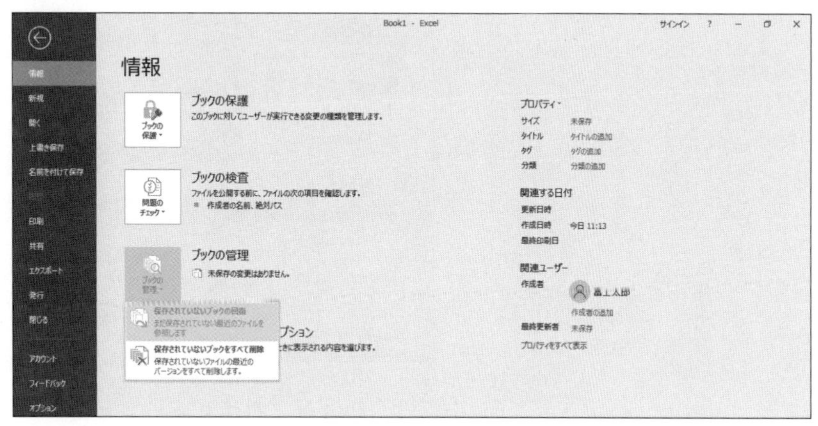

④**《ファイルを開く》**ダイアログボックスが表示されます。

⑤一覧から「**Book1((Unsaved…**」を選択します。

⑥**《開く》**をクリックします。

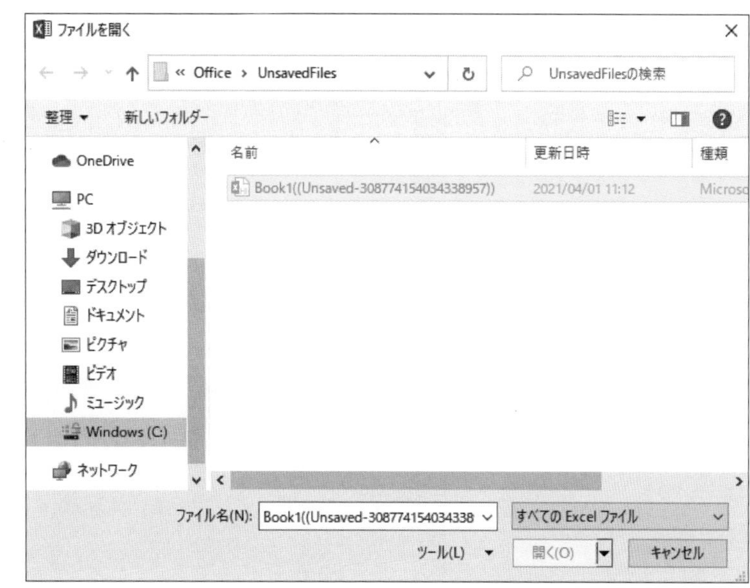

⑦復元されたブックと、**《復元された未保存のファイル》**のメッセージバーが表示されます。

⑧**《名前を付けて保存》**をクリックします。

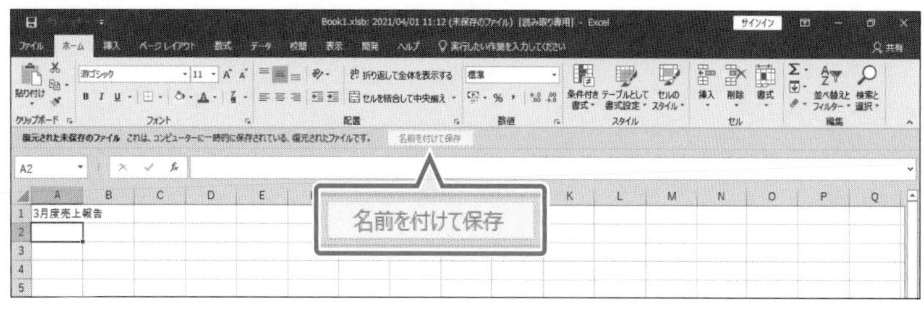

⑨**《名前を付けて保存》**ダイアログボックスが表示されます。

⑩**「MOS-Excel 365 2019-Expert(1)」**を開きます。

※《PC》→《ドキュメント》→「MOS-Excel 365 2019-Expert(1)」を選択します。

⑪**《ファイル名》**に**「売上報告書」**と入力します。

⑫**《保存》**をクリックします。

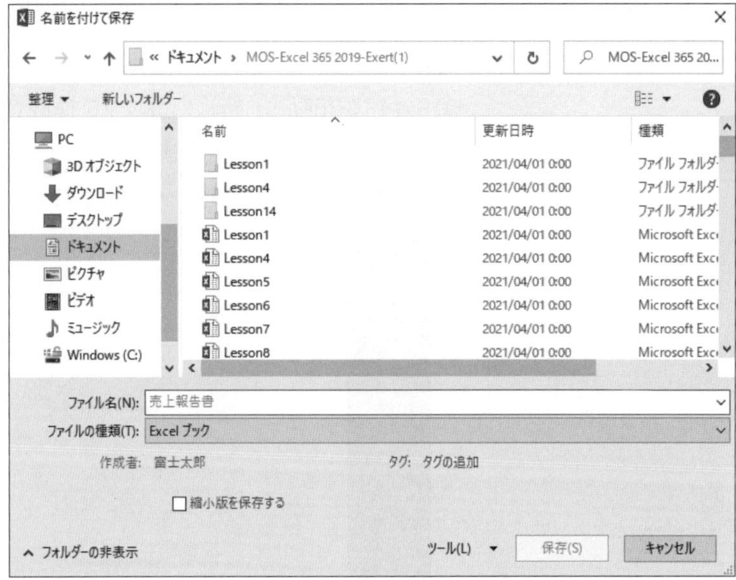

⑬ブックが保存されます。

(4)

①セル**【A1】**を**「4月度売上報告」**に修正します。

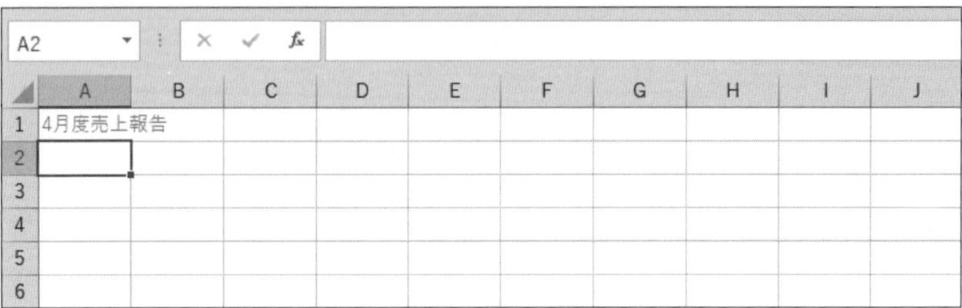

②1分以上経過後、セル**【A1】**を**「5月度売上報告」**に修正します。

③**《ファイル》**タブを選択します。

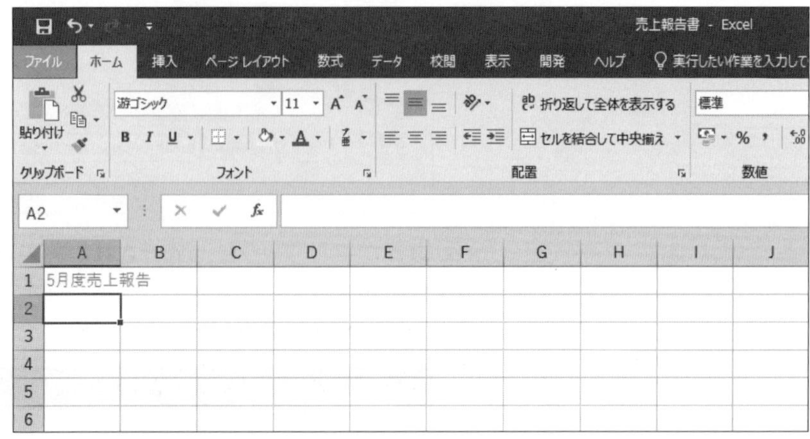

④**《情報》**→**《ブックの管理》**の**《今日○○：○○（自動回復）》**を選択します。
※複数ある場合は、一番古い時刻を選択します。

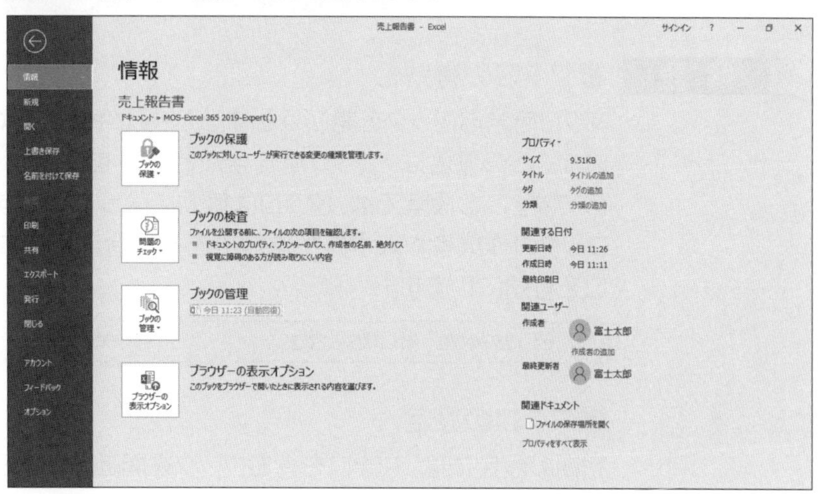

⑤自動保存されたブックと、**《自動回復されたバージョン》**のメッセージバーが表示されます。

⑥**《復元》**をクリックします。

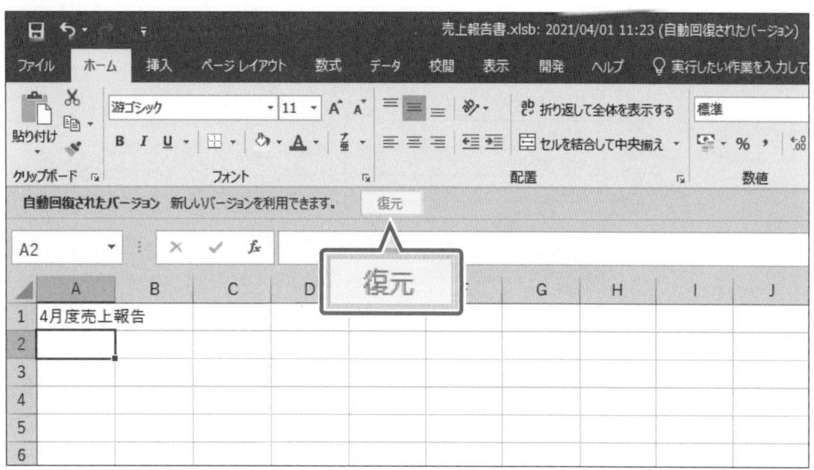

⑦メッセージを確認し、**《OK》**をクリックします。

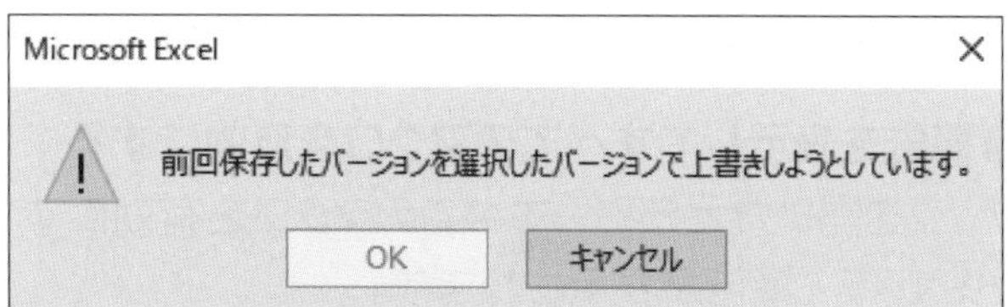

⑧セル**【A1】**が**「4月度売上報告」**に戻ります。

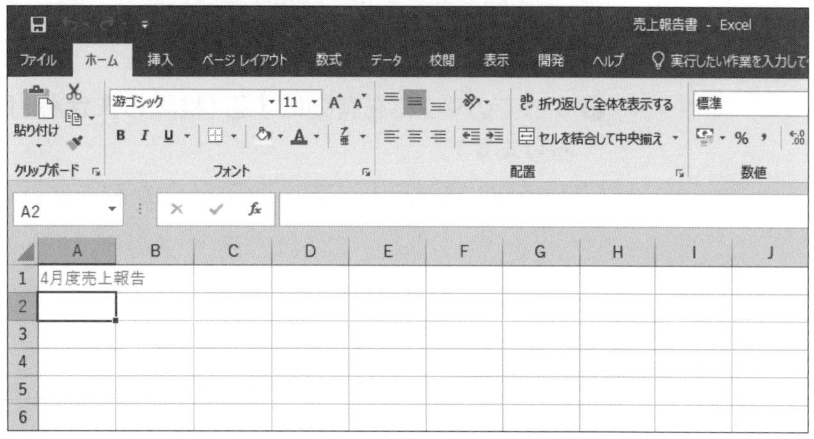

※自動保存の間隔を元に戻しておきましょう。初期の設定は「10」分です。

1-1-3 ブック内のマクロを有効にする

解説

■マクロの有効化

マクロを含むブックを開こうとすると、**「セキュリティの警告」**のメッセージバーが表示されます。この警告は、ブックが安全かどうかを確認するように、ユーザーに注意を促すものです。この段階では、マクロは無効になっています。
ブックの作成者や入手先が信頼できる場合には、**《コンテンツの有効化》**をクリックし、マクロを有効にします。

セキュリティの警告 マクロが無効にされました。 コンテンツの有効化

■マクロの設定

初期の設定では、マクロを含むブックを開こうとすると、セキュリティの警告を表示してマクロを無効にします。ブックを開く際のマクロの有効・無効の設定は、変更できます。

2019 365 ◆《ファイル》タブ→《オプション》→《セキュリティセンター》／《トラストセンター》→《セキュリティセンターの設定》／《トラストセンターの設定》→《マクロの設定》→《マクロの設定》

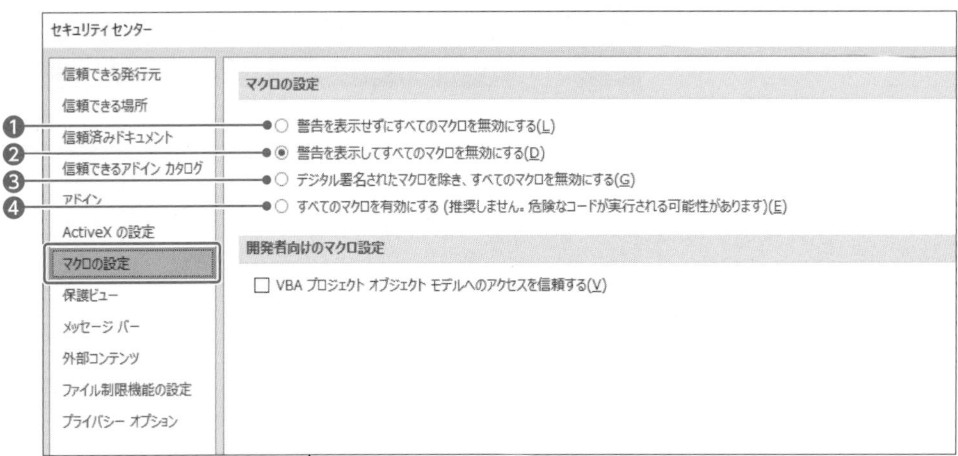

❶警告を表示せずにすべてのマクロを無効にする

ブックを開いたときに、すべてのマクロが自動的に無効になります。

❷警告を表示してすべてのマクロを無効にする

ブックを開いたときに、すべてのマクロを有効にするか無効にするかを確認するためのセキュリティ警告が表示されます。

❸デジタル署名されたマクロを除き、すべてのマクロを無効にする

ブックを開いたときに、信頼できる発行元によって署名されているマクロ以外は、無効になります。

❹すべてのマクロを有効にする（推奨しません。危険なコードが実行される可能性があります）

ブックを開いたときに、すべてのマクロが制限なしで実行されます。

Lesson 3

 ブック「Lesson3」を開いておきましょう。

次の操作を行いましょう。

(1) マクロを有効にしてください。
(2) 警告を表示せずにすべてのマクロが無効になるように設定してください。
(3) 変更したマクロの設定を元に戻してください。初期の設定では「警告を表示してすべてのマクロを無効にする」が設定されています。

Lesson 3 Answer

(1)

①**《セキュリティの警告》**が表示されていることを確認します。
②**《コンテンツの有効化》**をクリックします。

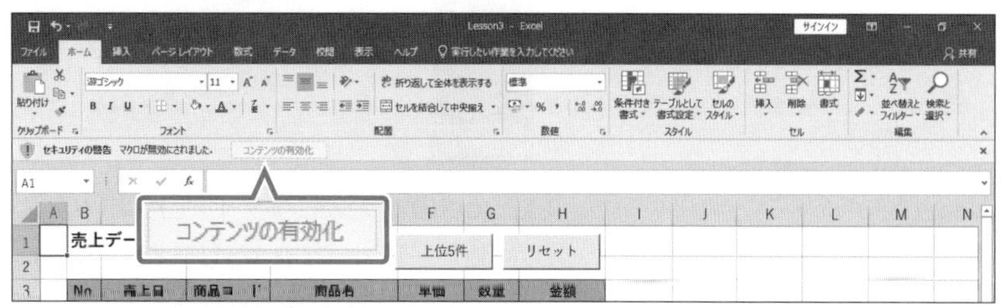

③マクロが有効になります。

(2)

①**《ファイル》**タブを選択します。
②**《オプション》**をクリックします。
※お使いの環境によっては《オプション》が表示されていない場合があります。その場合は《その他》→《オプション》をクリックします。
③**《Excelのオプション》**ダイアログボックスが表示されます。
④左側の一覧から**《セキュリティセンター》**を選択します。
⑤**《セキュリティセンターの設定》**をクリックします。

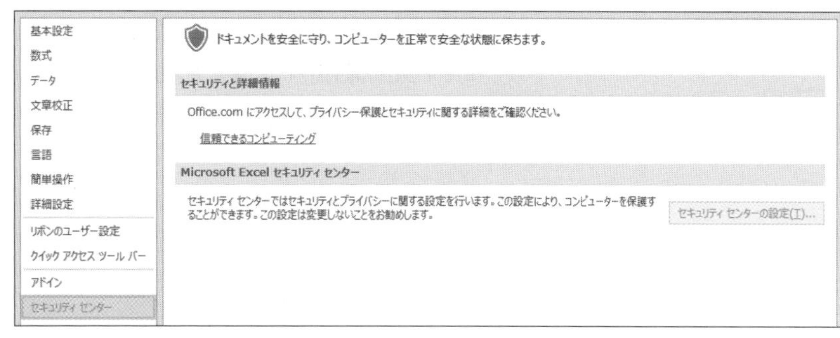

⑥**《セキュリティセンター》**ダイアログボックスが表示されます。
⑦左側の一覧から**《マクロの設定》**を選択します。
⑧**《マクロの設定》**の**《警告を表示せずにすべてのマクロを無効にする》**を◉にします。
⑨**《OK》**をクリックします。

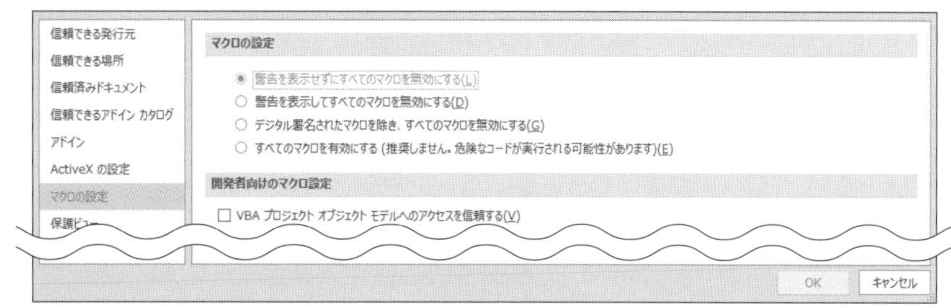

⑩**《OK》**をクリックします。
⑪マクロの設定が変更されます。

その他の方法

マクロの設定

2019 365

◆《開発》タブ→《コード》グループの マクロのセキュリティ（マクロのセキュリティ）→左側の一覧から《マクロの設定》を選択→《マクロの設定》

Point

信頼済みドキュメントを無効にする

マクロを有効化したブックは、「信頼済みドキュメント」となり、以降ブックを開くとき、セキュリティの警告は表示されません。
信頼済みドキュメントを無効にすると、再度セキュリティの警告を表示できます。

2019 365

◆《ファイル》タブ→《オプション》→《セキュリティセンター》/《トラストセンター》→《セキュリティセンターの設定》/《トラストセンターの設定》→《信頼済みドキュメント》を選択→《☑信頼済みドキュメントを無効にする》

(3)

①《**ファイル**》タブを選択します。

②《**オプション**》をクリックします。

※お使いの環境によっては《オプション》が表示されていない場合があります。その場合は《その他》→《オプション》をクリックします。

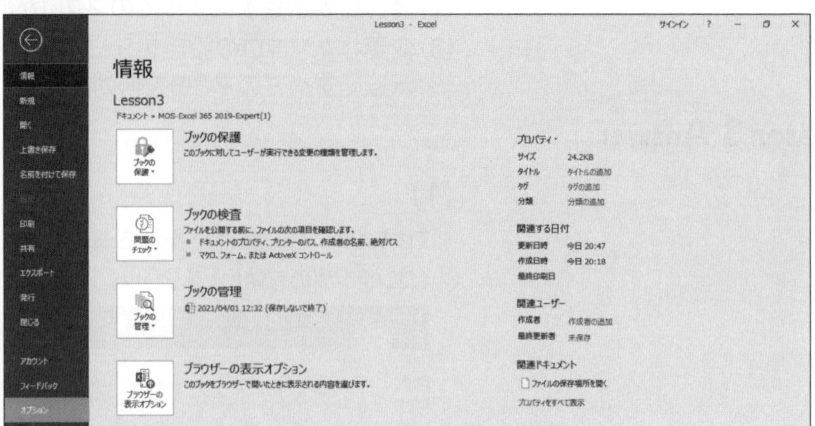

③《**Excelのオプション**》ダイアログボックスが表示されます。

④左側の一覧から《**セキュリティセンター**》を選択します。

⑤《**セキュリティセンターの設定**》をクリックします。

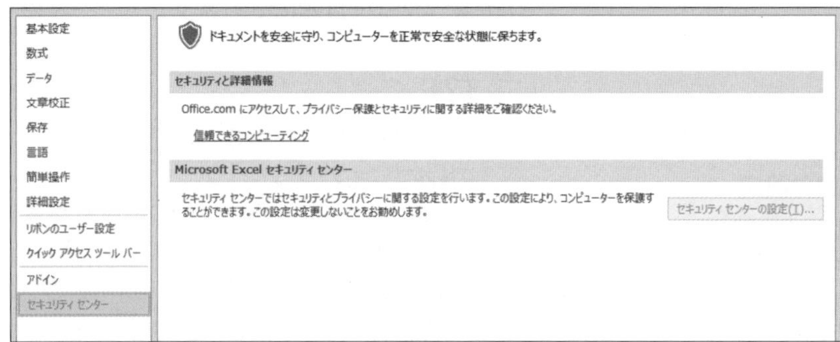

⑥《**セキュリティセンター**》ダイアログボックスが表示されます。

⑦左側の一覧から《**マクロの設定**》を選択します。

⑧《**マクロの設定**》の《**警告を表示してすべてのマクロを無効にする**》を◉にします。

⑨《**OK**》をクリックします。

⑩《**OK**》をクリックします。

⑪マクロの設定が元に戻ります。

1-1-4 ブック間でマクロをコピーする

解説

■《開発》タブの表示

《開発》タブには、マクロの作成や編集のためのコマンドが登録されています。初期の設定では表示されませんが、マクロを利用する際には、表示しておくと効率よく作業できます。

2019 365 ◆《ファイル》タブ→《オプション》→《リボンのユーザー設定》→《リボンのユーザー設定》の▼→《メインタブ》→《☑開発》

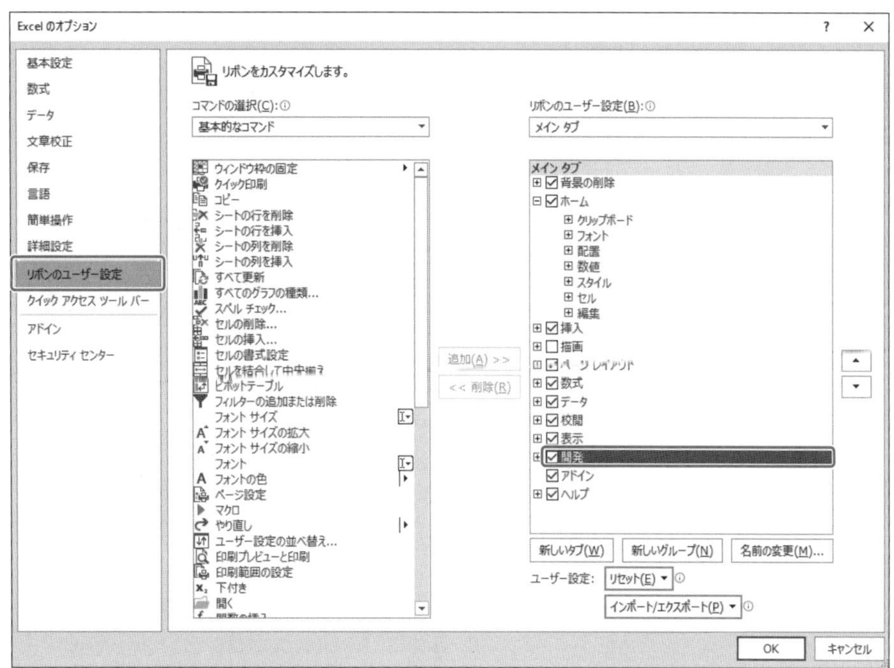

■ブック間のマクロのコピー

作成したマクロを別のブックにコピーして利用できます。

ブックに保存されているマクロは、**「モジュール」**という単位で管理されています。このモジュールをエクスポートして独立したファイルにしたあと、エクスポートしたファイルを別のブックにインポートするとマクロをコピーできます。

マクロのインポートまたはエクスポートは、**《Microsoft Visual Basic for Applications》**ウィンドウを表示して行います。

2019 365 ◆《開発》タブ→《コード》グループの（Visual Basic）

2019 365 ◆《ファイル》タブ→《ファイルのインポート》→インポートするファイルを選択

◆エクスポートするモジュールを選択→《ファイル》タブ→《ファイルのエクスポート》

Lesson 4

ブック「Lesson4」を開いておきましょう。

次の操作を行いましょう。

(1)《開発》タブを表示してください。

(2) フォルダー「Lesson4」のブック「売上データ10月」に保存されているマクロを、ブック「Lesson4」にコピーしてください。ブック「売上データ10月」に保存されているマクロは、ファイル「上位抽出マクロ」として、フォルダー「MOS-Excel 365 2019-Expert（1）」に保存します。

Lesson 4 Answer

その他の方法

《開発》タブの表示

2019　365

◆リボンを右クリック→《リボンのユーザー設定》→《リボンのユーザー設定》の ▾ →《メインタブ》→《☑開発》

(1)

①**《ファイル》**タブを選択します。

②**《オプション》**をクリックします。

※お使いの環境によっては《オプション》が表示されていない場合があります。その場合は《その他》→《オプション》をクリックします

③**《Excelのオプション》**ダイアログボックスが表示されます。

④左側の一覧から**《リボンのユーザー設定》**を選択します。

⑤**《リボンのユーザー設定》**の ▾ をクリックし、一覧から**《メインタブ》**を選択します。

⑥**《開発》**を ☑ にします。

⑦**《OK》**をクリックします。

⑧**《開発》**タブが表示されます。

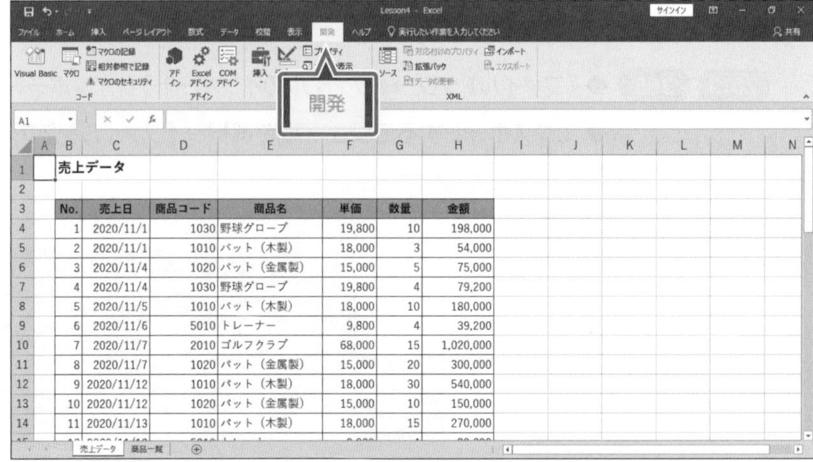

(2)

①**《ファイル》**タブを選択します。

②**《開く》**→**《参照》**をクリックします。

③**《ファイルを開く》**ダイアログボックスが表示されます。

④フォルダー**「Lesson4」**を開きます。

※《PC》→《ドキュメント》→「MOS-Excel 365 2019-Expert(1)」→「Lesson4」を選択します。

⑤一覧から**「売上データ10月」**を選択します。

⑥**《開く》**をクリックします。

⑦ブック**「売上データ10月」**が開かれます。

※《コンテンツの有効化》をクリックしてブック「売上データ10月」のマクロを有効化しておきましょう。

⑧**《開発》**タブ→**《コード》**グループの Visual Basic (Visual Basic)をクリックします。

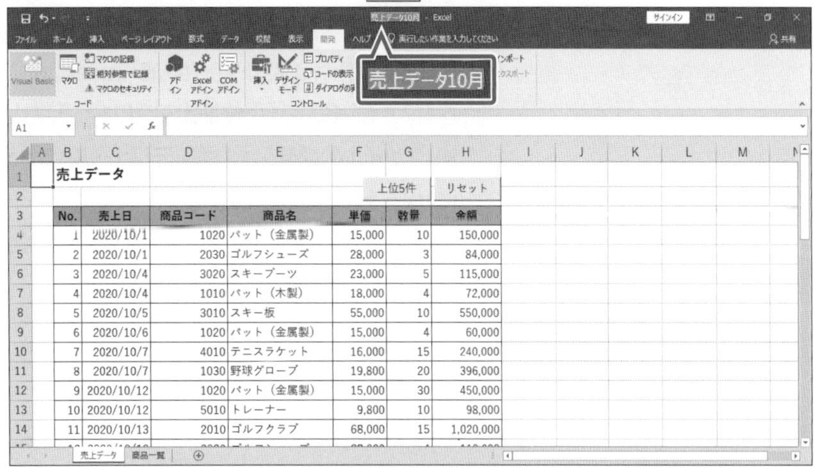

⑨**《Microsoft Visual Basic for Applications》**ウィンドウが表示されます。

⑩プロジェクトエクスプローラーに**「VBA Project(Lesson4.xlsx)」**と**「VBA Project(売上データ10月.xlsm)」**が表示されていることを確認します。

※表示されていない場合はプロジェクトエクスプローラーのサイズを調整しましょう。

※Excelでは、1つのブックが1つのプロジェクトになります。

⑪プロジェクトエクスプローラーの**「VBA Project(売上データ10月.xlsm)」**の**《標準モジュール》**の**「Module1」**を選択します。

※表示されていない場合は、+をクリックします。

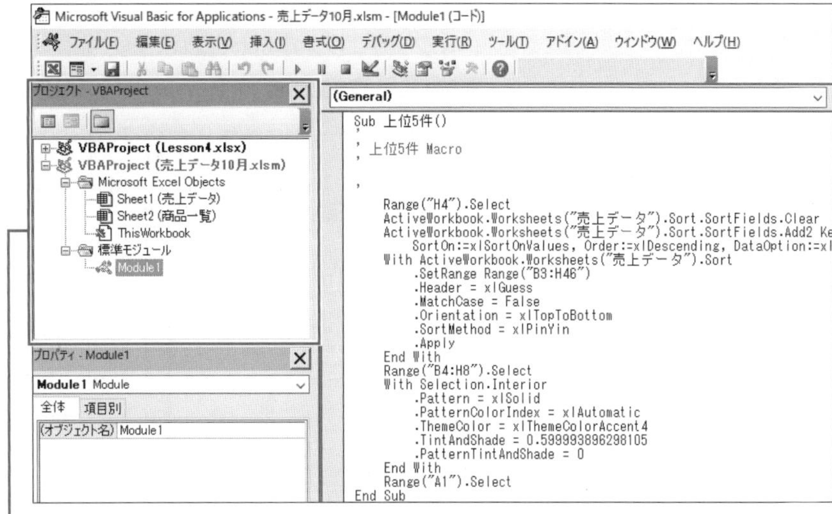

プロジェクトエクスプローラー

⑫**《ファイル》**→**《ファイルのエクスポート》**をクリックします。

⑬**《ファイルのエクスポート》**ダイアログボックスが表示されます。

⑭フォルダー**「MOS-Excel 365 2019-Expert(1)」**を開きます。

※《PC》→《ドキュメント》→「MOS-Excel 365 2019-Expert(1)」を選択します。

⑮**《ファイル名》**に**「上位抽出マクロ」**と入力します。

⑯**《ファイルの種類》**が**《標準モジュール(*.bas)》**になっていることを確認します。

⑰**《保存》**をクリックします。

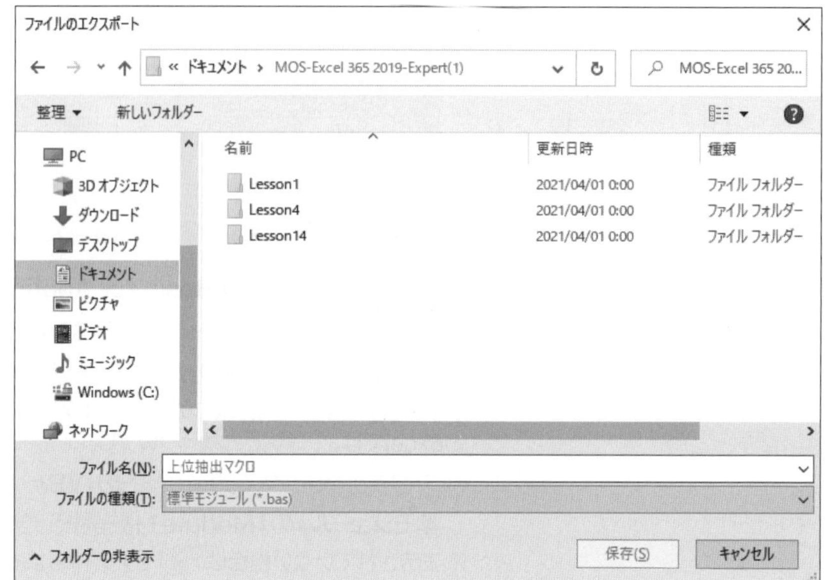

⑱マクロがエクスポートされます。

⑲プロジェクトエクスプローラーの**「VBA Project(Lesson4.xlsx)」**を選択します。

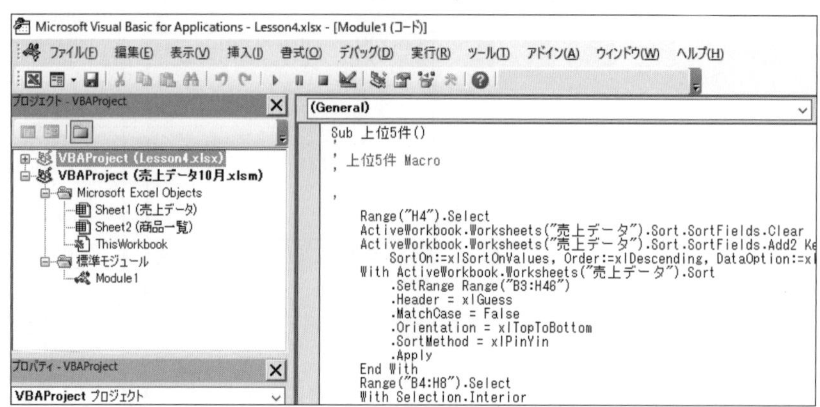

⑳《ファイル》→《ファイルのインポート》をクリックします。

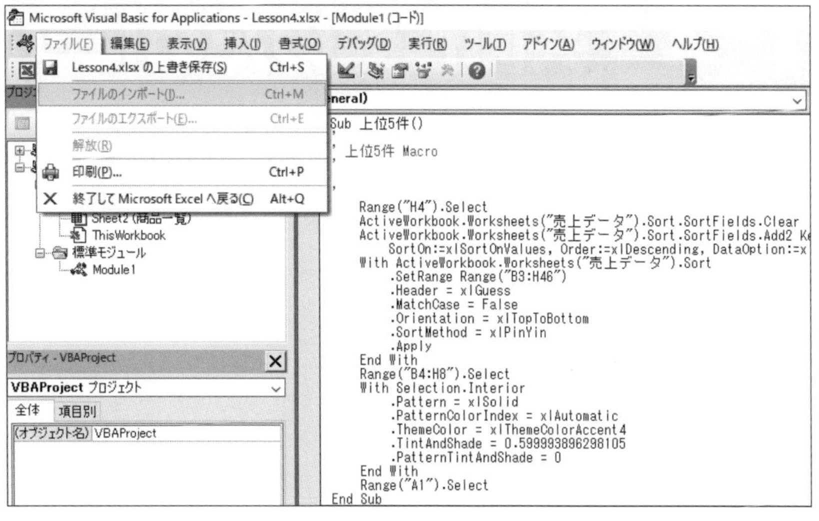

㉑《ファイルのインポート》ダイアログボックスが表示されます。

㉒フォルダー「**MOS-Excel 365 2019-Expert（1）**」を開きます。

※《PC》→《ドキュメント》→「MOS-Excel 365 2019-Expert（1）」を選択します。

㉓一覧から「**上位抽出マクロ.bas**」を選択します。

㉔《**開く**》をクリックします。

㉕マクロがインポートされます。

㉖プロジェクトエクスプローラーの「**VBA Project（Lesson4.xlsx）**」の《**標準モジュール**》にある「**Module1**」をダブルクリックします。

※表示されていない場合は、⊞をクリックします。

㉗マクロがコピーされていることを確認します。

㉘《**Microsoft Visual Basic for Applications**》ウィンドウの ✕ （閉じる）をクリックします。

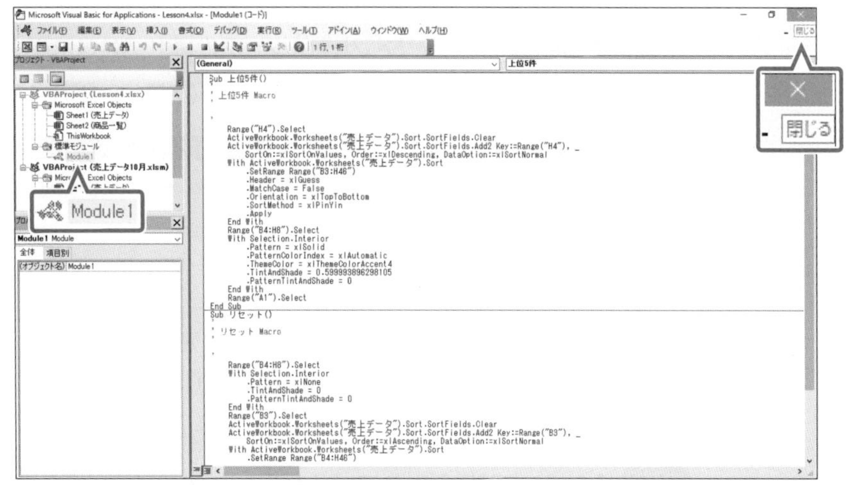

※ブック「売上データ10月」を閉じておきましょう。

※ブック「Lesson4」にコピーしたマクロ「上位5件」と「リセット」が実行できることを確認しておきましょう。
マクロを実行するには、《開発》タブ→《コード》グループの （マクロの表示）→マクロ名を選択→《実行》をクリックします。

※《開発》タブを非表示にしておきましょう。

Point

マクロを含むブックの保存

マクロを含むブックを保存するには、マクロ有効ブックとして保存します。マクロ有効ブックとして保存する方法については、P.162を参照してください。

出題範囲1　ブックのオプションと設定の管理

1-2 共同作業のためにブックを準備する

☑ 理解度チェック

習得すべき機能	参照Lesson	学習前	学習後	試験直前
■コメントを挿入できる。	➡Lesson5	☑	☑	☑
■コメントを編集できる。	➡Lesson5	☑	☑	☑
■セルのロックを解除できる。	➡Lesson6	☑	☑	☑
■ワークシートを保護できる。	➡Lesson6 ➡Lesson7	☑	☑	☑
■ブックを保護できる。	➡Lesson8	☑	☑	☑
■パスワードを使って、編集できるセル範囲を制限できる。	➡Lesson9	☑	☑	☑
■ブックを共有できる。	➡Lesson10	☑	☑	☑
■数式の計算方法を設定できる。	➡Lesson11	☑	☑	☑

1-2-1 コメントを管理する

解説

■コメント

「コメント」を使うと、セルに注釈を付けることができます。コメントが挿入されたセルの右上には、▭（コメントマーク）が表示され、ポイントするとコメントの内容を確認できます。請求書や見積書など複数のユーザーが利用するブックに、入力上の補足事項などをコメントとして挿入しておくと便利です。

2019 ◆《校閲》タブ→《コメント》グループの（新しいコメント）（コメントの挿入）

365 ◆《校閲》タブ→《メモ》グループの（メモ）→《新しいメモ》

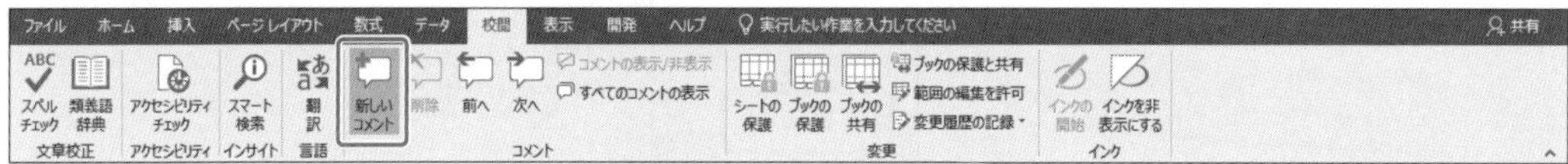

■コメントの編集

入力済みのコメントに後から文字列を追加したり、変更したりできます。コメントの内容を変更するには、コメントを編集状態にしてから入力します。

2019 ◆コメントが挿入されているセルを右クリック→《コメントの編集》

365 ◆コメントが挿入されているセルを右クリック→《メモの編集》

Lesson 5

OPEN ブック「Lesson5」を開いておきましょう。

次の操作を行いましょう。

(1) セル【B1】に挿入されているコメントを編集して、「タイトルを2020年度商品別実績に変更してください。」にしてください。

(2) セル【I3】に、「前年度の売上を入力してください。」というコメントを挿入してください。

Lesson 5 Answer

(1)

①セル【B1】を右クリックします。

②《コメントの編集》をクリックします。

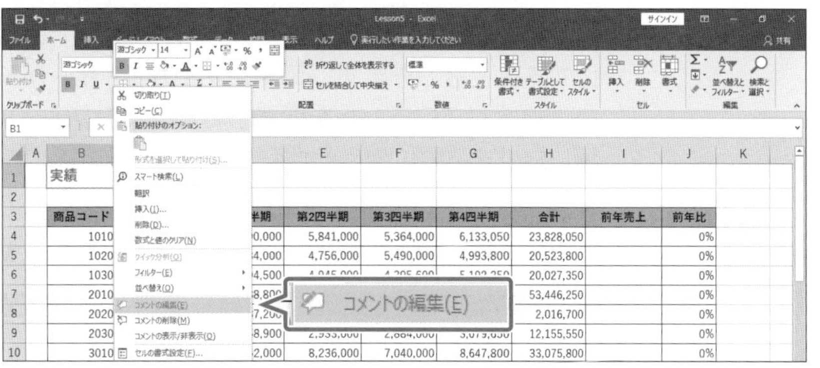

③コメントとカーソルが表示されます。

④**「タイトルを2020年度商品別実績に変更してください。」**に修正します。

	A	B	C	D	E	F	G	H	I	J
1		実績	富士太郎: タイトルを2020年度商品別実績に変更してください。							
2										
3		商品コード		第1四半期	第2四半期	第3四半期	第4四半期	合計	前年売上	前年比
4		1010	バット（木製）	6,490,000	5,841,000	5,364,000	6,133,050	23,828,050		0%
5		1020	バット（金属製）	5,284,000	4,756,000	5,490,000	4,993,800	20,523,800		0%
6		1030	野球グローブ	5,494,500	4,945,000	4,395,600	5,192,250	20,027,350		0%
7		2010	ゴルフクラブ	14,388,800	12,949,000	12,512,000	13,596,450	53,446,250		0%
8		2020	ゴルフボール	537,200	483,500	488,400	507,600	2,016,700		0%
9		2030	ゴルフシューズ	3,258,900	2,933,000	2,884,000	3,079,650	12,155,550		0%
10		3010	スキー板	9,152,000	8,236,000	7,040,000	8,647,800	33,075,800		0%

⑤コメント以外の場所をクリックします。

⑥コメントが確定されます。

(2)

①セル【I3】を選択します。

②《校閲》タブ→《コメント》グループの（コメントの挿入）をクリックします。

新しいコメント

	A	B	C	D	E	F	G	H	I	J
1		実績								
2										
3		商品コード		第1四半期	第2四半期	第3四半期	第4四半期	合計	前年売上	前年比
4		1010	バット		5,841,000	5,364,000	6,133,050	23,828,050		0%
5		1020	バット		4,756,000	5,490,000	4,993,800	20,523,800		0%
6		1030	野球グローブ	5,494,500	4,945,000	4,395,600	5,192,250	20,027,350		0%
7		2010	ゴルフクラブ	14,388,800	12,949,000	12,512,000	13,596,450	53,446,250		0%
8		2020	ゴルフボール	537,200	483,500	488,400	507,600	2,016,700		0%
9		2030	ゴルフシューズ	3,258,900	2,933,000	2,884,000	3,079,650	12,155,550		0%
10		3010	スキー板	9,152,000	8,236,000	7,040,000	8,647,800	33,075,800		0%

③**「前年度の売上を入力してください。」**と入力します。

※コメントの1行目にはユーザー名が表示されます。

④コメント以外の場所をクリックします。

⑤コメントが確定し、コメントマークが表示されます。

	A	B	C	D	E	F	G	H	I	J
1		実績								
2										
3		商品コード	商品名	第1四半期	第2四半期	第3四半期	第4四半期	合計	前年売上	富士太郎: 前年度の売上を入力してください。
4		1010	バット（木製）	6,490,000	5,841,000	5,364,000	6,133,050	23,828,050		
5		1020	バット（金属製）	5,284,000	4,756,000	5,490,000	4,993,800	20,523,800		
6		1030	野球グローブ	5,494,500	4,945,000	4,395,600	5,192,250	20,027,350		0%
7		2010	ゴルフクラブ	14,388,800	12,949,000	12,512,000	13,596,450	53,446,250		0%
8		2020	ゴルフボール	537,200	483,500	488,400	507,600	2,016,700		0%
9		2030	ゴルフシューズ	3,258,900	2,933,000	2,884,000	3,079,650	12,155,550		0%
10		3010	スキー板	9,152,000	8,236,000	7,040,000	8,647,800	33,075,800		0%

※セル【I3】ポイントして、コメントを確認しておきましょう。

その他の方法

コメントの挿入

2019

◆セルを右クリック→《コメントの挿入》

◆[Shift]+[F2]

365

◆セルを右クリック→《メモの挿入》

◆[Shift]+[F2]

その他の方法

コメントの編集

2019

◆コメントが挿入されているセルを選択→《校閲》タブ→《コメント》グループの（コメントの編集）

365

◆コメントが挿入されているセルを選択→《校閲》タブ→《メモ》グループの（メモ）→《メモの編集》

Point

コメントの削除

2019 365

◆コメントが挿入されているセルを選択→《校閲》タブ→《コメント》グループの（コメントの削除）

1-2-2 ワークシートとセル範囲を保護する

解説

■ワークシートとセル範囲の保護

ワークシートを保護すると、誤ってデータを消してしまったり書き換えてしまったりすることを防止できます。ワークシートを保護しても、一部のセルだけは編集できるようにすることもできます。不特定多数のユーザーがデータを入力するような場合に、数式が入力されているセルを保護したり、表のフォーマットが変更されないように書式を保護したりする際に使うと便利です。

2019 365 ◆《校閲》タブ→《変更》グループの（シートの保護）

※お使いの環境によっては、グループ名の「変更」が「保護」と表示される場合があります。

ワークシートを保護する手順は、次のとおりです。

❶ 編集するセルのロックを解除する

セルのロックを解除するには、**《ホーム》**タブ→**《セル》**グループの（書式）→**《セルのロック》**を使います。

※ワークシート全体を保護する場合、この手順は不要です。

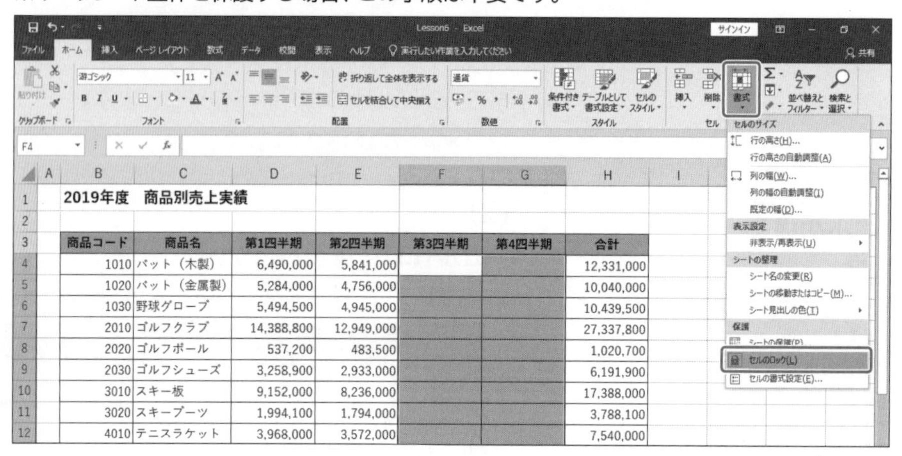

商品コード	商品名	第1四半期	第2四半期	第3四半期	第4四半期	合計
1010	バット（木製）	6,490,000	5,841,000			12,331,000
1020	バット（金属製）	5,284,000	4,756,000			10,040,000
1030	野球グローブ	5,494,500	4,945,000			10,439,500
2010	ゴルフクラブ	14,388,800	12,949,000			27,337,800
2020	ゴルフボール	537,200	483,500			1,020,700
2030	ゴルフシューズ	3,258,900	2,933,000			6,191,900
3010	スキー板	9,152,000	8,236,000			17,388,000
3020	スキーブーツ	1,994,100	1,794,000			3,788,100
4010	テニスラケット	3,968,000	3,572,000			7,540,000

❷ ワークシートを保護する

Lesson 6

ブック「Lesson6」を開いておきましょう。

次の操作を行いましょう。

(1) セル範囲【F4：G14】以外は編集できないように、ワークシートを保護してください。

Lesson 6 Answer

その他の方法

セルのロック解除

2019 365

◆セルまたはセル範囲を右クリック→《セルの書式設定》→《保護》タブ→《□ロック》

◆セルまたはセル範囲を選択→Ctrl+1→《保護》タブ→《□ロック》

その他の方法

ワークシートの保護

2019 365

◆《ファイル》タブ→《情報》→《ブックの保護》→《現在のシートの保護》

◆シート見出しを右クリック→《シートの保護》

(1)

①セル範囲【**F4:G14**】を選択します。

②**《ホーム》**タブ→**《セル》**グループの（書式）→**《セルのロック》**をクリックします。

※コマンド名の左のボタンの枠が非表示になります。

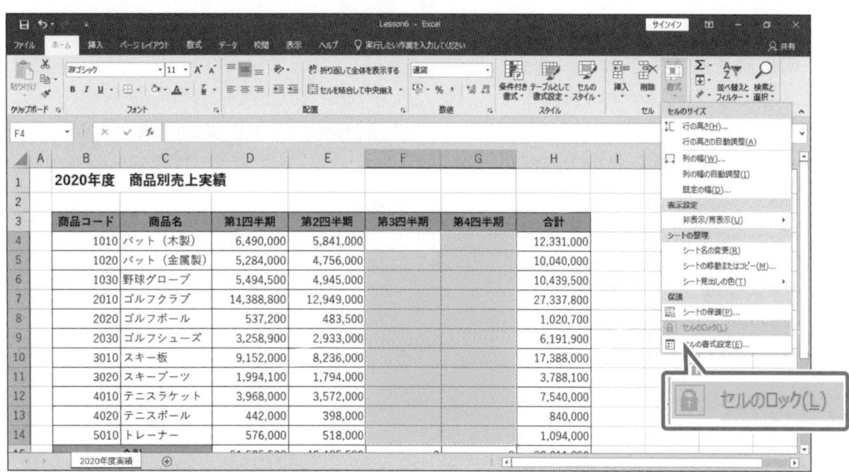

③セルのロックが解除されます。

※《ホーム》タブ→《セル》グループの（書式）をクリックし、コマンド名の左のボタンを確認しておきましょう。

④**《校閲》**タブ→**《変更》**グループの（シートの保護）をクリックします。

※お使いの環境によっては、グループ名の「変更」が「保護」と表示される場合があります。

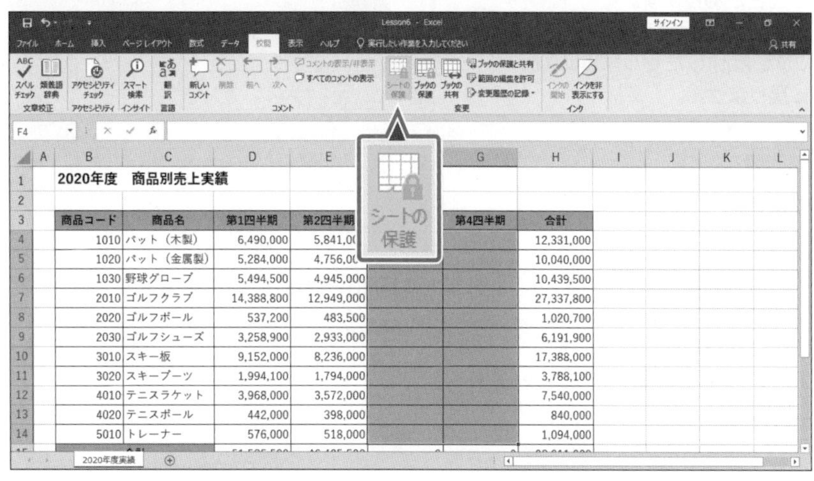

Point

《シートの保護》

❶シートの保護を解除するためのパスワード

ワークシートの保護を解除するためのパスワードを設定します。パスワードを設定しておくと、パスワードを知っているユーザーだけが、ワークシートの保護を解除できます。省略すると、誰でもワークシートの保護を解除できます。

❷シートとロックされたセルの内容を保護する

ワークシートを保護します。

❸このシートのすべてのユーザーに許可する操作

ワークシートを保護しても実行できる操作を指定します。

Point

ワークシートの保護の解除

2019 365

◆《校閲》タブ→《変更》グループの（シート保護の解除）

※お使いの環境によっては、グループ名の「変更」が「保護」と表示される場合があります。

※ワークシートの保護を解除しても、ロックを解除したセルはロック状態に戻りません。

Point

セルのロック

2019 365

セルをロック状態に戻す方法は、次のとおりです。

◆セルを選択→《ホーム》タブ→《セル》グループの（書式）→《セルのロック》

※コマンド名の左のボタンに枠が表示されます。

⑤**《シートの保護》**ダイアログボックスが表示されます。

⑥**《シートとロックされたセルの内容を保護する》**を☑にします。

⑦**《OK》**をクリックします。

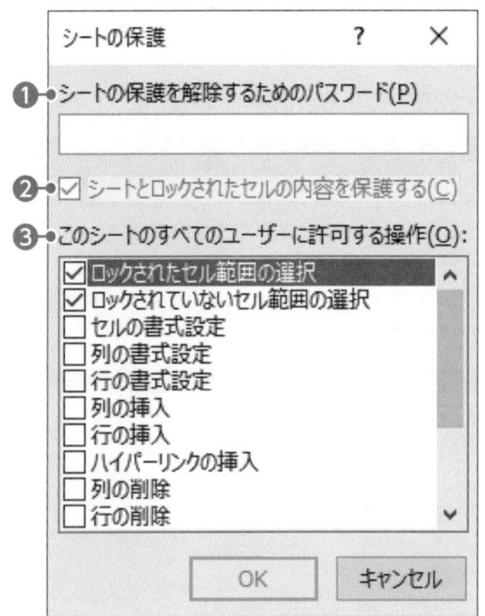

⑧ワークシートが保護されます。

	B	C	D	E	F	G	H
1	2020年度　商品別売上実績						
2							
3	商品コード	商品名	第1四半期	第2四半期	第3四半期	第4四半期	合計
4	1010	バット（木製）	6,490,000	5,841,000			12,331,000
5	1020	バット（金属製）	5,284,000	4,756,000			10,040,000
6	1030	野球グローブ	5,494,500	4,945,000			10,439,500
7	2010	ゴルフクラブ	14,388,800	12,949,000			27,337,800
8	2020	ゴルフボール	537,200	483,500			1,020,700
9	2030	ゴルフシューズ	3,258,900	2,933,000			6,191,900
10	3010	スキー板	9,152,000	8,236,000			17,388,000
11	3020	スキーブーツ	1,994,100	1,794,000			3,788,100
12	4010	テニスラケット	3,968,000	3,572,000			7,540,000
13	4020	テニスボール	442,000	398,000			840,000
14	5010	トレーナー	576,000	518,000			1,094,000

※セル範囲【F4：G14】以外は編集できないことを確認しておきましょう。

Lesson 7

OPEN ブック「Lesson7」を開いておきましょう。

次の操作を行いましょう。

(1) ワークシートを保護してください。セル・列・行の書式は変更できるようにします。保護を解除するためのパスワードは「abc」とします。

(1)

①**《校閲》**タブ→**《変更》**グループの（シートの保護）をクリックします。

※お使いの環境によっては、グループ名の「変更」が「保護」と表示される場合があります。

商品コード	商品名	第1四半期	第2四半期		第4四半期	合計
1010	バット（木製）	6,490,000	5,841,0		6,133,050	23,828,050
1020	バット（金属製）	5,284,000	4,756,00		4,993,800	20,523,800
1030	野球グローブ	5,494,500	4,945,000	4,395,600	5,192,250	20,027,350
2010	ゴルフクラブ	14,388,800	12,949,000	12,512,000	13,596,450	53,446,250
2020	ゴルフボール	537,200	483,500	488,400	507,600	2,016,700
2030	ゴルフシューズ	3,258,900	2,933,000	2,884,000	3,079,650	12,155,550
3010	スキー板	9,152,000	8,236,000	7,040,000	8,647,800	33,075,800
3020	スキーブーツ	1,994,100	1,794,000	1,725,000	1,883,700	7,396,800

②**《シートの保護》**ダイアログボックスが表示されます。

③**《シートの保護を解除するためのパスワード》**に「abc」と入力します。

※入力したパスワードは「*」で表示されます。パスワードは大文字・小文字が区別されます。

④**《シートとロックされたセルの内容を保護する》**を☑にします。

⑤**《このシートのすべてのユーザーに許可する操作》**の**《セルの書式設定》**、**《列の書式設定》**、**《行の書式設定》**を☑にします。

⑥**《OK》**をクリックします。

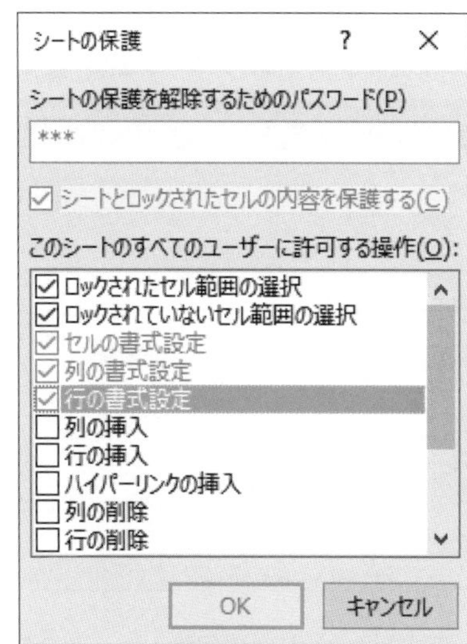

⑦**《パスワードの確認》**ダイアログボックスが表示されます。

⑧**《パスワードをもう一度入力してください。》**に「abc」と入力します。

⑨**《OK》**をクリックします。

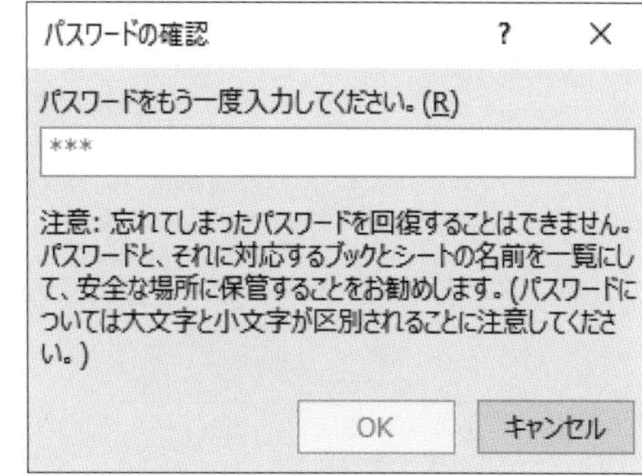

⑩ワークシートが保護されます。

※書式が変更できることを確認しておきましょう。

1-2-3 ブックの構成を保護する

解説

■ブックの保護

ブックを保護すると、ワークシートの挿入や削除、移動など、ワークシートに関する操作ができなくなります。不特定多数のユーザーがブックを利用するような場合に、ワークシートの構成が勝手に変更されることを防止できます。

2019 365 ◆《校閲》タブ→《変更》グループの （ブックの保護）

※お使いの環境によっては、グループ名の「変更」が「保護」と表示される場合があります。

Lesson 8

 ブック「Lesson8」を開いておきましょう。

次の操作を行いましょう。

(1) ブックのシート構成を保護してください。

Lesson 8 Answer

(1)

①**《校閲》**タブ→**《変更》**グループの（ブックの保護）をクリックします。

※お使いの環境によっては、グループ名の「変更」が「保護」と表示される場合があります。

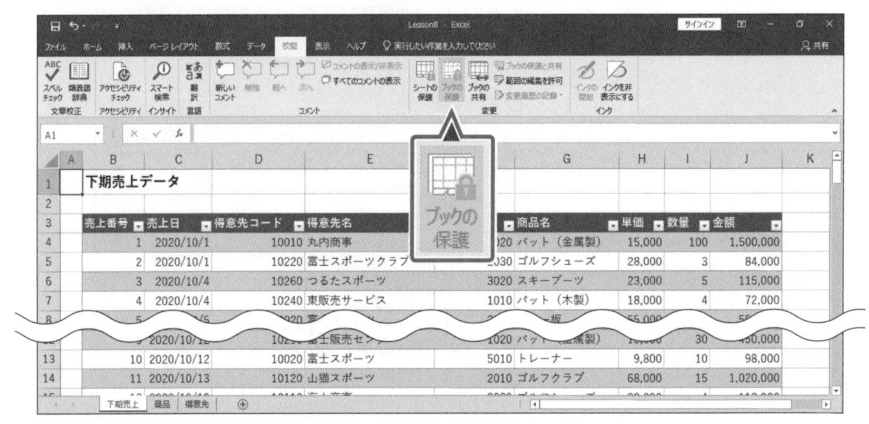

②**《シート構成とウィンドウの保護》**ダイアログボックスが表示されます。

③**《シート構成》**を☑にします。

④**《OK》**をクリックします。

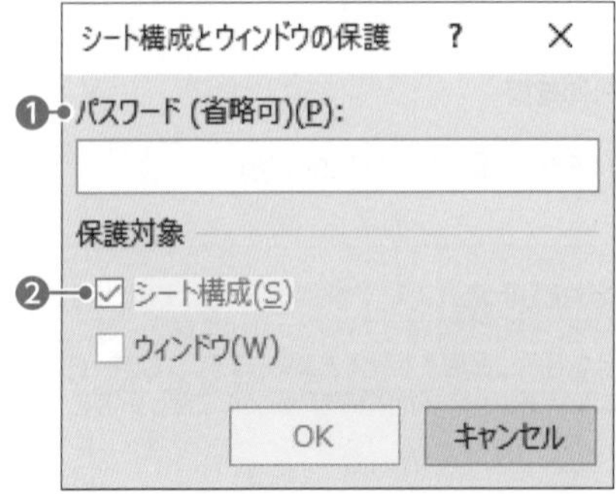

⑤ブックが保護されます。

※ワークシートの挿入や削除、移動などができないことを確認しておきましょう。

その他の方法

ブックの保護

2019 365

◆《ファイル》タブ→《情報》→《ブックの保護》→《ブック構成の保護》

Point

《シート構成とウィンドウの保護》

❶パスワード（省略可）

ブックの保護を解除するためのパスワードを設定します。パスワードを設定しておくと、パスワードを知っているユーザーだけが、ブックの保護を解除できます。省略すると、誰でもブックの保護を解除できます。

❷シート構成

シートの挿入や削除、移動などができないようにします。

Point

ブックの保護の解除

2019 365

◆《校閲》タブ→《変更》グループの（ブックの保護）

※お使いの環境によっては、グループ名の「変更」が「保護」と表示される場合があります。

1-2-4 編集を制限する

 解説

■範囲の編集を許可

「範囲の編集を許可」を使うと、パスワードを知っているユーザーだけが、特定のセル範囲を編集できるようになります。

2019 365 ◆《校閲》タブ→《変更》グループの 範囲の編集を許可 (範囲の編集を許可)

※お使いの環境によっては、グループ名の「変更」が「保護」と表示される場合があります。

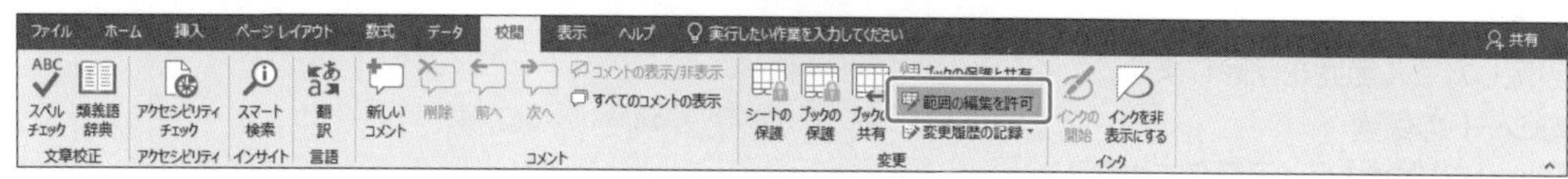

■ブックの共有

初期の設定では、編集中のブックをほかの人が同時に編集することはできませんが、ブックを共有すると複数の人が同時に編集・更新できるようになります。

2019 ◆《校閲》タブ→《変更》グループの  (ブックの共有)

※お使いの環境によっては、グループ名の「変更」が「保護」と表示される場合があります。

2019 365 ◆ (クイックアクセスツールバーのユーザー設定)→《その他のコマンド》→《コマンドの選択》の →《すべてのコマンド》→《ブックの共有(レガシ)》→《追加》→《OK》→ (ブックの共有(レガシ))

Lesson 9

OPEN ブック「Lesson9」を開いておきましょう。

次の操作を行いましょう。

(1) パスワードを知っているユーザーだけがセル範囲【F4:G14】を編集できるように、ワークシートを保護してください。セル範囲を編集するためのパスワードと、保護を解除するためのパスワードは「abc」とします。

Lesson 9 Answer

(1)

①セル範囲**【F4:G14】**を選択します。

②**《校閲》**タブ→**《変更》**グループの 範囲の編集を許可 (範囲の編集を許可)をクリックします。

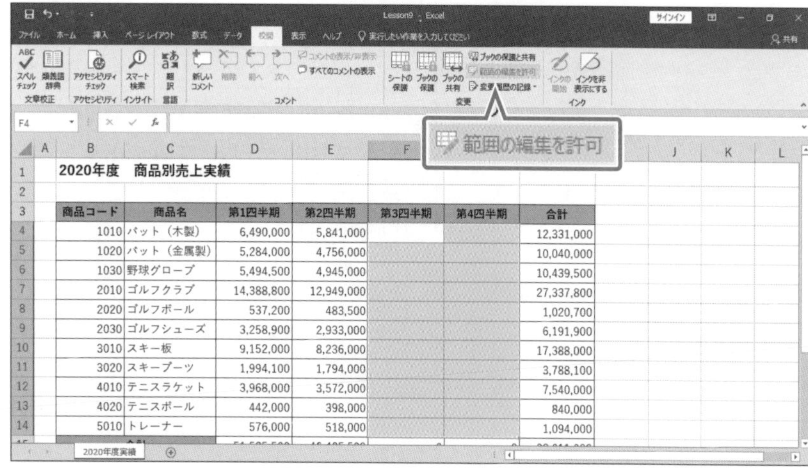

③**《範囲の編集の許可》**ダイアログボックスが表示されます。

④**《新規》**をクリックします。

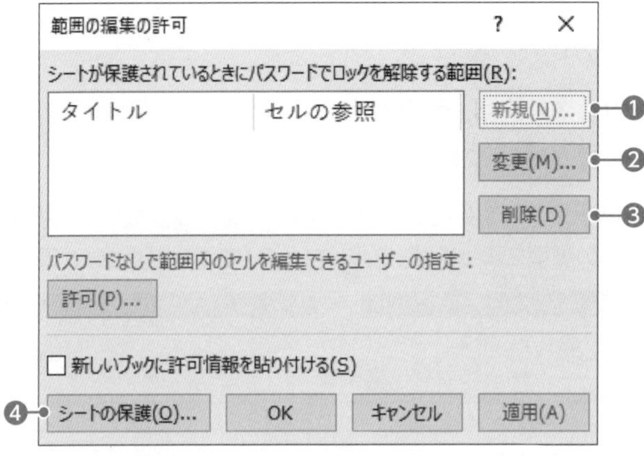

Point

《範囲の編集の許可》

❶新規
編集を許可するセル範囲やパスワードを設定します。

❷変更
設定したタイトルやセル範囲、パスワードなどを変更します。

❸削除
設定したセル範囲を削除します。

❹シートの保護
《シートの保護》ダイアログボックスを表示します。

⑤**《新しい範囲》**ダイアログボックスが表示されます。

⑥**《セル参照》**が**「=$F$4：$G$14」**になっていることを確認します。

⑦**《範囲パスワード》**に**「abc」**と入力します。

※入力したパスワードは「*」で表示されます。パスワードは大文字・小文字を区別します。

⑧**《OK》**をクリックします。

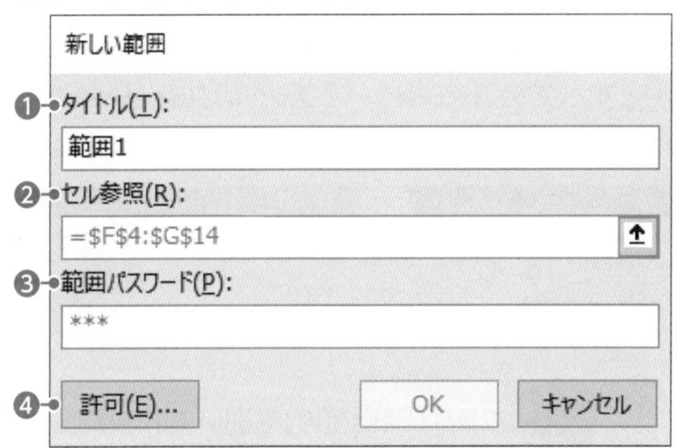

Point

《新しい範囲》

❶タイトル
編集を許可するセル範囲にタイトルを設定します。

❷セル参照
編集を許可するセル範囲を設定します。

❸範囲パスワード
編集を許可するためのパスワードを設定します。

❹許可
パスワードなしで編集できるユーザーを設定します。

⑨**《パスワードの確認》**ダイアログボックスが表示されます。

⑩**《パスワードをもう一度入力してください。》**に**「abc」**と入力します。

⑪**《OK》**をクリックします。

⑫**《範囲の編集の許可》**ダイアログボックスに戻ります。

⑬**《シートの保護》**をクリックします。

⑭**《シートの保護》**ダイアログボックスが表示されます。

⑮**《シートの保護を解除するためのパスワード》**に**「abc」**と入力します。

⑯**《シートとロックされたセルの内容を保護する》**を☑にします。

⑰**《OK》**をクリックします。

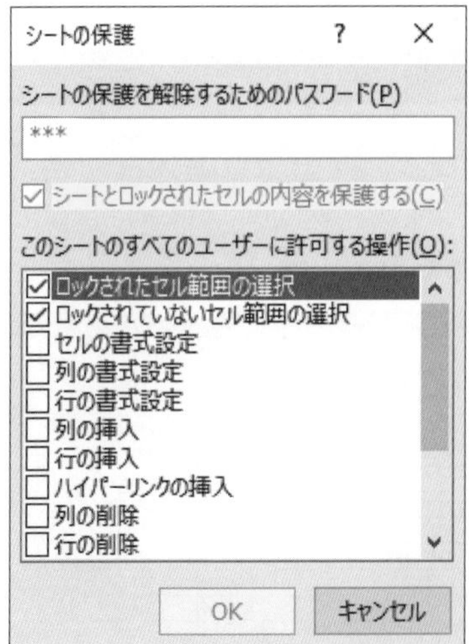

⑱《**パスワードの確認**》ダイアログボックスが表示されます。

⑲《**パスワードをもう一度入力してください。**》に「**abc**」と入力します。

⑳《**OK**》をクリックします。

㉑ ワークシートが保護されます。

※セル範囲【F4：G14】を編集しようとすると、パスワード入力画面が表示されることを確認しておきましょう。また、パスワードを入力して、編集できることも確認しておきましょう。

Lesson 10

 ブック「Lesson10」を開いておきましょう。

次の操作を行いましょう。

(1) ブックを共有してください。

Lesson 10 Answer

(1)

①《**校閲**》タブ→《**変更**》グループの（ブックの共有）をクリックします。

②《**ブックの共有**》ダイアログボックスが表示されます。

③《**編集**》タブを選択します。

④《**新しい共同編集機能ではなく、以前の共有ブック機能を使用します。**》を☑にします。

⑤《**OK**》をクリックします。

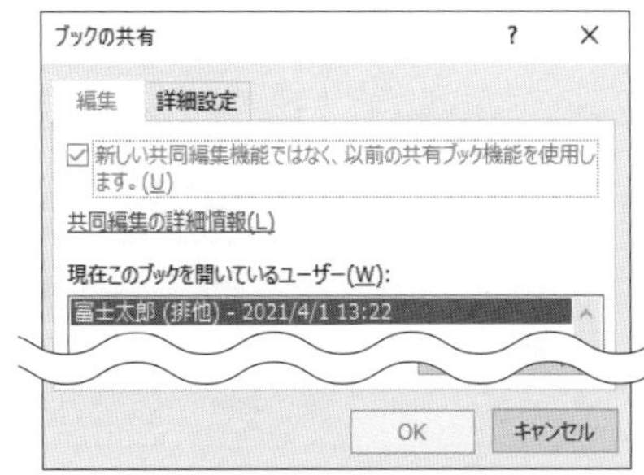

⑥ メッセージを確認し、《**OK**》をクリックします。

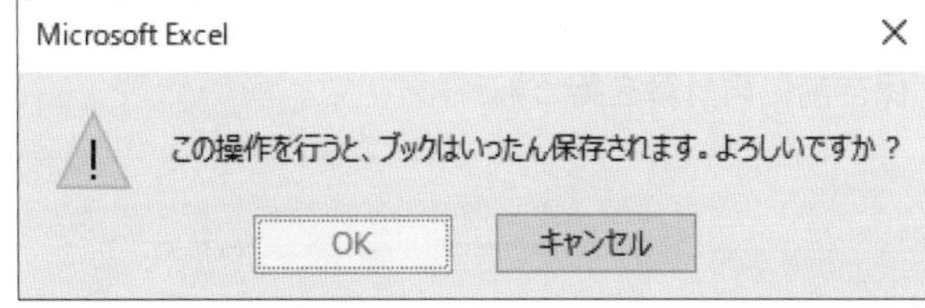

⑦ タイトルバーに「**[共有]**」と表示されます。

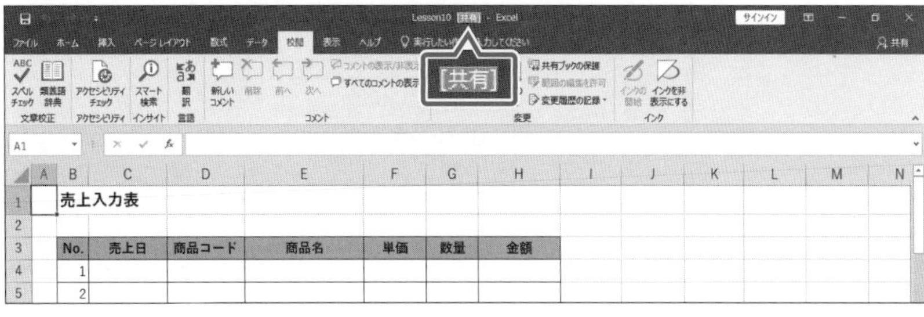

1-2-5 数式の計算方法を設定する

解説

■計算方法の設定

セルを参照して作成した数式には、セルの値が変更されると自動で再計算されるというメリットがあります。しかし、ワークシート上に膨大な数式を作成すると、自動で行われる再計算に時間がかかってしまう場合があります。
このような場合には計算方法を自動から手動に切り替えると効率的です。手動に設定すると、ユーザーが再計算を実行するまで数式の計算結果は変更されません。

2019 365 ◆《数式》タブ→《計算方法》グループの［計算方法の設定］（計算方法の設定）

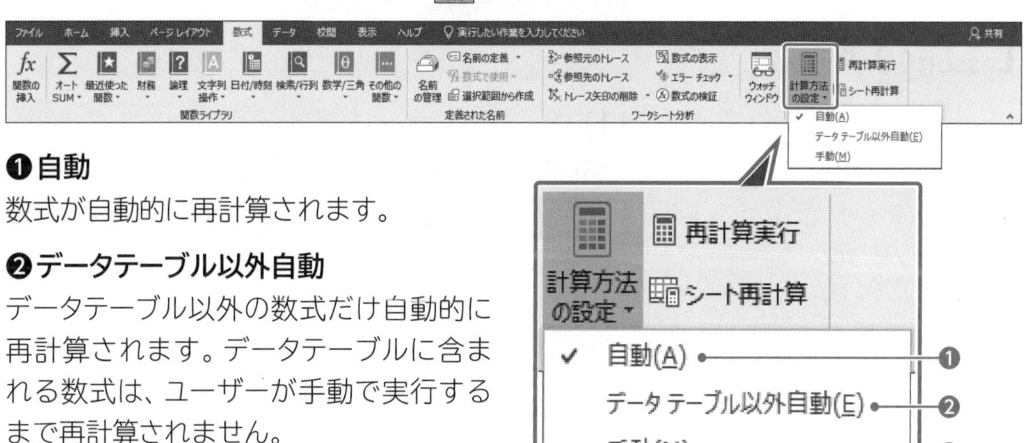

❶自動

数式が自動的に再計算されます。

❷データテーブル以外自動

データテーブル以外の数式だけ自動的に再計算されます。データテーブルに含まれる数式は、ユーザーが手動で実行するまで再計算されません。

※「データテーブル」とは、セルの値を変化させて複数の計算結果を表にしたものです。

❸手動

ユーザーが手動で実行するまで再計算されません。

■再計算の実行

計算方法を手動に設定した場合は、ユーザー側で再計算を実行します。

2019 365 ◆《数式》タブ→《計算方法》グループの［再計算実行］（再計算実行）

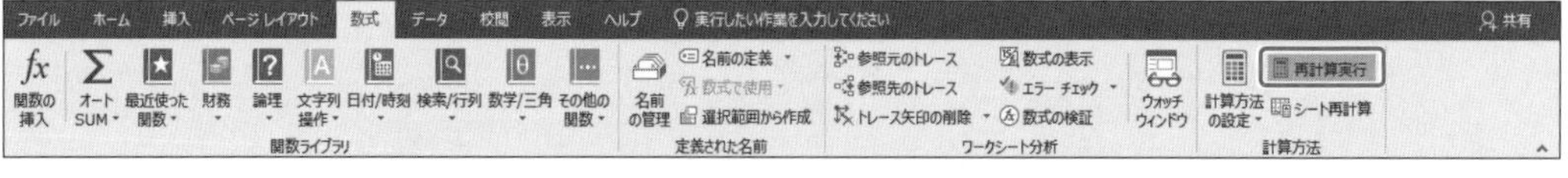

また、ブックを保存するタイミングで再計算されるように設定することもできます。

2019 365 ◆《ファイル》タブ→《オプション》→《数式》→《計算方法の設定》の《⦿手動》→《☑ブックの保存前に再計算を行う》

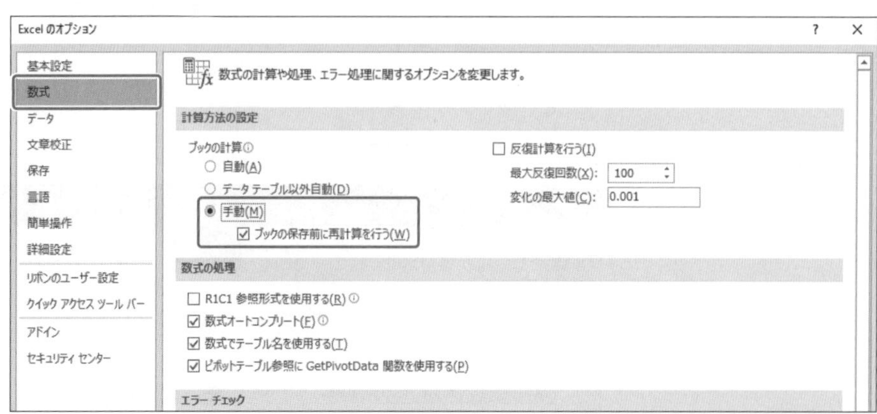

Lesson 11

ブック「Lesson11」を開いておきましょう。

次の操作を行いましょう。

(1) 計算方法を手動に設定してください。

(2) 第1四半期のバット（木製）の売上を「0」に変更して、手動で再計算を実行してください。

Lesson 11 Answer

(1)

①《数式》タブ→《計算方法》グループの（計算方法の設定）→《手動》をクリックします。

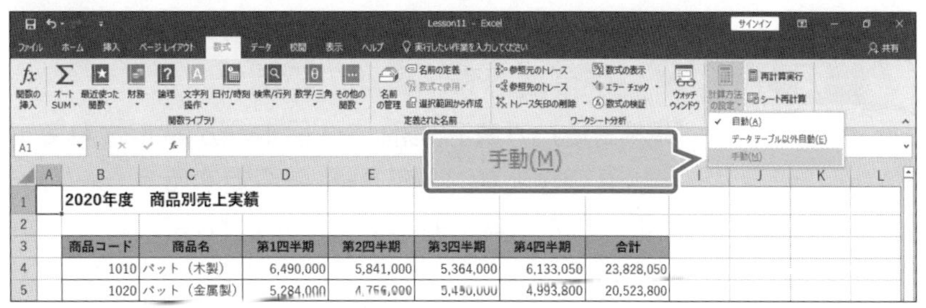

	A	B	C	D	E	F	G	H
1		2020年度　商品別売上実績						
2								
3		商品コード	商品名	第1四半期	第2四半期	第3四半期	第4四半期	合計
4		1010	バット（木製）	6,490,000	5,841,000	5,364,000	6,133,050	23,828,050
5		1020	バット（金属製）	5,284,000	4,756,000	5,490,000	4,993,800	20,523,800

②計算方法が手動に設定されます。

(2)

①セル【D4】に「0」と入力します。

②セル【D4】を参照している数式が再計算されないことを確認します。

※セル【D15】、セル【H4】、セル【H15】を確認します。

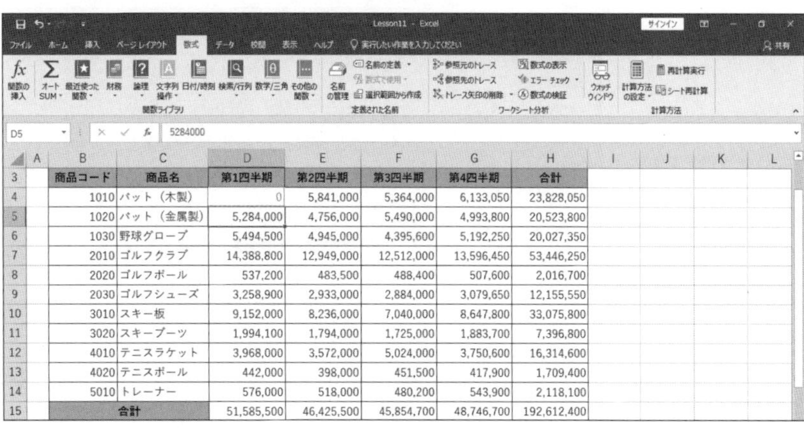

	A	B	C	D	E	F	G	H
3		商品コード	商品名	第1四半期	第2四半期	第3四半期	第4四半期	合計
4		1010	バット（木製）	0	5,841,000	5,364,000	6,133,050	23,828,050
5		1020	バット（金属製）	5,284,000	4,756,000	5,490,000	4,993,800	20,523,800
6		1030	野球グローブ	5,494,500	4,945,000	4,395,600	5,192,250	20,027,350
7		2010	ゴルフクラブ	14,388,800	12,949,000	12,512,000	13,596,450	53,446,250
8		2020	ゴルフボール	537,200	483,500	488,400	507,600	2,016,700
9		2030	ゴルフシューズ	3,258,900	2,933,000	2,884,000	3,079,650	12,155,550
10		3010	スキー板	9,152,000	8,236,000	7,040,000	8,647,800	33,075,800
11		3020	スキーブーツ	1,994,100	1,794,000	1,725,000	1,883,700	7,396,800
12		4010	テニスラケット	3,968,000	3,572,000	5,024,000	3,750,600	16,314,600
13		4020	テニスボール	442,000	398,000	451,500	417,900	1,709,400
14		5010	トレーナー	576,000	518,000	480,200	543,900	2,118,100
15		合計		51,585,500	46,425,500	45,854,700	48,746,700	192,612,400

③《数式》タブ→《計算方法》グループの 再計算実行（再計算実行）をクリックします。

④セル【D4】を参照している数式が再計算されることを確認します。

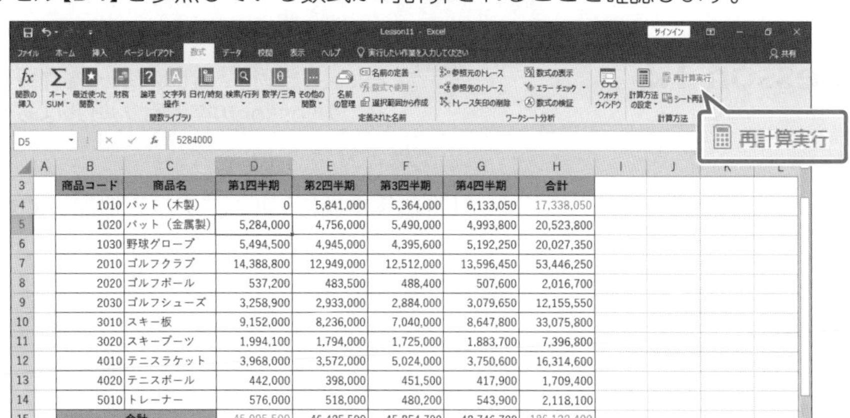

	A	B	C	D	E	F	G	H
3		商品コード	商品名	第1四半期	第2四半期	第3四半期	第4四半期	合計
4		1010	バット（木製）	0	5,841,000	5,364,000	6,133,050	17,338,050
5		1020	バット（金属製）	5,284,000	4,756,000	5,490,000	4,993,800	20,523,800
6		1030	野球グローブ	5,494,500	4,945,000	4,395,600	5,192,250	20,027,350
7		2010	ゴルフクラブ	14,388,800	12,949,000	12,512,000	13,596,450	53,446,250
8		2020	ゴルフボール	537,200	483,500	488,400	507,600	2,016,700
9		2030	ゴルフシューズ	3,258,900	2,933,000	2,884,000	3,079,650	12,155,550
10		3010	スキー板	9,152,000	8,236,000	7,040,000	8,647,800	33,075,800
11		3020	スキーブーツ	1,994,100	1,794,000	1,725,000	1,883,700	7,396,800
12		4010	テニスラケット	3,968,000	3,572,000	5,024,000	3,750,600	16,314,600
13		4020	テニスボール	442,000	398,000	451,500	417,900	1,709,400
14		5010	トレーナー	576,000	518,000	480,200	543,900	2,118,100
15		合計		45,095,500	46,425,500	45,854,700	48,746,700	186,122,400

その他の方法

計算方法の設定

◆《ファイル》タブ→《オプション》→左側の一覧から《数式》を選択→《計算方法の設定》の《自動》／《データテーブル以外自動》／《手動》

その他の方法

再計算の実行

◆ F9

1-3 出題範囲1 ブックのオプションと設定の管理
言語オプションを使用する、設定する

理解度チェック

習得すべき機能	参照Lesson	学習前	学習後	試験直前
■編集言語や表示言語の設定を確認できる。	➡Lesson12	☑	☑	☑
■ふりがなを表示できる。	➡Lesson13	☑	☑	☑

1-3-1 編集言語や表示言語を設定する

解説

■編集言語や表示言語の設定

「編集言語」や**「表示言語」**には日本語が設定されていますが、他の言語に変更してブックを編集できます。**「編集言語」**を変更すると、スペルチェックや文章校正、並べ替えなどが変更された言語に基づいて設定されます。

「表示言語」を変更すると、コマンドやタブ、ヘルプなどの表示が指定した言語で表示されます。コマンドの表示を変更して、Excelを操作したい場合に設定すると便利です。

2019 365 ◆《ファイル》タブ→《オプション》→《言語》

Lesson 12

Excelを起動し、新しいブックを作成しておきましょう
※このLessonの実習用ファイルはありません。

次の操作を行いましょう。

(1)編集言語にアルバニア語を追加してください。

Lesson 12 Answer

(1)

①《**ファイル**》タブを選択します。

②《**オプション**》をクリックします。

※お使いの環境によっては《オプション》が表示されていない場合があります。その場合は《その他》→《オプション》をクリックします。

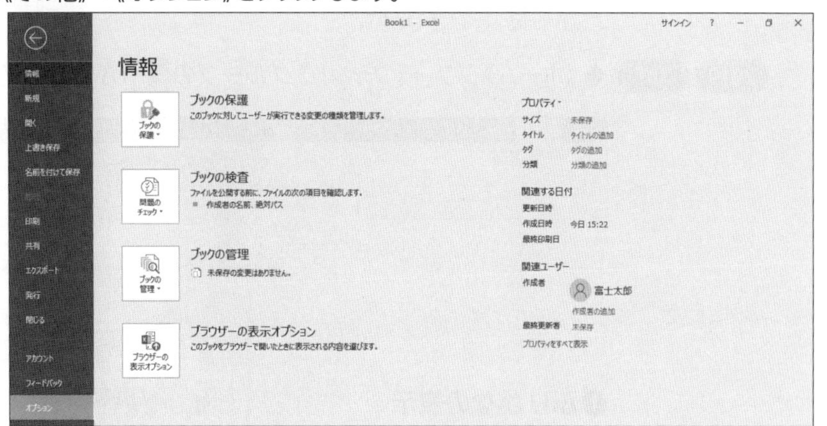

③《**Excelのオプション**》ダイアログボックスが表示されます。

④左側の一覧から《**言語**》を選択します。

⑤《**編集言語の選択**》の《**[他の編集言語を追加]**》の ▼ をクリックし、一覧から《**アルバニア語**》選択します。

※お使いの環境によっては、《Officeの編集言語と校正機能》の《言語を追加》をクリックします。

⑥《**追加**》をクリックします。

⑦編集言語の一覧に、《**アルバニア語**》が表示されます。

⑧《**OK**》をクリックします。

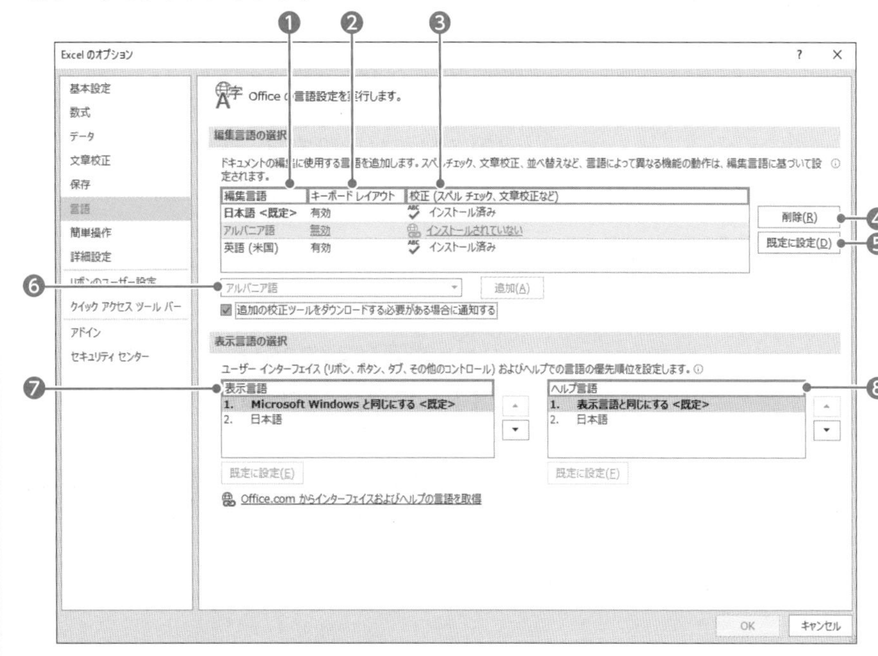

⑨メッセージを確認し、《**OK**》をクリックします。

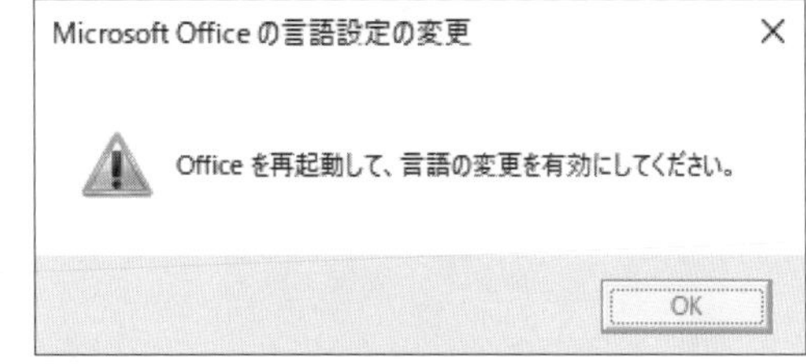

※追加したアルバニア語を削除しておきましょう。

Point

《言語》

❶**編集言語**
編集に使用する言語を選択します。既定の言語が太字で表示されます。

❷**キーボードレイアウト**
有効にすると、言語バーを使用して、キーボードレイアウトを使用する言語に切り替えることができます。

❸**校正**
校正ツールがインストール済みかどうかを表示します。
※インストールする場合は、クリックして追加します。

❹**削除**
選択した編集言語を削除します。

❺**既定に設定**
選択した編集言語を既定に設定します。Excelを再起動すると有効になります。

❻**他の編集言語を追加**
他の編集言語を追加するときに使用します。

❼**表示言語**
リボンやタブなどの表示言語を設定します。

❽**ヘルプ言語**
ヘルプの言語を設定します。

Point

編集言語の削除

2019 365

◆《ファイル》タブ→《オプション》→《言語》→《編集言語の選択》／《Officeの編集言語と校正機能》の一覧から削除する言語を選択→《削除》

※初期の設定の《日本語》と《英語（米国）》は削除しないようにしましょう。

1-3-2 言語（日本語）に特有の機能を使用する

■ふりがなの表示

編集言語が日本語の場合、**「ふりがな」**を表示できます。ふりがなはセルに入力したときの読みの情報を表示します。表示されたふりがなが実際のふりがなと異なる場合はあとから修正できます。

2019 365 ◆《ホーム》タブ→《フォント》グループの （ふりがなの表示/非表示）

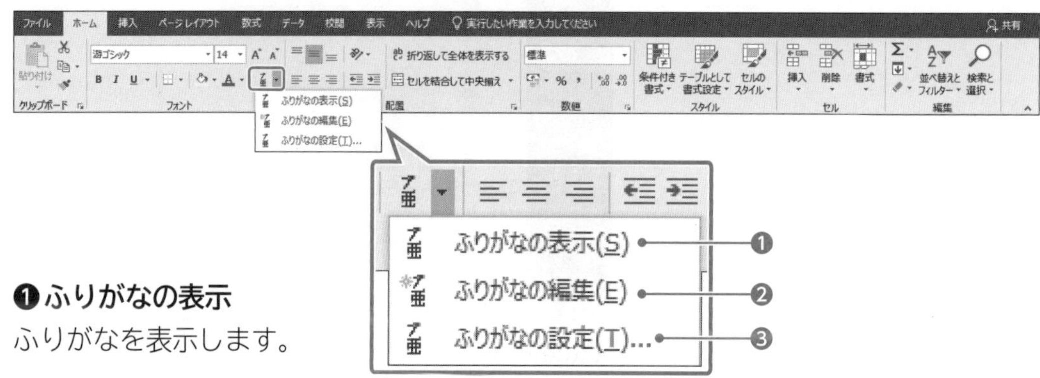

❶ふりがなの表示

ふりがなを表示します。

❷ふりがなの編集

読みの情報を編集し、ふりがなで表示される文字列を修正します。

❸ふりがなの設定

種類や配置、フォントやフォントサイズなどふりがなの表示方法を設定します。

Lesson 13

OPEN ブック「Lesson13」を開いておきましょう。

次の操作を行いましょう。

(1) 得意先名の列にふりがなを表示してください。

(2) ふりがなの設定を、種類「ひらがな」、配置「均等割り付け」に変更してください。

Lesson 13 Answer

(1)

①セル範囲**【C4：C35】**を選択します。

②**《ホーム》**タブ→**《フォント》**グループの 亜（ふりがなの表示/非表示）をクリックします。

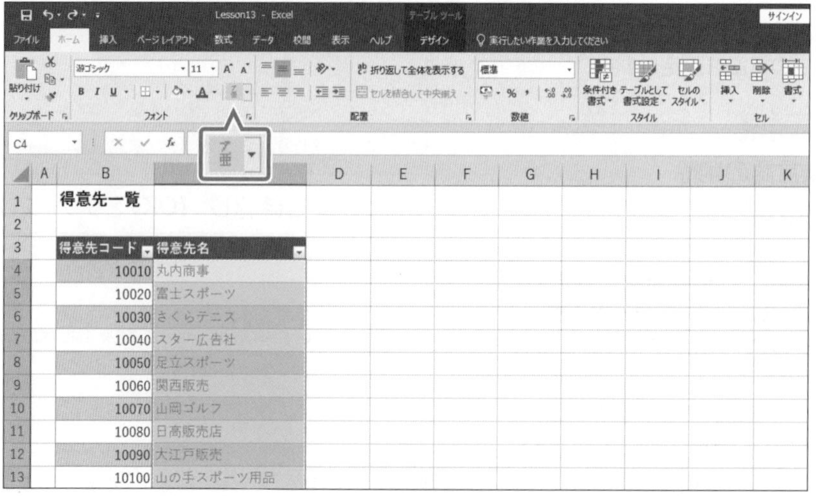

③ふりがなが表示されます。

	A	B	C
1		得意先一覧	
2			
3		得意先コード	得意先名
4		10010	丸内商事
5		10020	富士スポーツ
6		10030	さくらテニス
7		10040	スター広告社
8		10050	足立スポーツ
9		10060	関西販売
10		10070	山岡ゴルフ

(2)

①セル範囲**【C4:C35】**を選択します。

②**《ホーム》**タブ→**《フォント》**グループの（ふりがなの表示/非表示）の→**《ふりがなの設定》**をクリックします。

③**《ふりがな》**タブを選択します。

④**《ひらがな》**を◉にします。

⑤**《均等割り付け》**を◉にします。

⑥**《OK》**をクリックします。

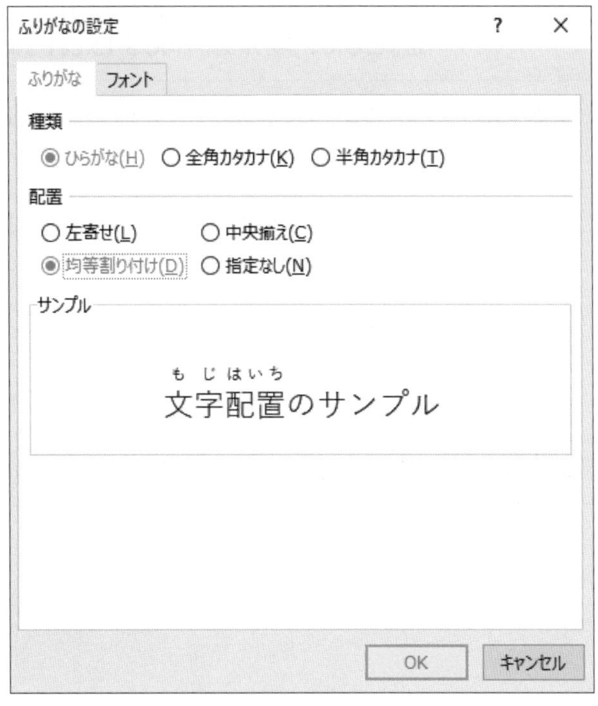

⑦ふりがなの設定が変更されます。

	A	B	C
1		得意先一覧	
2			
3		得意先コード	得意先名
4		10010	丸内商事
5		10020	富士スポーツ
6		10030	さくらテニス
7		10040	スター広告社
8		10050	足立スポーツ
9		10060	関西販売
10		10070	山岡ゴルフ

Exercise 確認問題

解答 ▶ P.221

Lesson 14

ブック「Lesson14」を開いておきましょう。

次の操作を行いましょう。

	前年の売上実績を参照して、スマートフォンの売上集計表を作成します。
問題(1)	ワークシート「売上集計」の前年実績のセル範囲【I4：I15】に、フォルダー「Lesson14」のブック「2019年売上」のワークシート「売上集計」の合計を参照する数式を入力してください。
問題(2)	パスワードを知っているユーザーだけがワークシート「売上集計」のセル範囲【C4：G15】を編集できるように、ワークシートを保護してください。セル範囲を編集するためのパスワードは「abc」とします。
問題(3)	ワークシート「売上明細」を集計するマクロを、ブック「2019年売上」からコピーしてください。ブック「2019年売上」に保存されているマクロは、ファイル「売上上位」として、フォルダー「MOS-Excel 365 2019-Expert(1)」に保存します。
問題(4)	ワークシート「担当者マスター」の担当者氏名の各列に、フリガナを表示してください。
問題(5)	ワークシート「商品マスター」のセル【B3】に、「商品マスターを更新する場合は購買部に確認をとること」とコメントを挿入してください。
問題(6)	計算方法を手動に設定してください。
問題(7)	ブックのシート構成を保護してください。
問題(8)	15分ごとにブックが自動保存されるように設定してください。

MOS Excel 365&2019 Expert

出題範囲 2

データの管理と書式設定

2-1 既存のデータを使用してセルに入力する

 理解度チェック

習得すべき機能	参照Lesson	学習前	学習後	試験直前
■フラッシュフィルを使って、データを入力できる。	➡Lesson15	☑	☑	☑
■連続データの増減値を設定して、データを入力できる。	➡Lesson16	☑	☑	☑

2-1-1 フラッシュフィルを使ってセルにデータを入力する

解説

■フラッシュフィル

「フラッシュフィル」は、入力済みのデータから入力パターンを読み取り、残りのセルに自動的にデータを入力する機能です。セルに入力されているデータを結合したり、必要な部分だけを取り出したりできます。

2019 365 ◆《データ》タブ→《データツール》グループの フラッシュフィル（フラッシュフィル）

姓	名	氏名
吉田	弘樹	吉田　弘樹
笹原	幸	
浜崎	ありさ	
喜多村	美子	
森	美紀	
藤野	純一郎	
ブラウン	エリ	
今田	俊也	
石田	純一郎	
藤	優弥	

最初のセルだけ入力して フラッシュフィル（フラッシュフィル）をクリック

➡

姓	名	氏名
吉田	弘樹	吉田　弘樹
笹原	幸	笹原　幸
浜崎	ありさ	浜崎　ありさ
喜多村	美子	喜多村　美子
森	美紀	森　美紀
藤野	純一郎	藤野　純一郎
ブラウン	エリ	ブラウン　エリ
今田	俊也	今田　俊也
石田	純一郎	石田　純一郎
藤	優弥	藤　優弥

入力パターン（「姓」と「名」を空白1文字分入れて結合）を認識し、ほかのセルにも同じパターンのデータを自動的に入力する。

■フラッシュフィル利用時の注意点

フラッシュフィルを利用するときは、次のような点に注意します。

●データの規則性

データはすべて同じ規則で入力されている必要があります。例えば、姓と名の間に半角空白と全角空白が混在していたり、電話番号の数値に半角と全角が混在していたりすると、意図した結果にならないことがあります。

●列の隣接

フラッシュフィルは表内の列、または表に隣接する列で実行します。もとになるデータから離れた場所では、フラッシュフィルを実行できません。

●1列ずつ実行

フラッシュフィルは1列ずつ実行します。複数の列をまとめて操作することはできません。

Lesson 15

ブック「Lesson15」を開いておきましょう。

次の操作を行いましょう。

(1) フラッシュフィルを使って、ホテル名から都市名だけを取り出して、都市名の列に表示してください。( )は表示しません。

Lesson 15 Answer

(1)

①セル【E6】に「**フィレンツェ**」と入力します。

②セル【E6】を選択します。

※表内のE列のセルであれば、どこでもかまいません。

③**《データ》**タブ→**《データツール》**グループの フラッシュ フィル（フラッシュフィル）をクリックします。

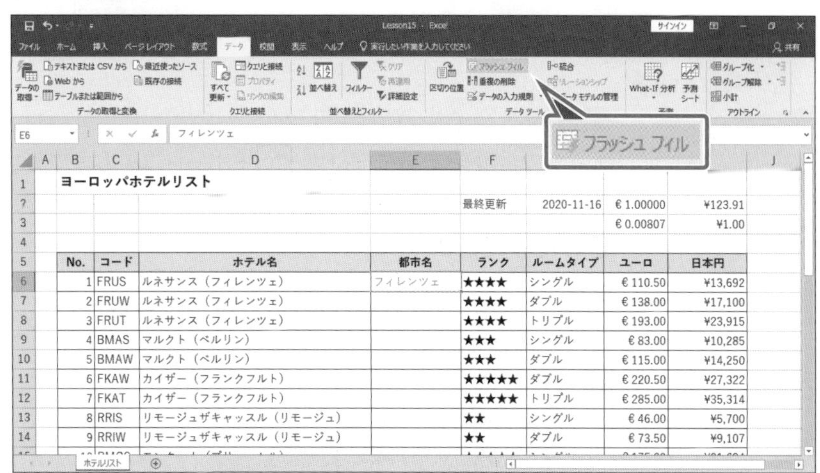

④同様の入力パターンでデータが入力されます。

	A	B	C	D	E	F	G	H	I
1		ヨーロッパホテルリスト							
2						最終更新	2020-11-16	€ 1.00000	¥123.91
3								€ 0.00807	¥1.00
4									
5		No.	コード	ホテル名	都市名	ランク	ルームタイプ	ユーロ	日本円
6		1	FRUS	ルネサンス（フィレンツェ）	フィレンツェ	★★★★	シングル	€ 110.50	¥13,692
7		2	FRUW	ルネサンス（フィレンツェ）	フィレンツェ	★★★★	ダブル	€ 138.00	¥17,100
8		3	FRUT	ルネサンス（フィレンツェ）	フィレンツェ	★★★★	トリプル	€ 193.00	¥23,915
9		4	BMAS	マルクト（ベルリン）	ベルリン	★★★	シングル	€ 83.00	¥10,285
10		5	BMAW	マルクト（ベルリン）	ベルリン	★★★	ダブル	€ 115.00	¥14,250
11		6	FKAW	カイザー（フランクフルト）	フランクフルト	★★★★★	ダブル	€ 220.50	¥27,322
12		7	FKAT	カイザー（フランクフルト）	フランクフルト	★★★★★	トリプル	€ 285.00	¥35,314
13		8	RRIS	リモージュザキャッスル（リモージュ）	リモージュ	★★	シングル	€ 46.00	¥5,700
14		9	RRIW	リモージュザキャッスル（リモージュ）	リモージュ	★★	ダブル	€ 73.50	¥9,107

その他の方法

フラッシュフィル

2019 365

◆《ホーム》タブ→《編集》グループの（フィル）→《フラッシュフィル》

◆オートフィルを実行→（オートフィルオプション）→《フラッシュフィル》

◆ Ctrl + E

Point

フラッシュフィルオプション

フラッシュフィルを実行した直後に表示されるを「フラッシュフィルオプション」といいます。（フラッシュフィルオプション）を使うと、元に戻すか、自動入力された結果を反映するかなどを選択できます。（フラッシュフィルオプション）を使わない場合は、Escを押します。

- フラッシュ フィルを元に戻す(U)
- ✓ 候補の反映(A)
- 0 個のすべての空白セルを選択(B)
- 29 個のすべての変更されたセルを選択(C)

2-1-2 連続データの詳細オプションを使ってセルにデータを入力する

解説

■オートフィル

「オートフィル」は、セル右下の■（フィルハンドル）をドラッグすることによって、隣接するセルにデータを入力できる機能です。数式をコピーしたり、数値や日付を規則的に増減させるような連続データを入力したりできます。

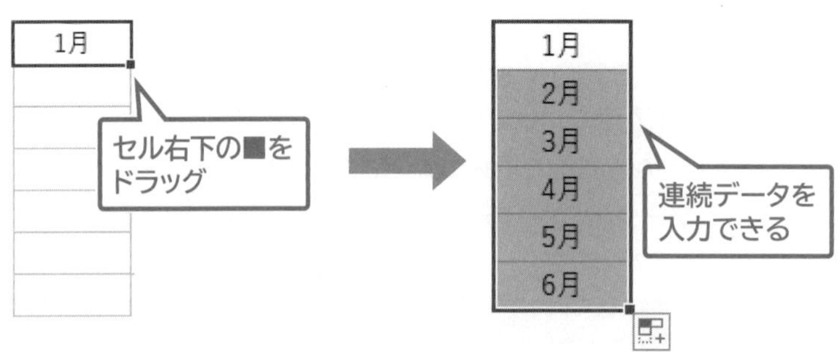

■オートフィルオプション

オートフィルを実行すると、（オートフィルオプション）が表示されます。クリックすると表示される一覧から、セルのコピーを連続データの入力に変更したり、書式の有無を指定したりできます。

- ○ セルのコピー(C)
- ◉ 連続データ(S)
- ○ 書式のみコピー（フィル）(F)
- ○ 書式なしコピー（フィル）(O)
- ○ フラッシュ フィル(F)

■連続データの増減値の設定

連続データを入力する際、増減する値はユーザーが自由に設定できます。

2019 365 ◆《ホーム》タブ→《編集》グループの（フィル）→《連続データの作成》

Lesson 16

ブック「Lesson16」を開いておきましょう。

Hint
連続データを入力する範囲を選択してから操作します。

次の操作を行いましょう。

(1) オートフィルを使って、表の日程の列を完成させてください。相談会は、「2021/4/4（日）」から毎週日曜日に行われるものとします。

Lesson 16 Answer

その他の方法

連続データの増減値の設定

2019 365

◆セル右下の■(フィルハンドル)をマウスの右ボタンを押した状態でドラッグ→《連続データ...》

Point

《連続データ》

❶範囲
連続データを作成する方向を選択します。

❷種類
連続データの種類を選択します。

❸増加単位
連続データの種類が《日付》のときは、増加単位を選択します。

❹増分値
増減する値を設定します。増加させる場合は正の数、減少させる場合は負の数を入力します。

❺停止値
入力する連続データの最終の値を設定します。

Point

オートフィルの増減値

数値を入力した2つのセルを選択してオートフィルを実行すると、1つ目のセルの数値と2つ目のセルの数値の差分をもとに、連続データが入力されます。

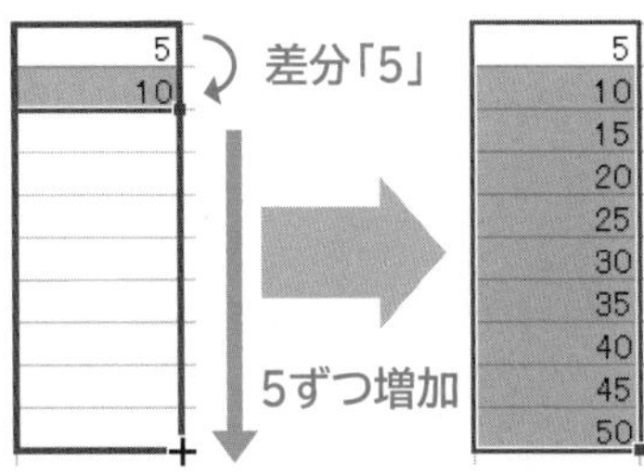

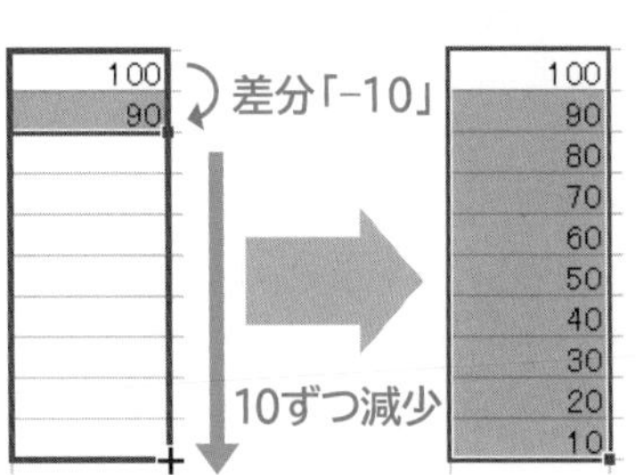

(1)

①セル範囲【B4:B17】を選択します。

②《ホーム》タブ→《編集》グループの(フィル)→《連続データの作成》をクリックします。

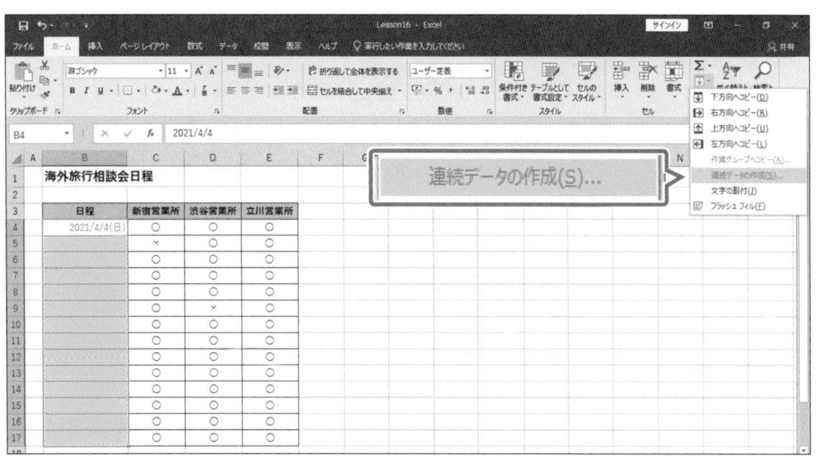

③《連続データ》ダイアログボックスが表示されます。

④《範囲》の《列》が◉になっていることを確認します。

⑤《種類》の《日付》を◉にします。

⑥《増加単位》の《日》を◉にします。

⑦《増分値》に「7」と入力します。

⑧《OK》をクリックします。

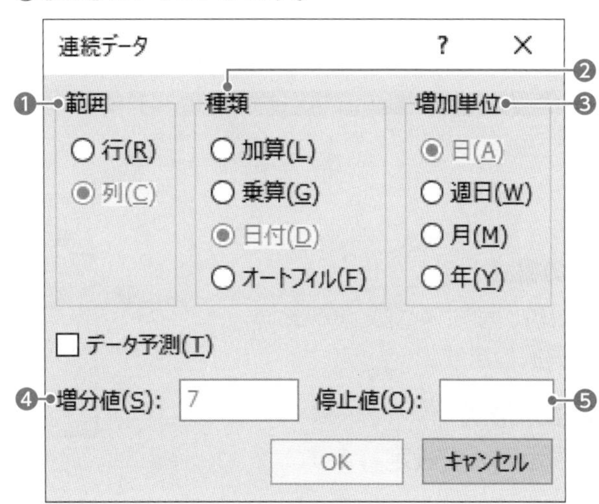

⑨連続データが入力されます。

	A	B	C	D	E
1		海外旅行相談会日程			
2					
3		日程	新宿営業所	渋谷営業所	立川営業所
4		2021/4/4(日)	○	○	○
5		2021/4/11(日)	×	○	○
6		2021/4/18(日)	○	○	○
7		2021/4/25(日)	○	○	○
8		2021/5/2(日)	○	○	○
9		2021/5/9(日)	○	×	○
10		2021/5/16(日)	○	○	○
11		2021/5/23(日)	○	○	○
12		2021/5/30(日)	○	○	○
13		2021/6/6(日)	○	○	○
14		2021/6/13(日)	○	○	○
15		2021/6/20(日)	○	○	○
16		2021/6/27(日)	○	○	○
17		2021/7/4(日)	○	○	○

2-2 出題範囲2　データの管理と書式設定
データに表示形式や入力規則を適用する

理解度チェック

習得すべき機能	参照Lesson	学習前	学習後	試験直前
■ユーザー定義の表示形式を設定できる。	➡Lesson17 ➡Lesson18	☑	☑	☑
■データの入力規則を設定できる。	➡Lesson19	☑	☑	☑
■データをグループ化できる。	➡Lesson20	☑	☑	☑
■データのグループ化を解除できる。	➡Lesson20	☑	☑	☑
■小計や合計を挿入できる。	➡Lesson21	☑	☑	☑
■重複するレコードを削除できる。	➡Lesson22	☑	☑	☑

2-2-1 ユーザー定義の表示形式を作成する

解説

■表示形式の設定

セルに格納されている値の**「表示形式」**を設定すると、ワークシート上での見え方を調整できます。例えば、数値には、桁区切りカンマや通貨記号を付けたり、小数点以下の表示桁数を設定したりできます。表示形式を設定しても、セルに格納されている値は変更されません。

2019 365 ◆《ホーム》タブ→《数値》グループ

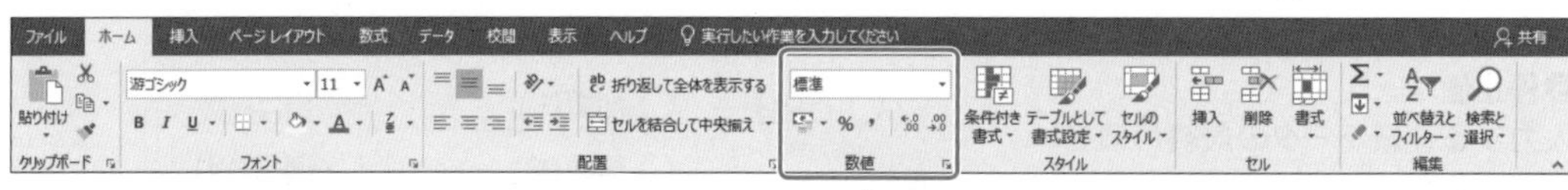

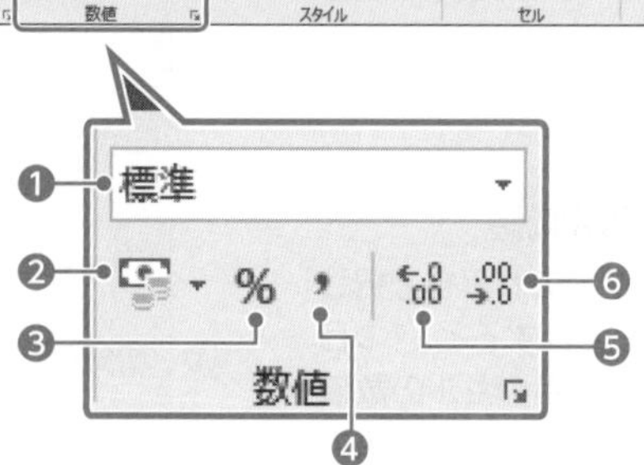

❶数値の書式
通貨や日付、時刻など数値の表示形式を選択します。

❷通貨表示形式
通貨の表示形式を設定します。

❸パーセントスタイル
数値をパーセントで表示します。

❹桁区切りスタイル
数値に3桁区切りカンマを設定します。

❺小数点以下の表示桁数を増やす
小数点以下の表示桁数を1桁ずつ増やします。

❻小数点以下の表示桁数を減らす
小数点以下の表示桁数を1桁ずつ減らします。

■ユーザー定義の表示形式の設定

あらかじめ用意されている組み込みの表示形式だけでなく、ユーザーが独自に定義した表示形式を利用することもできます。例えば、数値に単位を付けて表示したり、日付に曜日を付けて表示したりできます。

2019 365 ◆《ホーム》タブ→《数値》グループの [ボタン] (表示形式)→《表示形式》タブ→《ユーザー定義》

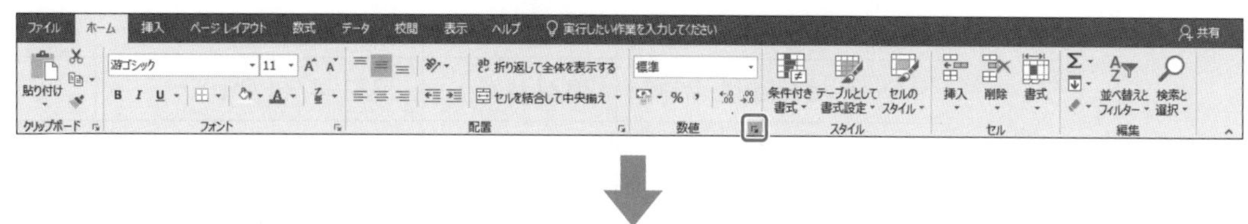

●数値の表示形式

表示形式	入力データ	表示結果	備考
#,##0	12300	12,300	3桁ごとに「,(カンマ)」で区切って表示し、「0」の場合は「0」を表示する。
	0	0	
#,###	12300	12,300	3桁ごとに「,(カンマ)」で区切って表示し、「0」の場合は空白を表示する。
	0	空白	
0.000	9.8	9.800	小数点以下を指定した桁数分表示する。指定した桁数を超えた場合は四捨五入し、足りない場合は「0」を表示する。
	9.8765	9.877	
#.###	9.8	9.8	小数点以下を指定した桁数分表示する。指定した桁数を超えた場合は四捨五入し、足りない場合はそのまま表示する。
	9.8765	9.877	
#,##0,	12345678	12,346	百の位を四捨五入し、千単位で表示する。
#,##0"人"	12300	12,300人	数値データの右に「人」を付けて表示する。
"第"#"会議室"	2	第2会議室	数値データの左に「第」、右に「会議室」を付けて表示する。

●日付の表示形式

表示形式	入力データ	表示結果	備考
yyyy/m/d	2021/4/1	2021/4/1	
yyyy/mm/dd	2021/4/1	2021/04/01	月日が1桁の場合、「0」を付けて表示する。
yyyy/m/d ddd	2021/4/1	2021/4/1 Thu	
yyyy/m/d(ddd)	2021/4/1	2021/4/1(Thu)	
yyyy/m/d dddd	2021/4/1	2021/4/1 Thursday	
yyyy"年"m"月"d"日"	2021/4/1	2021年4月1日	
yyyy"年"mm"月"dd"日"	2021/4/1	2021年04月01日	月日が1桁の場合、「0」を付けて表示する。
ggge"年"m"月"d"日"	2021/4/1	令和3年4月1日	元号で表示する。
m"月"d"日"	2021/4/1	4月1日	
m"月"d"日" aaa	2021/4/1	4月1日 木	
m"月"d"日"(aaa)	2021/4/1	4月1日(木)	
m"月"d"日" aaaa	2021/4/1	4月1日 木曜日	

●時刻の表示形式

表示形式	入力データ	表示結果	備考
h:mm:s	7:50	7:50:0	
hh:mm:ss	7:50	07:50:00	時刻が1桁の場合、「0」を付けて表示する。
h:mmAM/PM	7:50	7:50AM	
h"時"mm"分"	7:50	7時50分	

●文字列の表示形式

表示形式	入力データ	表示結果	備考
@"御中"	花丸商事	花丸商事御中	文字列の右に「御中」を付けて表示する。
"タイトル:"@	山	タイトル:山	文字列の左に「タイトル:」を付けて表示する。

Lesson 17

ブック「Lesson17」を開いておきましょう。

次の操作を行いましょう。

(1) 受験日が「9月1日(水)」や「9月7日(火)」のように表示されるように、表示形式を設定してください。( )は半角とします。

(2) 開始時間が「AM 9:00」や「PM 1:00」のように表示されるように、表示形式を設定してください。AM/PMと時刻の間には半角スペースを入力します。

Lesson 17 Answer

その他の方法

表示形式の設定

2019 365

◆セルを選択→《ホーム》タブ→《数値》グループの［標準］(数値の書式)の［▼］→《その他の表示形式》→《表示形式》タブ

◆セルを右クリック→《セルの書式設定》→《表示形式》タブ

◆セルを選択→［Ctrl］+［1］→《表示形式》タブ

Point

《セルの書式設定》の《表示形式》タブ

❶分類

表示形式の分類が一覧で表示されます。

❷種類

表示形式を入力します。あらかじめ用意されている表示形式の一覧から選択することもできます。

❸削除

定義した表示形式を削除します。

(1)

①セル範囲**【B4:B48】**を選択します。

②**《ホーム》**タブ→**《数値》**グループの［表示形式］(表示形式)をクリックします。

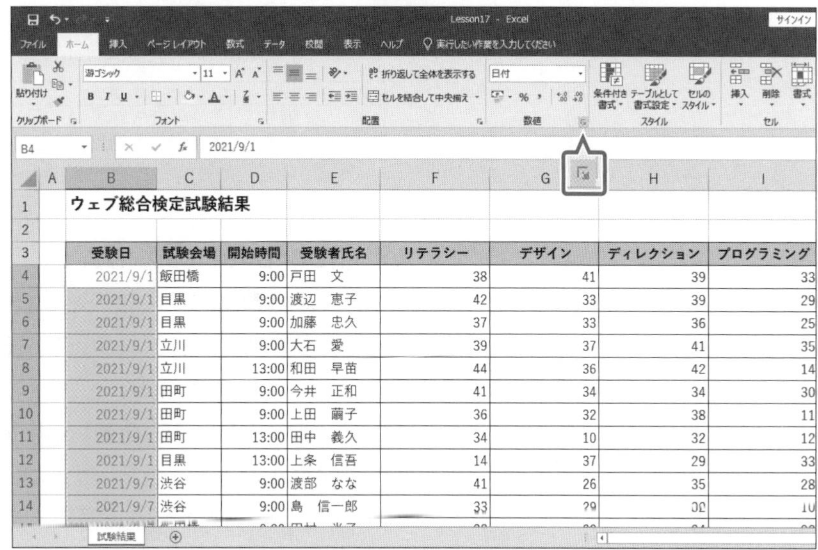

③**《セルの書式設定》**ダイアログボックスが表示されます。

④**《表示形式》**タブを選択します。

⑤**《分類》**の一覧から**《ユーザー定義》**を選択します。

⑥**《種類》**に「m"月"d"日"(aaa)」と入力します。

※《サンプル》で結果を確認できます。

⑦**《OK》**をクリックします。

セルの書式設定

表示形式 配置 フォント 罫線 塗りつぶし 保護

❶分類(C):

標準
数値
通貨
会計
日付
時刻
パーセンテージ
分数
指数
文字列
その他
ユーザー定義

サンプル
9月1日(水)

種類(T): ❷

m"月"d"日"(aaa)

$#,##0_);($#,##0)
$#,##0_);[赤]($#,##0)
$#,##0.00_);($#,##0.00)
$#,##0.00_);[赤]($#,##0.00)
[$-ja-JP]ge.m.d
[$-ja-JP]ggge"年"m"月"d"日"
yyyy/m/d
yyyy"年"m"月"d"日"
yyyy"年"m"月"
m"月"d"日"
m/d/yy

削除(D) ❸

基になる組み込みの表示形式を選択し、新しい表示形式を入力してください。

OK キャンセル

⑧表示形式が設定されます。

	A	B	C	D	E	F	G	H	I
1		ウェブ総合検定試験結果							
2									
3		受験日	試験会場	開始時間	受験者氏名	リテラシー	デザイン	ディレクション	プログラミング
4		9月1日(水)	飯田橋	9:00	戸田　文	38	41	39	33
5		9月1日(水)	目黒	9:00	渡辺　恵子	42	33	39	29
6		9月1日(水)	目黒	9:00	加藤　忠久	37	33	36	25
7		9月1日(水)	立川	9:00	大石　愛	39	37	41	35
8		9月1日(水)	立川	13:00	和田　早苗	44	36	42	14
9		9月1日(水)	田町	9:00	今井　正和	41	34	34	30
10		9月1日(水)	田町	9:00	上田　繭子	36	32	38	11
11		9月1日(水)	田町	13:00	田中　義久	34	10	32	12
12		9月1日(水)	目黒	13:00	上条　信吾	14	37	29	33

(2)

①セル範囲**【D4：D48】**を選択します。

②**《ホーム》**タブ→**《数値》**グループの (表示形式) をクリックします。

③**《セルの書式設定》**ダイアログボックスが表示されます。

④**《表示形式》**タブを選択します。

⑤**《分類》**の一覧から**《ユーザー定義》**を選択します。

⑥**《種類》**に**「AM/PM h：mm」**と入力します。

※PMのあとに半角スペースを入力します。

⑦**《OK》**をクリックします。

⑧表示形式が設定されます。

	A	B	C	D	E	F	G	H	I
1		ウェブ総合検定試験結果							
2									
3		受験日	試験会場	開始時間	受験者氏名	リテラシー	デザイン	ディレクション	プログラミング
4		9月1日(水)	飯田橋	AM 9:00	戸田　文	38	41	39	33
5		9月1日(水)	目黒	AM 9:00	渡辺　恵子	42	33	39	29
6		9月1日(水)	目黒	AM 9:00	加藤　忠久	37	33	36	25
7		9月1日(水)	立川	AM 9:00	大石　愛	39	37	41	35
8		9月1日(水)	立川	PM 1:00	和田　早苗	44	36	42	14
9		9月1日(水)	田町	AM 9:00	今井　正和	41	34	34	30
10		9月1日(水)	田町	AM 9:00	上田　繭子	36	32	38	11
11		9月1日(水)	田町	PM 1:00	田中　義久	34	10	32	12
12		9月1日(水)	目黒	PM 1:00	上条　信吾	14	37	29	33

Lesson 18

ブック「Lesson18」を開いておきましょう。

次の操作を行いましょう。

(1)「東京」「横浜」「千葉」が、「東京支店」「横浜支店」「千葉支店」と表示されるように、表示形式を設定してください。

(2) セル範囲【D5:O16】の数値の単位が「千」になるように、表示形式を変更してください。例えば、「1,000,000」は「1,000」と表示します。

(3) 総計の数値に会計の表示形式を設定してください。通貨記号は「¥」とし、数値の単位が「千」になるようにします。

Lesson 18 Answer

(1)

①セル範囲**【D3:L3】**を選択します。

②**《ホーム》**タブ→**《数値》**グループの ◪ (表示形式) をクリックします。

③**《セルの書式設定》**ダイアログボックスが表示されます。

④**《表示形式》**タブを選択します。

⑤**《分類》**の一覧から**《ユーザー定義》**を選択します。

⑥**《種類》**に「**@"支店"**」と入力します。

⑦**《OK》**をクリックします。

⑧表示形式が設定されます。

	D	E	F	G	H	I	J	K	L	M	N	O
1												
2												
3	東京支店				横浜支店				千葉支店			
4	4月	5月	6月	小計	4月	5月	6月	小計	4月	5月	6月	小計
5	3,200,000	2,600,000	3,560,000	9,360,000	4,100,000	3,000,000	3,500,000	10,600,000	5,800,000	3,650,000	3,500,000	12,950,000
6	2,100,000	1,500,000	2,300,000	5,900,000	2,200,000	2,500,000	2,200,000	6,900,000	3,600,000	3,210,000	2,110,000	8,920,000
7	1,100,000	1,200,000	2,510,000	4,810,000	1,200,000	1,500,000	2,600,000	5,300,000	2,200,000	1,800,000	2,100,000	6,100,000
8	980,000	500,000	450,000	1,930,000	1,050,000	1,050,000	490,000	2,590,000	1,500,000	1,050,000	400,000	2,950,000
9	230,000	600,000	620,000	1,450,000	350,000	600,000	600,000	1,550,000	650,000	650,000	550,000	1,850,000
10	7,610,000	6,400,000	9,440,000	23,450,000	8,900,000	8,650,000	9,390,000	26,940,000	13,750,000	10,360,000	8,660,000	32,770,000
11	1,500,000	1,200,000	1,050,000	3,750,000	1,250,000	1,340,000	1,690,000	4,280,000	1,780,000	2,100,000	1,900,000	5,780,000
12	260,000	360,000	230,000	850,000	360,000	310,000	650,000	1,320,000	640,000	1,580,000	1,200,000	3,420,000
13	340,000	240,000	310,000	890,000	590,000	240,000	340,000	1,170,000	510,000	540,000	870,000	1,920,000

(2)

①セル範囲【D5：O16】を選択します。

②《**ホーム**》タブ→《**数値**》グループの（表示形式）をクリックします。

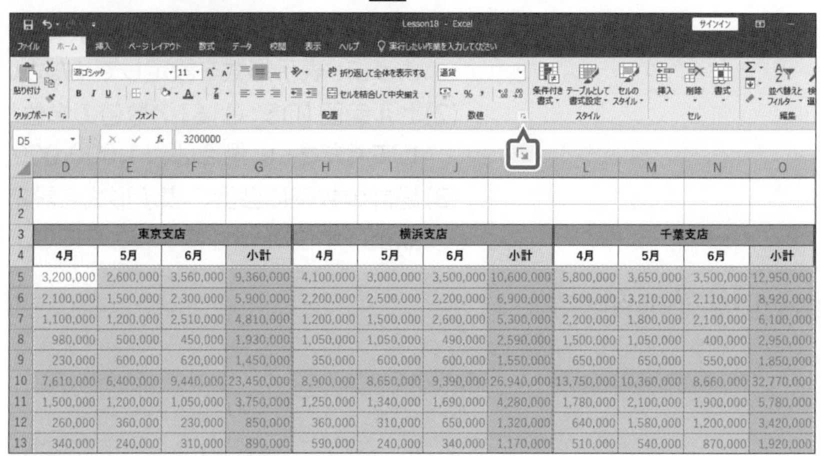

	D	E	F	G	H	I	J	K	L	M	N	O
1												
2												
3	東京支店				横浜支店				千葉支店			
4	4月	5月	6月	小計	4月	5月	6月	小計	4月	5月	6月	小計
5	3,200,000	2,600,000	3,560,000	9,360,000	4,100,000	3,000,000	3,500,000	10,600,000	5,800,000	3,650,000	3,500,000	12,950,000
6	2,100,000	1,500,000	2,300,000	5,900,000	2,200,000	2,500,000	2,200,000	6,900,000	3,600,000	3,210,000	2,110,000	8,920,000
7	1,100,000	1,200,000	2,510,000	4,810,000	1,200,000	1,500,000	2,600,000	5,300,000	2,200,000	1,800,000	2,100,000	6,100,000
8	980,000	500,000	450,000	1,930,000	1,050,000	1,050,000	490,000	2,590,000	1,500,000	1,050,000	400,000	2,950,000
9	230,000	600,000	620,000	1,450,000	350,000	600,000	600,000	1,550,000	650,000	650,000	550,000	1,850,000
10	7,610,000	6,400,000	9,440,000	23,450,000	8,900,000	8,650,000	9,390,000	26,940,000	13,750,000	10,360,000	8,660,000	32,770,000
11	1,500,000	1,200,000	1,050,000	3,750,000	1,250,000	1,340,000	1,690,000	4,280,000	1,780,000	2,100,000	1,900,000	5,780,000
12	260,000	360,000	230,000	850,000	360,000	310,000	650,000	1,320,000	640,000	1,580,000	1,200,000	3,420,000
13	340,000	240,000	310,000	890,000	590,000	240,000	340,000	1,170,000	510,000	540,000	870,000	1,920,000

③《**セルの書式設定**》ダイアログボックスが表示されます。

④《**表示形式**》タブを選択します。

⑤《**分類**》の一覧から《**ユーザー定義**》を選択します。

⑥《**種類**》に「**#，##0,**」と入力します。

⑦《**OK**》をクリックします。

⑧表示形式が設定されます。

	D	E	F	G	H	I	J	K	L	M	N	O
1												
2												
3	東京支店				横浜支店				千葉支店			
4	4月	5月	6月	小計	4月	5月	6月	小計	4月	5月	6月	小計
5	3,200	2,600	3,560	9,360	4,100	3,000	3,500	10,600	5,800	3,650	3,500	12,950
6	2,100	1,500	2,300	5,900	2,200	2,500	2,200	6,900	3,600	3,210	2,110	8,920
7	1,100	1,200	2,510	4,810	1,200	1,500	2,600	5,300	2,200	1,800	2,100	6,100
8	980	500	450	1,930	1,050	1,050	490	2,590	1,500	1,050	400	2,950
9	230	600	620	1,450	350	600	600	1,550	650	650	550	1,850
10	7,610	6,400	9,440	23,450	8,900	8,650	9,390	26,940	13,750	10,360	8,660	32,770
11	1,500	1,200	1,050	3,750	1,250	1,340	1,690	4,280	1,780	2,100	1,900	5,780
12	260	360	230	850	360	310	650	1,320	640	1,580	1,200	3,420
13	340	240	310	890	590	240	340	1,170	510	540	870	1,920

(3)

①セル範囲【P5：P17】を選択します。

②［Ctrl］を押しながら、セル範囲【D17：O17】を選択します。

③《ホーム》タブ→《数値》グループの［↘］（表示形式）をクリックします。

④《セルの書式設定》ダイアログボックスが表示されます。

⑤《表示形式》タブを選択します。

⑥《分類》の一覧から《会計》を選択します。

⑦《記号》の［∨］をクリックし、一覧から《¥》を選択します。

⑧《分類》の一覧から《ユーザー定義》を選択します。

⑨《種類》に選択した会計の表示形式が表示されていることを確認します。

⑩《種類》の「#，##0」の後ろに「,」を追加します。

※「#，##0」は2か所あります。

⑪《OK》をクリックします。

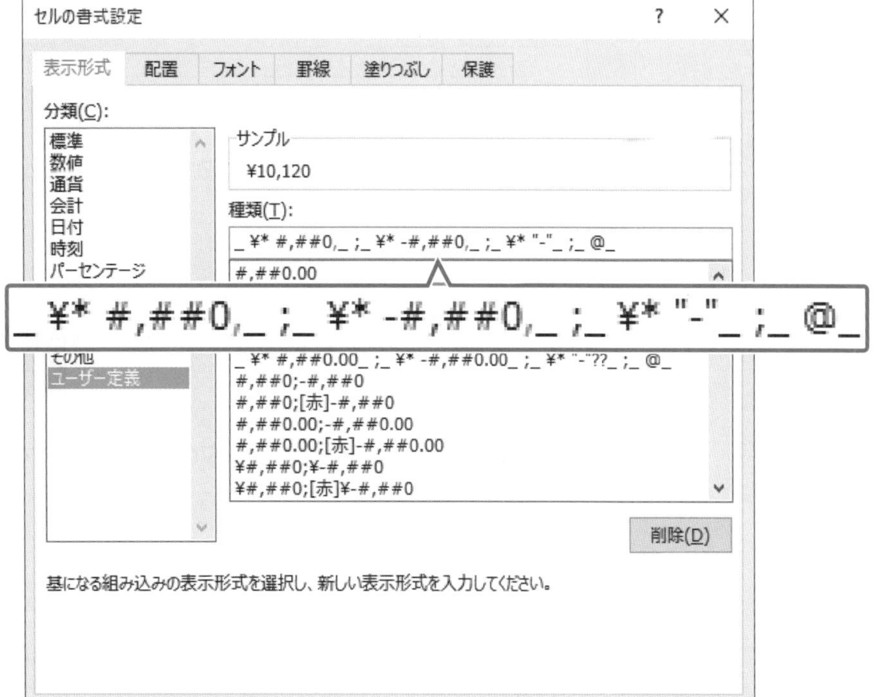

⑫表示形式が設定されます。

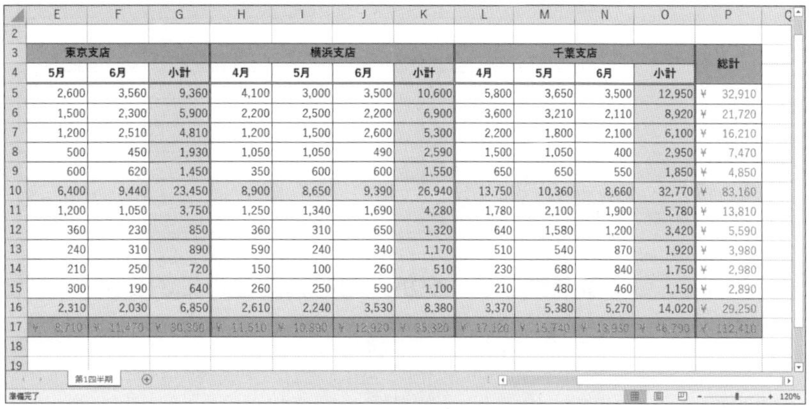

	E	F	G	H	I	J	K	L	M	N	O	P
2												
3	東京支店			横浜支店				千葉支店				総計
4	5月	6月	小計	4月	5月	6月	小計	4月	5月	6月	小計	
5	2,600	3,560	9,360	4,100	3,000	3,500	10,600	5,800	3,650	3,500	12,950	¥ 32,910
6	1,500	2,300	5,900	2,200	2,500	2,200	6,900	3,600	3,210	2,110	8,920	¥ 21,720
7	1,200	2,510	4,810	1,200	1,500	2,600	5,300	2,200	1,800	2,100	6,100	¥ 16,210
8	500	450	1,930	1,050	1,050	490	2,590	1,500	1,050	400	2,950	¥ 7,470
9	600	620	1,450	350	600	600	1,550	650	650	550	1,850	¥ 4,850
10	6,400	9,440	23,450	8,900	8,650	9,390	26,940	13,750	10,360	8,660	32,770	¥ 83,160
11	1,200	1,050	3,750	1,250	1,340	1,690	4,280	1,780	2,100	1,900	5,780	¥ 13,810
12	360	230	850	360	310	650	1,320	640	1,580	1,200	3,420	¥ 5,590
13	240	310	890	590	240	340	1,170	510	540	870	1,920	¥ 3,980
14	210	250	720	150	100	260	510	230	680	840	1,750	¥ 2,980
15	300	190	640	260	250	590	1,100	210	480	460	1,150	¥ 2,890
16	2,310	2,030	6,850	2,610	2,240	3,530	8,380	3,370	5,380	5,270	14,020	¥ 29,250
17	¥ 8,710	¥ 11,470	¥ 30,300	¥ 11,510	¥ 10,890	¥ 12,920	¥ 35,320	¥ 17,120	¥ 15,740	¥ 13,930	¥ 46,790	¥ 112,410
18												
19												

第1四半期

準備完了 120%

Point

ユーザー定義の表示形式の構成

ユーザー定義の表示形式は、4つのセクションに分けて設定できます。表示形式をひとつだけ指定すると、すべての値に対して適用されます。途中のセクションを省略して設定する場合は「；（セミコロン）」を続けて入力します。

正;負;0;文字列

❶ ❷ ❸ ❹

❶正の値

正の数値に設定する表示形式を指定します。

❷負の値

負の数値に設定する表示形式を指定します。

❸ゼロの値

0の数値に設定する表示形式を指定します。

❹テキスト

文字列に設定する表示形式を指定します。

2-2-2 データの入力規則を設定する

解 説

■入力規則の設定

セルに**「入力規則」**を設定しておくと、セルに入力可能なデータを制限したり、入力時にメッセージを表示したりできます。また、入力効率を上げるだけでなく、入力ミスを防止することもできます。
入力規則では、次のような設定ができます。

●セルを選択したときに、メッセージを表示する

	A	B	C	D	E	F
1						
2		受験申込書				
3		氏名	富士　太郎			
4		フリガナ				
5		受験日				
6		性別				
7						

姓と名の間に全角スペースを入力してください。

入力時にメッセージを表示する

●セルを選択したときに、入力モードを設定する

	A	B	C	D	E	F
1						
2		受験申込書				
3		氏名	富士　太郎			
4		フリガナ	フジ　タロウ			
5		受験日				
6		性別				
7						

カタカナ入力に切り替える

カ　14:42　2021/04/01

●入力可能なデータの種類やデータの範囲を限定する

	A	B	C	D	E	F
1						
2		受験申込書				
3		氏名	富士　太郎			
4		フリガナ	フジ　タロウ			
5		受験日	2021/7/5			
6		性別				
7						

ある期間の日付しか入力できない

●ドロップダウンリストを表示する

●無効なデータが入力されたときに、エラーメッセージを表示する

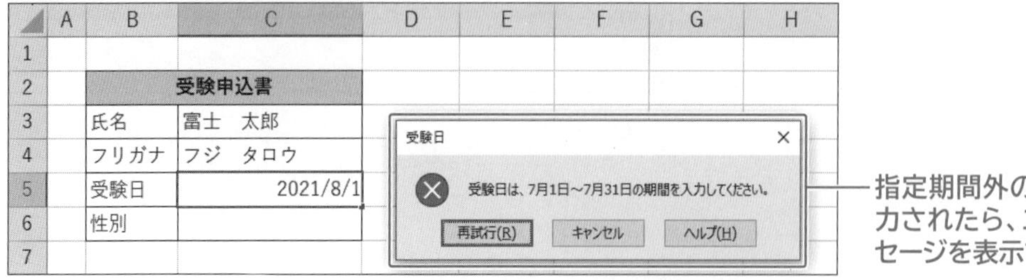

2019 365 ◆《データ》タブ→《データツール》グループの データの入力規則 （データの入力規則）

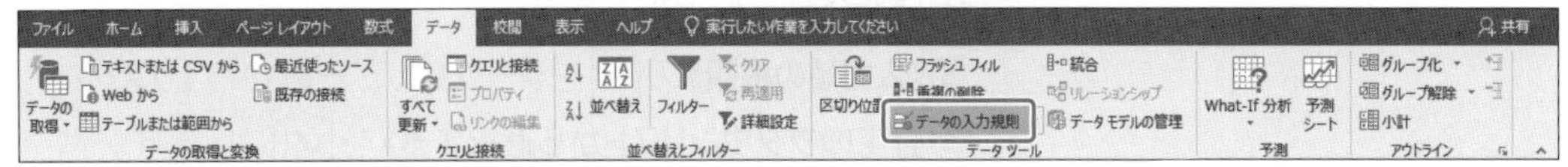

Lesson 19

ブック「Lesson19」を開いておきましょう。

次の操作を行いましょう。

(1) ワークシート「試験結果（9月分）」の受験日がドロップダウンリストから選択できるように、入力規則を設定してください。受験日は、ワークシート「試験日程」から該当のセル範囲を参照します。

(2) ワークシート「試験結果（9月分）」の受験者氏名を入力するときに、日本語入力モードが自動的にオンになるように、入力規則を設定してください。セルを選択したときに「姓と名の間に全角スペースを入力してください。」というメッセージを表示します。

(3) ワークシート「試験結果（9月分）」の区分がドロップダウンリストから選択できるように、入力規則を設定してください。ドロップダウンリストには、「会員」と「非会員」を表示します。

(4) ワークシート「試験結果（9月分）」のセル範囲【E4：H48】に、0～50の整数だけが入力できるように、入力規則を設定してください。それ以外のデータが入力された場合には、「0～50の整数を入力してください。」というエラーメッセージを表示してください。エラーメッセージのスタイルは「注意」、タイトルは「数値エラー」にします。

Hint

ドロップダウンリストに表示するデータを入力する場合は、《データの入力規則》ダイアログボックスの《元の値》に「,（半角カンマ）」で区切って入力します。

Lesson 19 Answer

(1)

① ワークシート**「試験結果（9月分）」**のセル範囲**【B4：B48】**を選択します。

②**《データ》**タブ→**《データツール》**グループの データの入力規則 （データの入力規則）をクリックします。

③《**データの入力規則**》ダイアログボックスが表示されます。

④《**設定**》タブを選択します。

⑤《**入力値の種類**》の ⌄ をクリックし、一覧から《**リスト**》を選択します。

⑥《**ドロップダウンリストから選択する**》を ☑ にします。

⑦《**元の値**》にカーソルを移動し、ワークシート「**試験日程**」のセル範囲【**B4：B13**】を選択します。

※《元の値》に「=試験日程！$B$4：$B$13」と表示されます。

⑧《**OK**》をクリックします。

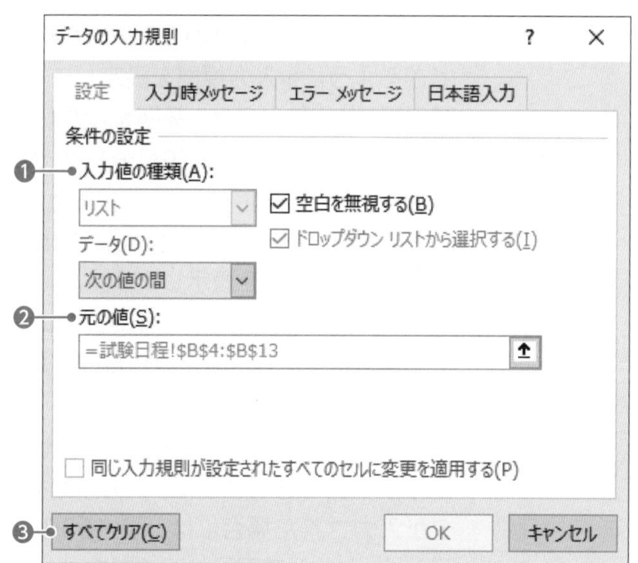

Point

《データの入力規則》の《設定》タブ

❶入力値の種類
セルに入力できる値の種類を選択します。

❷元の値
入力可能なデータのセル範囲を指定します。またはデータを「,（半角カンマ）」で区切って入力します。

❸すべてクリア
設定した入力規則をすべて削除します。

⑨入力規則が設定されます。

	A	B	C	D	E	F	G
1		ウェブ総合検定試験結果					
2							
3		受験日	受験者氏名	区分	リテラシー	デザイン	ディレクション
4							
5		2021/9/1(水)					
6		2021/9/6(月)					
7		2021/9/7(火)					
8		2021/9/8(水)					
9		2021/9/13(月)					
10							

（ドロップダウンリスト：2021/9/1(水)　2021/9/6(月)　2021/9/7(火)　2021/9/8(水)　2021/9/13(月)　2021/9/14(火)　2021/9/15(水)　2021/9/27(月)）

※セル範囲【B4：B48】内にアクティブセルを移動すると、▾が表示されドロップダウンリストから選択できることを確認しておきましょう。

(2)

①ワークシート「**試験結果（9月分）**」のセル範囲【**C4：C48**】を選択します。

②《**データ**》タブ→《**データツール**》グループの データの入力規則（データの入力規則）をクリックします。

③《**データの入力規則**》ダイアログボックスが表示されます。

④《**日本語入力**》タブを選択します。

! Point

《データの入力規則》の《日本語入力》タブ

❶日本語入力
セルを選択したときの日本語入力モードを選択します。

⑤**《日本語入力》**の ⌄ をクリックし、一覧から**《オン》**を選択します。

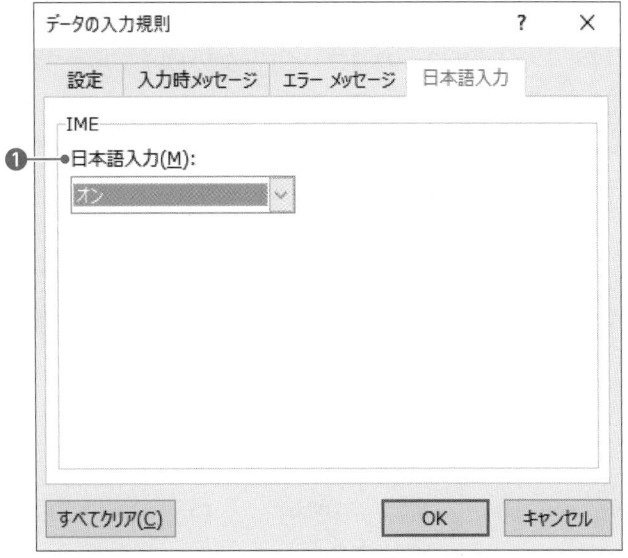

⑥**《入力時メッセージ》**タブを選択します。

⑦**《セルを選択したときに入力時メッセージを表示する》**を ☑ にします。

⑧入力時メッセージに**「姓と名の間に全角スペースを入力してください。」**と入力します。

⑨**《OK》**をクリックします。

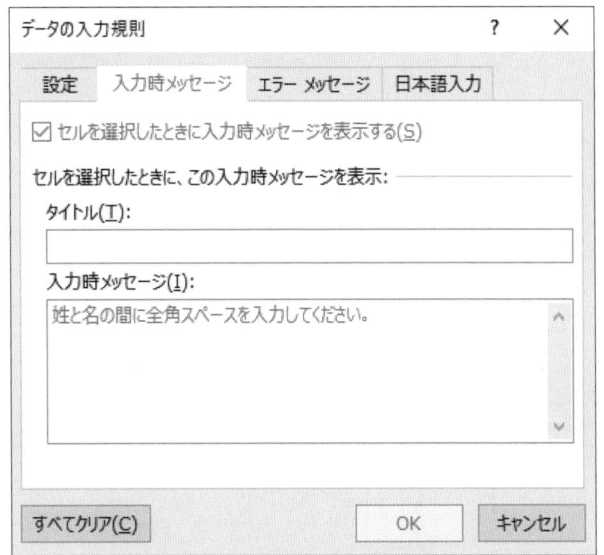

⑩入力規則が設定されます。

	A	B	C	D	E	F	G
1		ウェブ総合検定試験結果					
2							
3		受験日	受験者氏名	区分	リテラシー	デザイン	ディレクション
4							
5			姓と名の間に全角スペースを入力してください。				
6							
7							
8							
9							
10							

※セル範囲【C4：C48】内にアクティブセルを移動すると、日本語入力モードがオンになることを確認しておきましょう。また、メッセージが表示されることを確認しておきましょう。

(3)

①ワークシート**「試験結果（9月分）」**のセル範囲**【D4：D48】**を選択します。

②**《データ》**タブ→**《データツール》**グループの データの入力規則 （データの入力規則）をクリックします。

③**《データの入力規則》**ダイアログボックスが表示されます。

④**《設定》**タブを選択します。

⑤**《入力値の種類》**の ∨ をクリックし、一覧から**《リスト》**を選択します。

⑥**《ドロップダウンリストから選択する》**を ☑ にします。

⑦**《元の値》**にカーソルを移動し、**「会員，非会員」**と入力します。

※「,（カンマ）」は半角で入力します。

⑧**《OK》**をクリックします。

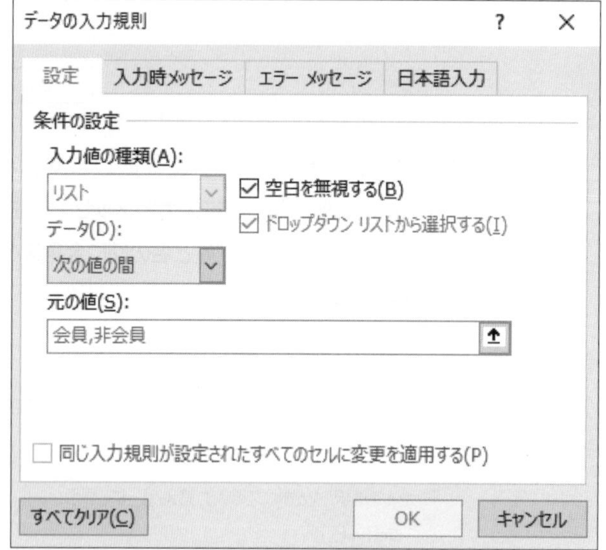

⑨入力規則が設定されます。

	A	B	C	D	E	F	G
1		ウェブ総合検定試験結果					
2							
3		受験日	受験者氏名	区分	リテラシー	デザイン	ディレクション
4							
5			会員				
6			非会員				
7							
8							
9							
10							

※セル範囲【D4：D48】内にアクティブセルを移動すると、▼が表示されドロップダウンリストから選択できることを確認しておきましょう。

(4)

①ワークシート**「試験結果（9月分）」**のセル範囲**【E4：H48】**を選択します。

②**《データ》**タブ→**《データツール》**グループの データの入力規則 （データの入力規則）をクリックします。

③**《データの入力規則》**ダイアログボックスが表示されます。

④**《設定》**タブを選択します。

⑤《**入力値の種類**》の［∨］をクリックし、一覧から《**整数**》を選択します。

⑥《**データ**》の［∨］をクリックし、一覧から《**次の値の間**》を選択します。

⑦《**最小値**》に「**0**」と入力します。

⑧《**最大値**》に「**50**」と入力します。

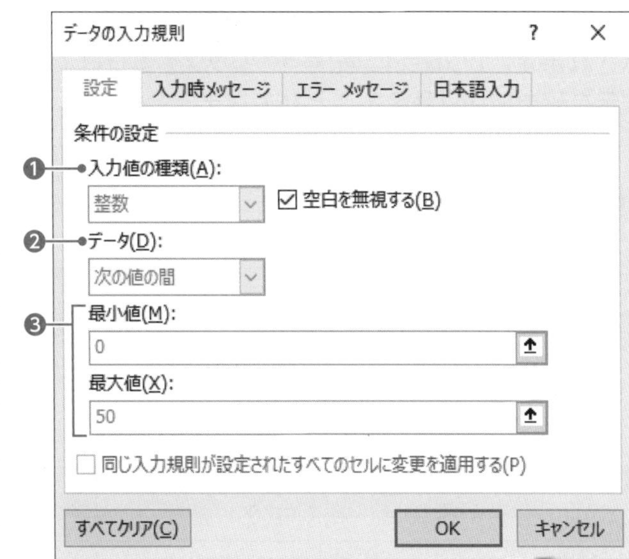

⑨《**エラーメッセージ**》タブを選択します。

⑩《**無効なデータが入力されたらエラーメッセージを表示する**》を☑にします。

⑪《**スタイル**》の［∨］をクリックし、一覧から《**注意**》を選択します。

⑫《**タイトル**》に「**数値エラー**」と入力します。

⑬《**エラーメッセージ**》に「**0～50の整数を入力してください。**」と入力します。

⑭《**OK**》をクリックします。

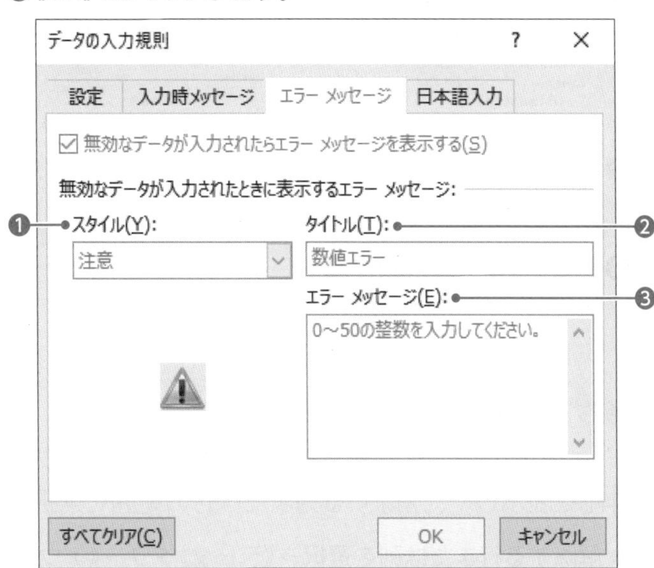

⑮入力規則が設定されます。

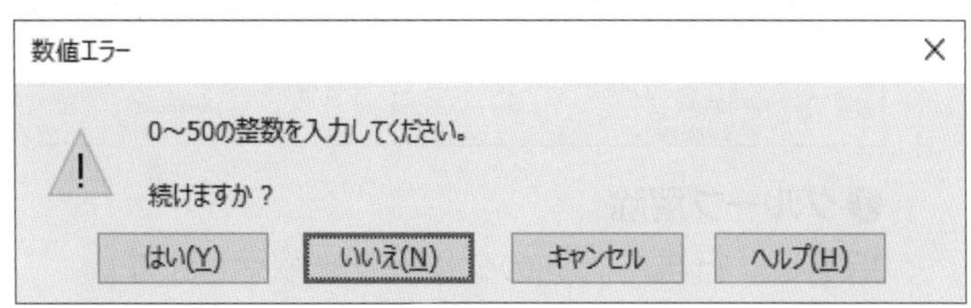

※セル範囲【E4:H48】に0～50の整数以外のデータを入力すると、エラーメッセージが表示されることを確認しておきましょう。

Point

《データの入力規則》の《設定》タブ

❶入力値の種類

セルに入力できる値の種類を選択します。

❷データ

《入力値の種類》を基準に「～以上」「～に等しい」などを選択します。

❸最小値・最大値

《入力値の種類》と《データ》を基準に、条件となる範囲を設定します。

Point

《データの入力規則》の《エラーメッセージ》タブ

❶スタイル

エラーメッセージの種類を選択します。

❷タイトル

エラーメッセージのタイトルを入力します。エラーメッセージのタイトルバーに表示されます。

❸エラーメッセージ

エラーメッセージの本文を入力します。

Point

エラーメッセージの種類

エラーメッセージには、次のような種類があります。

●（停止）

入力を停止するメッセージです。無効なデータは入力できません。

●（注意）

注意を促すメッセージです。《はい》をクリックすると、無効なデータでも入力できます。

●（情報）

情報を表示するメッセージです。《OK》をクリックすると、無効なデータでも入力できます。

2-2-3 データをグループ化する、グループを解除する

■データのグループ化

データをグループ化すると**「アウトライン」**が作成され、各グループにアウトライン記号が表示されます。アウトライン記号をクリックするだけで、グループの詳細データの表示／非表示を簡単に切り替えることができます。

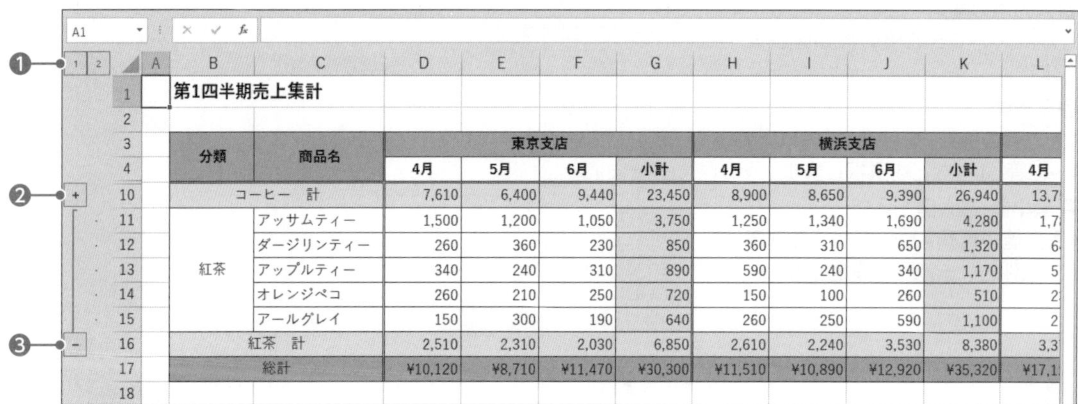

第1四半期売上集計

行	分類	商品名	東京支店 4月	東京支店 5月	東京支店 6月	東京支店 小計	横浜支店 4月	横浜支店 5月	横浜支店 6月	横浜支店 小計	4月
10	コーヒー　計		7,610	6,400	9,440	23,450	8,900	8,650	9,390	26,940	13,7
11	紅茶	アッサムティー	1,500	1,200	1,050	3,750	1,250	1,340	1,690	4,280	1,7
12		ダージリンティー	260	360	230	850	360	310	650	1,320	6
13		アップルティー	340	240	310	890	590	240	340	1,170	5
14		オレンジペコ	260	210	250	720	150	100	260	510	2
15		アールグレイ	150	300	190	640	260	250	590	1,100	2
16	紅茶　計		2,510	2,310	2,030	6,850	2,610	2,240	3,530	8,380	3,3
17	総計		¥10,120	¥8,710	¥11,470	¥30,300	¥11,510	¥10,890	¥12,920	¥35,320	¥17,1

❶ 1 2

指定したレベルのデータを表示します。

❷ +

グループの詳細データを表示します。

❸ −

グループの詳細データを非表示にします。

2019 365 ◆行または列を選択→《データ》タブ→《アウトライン》グループの グループ化 （グループ化）

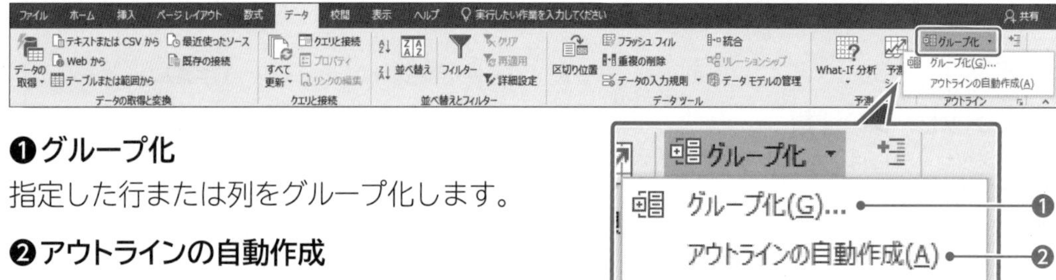

❶グループ化

指定した行または列をグループ化します。

❷アウトラインの自動作成

アウトラインを自動作成します。

■グループの解除

データのグループ化は解除することができます。グループを解除する場合は、データの詳細を表示して、解除する列または行の範囲を選択します。

2019 365 ◆解除する行または列を選択→《データ》タブ→《アウトライン》グループの グループ解除 （グループ解除）

❶グループ解除

指定した行または列のグループを解除します。

❷アウトラインのクリア

アウトラインをすべて解除します。

Lesson 20

ブック「Lesson20」を開いておきましょう。

次の操作を行いましょう。

(1) ワークシート「第1四半期」のグループ化された詳細データを表示してください。次に、表示した詳細データのグループを解除してください。

(2) ワークシート「第1四半期」の各支店の4月～6月までのデータを、それぞれグループ化してください。

(3) ワークシート「展示会」に、アウトラインを自動作成してください。

Lesson 20 Answer

(1)

①ワークシート**「第1四半期」**の行番号の左上のアウトライン記号 2 をクリックします。

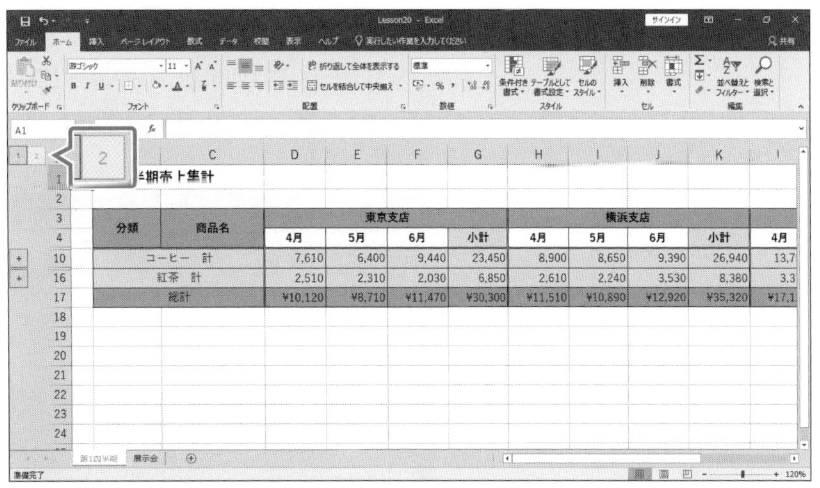

②詳細データが表示されます。

③行番号**【5：15】**を選択します。

④**《データ》**タブ→**《アウトライン》**グループの グループ解除 （グループ解除）をクリックします。

その他の方法

グループの解除

2019 365

◆《データ》タブ→《アウトライン》グループの グループ解除 ▾（グループ解除）の ▾ →《アウトラインのクリア》

⑤グループが解除されます。

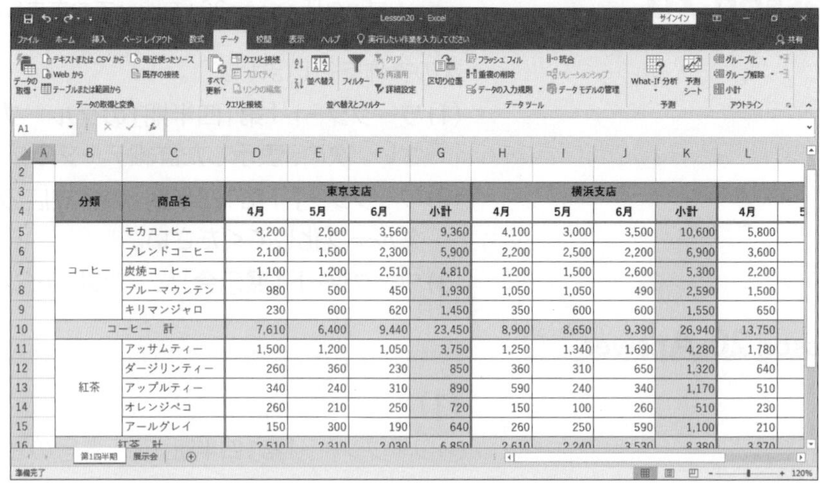

(2)

①ワークシート**「第1四半期」**の列番号**【D：F】**を選択します。

②**《データ》**タブ→**《アウトライン》**グループの グループ化 （グループ化）をクリックします。

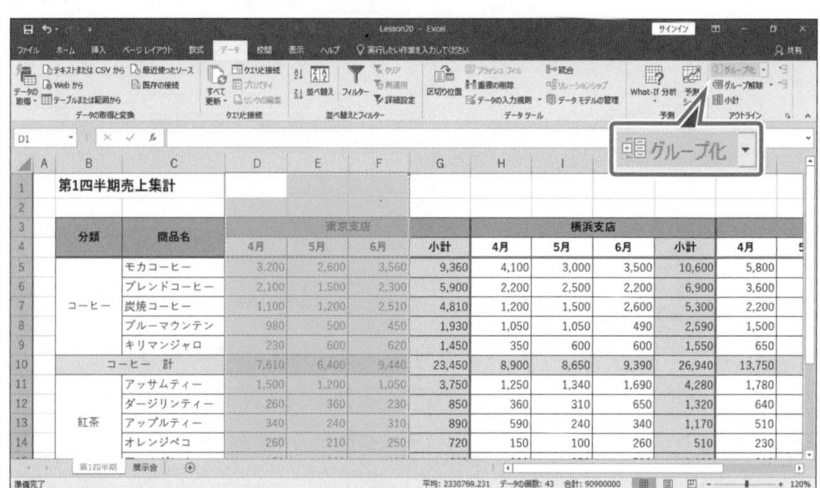

③データがグループ化され、列番号の上にアウトライン記号が表示されます。

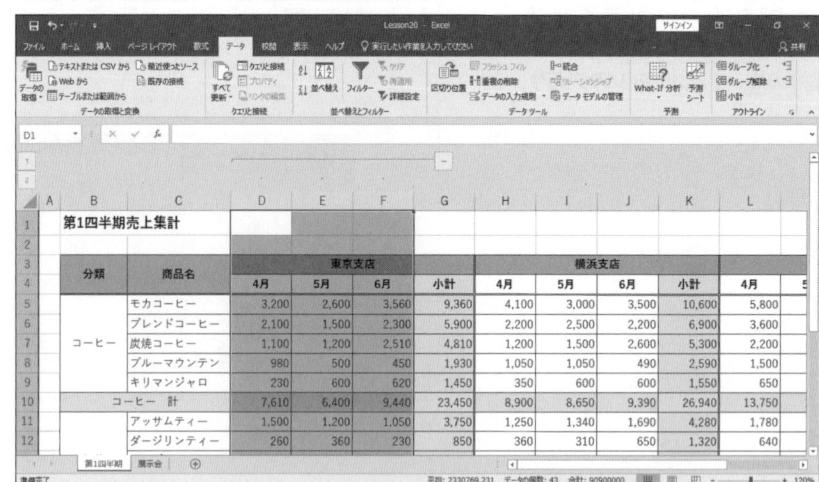

④列番号【H：J】を選択します。

⑤ F4 を押します。

⑥データがグループ化され、列番号の上にアウトライン記号が表示されます。

⑦同様に、列番号【L：N】をグループ化します。

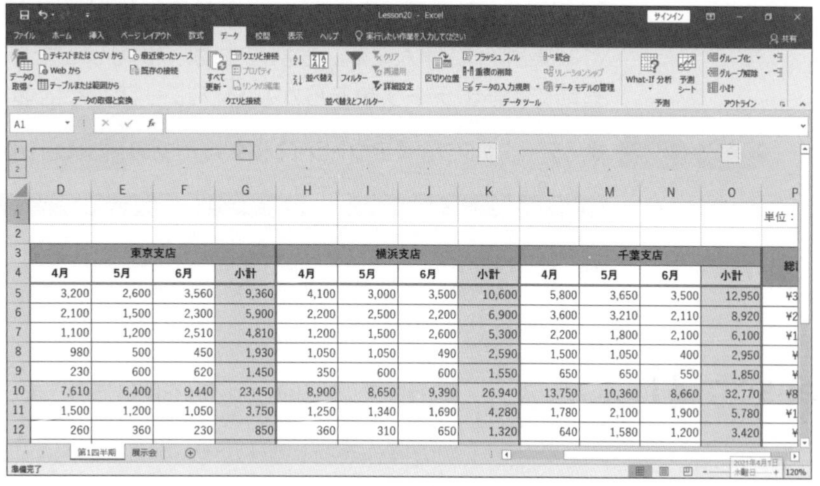

	東京支店				横浜支店				千葉支店				総
	4月	5月	6月	小計	4月	5月	6月	小計	4月	5月	6月	小計	
5	3,200	2,600	3,560	9,360	4,100	3,000	3,500	10,600	5,800	3,650	3,500	12,950	¥3
6	2,100	1,500	2,300	5,900	2,200	2,500	2,200	6,900	3,600	3,210	2,110	8,920	¥2
7	1,100	1,200	2,510	4,810	1,200	1,500	2,600	5,300	2,200	1,800	2,100	6,100	¥1
8	980	500	450	1,930	1,050	1,050	490	2,590	1,500	1,050	400	2,950	¥
9	230	600	620	1,450	350	600	600	1,550	650	650	550	1,850	¥
10	7,610	6,400	9,440	23,450	8,900	8,650	9,390	26,940	13,750	10,360	8,660	32,770	¥8
11	1,500	1,200	1,050	3,750	1,250	1,340	1,690	4,280	1,780	2,100	1,900	5,780	¥1
12	260	360	230	850	360	310	650	1,320	640	1,580	1,200	3,420	¥

(3)

①ワークシート「**展示会**」のセル【**B3**】を選択します。

②《**データ**》タブ→《**アウトライン**》グループの グループ化 （グループ化）の ▾ →《**アウトラインの自動作成**》をクリックします。

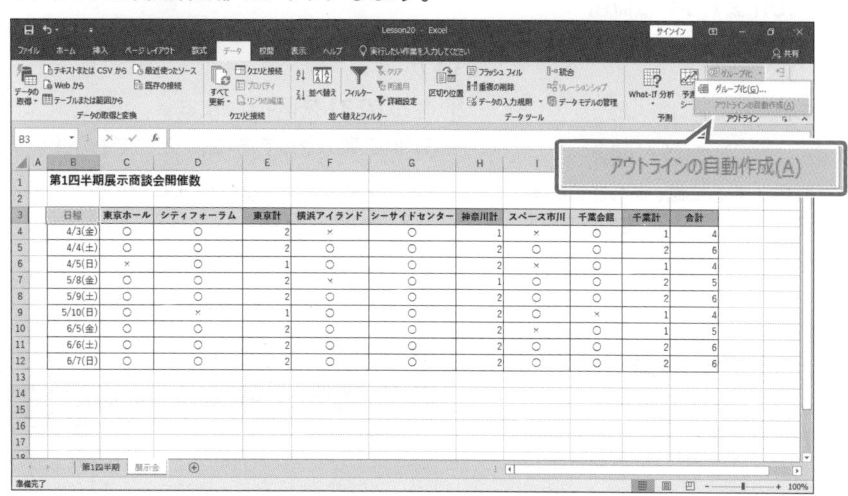

第1四半期展示商談会開催数

日程	東京ホール	シティフォーラム	東京計	横浜アイランド	シーサイドセンター	神奈川計	スペース市川	千葉会館	千葉計	合計
4/3(金)	○	○	2	×	○	1	×	○	1	4
4/4(土)	○	○	2	○	○	2	○	○	2	6
4/5(日)	×	○	1	○	○	2	×	○	1	4
5/8(金)	○	○	2	×	○	1	○	○	2	5
5/9(土)	○	○	2	○	○	2	○	○	2	6
5/10(日)	○	×	1	○	○	2	○	×	1	4
6/5(金)	○	○	2	○	○	2	×	○	1	5
6/6(土)	○	○	2	○	○	2	○	○	2	6
6/7(日)	○	○	2	○	○	2	○	○	2	6

③アウトラインが自動で作成され、列番号の上にアウトライン記号が表示されます。

第1四半期展示商談会開催数

Point

アウトラインの自動作成

表のデータに小計行や合計行があり、そこに数式が入力されている場合は、自動的に表の構造を認識して、アウトラインを自動作成することができます。

Point

アウトライン自動作成時の注意

アウトラインを自動作成する場合は、セル範囲を選択していない状態で行います。セル範囲を選択している状態では自動作成できません。

Point

アウトラインのクリア

2019 365

◆《データ》タブ→《アウトライン》グループの グループ解除 （グループ解除）の ▾ →《アウトラインのクリア》

2-2-4 小計や合計を挿入してデータを計算する

 解説

■小計の挿入

「小計」は、表のデータをグループごとに集計する機能です。小計を使うと、グループごとに集計行が挿入され、合計や個数、平均などを求めることができます。小計を挿入する前に、表のデータをあらかじめグループごとに並べ替えておく必要があります。

2019 365 ◆《データ》タブ→《アウトライン》グループの 小計 (小計)

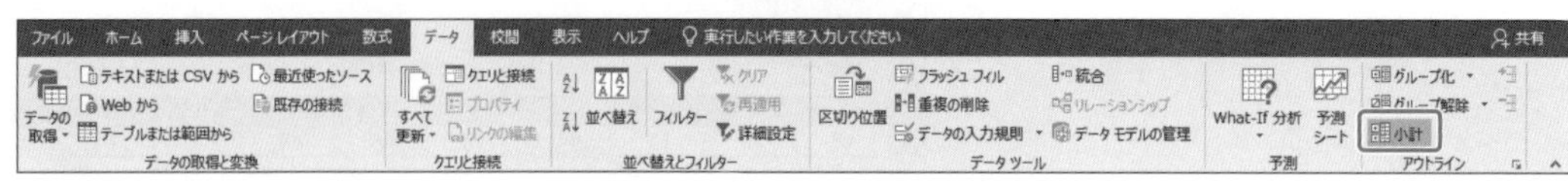

Lesson 21

 ブック「Lesson21」を開いておきましょう。

次の操作を行いましょう。

(1) 試験会場を昇順で並べ替えてください。次に、試験会場ごとに受験者数を求める集計行を挿入してください。受験者数は「受験者氏名」のデータの個数を集計します。

(2) 試験会場ごとに各試験科目の平均点を表示する集計行を追加してください。

Lesson 21 Answer

(1)

①セル**【C3】**を選択します。

※表内のC列のセルであれば、どこでもかまいません。

②**《データ》**タブ→**《並べ替えとフィルター》**グループの A↓Z (昇順)をクリックします。

③試験会場が昇順に並び替わります。

④セル**【C3】**が選択されていることを確認します。

※表内のセルであれば、どこでもかまいません。

⑤**《データ》**タブ→**《アウトライン》**グループの 小計 (小計)をクリックします。

	A	B	C	D	E	F	G	H	I
1		ウェブ総合検定試験結果							
2									
3		受験日	試験会場	受験者氏名	リテラシー	デザイン	ディレクション	プログラミング	合計点
4		2020/9/1	飯田橋	戸田　文	38.0	41.0	39.0	33.0	151
5		2020/9/7	飯田橋	田村　尚子	38.0	30.0	34.0	32.0	134
6		2020/9/7	飯田橋	小松　弘美	28.0	28.0	29.0	29.0	114
7		2020/9/17	飯田橋	山田　衛	40.0	30.0	45.0	35.0	150
8		2020/9/17	飯田橋	手塚　香織	41.0	33.0	32.0	31.0	137
9		2020/9/27	飯田橋	山川　澄香	38.0	31.0	27.0	28.0	124
10		2020/9/7	渋谷	渡部　なな	41.0	26.0	35.0	28.0	130
11		2020/9/7	渋谷	島　信一郎	33.0	29.0	32.0	10.0	104
12		2020/9/7	渋谷	神崎　さと子	37.0	31.0	38.0	35.0	141
13		2020/9/7	渋谷	佐々木　碧	39.0	34.0	42.0	10.0	125
14		2020/9/17	渋谷	坂井　小夜	34.0	33.0	38.0	33.0	138
15		2020/9/17	渋谷	中村　美智子	40.0	45.0	37.0	36.0	158
16		2020/9/17	渋谷	池上　真治	31.0	31.0	32.0	28.0	122
17		2020/9/27	渋谷	古河　祐樹	32.0	38.0	38.0	39.0	147

⑥**《集計の設定》**ダイアログボックスが表示されます。

⑦**《グループの基準》**の ∨ をクリックし、一覧から**「試験会場」**を選択します。

⑧**《集計の方法》**の ∨ をクリックし、一覧から**《個数》**を選択します。

⑨**《集計するフィールド》**の**「受験者氏名」**を ☑ にし、**「合計点」**を □ にします。

> **Point**
> **グループごとの並べ替え**
> 小計を挿入するには、あらかじめ集計するグループごとに表のレコードを並べ替えておく必要があります。

> **Point**
> **表のセル範囲の認識**
> 表内の任意のセルを選択して並べ替えを実行すると、自動的にセル範囲が認識されます。セル範囲を正しく認識させるには、表に隣接するセルを空白にしておく必要があります。自動的に認識されない場合は、表全体を選択します。

⑩《OK》をクリックします。

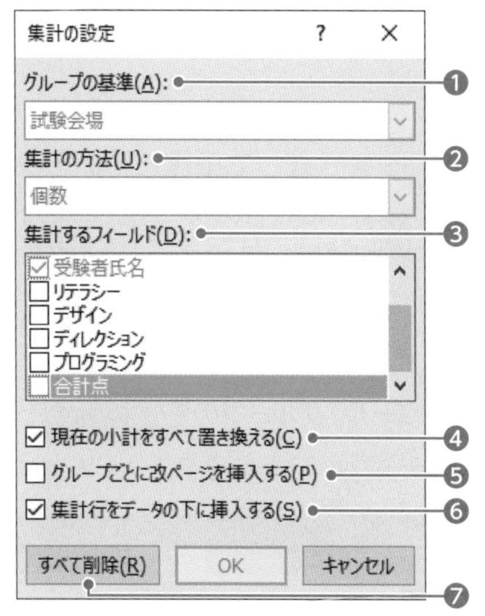

Point

《集計の設定》

❶グループの基準
集計の基準になるフィールドを選択します。

❷集計の方法
集計する方法を選択します。

❸集計するフィールド
集計するフィールドを☑にします。

❹現在の小計をすべて置き換える
すでに表に集計行が設定されている場合に使います。
☑にすると、既存の集計行が削除され、新規の集計行に置き換わります。
□にすると、既存の集計行に新規の集計行が追加されます。

❺グループごとに改ページを挿入する
☑にすると、グループごとに自動的に改ページが挿入されます。

❻集計行をデータの下に挿入する
☑にするとグループの下に、□にするとグループの上に集計行が挿入されます。

❼すべて削除
集計行を削除して、元の表に戻します。

⑪試験会場ごとに集計行が追加され、**「受験者氏名」**のデータの個数が表示されます。

	A	B	C	D	E	F	G	H
2								
3		受験日	試験会場	受験者氏名	リテラシー	デザイン	ディレクション	プログラミング
4		2020/9/1	飯田橋	戸田　文	38.0	41.0	39.0	33.0
5		2020/9/7	飯田橋	田村　尚子	38.0	30.0	34.0	32.0
6		2020/9/7	飯田橋	小松　弘美	28.0	28.0	29.0	29.0
7		2020/9/17	飯田橋	山田　衛	40.0	30.0	45.0	35.0
8		2020/9/17	飯田橋	手塚　香織	41.0	33.0	32.0	31.0
9		2020/9/27	飯田橋	山川　澄香	38.0	31.0	27.0	28.0
10			飯田橋 個数	6				
11		2020/9/7	渋谷	渡部　なな	41.0	26.0	35.0	28.0
12		2020/9/7	渋谷	島　信一郎	33.0	29.0	32.0	10.0
13		2020/9/7	渋谷	神崎　さと子	37.0	31.0	38.0	35.0
14		2020/9/7	渋谷	佐々木　碧	39.0	34.0	42.0	10.0
15		2020/9/17	渋谷	坂井　小夜	34.0	33.0	38.0	33.0

※表の最終行には、全体の合計を表示する集計行「総合計」が追加されます。
※小計を挿入すると、アウトラインが自動的に作成され、アウトライン記号が表示されます。

(2)

①セル**【C3】**を選択します。
※表内のセルであれば、どこでもかまいません。
②**《データ》**タブ→**《アウトライン》**グループの［小計］(小計)をクリックします。
③**《集計の設定》**ダイアログボックスが表示されます。
④**《グループの基準》**が**「試験会場」**になっていることを確認します。
⑤**《集計の方法》**の［∨］をクリックし、一覧から**《平均》**を選択します。
⑥**《集計するフィールド》**の**「受験者氏名」**を□にし、**「リテラシー」**、**「デザイン」**、**「ディレクション」**、**「プログラミング」**を☑にします。
⑦**《現在の小計をすべて置き換える》**を□にします。
⑧**《OK》**をクリックします。
⑨試験会場ごとに集計行が追加され、各試験科目の平均点が表示されます。

	A	B	C	D	E	F	G	H
2								
3		受験日	試験会場	受験者氏名	リテラシー	デザイン	ディレクション	プログラミング
4		2020/9/1	飯田橋	戸田　文	38.0	41.0	39.0	33.0
5		2020/9/7	飯田橋	田村　尚子	38.0	30.0	34.0	32.0
6		2020/9/7	飯田橋	小松　弘美	28.0	28.0	29.0	29.0
7		2020/9/17	飯田橋	山田　衛	40.0	30.0	45.0	35.0
8		2020/9/17	飯田橋	手塚　香織	41.0	33.0	32.0	31.0
9		2020/9/27	飯田橋	山川　澄香	38.0	31.0	27.0	28.0
10			飯田橋 平均		37.2	32.2	34.3	31.3
11			**飯田橋 個数**	6				
12		2020/9/7	渋谷	渡部　なな	41.0	26.0	35.0	28.0
13		2020/9/7	渋谷	島　信一郎	33.0	29.0	32.0	10.0
14		2020/9/7	渋谷	神崎　さと子	37.0	31.0	38.0	35.0
15		2020/9/7	渋谷	佐々木　碧	39.0	34.0	42.0	10.0
16		2020/9/17	渋谷	坂井　小夜	34.0	33.0	38.0	33.0

Point

集計行の数式

集計行のセルには、「SUBTOTAL関数」が自動的に設定されます。

❶集計方法
集計方法に応じて関数を番号で指定します。
例：
1：AVERAGE(平均)
2：COUNT(数値の個数)
3：COUNTA(個数)
4：MAX(最大値)
5：MIN(最小値)
9：SUM(合計)

❷参照
集計するセル範囲を指定します。

2-2-5 重複レコードを削除する

■重複の削除

テーブル内では、データを比較して重複しているレコードを削除できます。商品コードや社員番号など一意であるべきデータが二重に入力されている場合に、この機能を使うと、重複するレコードを削除できるので、データの一意性を維持することができます。
《重複の削除》ダイアログボックスでは、データが重複しているかどうかを比較する項目を選択することができます。

2019 ◆《デザイン》タブ→《ツール》グループの 重複の削除 （重複の削除）

365 ◆《デザイン》タブ／《テーブルデザイン》タブ→《ツール》グループの 重複の削除 （重複の削除）

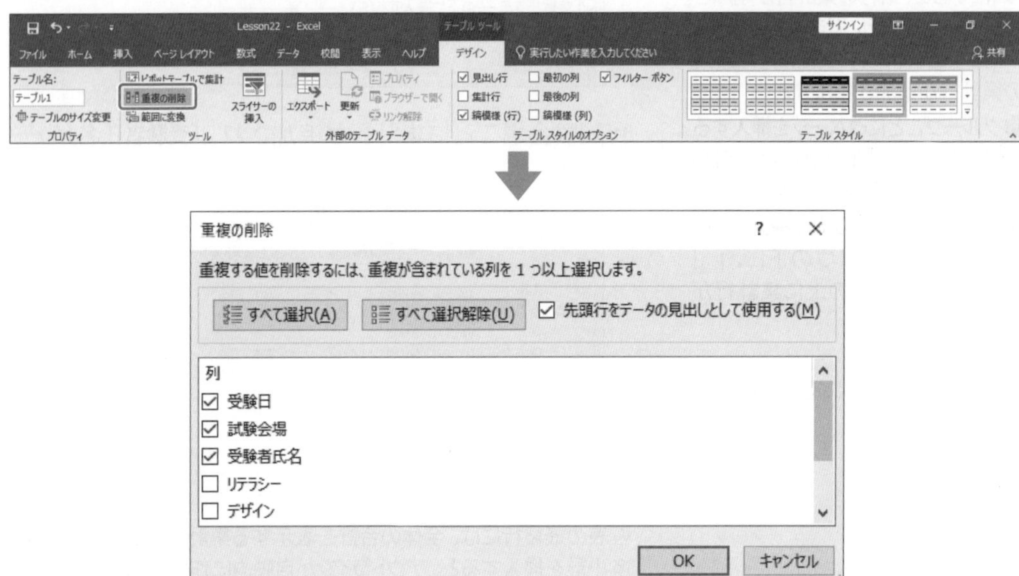

Lesson 22

ブック「Lesson22」を開いておきましょう。

次の操作を行いましょう。

(1)「受験日」「試験会場」「受験者氏名」が重複するレコードを削除してください。その他のレコードは削除しないようにします。

Lesson22 Answer

(1)

①セル**【B3】**を選択します。

※テーブル内のセルであれば、どこでもかまいません。

②**《デザイン》**タブ→**《ツール》**グループの 重複の削除 （重複の削除）をクリックします。

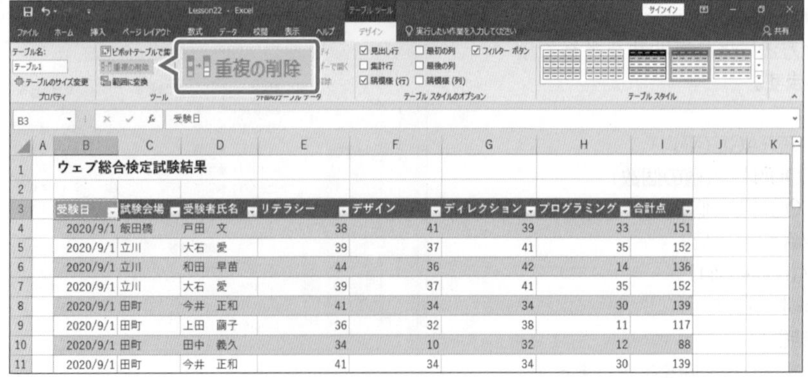

ウェブ総合検定試験結果

受験日	試験会場	受験者氏名	リテラシー	デザイン	ディレクション	プログラミング	合計点
2020/9/1	飯田橋	戸田　文	38	41	39	33	151
2020/9/1	立川	大石　愛	39	37	41	35	152
2020/9/1	立川	和田　早苗	44	36	42	14	136
2020/9/1	立川	大石　愛	39	37	41	35	152
2020/9/1	田町	今井　正和	41	34	34	30	139
2020/9/1	田町	上田　蘭子	36	32	38	11	117
2020/9/1	田町	田中　義久	34	10	32	12	88
2020/9/1	田町	今井　正和	41	34	34	30	139

③《**重複の削除**》ダイアログボックスが表示されます。

④《**先頭行をデータの見出しとして使用する**》を☑にします。

⑤「**受験日**」「**試験会場**」「**受験者氏名**」を☑にし、それ以外を☐にします。

⑥《**OK**》をクリックします。

⑦メッセージを確認し、《**OK**》をクリックします。

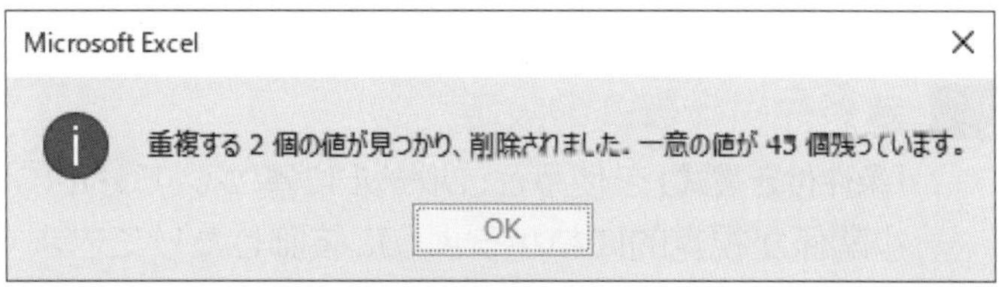

⑧重複するレコードが削除されます。

※2件のレコードが削除されます。

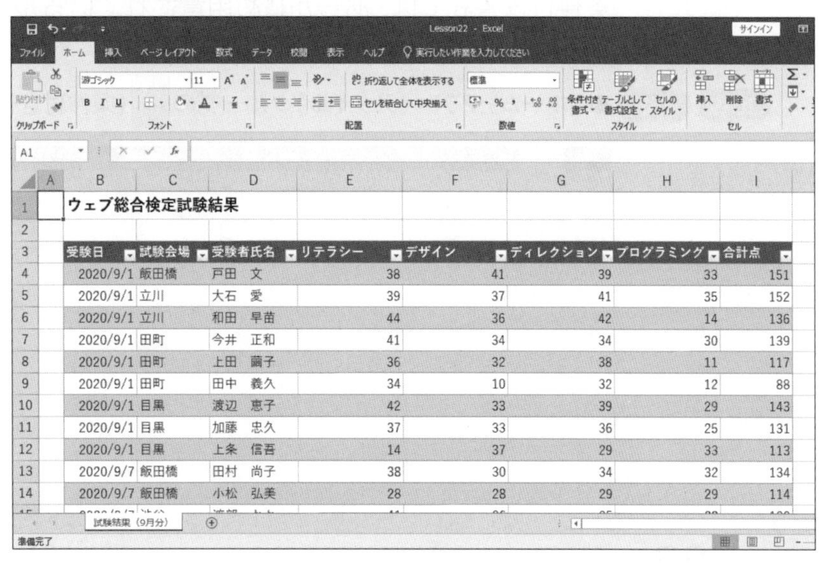

ウェブ総合検定試験結果

受験日	試験会場	受験者氏名	リテラシー	デザイン	ディレクション	プログラミング	合計点
2020/9/1	飯田橋	戸田　文	38	41	39	33	151
2020/9/1	立川	大石　愛	39	37	41	35	152
2020/9/1	立川	和田　早苗	44	36	42	14	136
2020/9/1	田町	今井　正和	41	34	34	30	139
2020/9/1	田町	上田　繭子	36	32	38	11	117
2020/9/1	田町	田中　義久	34	10	32	12	88
2020/9/1	目黒	渡辺　恵子	42	33	39	29	143
2020/9/1	目黒	加藤　忠久	37	33	36	25	131
2020/9/1	目黒	上条　信吾	14	37	29	33	113
2020/9/7	飯田橋	田村　尚子	38	30	34	32	134
2020/9/7	飯田橋	小松　弘美	28	28	29	29	114

Point

《重複の削除》

❶**すべて選択**

《列》の一覧がすべて☑になります。

❷**すべて選択解除**

《列》の一覧がすべて☐になります。

❸**先頭行をデータの見出しとして使用する**

テーブルの先頭行が項目名の場合、☑にします。

❹**列**

重複しているかどうかを比較する列を☑にします。

2-3 詳細な条件付き書式やフィルターを適用する

理解度チェック

習得すべき機能	参照Lesson	学習前	学習後	試験直前
■ユーザー設定の条件付き書式ルールを作成できる。	➡Lesson23	☑	☑	☑
■数式を使った条件付き書式ルールを作成できる。	➡Lesson24 ➡Lesson25	☑	☑	☑
■条件付き書式ルールを編集できる。	➡Lesson26 ➡Lesson27	☑	☑	☑
■条件付き書式ルールを削除できる。	➡Lesson26	☑	☑	☑

2-3-1 ユーザー設定の条件付き書式ルールを作成する

解説

■条件付き書式の設定

「条件付き書式」を使うと、ルールに基づいてセルに特定の書式を設定したり、数値の大小関係が視覚的にわかるように装飾したりできます。

■ユーザー設定の条件付き書式ルールの作成

条件付き書式では、あらかじめ用意されているルールに目的のものがない場合、ユーザーが独自に新しいルールを作成できます。

2019 365 ◆《ホーム》タブ→《スタイル》グループの [条件付き書式] (条件付き書式)→《新しいルール》

Lesson23

ブック「Lesson23」を開いておきましょう。

次の操作を行いましょう。

(1) 各試験科目の点数が20点以下の場合、フォントの色を「赤」に設定してください。数値が変更されたら、書式が自動的に更新されるようにします。

(2) 合計点が平均以上の場合、背景色を黄緑に設定してください。数値が変更されたら、書式が自動的に更新されるようにします。

Lesson 23 Answer

(1)

①セル範囲【F4：I48】を選択します。

②《ホーム》タブ→《スタイル》グループの（条件付き書式）→《新しいルール》をクリックします。

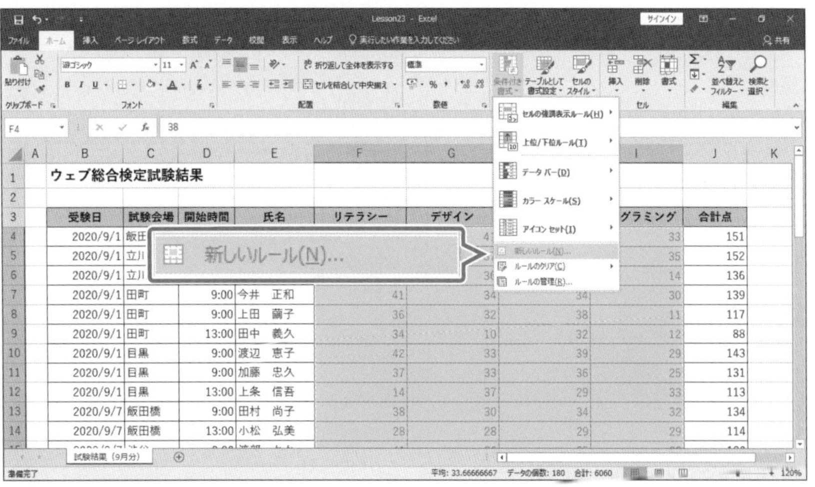

③《新しい書式ルール》ダイアログボックスが表示されます。

④《ルールの種類を選択してください》の一覧から《指定の値を含むセルだけを書式設定》を選択します。

⑤《次のセルのみを書式設定》の左のボックスのをクリックし、一覧から《セルの値》を選択します。

⑥左から2番目のボックスのをクリックし、一覧から《次の値以下》を選択します。

⑦右のボックスに「20」と入力します。

⑧《書式》をクリックします。

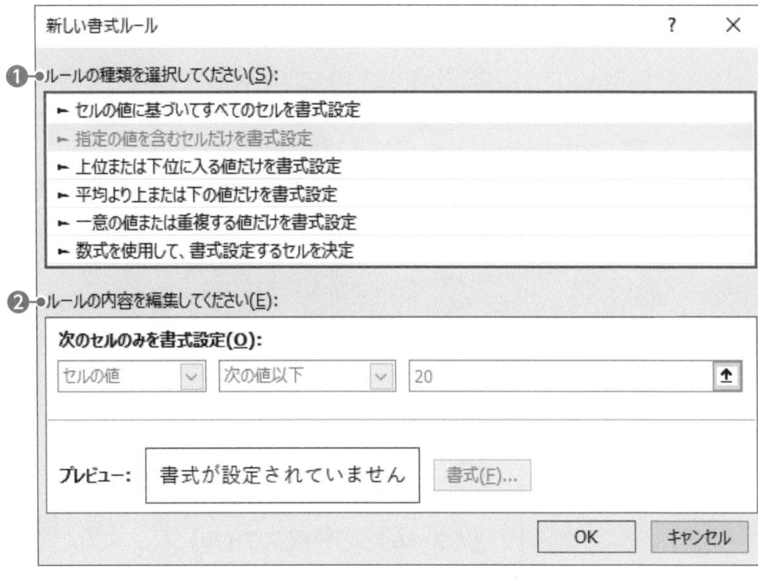

Point

《新しい書式ルール》

❶ルールの種類を選択してください
ルールの種類を選択します。「～より大きい」「～より小さい」「～以上」「～以下」「特定の文字列で始まる」などの条件を設定する場合、《指定の値を含むセルだけを書式設定》を選択します。

❷ルールの内容を編集してください
ルールになる条件と条件を満たしている場合の書式を設定します。選択したルールの種類に応じて、表示される項目が異なります。

⑨《**セルの書式設定**》ダイアログボックスが表示されます。

⑩《**フォント**》タブを選択します。

⑪《**色**》の [v] をクリックし、一覧から《**標準の色**》の《**赤**》を選択します。

※《プレビュー》で結果を確認できます。

⑫《**OK**》をクリックします。

⑬《**新しい書式ルール**》ダイアログボックスに戻ります。

⑭《**OK**》をクリックします。

⑮20点以下のセルに書式が設定されます。

	A	B	C	D	E	F	G	H	I	J
1		ウェブ総合検定試験結果								
2										
3		受験日	試験会場	開始時間	氏名	リテラシー	デザイン	ディレクション	プログラミング	合計点
4		2020/9/1	飯田橋	9:00	戸田　文	38	41	39	33	151
5		2020/9/1	立川	9:00	大石　愛	39	37	41	35	152
6		2020/9/1	立川	13:00	和田　早苗	44	36	42	14	136
7		2020/9/1	田町	9:00	今井　正和	41	34	34	30	139
8		2020/9/1	田町	9:00	上田　繭子	36	32	38	11	117
9		2020/9/1	田町	13:00	田中　義久	34	10	32	12	88
10		2020/9/1	目黒	9:00	渡辺　恵子	42	33	39	29	143
11		2020/9/1	目黒	9:00	加藤　忠久	37	33	36	25	131
12		2020/9/1	目黒	13:00	上条　信吾	14	37	29	33	113

(2)

①セル範囲【**J4:J48**】を選択します。

②《**ホーム**》タブ→《**スタイル**》グループの [条件付き書式]（条件付き書式）→《**新しいルール**》をクリックします。

③《**新しい書式ルール**》ダイアログボックスが表示されます。

④《**ルールの種類を選択してください**》の一覧から《**平均より上または下の値だけを書式設定**》を選択します。

⑤《**選択範囲の平均値**》の [v] をクリックし、一覧から《**以上**》を選択します。

⑥**《書式》**をクリックします。

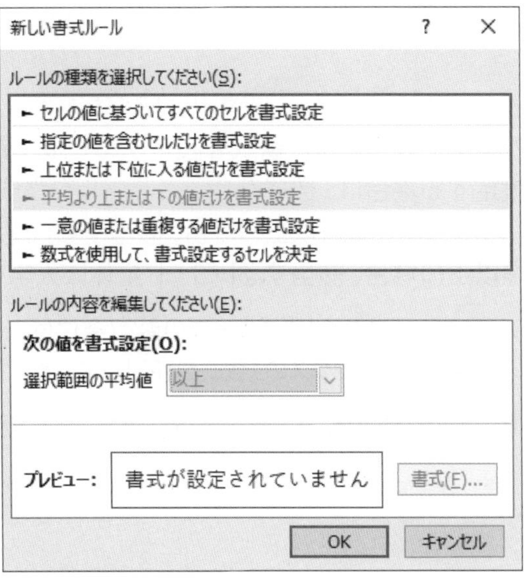

⑦**《セルの書式設定》**ダイアログボックスが表示されます。

⑧**《塗りつぶし》**タブを選択します。

⑨**《背景色》**の一覧から黄緑(左から5番目、上から7番目)を選択します。

※《サンプル》で結果を確認できます。

⑩**《OK》**をクリックします。

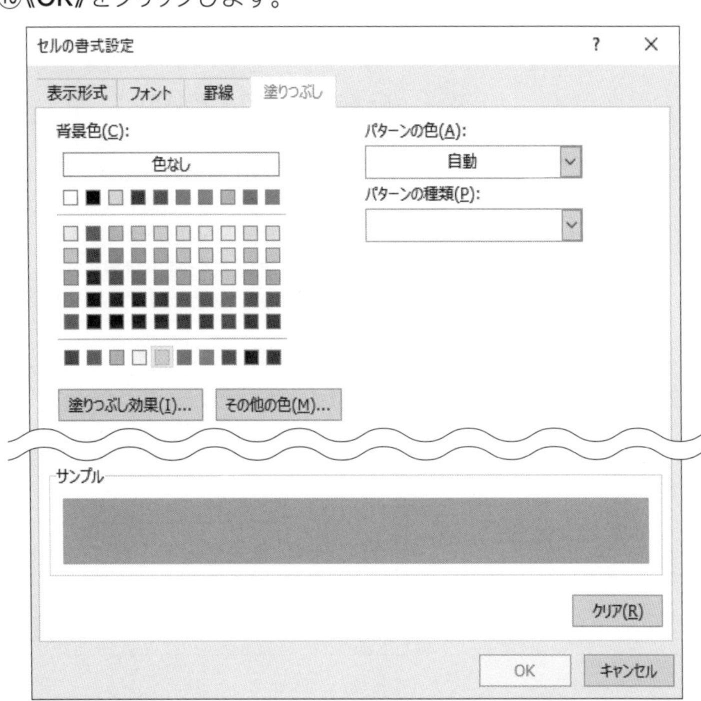

⑪**《新しい書式ルール》**ダイアログボックスに戻ります。

⑫**《OK》**をクリックします。

⑬合計点が平均以上のセルに書式が設定されます。

	A	B	C	D	E	F	G	H	I	J
1		ウェブ総合検定試験結果								
2										
3		受験日	試験会場	開始時間	氏名	リテラシー	デザイン	ディレクション	プログラミング	合計点
4		2020/9/1	飯田橋	9:00	戸田　文	38	41	39	33	151
5		2020/9/1	立川	9:00	大石　愛	39	37	41	35	152
6		2020/9/1	立川	13:00	和田　早苗	44	36	42	14	136
7		2020/9/1	田町	9:00	今井　正和	41	34	34	30	139
8		2020/9/1	田町	9:00	上田　繭子	36	32	38	11	117
9		2020/9/1	田町	13:00	田中　義久	34	10	32	12	88
10		2020/9/1	目黒	9:00	渡辺　恵子	42	33	39	29	143
11		2020/9/1	目黒	9:00	加藤　忠久	37	33	36	25	131
12		2020/9/1	目黒	13:00	上条　信吾	14	37	29	33	113

Point

新しい色の作成

2019　365

塗りつぶしの色、フォントの色は、あらかじめ用意されているもの以外に、新しい色を作成することができます。新しい色は、RGB値を指定して作成します。

塗りつぶしの色を作成する方法は、次のとおりです。

◆《セルの書式設定》→《塗りつぶし》タブ→《その他の色》→《ユーザー設定》タブ

フォントの色を作成する方法は、次のとおりです。

◆《セルの書式設定》→《フォント》タブ→《色》の[v]→《その他の色》→《ユーザー設定》タブ

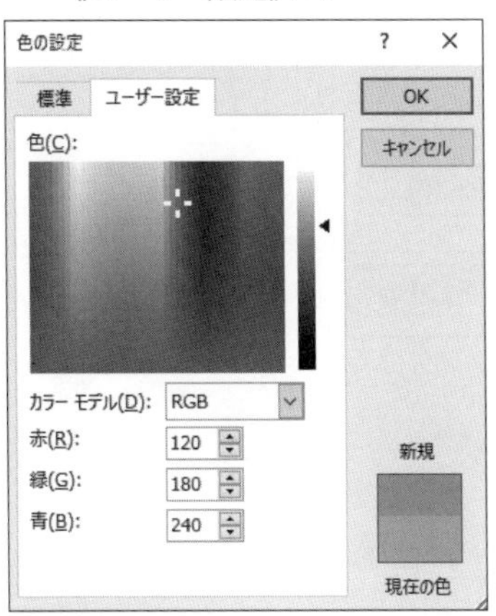

Point

RGB値

RGB値とは、赤(RED)、緑(GREEN)、青(BLUE)の色の割合を表したものです。

値は、0から255の範囲で指定します。

2-3-2 数式を使った条件付き書式ルールを作成する

■数式を使った条件付き書式ルールの作成

ルールの基準になるセルと書式を設定するセルが異なる場合や、2つのセルを比較して書式を設定する場合は、数式を使ってルールを作成します。
例えば、合計点が150点以上の場合、該当する氏名に背景色を設定したり、売上実績が売上目標以上の場合、該当するレコード全体に太字を設定したりできます。

2019 365 ◆《ホーム》タブ→《スタイル》グループの（条件付き書式）→《新しいルール》→《新しい書式ルール》ダイアログボックスの《数式を使用して、書式設定するセルを決定》

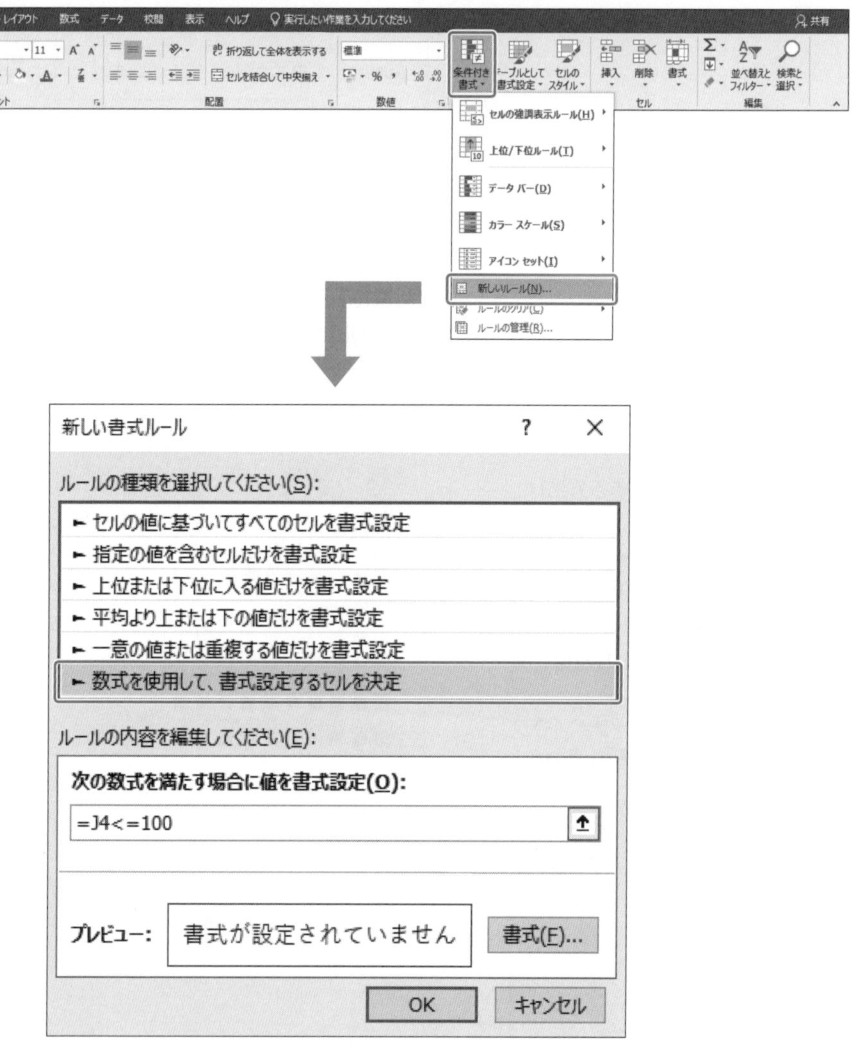

Lesson 24

ブック「Lesson24」を開いておきましょう。

次の操作を行いましょう。

(1) 合計点が100点以下の場合、氏名のフォントの色を「赤」に設定してください。数値が変更されたら、書式が自動的に更新されるようにします。

(2) 合計点が140点以上の場合、該当するレコードの背景色を「オレンジ」に設定してください。数値が変更されたら、書式が自動的に更新されるようにします。

(1)

①セル範囲【**E4:E48**】を選択します。

②《**ホーム**》タブ→《**スタイル**》グループの（条件付き書式）→《**新しいルール**》をクリックします。

③《**新しい書式ルール**》ダイアログボックスが表示されます。

④《**ルールの種類を選択してください**》の一覧から《**数式を使用して、書式設定するセルを決定**》を選択します。

⑤《**次の数式を満たす場合に値を書式設定**》に「**=J4<=100**」と入力します。

⑥《**書式**》をクリックします。

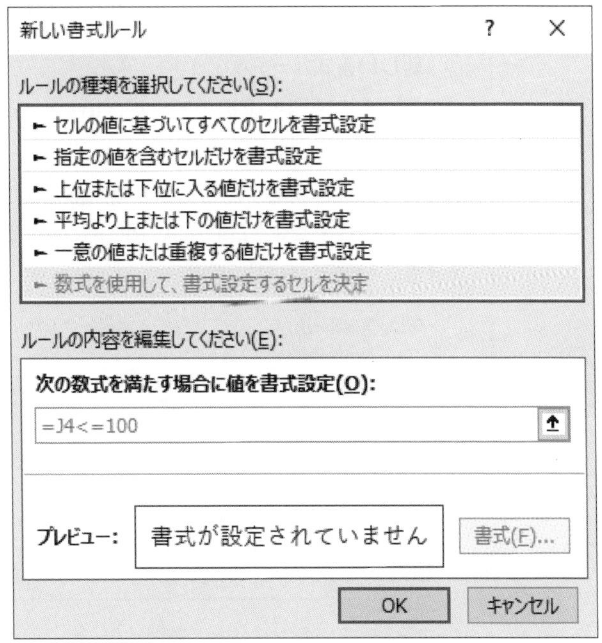

⑦《**セルの書式設定**》ダイアログボックスが表示されます。

⑧《**フォント**》タブを選択します。

⑨《**色**》の をクリックし、一覧から《**標準の色**》の《**赤**》を選択します。

⑩《**OK**》をクリックします。

⑪《**新しい書式ルール**》ダイアログボックスに戻ります。

⑫《**OK**》をクリックします。

⑬合計点が100点以下の氏名に書式が設定されます。

	A	B	C	D	E	F	G	H	I	J
1		ウェブ総合検定試験結果								
2										
3		受験日	試験会場	開始時間	氏名	リテラシー	デザイン	ディレクション	プログラミング	合計点
4		2020/9/1	飯田橋	9:00	戸田　文	38	41	39	33	151
5		2020/9/1	立川	9:00	大石　愛	39	37	41	35	152
6		2020/9/1	立川	13:00	和田　早苗	44	36	42	14	136
7		2020/9/1	田町	9:00	今井　正和	41	34	34	30	139
8		2020/9/1	田町	9:00	上田　繭子	36	32	38	11	117
9		2020/9/1	田町	13:00	田中　義久	34	10	32	12	88
10		2020/9/1	目黒	9:00	渡辺　恵子	42	33	39	29	143
11		2020/9/1	目黒	9:00	加藤　忠久	37	33	36	25	131
12		2020/9/1	目黒	13:00	上条　信吾	14	37	29	33	113
13		2020/9/7	飯田橋	9:00	田村　尚子	38	30	34	32	134
14		2020/9/7	飯田橋	13:00	小松　弘美	28	28	29	29	114

Point

比較演算子

演算子	例	意味
=	A=B	AとBが等しい
<>	A<>B	AとBが等しくない
>=	A>=B	AがB以上
<=	A<=B	AがB以下
>	A>B	AがBより大きい
<	A<B	AがBより小さい

(2)

①セル範囲【**B4:J48**】を選択します。

②《**ホーム**》タブ→《**スタイル**》グループの (条件付き書式)→《**新しいルール**》をクリックします。

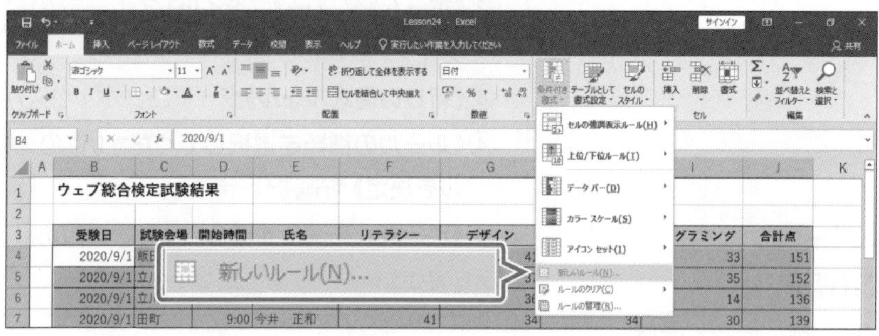

③《**新しい書式ルール**》ダイアログボックスが表示されます。

④《**ルールの種類を選択してください**》の一覧から《**数式を使用して、書式設定するセルを決定**》を選択します。

⑤《**次の数式を満たす場合に値を書式設定**》に「**=$J4>=140**」と入力します。

※ルールの基準となる合計点は、常に同じ列を参照するように複合参照にします。

⑥《**書式**》をクリックします。

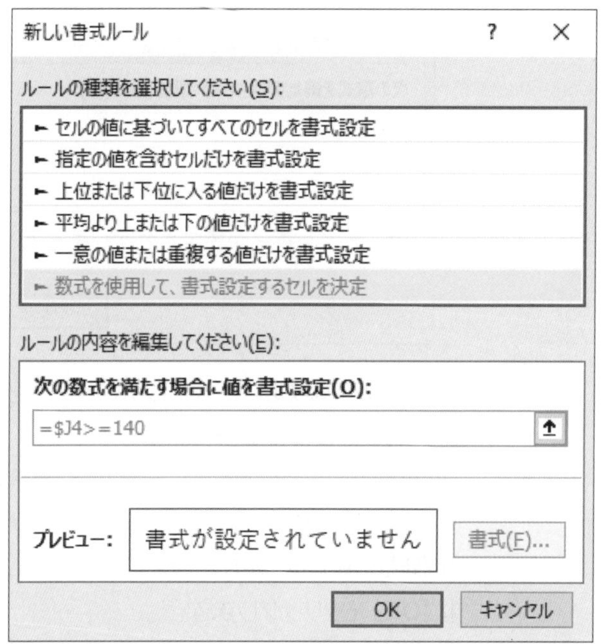

⑦《**セルの書式設定**》ダイアログボックスが表示されます。

⑧《**塗りつぶし**》タブを選択します。

⑨《**背景色**》の一覧からオレンジ(左から3番目、上から7番目)を選択します。

⑩《**OK**》をクリックします。

⑪《**新しい書式ルール**》ダイアログボックスに戻ります。

⑫《**OK**》をクリックします。

⑬合計点が140点以上のレコードに書式が設定されます。

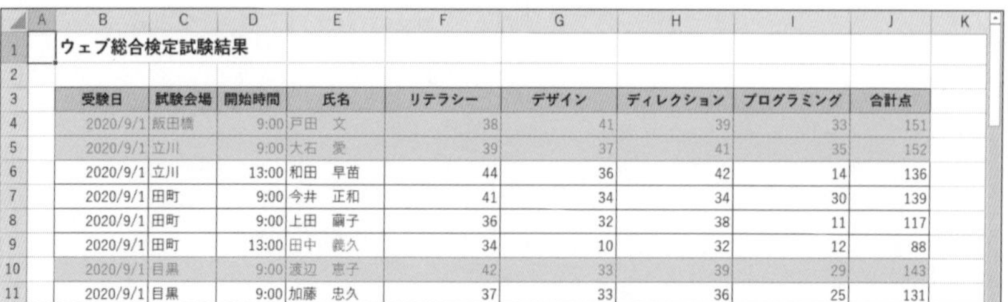

	A	B	C	D	E	F	G	H	I	J	K
1		ウェブ総合検定試験結果									
2											
3		受験日	試験会場	開始時間	氏名	リテラシー	デザイン	ディレクション	プログラミング	合計点	
4		2020/9/1	飯田橋	9:00	戸田　文	38	41	39	33	151	
5		2020/9/1	立川	9:00	大石　愛	39	37	41	35	152	
6		2020/9/1	立川	13:00	和田　早苗	44	36	42	14	136	
7		2020/9/1	田町	9:00	今井　正和	41	34	34	30	139	
8		2020/9/1	田町	9:00	上田　繭子	36	32	38	11	117	
9		2020/9/1	田町	13:00	田中　義久	34	10	32	12	88	
10		2020/9/1	目黒	9:00	渡辺　恵子	42	33	39	29	143	
11		2020/9/1	目黒	9:00	加藤　忠久	37	33	36	25	131	

Lesson 25

ブック「Lesson25」を開いておきましょう。

次の操作を行いましょう。

(1) 平均点が35点以上の人のレコードの背景色が、パターンの色「青」、パターンの種類「25% 灰色」で塗りつぶされるように書式を設定してください。数値が変更されたら、書式が自動的に更新されるようにします。

Lesson 25 Answer

(1)

①セル範囲【B4：J48】を選択します。

②《ホーム》タブ→《スタイル》グループの（条件付き書式）→《新しいルール》をクリックします。

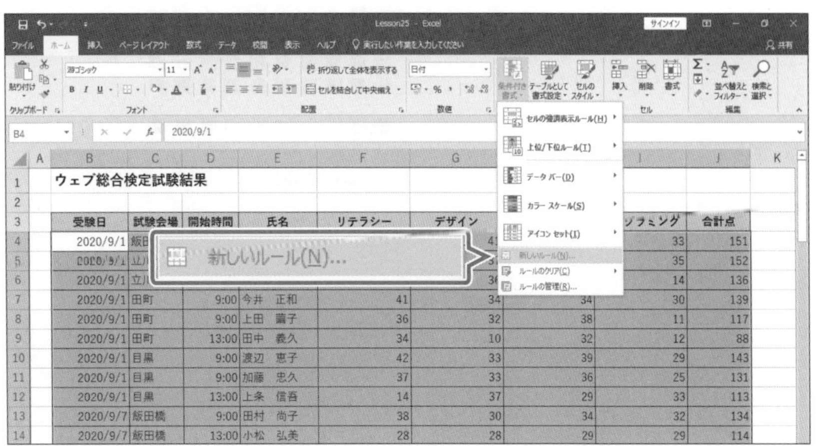

③《新しい書式ルール》ダイアログボックスが表示されます。

④《ルールの種類を選択してください》の一覧から《数式を使用して、書式設定するセルを決定》を選択します。

⑤《次の数式を満たす場合に値を書式設定》に「=AVERAGE($F4：$I4)>=35」と入力します。

※ルールの基準となる得点は、常に同じ列を参照するように複合参照にします。

⑥《書式》をクリックします。

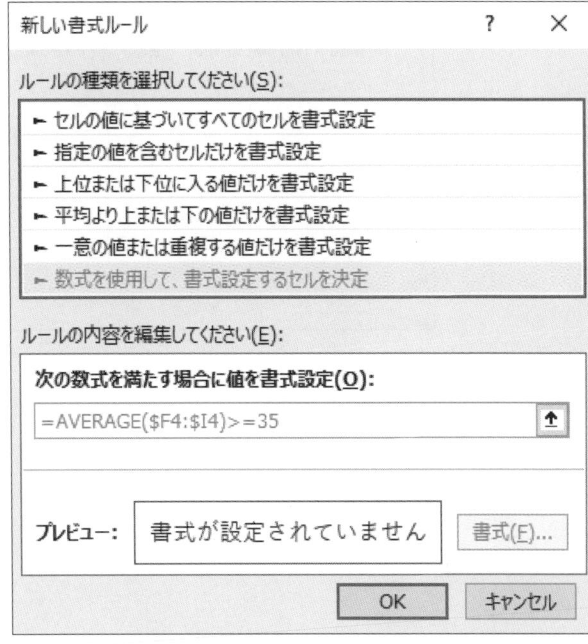

⑦**《セルの書式設定》**ダイアログボックスが表示されます。

⑧**《塗りつぶし》**タブを選択します。

⑨**《パターンの色》**の[v]をクリックし、一覧から**《標準の色》**の**《青》**を選択します。

⑩**《パターンの種類》**の[v]をクリックし、一覧から**《25% 灰色》**を選択します。

※《サンプル》に結果が表示されます。

⑪**《OK》**をクリックします。

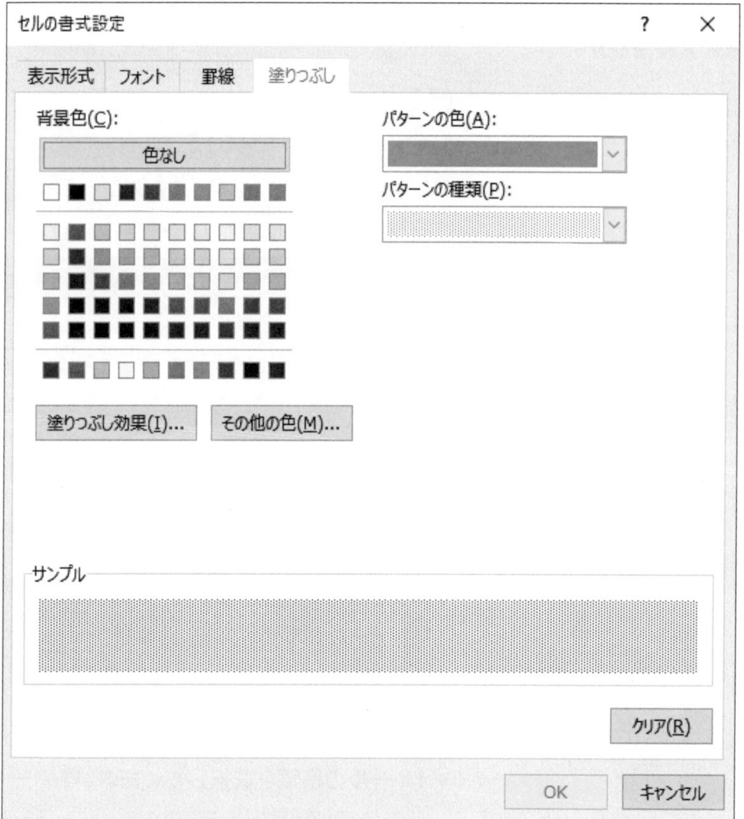

⑫**《新しい書式ルール》**ダイアログボックスに戻ります。

⑬**《OK》**をクリックします。

⑭平均点が35点以上の人のレコードに書式が設定されます。

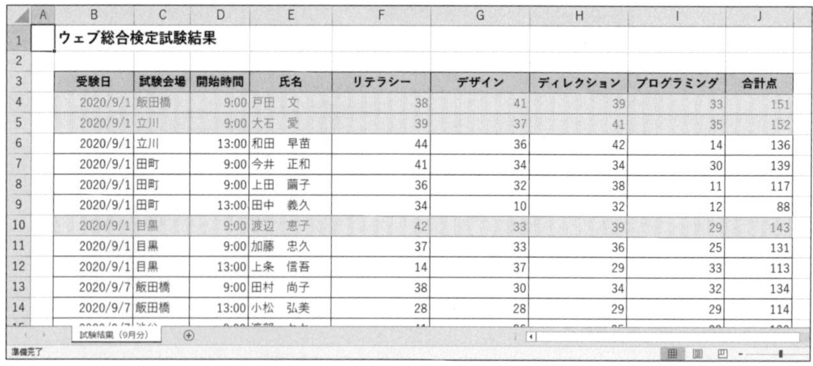

ウェブ総合検定試験結果

受験日	試験会場	開始時間	氏名	リテラシー	デザイン	ディレクション	プログラミング	合計点
2020/9/1	飯田橋	9:00	戸田　文	38	41	39	33	151
2020/9/1	立川	9:00	大石　愛	39	37	41	35	152
2020/9/1	立川	13:00	和田　早苗	44	36	42	14	136
2020/9/1	田町	9:00	今井　正和	41	34	34	30	139
2020/9/1	田町	9:00	上田　繭子	36	32	38	11	117
2020/9/1	田町	13:00	田中　義久	34	10	32	12	88
2020/9/1	目黒	9:00	渡辺　恵子	42	33	39	29	143
2020/9/1	目黒	9:00	加藤　忠久	37	33	36	25	131
2020/9/1	目黒	13:00	上条　信吾	14	37	29	33	113
2020/9/7	飯田橋	9:00	田村　尚子	38	30	34	32	134
2020/9/7	飯田橋	13:00	小松　弘美	28	28	29	29	114

試験結果（9月分）
準備完了

2-3-3 条件付き書式ルールを管理する

解 説

■条件付き書式ルールの管理

設定したルールは、あとから条件や書式を変更できます。また、不要になったルールを削除することもできます。

2019 365 ◆《ホーム》タブ→《スタイル》グループの（条件付き書式）→《ルールの管理》

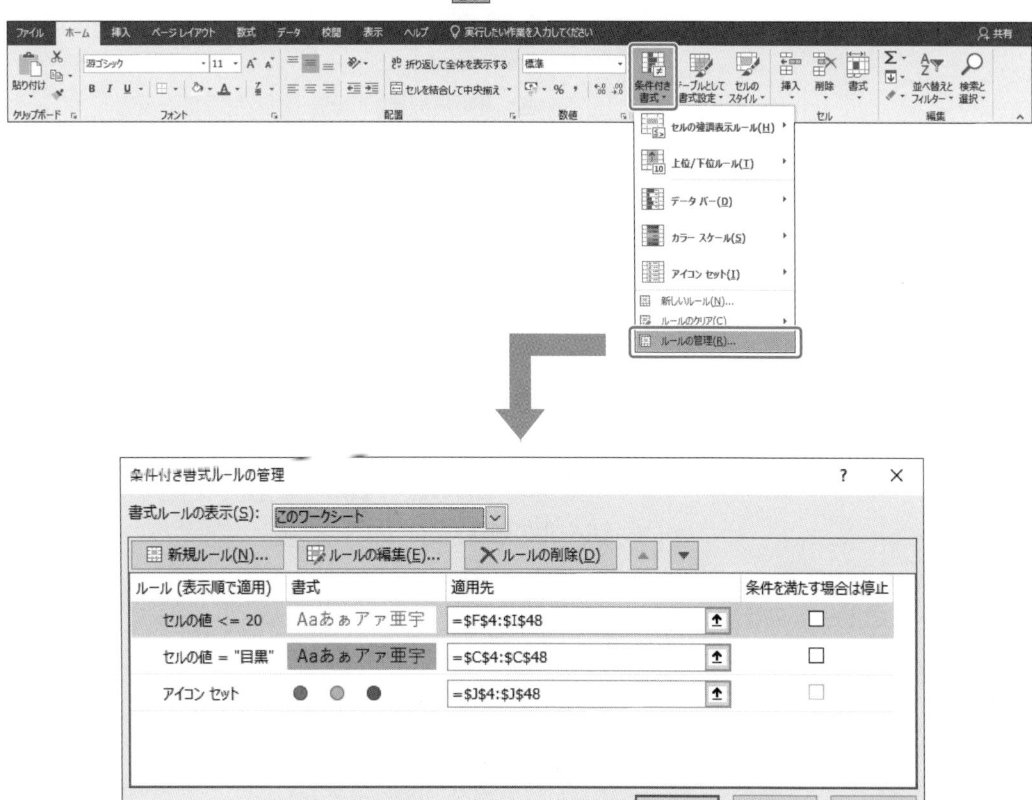

Lesson 26

ブック「Lesson26」を開いておきましょう。

次の操作を行いましょう。

(1) ワークシートに設定されている「試験会場が目黒の場合、背景色を黄緑に設定する」というルールを削除してください。

(2) ワークシートに設定されている「各科目の点数が20点以下の場合、フォントの色を赤に設定する」というルールを、「各科目の点数が20点未満の場合、背景色を黄に設定する」というルールに変更してください。

(3) ワークシートに設定されているアイコンセットのルールを、合計点が140点以上の場合は緑色のアイコン、100点以上の場合は黄色のアイコン、100点未満の場合は赤色のアイコンになるように変更してください。

Lesson 26 Answer

(1)

①《ホーム》タブ→《スタイル》グループの（条件付き書式）→《ルールの管理》をクリックします。

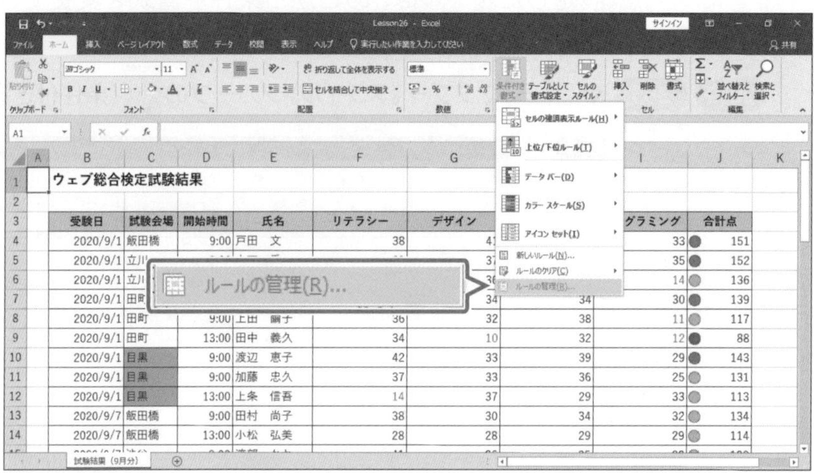

②《条件付き書式ルールの管理》ダイアログボックスが表示されます。

③《書式ルールの表示》のをクリックし、一覧から《このワークシート》を選択します。

④一覧から「セルの値＝"目黒"」を選択します。

⑤《ルールの削除》をクリックします。

⑥一覧からルールが削除されます。

⑦《OK》をクリックします。

⑧試験会場が目黒のセルの背景色の黄緑が消えます。

Point

《条件付き書式ルールの管理》

❶書式ルールの表示
選択範囲に設定されているルールを表示するか、ワークシート全体に設定されているルールを表示するかを選択します。

❷新規ルール
新しいルールを追加します。

❸ルールの編集
ルールの条件や書式を変更します。

❹ルールの削除
ルールをひとつずつ削除します。

❺上へ移動
ルールの優先順位を上げます。

❻下へ移動
ルールの優先順位を下げます。

❼ルールの一覧
設定しているルールが一覧で表示されます。一覧の中で、上にあるルールは優先順位が高く、下にあるルールは優先順位が低くなります。

Point

条件付き書式ルールをまとめて削除する

2019 365

◆《ホーム》タブ→《スタイル》グループの（条件付き書式）→《ルールのクリア》→《選択したセルからルールをクリア》／《シート全体からルールをクリア》

(2)

①《**ホーム**》タブ→《**スタイル**》グループの (条件付き書式) →《**ルールの管理**》をクリックします。

②《**条件付き書式ルールの管理**》ダイアログボックスが表示されます。

③《**書式ルールの表示**》の をクリックし、一覧から《**このワークシート**》を選択します。

④一覧から「**セルの値<=20**」を選択します。

⑤《**ルールの編集**》をクリックします。

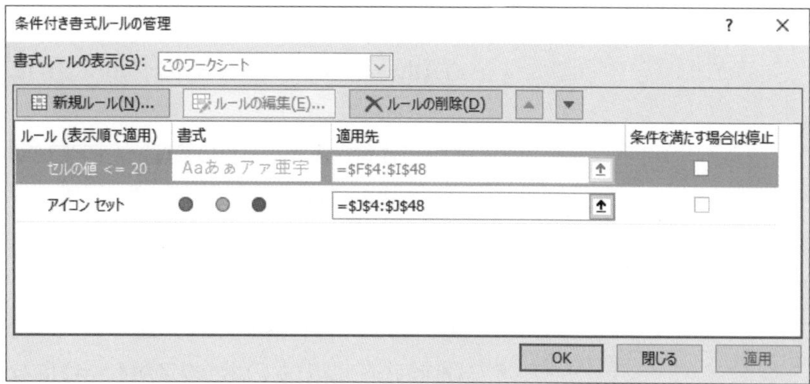

⑥《**書式ルールの編集**》ダイアログボックスが表示されます。

⑦《**次のセルのみを書式設定**》の中央のボックスの をクリックし、一覧から《**次の値より小さい**》を選択します。

⑧《**書式**》をクリックします。

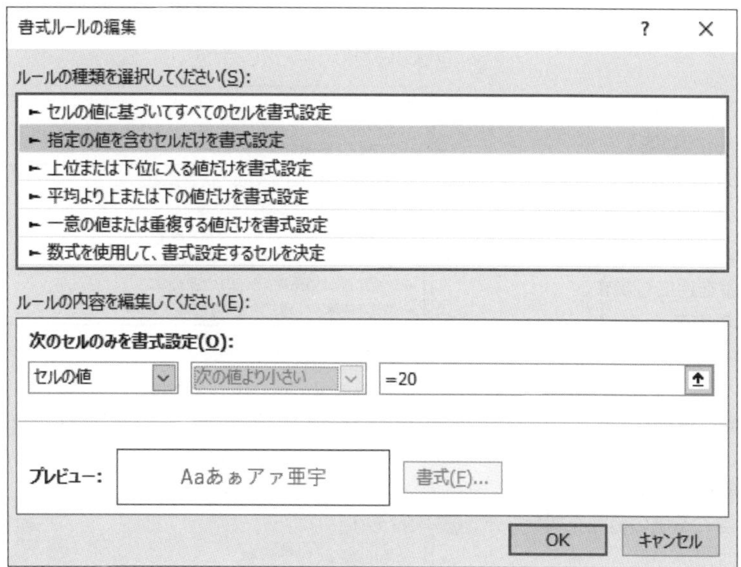

⑨《**セルの書式設定**》ダイアログボックスが表示されます。

⑩《**フォント**》タブを選択します。

⑪《**色**》の をクリックし、一覧から《**自動**》を選択します。

⑫《**塗りつぶし**》タブを選択します。

⑬《**背景色**》の一覧から黄（左から4番目、上から7番目）を選択します。

⑭《**OK**》をクリックします。

⑮《**書式ルールの編集**》ダイアログボックスに戻ります。

⑯《**OK**》をクリックします。

⑰《**条件付き書式ルールの管理**》ダイアログボックスに戻ります。

⑱《**OK**》をクリックします。

⑲編集したルールで書式が設定されます。

	A	B	C	D	E	F	G	H	I	J	K
1		ウェブ総合検定試験結果									
2											
3		受験日	試験会場	開始時間	氏名	リテラシー	デザイン	ディレクション	プログラミング	合計点	
4		2020/9/1	飯田橋	9:00	戸田　文	38	41	39	33	151	
5		2020/9/1	立川	9:00	大石　愛	39	37	41	35	152	
6		2020/9/1	立川	13:00	和田　早苗	44	36	42	14	136	
7		2020/9/1	田町	9:00	今井　正和	41	34	34	30	139	
8		2020/9/1	田町	9:00	上田　蘭子	36	32	38	11	117	
9		2020/9/1	田町	13:00	田中　義久	34	10	32	12	88	
10		2020/9/1	目黒	9:00	渡辺　恵子	42	33	39	29	143	

(3)

①**《ホーム》**タブ→**《スタイル》**グループの（条件付き書式）→**《ルールの管理》**をクリックします。

②**《条件付き書式ルールの管理》**ダイアログボックスが表示されます。

③**《書式ルールの表示》**のをクリックし、一覧から**《このワークシート》**を選択します。

④一覧から**《アイコンセット》**を選択します。

⑤**《ルールの編集》**をクリックします。

⑥**《書式ルールの編集》**ダイアログボックスが表示されます。

⑦緑アイコンの左のボックスが**《>=》**になっていることを確認します。

⑧緑アイコンの**《種類》**のをクリックし、一覧から**《数値》**を選択します。

⑨緑アイコンの**《値》**に**「140」**と入力します。

⑩黄アイコンの左のボックスが**《>=》**になっていることを確認します。

⑪黄アイコンの**《種類》**のをクリックし、一覧から**《数値》**を選択します。

⑫黄アイコンの**《値》**に**「100」**と入力します。

⑬**《OK》**をクリックします。

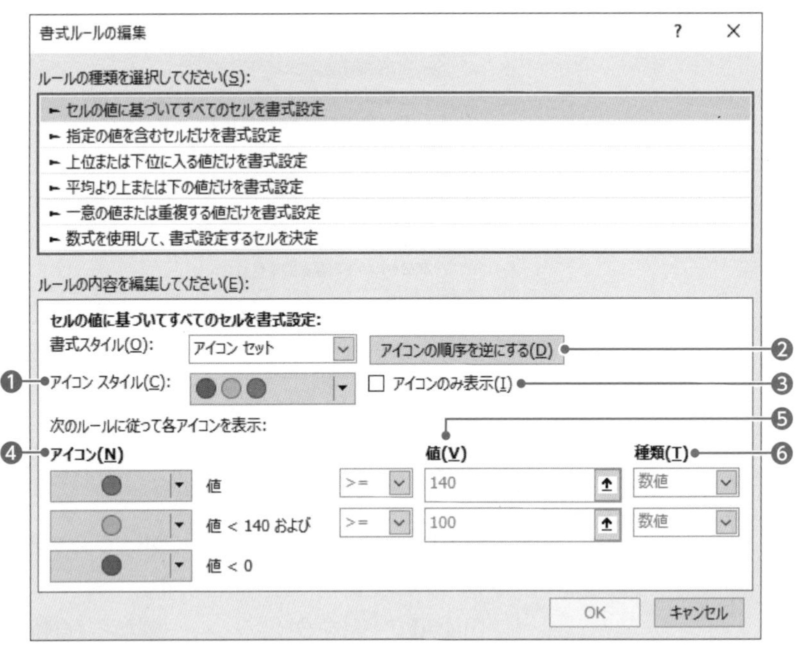

⑭**《条件付き書式ルールの管理》**ダイアログボックスに戻ります。

⑮**《OK》**をクリックします。

⑯アイコンセットの表示が変更されます。

	A	B	C	D	E	F	G	H	I	J	K
1		ウェブ総合検定試験結果									
2											
3		受験日	試験会場	開始時間	氏名	リテラシー	デザイン	ディレクション	プログラミング	合計点	
4		2020/9/1	飯田橋	9:00	戸田　文	38	41	39	33	151	
5		2020/9/1	立川	9:00	大石　愛	39	37	41	35	152	
6		2020/9/1	立川	13:00	和田　早苗	44	36	42	14	136	
7		2020/9/1	田町	9:00	今井　正和	41	34	34	30	139	
8		2020/9/1	田町	9:00	上田　蘭子	36	32	38	11	117	
9		2020/9/1	田町	13:00	田中　義久	34	10	32	12	88	
10		2020/9/1	目黒	9:00	渡辺　恵子	42	33	39	29	143	

Point

アイコンセット

選択したセル範囲内で数値の大小関係を比較して、アイコンの図柄で表示します。

Point

《書式ルールの編集》

❶アイコンスタイル
アイコンセットの種類を選択します。

❷アイコンの順序を逆にする
アイコンの順番を逆にします。

❸アイコンのみ表示
セルのデータを非表示にします。

❹アイコン
アイコンの種類を選択します。

❺値
左の比較演算子と組み合わせて、アイコンに割り当てる値の範囲を設定します。

❻種類
値の種類を選択します。

Lesson 27

ブック「Lesson27」を開いておきましょう。

次の操作を行いましょう。

(1) 各試験科目の点数欄に設定されている条件付き書式のルールを、次の優先順位に変更してください。

優先順位1　「各試験科目の点数が40点以上の場合、背景色を最も濃い水色に設定」

優先順位2　「各試験科目の点数が35点以上の場合、背景色を水色に設定」

優先順位3　「各試験科目の点数が30点以上の場合、背景色を最も薄い水色に設定」

Lesson 27 Answer

(1)

①セル範囲【F4:I48】を選択します。

②**《ホーム》**タブ→**《スタイル》**グループの（条件付き書式）→**《ルールの管理》**をクリックします。

③**《条件付き書式ルールの管理》**ダイアログボックスが表示されます。

④一覧から**「セルの値>=40」**を選択します。

⑤（上へ移動）をクリックします。

※一番上に移動します。

⑥一覧から**「セルの値>=35」**を選択します。

⑦（上へ移動）をクリックします。

※上から二番目に移動します。

⑧**《OK》**をクリックします。

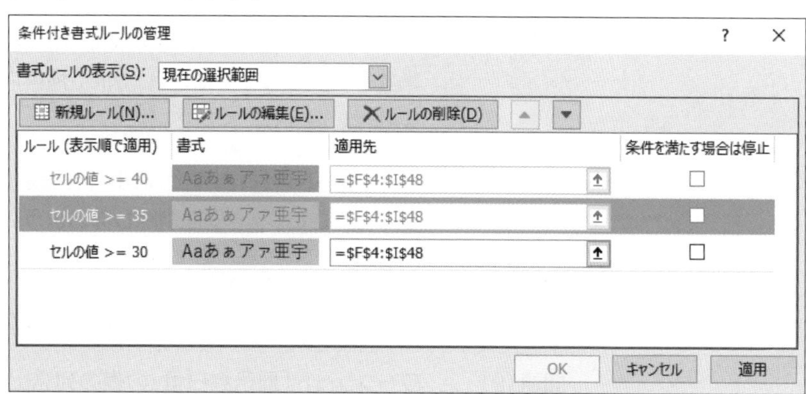

⑨ルールの優先順位が変更されます。

ウェブ総合検定試験結果

受験日	試験会場	開始時間	氏名	リテラシー	デザイン	ディレクション	プログラミング	合計点
2020/9/1	飯田橋	9:00	戸田　文	38	41	39	33	151
2020/9/1	立川	9:00	大石　愛	39	37	41	35	152
2020/9/1	立川	13:00	和田　早苗	44	36	42	14	136
2020/9/1	田町	9:00	今井　正和	41	34	34	30	139
2020/9/1	田町	9:00	上田　繭子	36	32	38	11	117
2020/9/1	田町	13:00	田中　義久	34	10	32	12	88
2020/9/1	目黒	9:00	渡辺　恵子	42	33	39	29	143
2020/9/1	目黒	9:00	加藤　忠久	37	33	36	25	131
2020/9/1	目黒	13:00	上条　信吾	14	37	29	33	113
2020/9/7	飯田橋	9:00	田村　尚子	38	30	34	32	134
2020/9/7	飯田橋	13:00	小松　弘美	28	28	29	29	114

試験結果（9月分）

Exercise 確認問題

解答 ▶ P.223

Lesson 28

ブック「Lesson28」を開いておきましょう。

次の操作を行いましょう。

	表示形式や入力規則、条件付き書式を設定し、贈答品売上一覧を作成します。
問題（1）	ワークシート「売上」のテーブルから、「受注日」「商品番号」「数量」が重複するレコードを削除してください。
問題（2）	ワークシート「売上」の受注日の日付が、「10/2（金）」と表示されるように表示形式を設定してください。
問題（3）	ワークシート「売上」の商品名と種別の列に、商品名（種別）の列からそれぞれ商品名、種別だけを取り出して表示してください。（ ）は表示しません。
問題（4）	ワークシート「売上」に適用されているルールの優先順位を、次のように変更してください。 優先順位1　「売上金額が3,000,000円以上の場合、黄色の背景色を設定」 優先順位2　「売上金額が2,000,000円以上の場合、黄緑の背景色を設定」 優先順位3　「売上金額が1,000,000円以上の場合、薄い青の背景色を設定」
問題（5）	ワークシート「売上」の数量が1,000より多い場合、レコード全体のフォントの色が「濃い赤」で表示されるように設定してください。数値が変更されたら、書式が自動的に更新されるようにします。
問題（6）	ワークシート「社員別売上」の表に、所属店ごとに下期目標と下期実績を合計する集計行を追加してください。次に、所属店ごとに下期目標と下期実績を平均する集計行を追加してください。
問題（7）	ワークシート「社員別売上」の小計を設定した表に、全体の平均と総計だけを表示してください。データは削除しないようにします。
問題（8）	オートフィルを使って、ワークシート「展示会日程」の日程の列を完成させてください。「2021/4/1」から毎週木曜日の日付を表示します。
問題（9）	ワークシート「展示会日程」の表の列見出しが「東京店」「渋谷店」「新宿店」「横浜店」と表示されるように、表示形式を設定してください。
問題（10）	ワークシート「展示会日程」の各支店の列に、入力値をドロップダウンリストから選択できるように入力規則を設定してください。入力値はH列の表を参照します。

MOS Excel 365&2019 Expert

出題範囲 3

高度な機能を使用した数式およびマクロの作成

3-1 関数で論理演算を行う

理解度チェック

習得すべき機能	参照Lesson	学習前	学習後	試験直前
■ネスト関数を使うことができる。	➡Lesson29 ➡Lesson30 ➡Lesson31	☑	☑	☑
■AND関数を使うことができる。	➡Lesson30	☑	☑	☑
■OR関数を使うことができる。	➡Lesson31	☑	☑	☑
■NOT関数を使うことができる。	➡Lesson31	☑	☑	☑
■IFS関数を使うことができる。	➡Lesson32	☑	☑	☑
■SWITCH関数を使うことができる。	➡Lesson33	☑	☑	☑
■SUMIF関数を使うことができる。	➡Lesson34	☑	☑	☑
■AVERAGEIF関数を使うことができる。	➡Lesson35	☑	☑	☑
■COUNTIF関数を使うことができる。	➡Lesson36	☑	☑	☑
■SUMIFS関数を使うことができる。	➡Lesson37	☑	☑	☑
■AVERAGEIFS関数を使うことができる。	➡Lesson38	☑	☑	☑
■COUNTIFS関数を使うことができる。	➡Lesson39	☑	☑	☑
■MAXIFS関数を使うことができる。	➡Lesson40	☑	☑	☑
■MINIFS関数を使うことができる。	➡Lesson40	☑	☑	☑

3-1-1 ネスト関数を使って論理演算を行う

解説

■関数のネスト

関数の中に、関数を組み込むことを**「関数のネスト」**といいます。例えば、IF関数の論理式にAVERAGE関数を使った条件を設定したり、CONCAT関数の引数にLEFT関数を使って文字を取り出して結合したり、ひとつの数式で複雑な計算結果を求めることができます。

例：

=IF(AVERAGE(H4:I4)>=80,"合格","不合格")

セル範囲**【H4:I4】**の平均が80以上であれば**「合格」**、そうでなければ**「不合格」**と表示します。

=CONCAT(LEFT("TARO",1),".",LEFT("YAMADA",1),".")

「TARO」の頭文字**「T」**、**「.(ピリオド)」**、**「YAMADA」**の頭文字**「Y」**、**「.(ピリオド)」**を結合してひとつの文字列**「T.Y.」**と表示します。

■IF関数

指定した条件を満たしている場合と満たしていない場合の結果を表示できます。

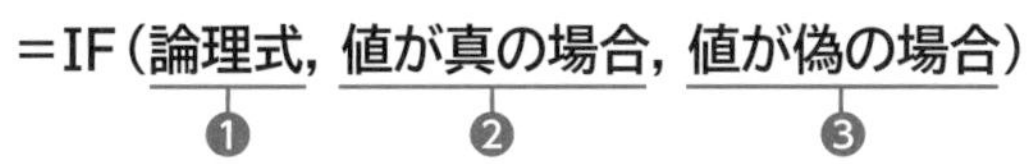

=IF(論理式, 値が真の場合, 値が偽の場合)
❶
❷
❸

❶論理式

判断の基準となる数式を指定します。

❷値が真の場合

論理式の結果が真（TRUE）の場合の処理を指定します。

❸値が偽の場合

論理式の結果が偽（FALSE）の場合の処理を指定します。

例：
=IF(E3>=80,"○","×")
セル【E3】が80以上であれば「○」、そうでなければ「×」を表示します。

Lesson 29

ブック「Lesson29」を開いておきましょう。

次の操作を行いましょう。

(1) 関数を使って、判定の列に、個人の筆記と実技の平均点が80点以上の場合は「合格」と表示し、そうでなければ空欄にしてください。

Lesson 29 Answer

Point

引数の文字列

引数に文字列を指定する場合は「"（ダブルクォーテーション）」で囲みます。
「"」を続けて入力し、「""」と指定すると、何も表示しないことを意味します。

(1)

① セル【K4】に「=IF(AVERAGE(H4:I4)>=80,"合格","")」と入力します。

CONCAT　=IF(AVERAGE(H4:I4)>=80,"合格","")

	A	B	C	D	E	F	G	H	I	J	K	L
1		留学選考試験結果										
2												
3		受験番号	学籍番号	氏名	Family Name	First Name	イニシャル	筆記	実技	合計点	判定	
4		1001	H2017028	阿部 颯太	ABE	SOTA		75		=IF(AVERAGE(H4:I4)>=80,"合格","")		
5		1002	Z2019237	安藤 結愛	ANDO	YUA		64				
6		1003	S2018260	遠藤 秀幸	ENDO							
7		1004	Z2017391	布施 秋穂	FUSE							
8		1005	Z2019049	後藤 新	GOTO							
9		1006	J2018021	長谷川 陽翔	HASEGAWA	HARUTO		36	44	80		
10		1007	J2018010	服部 杏夏	HATTORI	MOMOKA		76	88	164		
11		1008	S2019110	本田 莉子	HONDA	RIKO		72	40	112		
12		1009	H2019221	川奈部 達也	KAWANABE	TATSUYA		24	32	56		
13		1010	B2017128	井上 真紀	INOUE	MAKI		85	96	181		
14		1011	Z2019086	伊藤 祐輔	ITO	YUSUKE		76	52	128		

=IF(AVERAGE(H4:I4)>=80,"合格","")

② セル【K4】に判定が表示されます。

③ セル【K4】を選択し、セル右下の■（フィルハンドル）をダブルクリックします。

④ 数式がコピーされます。

A1

	A	B	C	D	E	F	G	H	I	J	K	L
1		留学選考試験結果										
2												
3		受験番号	学籍番号	氏名	Family Name	First Name	イニシャル	筆記	実技	合計点	判定	
4		1001	H2017028	阿部 颯太	ABE	SOTA		75	90	165	合格	
5		1002	Z2019237	安藤 結愛	ANDO	YUA		64	68	132		
6		1003	S2018260	遠藤 秀幸	ENDO	HIDEYUKI		82	90	172	合格	
7		1004	Z2017391	布施 秋穂	FUSE	AKIHO		80	52	132		
8		1005	Z2019049	後藤 新	GOTO	ARATA		60	52	112		
9		1006	J2018021	長谷川 陽翔	HASEGAWA	HARUTO		36	44	80		
10		1007	J2018010	服部 杏夏	HATTORI	MOMOKA		76	88	164	合格	
11		1008	S2019110	本田 莉子	HONDA	RIKO		72	40	112		
12		1009	H2019221	川奈部 達也	KAWANABE	TATSUYA		24	32	56		
13		1010	B2017128	井上 真紀	INOUE	MAKI		85	96	181	合格	
14		1011	Z2019086	伊藤 祐輔	ITO	YUSUKE		76	52	128		

3-1-2 AND、OR、NOT関数を使って論理演算を行う

解説

■AND関数

指定した複数の論理式をすべて満たす場合は真(TRUE)を返し、そうでない場合は偽(FALSE)を返します。
IF関数にAND関数を組み合わせると、複数の条件をすべて満たす場合の条件を設定できます。

=AND(論理式1, 論理式2, …)

例:
=AND(C3>=40,D3>=40)
セル【C3】が40以上、かつ、セル【D3】が40以上であれば**「TRUE」**を、そうでなければ**「FALSE」**を返します。

例:
=IF(AND(C3>=40,D3>=40),"○","×")
セル【C3】が40以上、かつ、セル【D3】が40以上であれば「○」、そうでなければ「×」を表示します。

■OR関数

指定した複数の論理式のうち、少なくともひとつを満たしている場合は真(TRUE)を返し、そうでない場合は偽(FALSE)を返します。
IF関数にOR関数を組み合わせると、複数の条件のうち少なくともひとつを満たす場合の条件を設定できます。

=OR(論理式1, 論理式2, …)

例:
=OR(C3>=40,D3>=40)
セル【C3】が40以上、または、セル【D3】が40以上であれば**「TRUE」**を、そうでなければ**「FALSE」**を返します。

例:
=IF(OR(C3>=40,D3>=40),"○","×")
セル【C3】が40以上、または、セル【D3】が40以上であれば「○」、そうでなければ「×」を表示します。

■NOT関数

指定した複数の論理式を満たしていない場合は真(TRUE)を返し、そうでない場合は偽(FALSE)を返します。
IF関数にNOT関数を組み合わせると、**「~以外」「~を除く」**のように、ある特定の値と等しくない場合の条件を設定できます。

=NOT(論理式)

例:
=NOT(E2="りんご")
セル【E2】が**「りんご」**以外であれば**「TRUE」**、**「りんご」**であれば**「FALSE」**を返します。

例:
=IF(NOT(E2="りんご"),"購入する","購入しない")
セル【E2】が**「りんご」**以外であれば**「購入する」**、**「りんご」**であれば**「購入しない」**を表示します。

Lesson 30

ブック「Lesson30」を開いておきましょう。

次の操作を行いましょう。

(1) 関数を使って、入会キャンペーン割引金額の列に、入会日が2021年4月5日から2021年4月12日の期間であれば、割引金額「¥－3000」を表示し、それ以外の期間であれば「¥0」を表示してください。割引対象期間や割引金額はセルを参照します。

Lesson 30 Answer

(1)

①セル【G8】に「**=IF(AND(E8>=$D$3,E8<=$F$3),$G$3,0)**」と入力します。

※数式をコピーするため、割引対象期間と割引金額は常に同じセルを参照するように絶対参照にします。

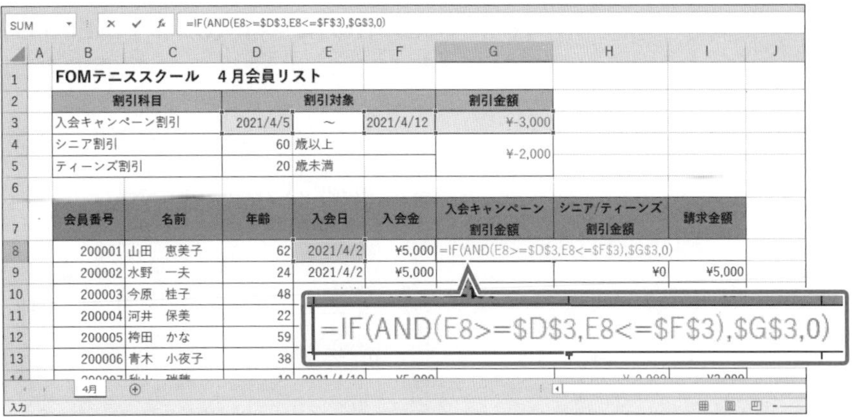

割引科目	割引対象			割引金額
入会キャンペーン割引	2021/4/5	～	2021/4/12	¥-3,000
シニア割引	60	歳以上		¥-2,000
ティーンズ割引	20	歳未満		

会員番号	名前	年齢	入会日	入会金	入会キャンペーン割引金額	シニア/ティーンズ割引金額	請求金額
200001	山田　恵美子	62	2021/4/2	¥5,000	=IF(AND(E8>=$D$3,E8<=$F$3),$G$3,0)		
200002	水野　一夫	24	2021/4/2	¥5,000		¥0	¥5,000
200003	今原　桂子	48					
200004	河井　保美	22					
200005	袴田　かな	59					
200006	青木　小夜子	38					

②セル【G8】に入会キャンペーン割引金額が表示されます。

※入会キャンペーン割引金額の列には、あらかじめ表示形式が設定されています。

③セル【G8】を選択し、セル右下の■(フィルハンドル)をダブルクリックします。

④数式がコピーされます。

割引科目	割引対象			割引金額
入会キャンペーン割引	2021/4/5	～	2021/4/12	¥-3,000
シニア割引	60	歳以上		¥-2,000
ティーンズ割引	20	歳未満		

会員番号	名前	年齢	入会日	入会金	入会キャンペーン割引金額	シニア/ティーンズ割引金額	請求金額
200001	山田　恵美子	62	2021/4/2	¥5,000	¥0	¥-2,000	¥3,000
200002	水野　一夫	24	2021/4/2	¥5,000	¥0	¥0	¥5,000
200003	今原　桂子	48	2021/4/2	¥5,000	¥0	¥0	¥5,000
200004	河井　保美	22	2021/4/4	¥5,000	¥0	¥0	¥5,000
200005	袴田　かな	59	2021/4/7	¥5,000	¥-3,000	¥0	¥2,000
200006	青木　小夜子	38	2021/4/7	¥5,000	¥-3,000	¥0	¥2,000

Lesson 31

ブック「Lesson31」を開いておきましょう。

次の操作を行いましょう。

(1) IF関数とOR関数を使って、案内DM送信の列に、チケット利用枚数が5枚未満、または、チケット残り枚数が10枚以上の場合は「○」、そうでなければ「×」を表示してください。
チケット利用枚数はセル【E3】、チケット残り枚数はセル【E4】を参照します。

(2) NOT関数とOR関数を使って、募集DM送信の列に、クラスがビギナーまたはミドル以外の場合は「○」、そうでなければ「×」を表示してください。ビギナーはセル【D5】、ミドルはセル【D6】を参照します。

Lesson 31 Answer

(1)

①セル**【H9】**に「**=IF(OR(F9<$E$3,G9>=$E$4),"○","×")**」と入力します。

※数式をコピーするため、チケット利用枚数とチケット残り枚数は常に同じセルを参照するように絶対参照にします。

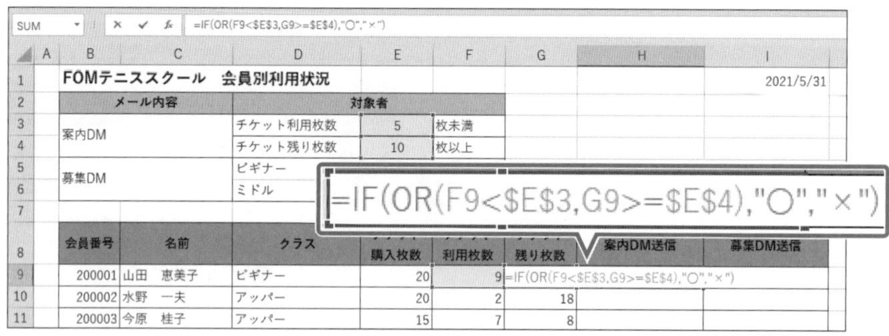
SUM =IF(OR(F9<$E$3,G9>=$E$4),"○","×")

	A	B	C	D	E	F	G	H	I
1		FOMテニススクール　会員別利用状況							2021/5/31
2		メール内容		対象者					
3		案内DM		チケット利用枚数	5	枚未満			
4				チケット残り枚数	10	枚以上			
5		募集DM		ビギナー					
6				ミドル					
7									
8		会員番号	名前	クラス	購入枚数	利用枚数	残り枚数	案内DM送信	募集DM送信
9		200001	山田　恵美子	ビギナー	20	9	=IF(OR(F9<$E$3,G9>=$E$4),"○","×")		
10		200002	水野　一夫	アッパー	20	2	18		
11		200003	今原　桂子	アッパー	15	7	8		

②セル**【H9】**に結果が表示されます。

③セル**【H9】**を選択し、セル右下の■(フィルハンドル)をダブルクリックします。

④数式がコピーされます。

(2)

①セル**【I9】**に「**=IF(NOT(OR(D9=$D$5,D9=$D$6)),"○","×")**」と入力します。

※数式をコピーするため、対象のクラスは常に同じセルを参照するように絶対参照にします。

CONCAT =IF(NOT(OR(D9=$D$5,D9=$D$6)),"○","×")

	A	B	C	D	E	F	G	H	I
1		FOMテニススクール　会員別利用状況							2020/5/31
2		メール内容		対象者					
3		案内DM		チケット利用枚数	5	枚未満			
4				チケット残り枚数	10	枚以上			
5		募集DM		ビギナー					
6				ミドル					
7									
8		会員番号	名前	クラス	チケット購入枚数	チケット利用枚数	チケット残り枚数	案内DM送信	募集DM送信
9		200001	山田　恵美子	ビギナー	20	9	11	=IF(NOT(OR(D9=$D$5,D9=$D$6)),"○","×")	
10		200002	水野　一夫	アッパー	20	2	18	○	
11		200003	今原　桂子	アッパー	15	7	8	×	

=IF(NOT(OR(D9=$D$5,D9=$D$6)),"○","×")

②セル**【I9】**に結果が表示されます。

③セル**【I9】**を選択し、セル右下の■(フィルハンドル)をダブルクリックします。

④数式がコピーされます。

A1

	A	B	C	D	E	F	G	H	I
8		会員番号	名前	クラス	チケット購入枚数	チケット利用枚数	チケット残り枚数	案内DM送信	募集DM送信
9		200001	山田　恵美子	ビギナー	20	9	11	○	×
10		200002	水野　一夫	アッパー	20	2	18	○	○
11		200003	今原　桂子	アッパー	15	7	8	×	○
12		200004	河井　保美	ミドル	10	8	2	×	×
13		200005	袴田　かな	エキスパート	16	5	11	○	○
14		200006	青木　小夜子	エキスパート	10	6	4	×	○

3-1-3 IFS、SWITCH関数を使って論理演算を行う

■IFS関数

複数の異なる条件を順番に判断し、条件に応じて結果を表示できます。

=IFS(論理式1, 値が真の場合1, 論理式2, 値が真の場合2, ・・・, TRUE, 当てはまらなかった場合)
❶ ❷ ❸ ❹ ❺ ❻

❶論理式1
判断の基準となる1つ目の条件を数式で指定します。

❷値が真の場合1
1つ目の論理式が真(TRUE)の場合の処理を指定します。

❸論理式2
判断の基準となる2つ目の条件を数式で指定します。

❹値が真の場合2
2つ目の論理式が真(TRUE)の場合の処理を指定します。

❺TRUE
論理式にTRUEを指定すると、すべての論理式に当てはまらなかった場合を指定できます。

❻当てはまらなかった場合
すべての論理式に当てはまらなかった場合の処理を指定します。

例:
=IFS(A1>=8000,"A",A1>=6000,"B",A1>4000,"C",TRUE,"E")
セル**【A1】**が**「8000」**以上であれば**「A」**、**「6000」**以上であれば**「B」**、**「4000」**より大きければ**「C」**、どれにも当てはまらなければ**「E」**を表示します。

■SWITCH関数

値の中から、検索値で指定した値と一致するものを探し、対応する結果を表示できます。値の中に検索値で指定した値と一致するものがない場合は、既定の結果を表示します。値には、数値や文字列などを指定できます。

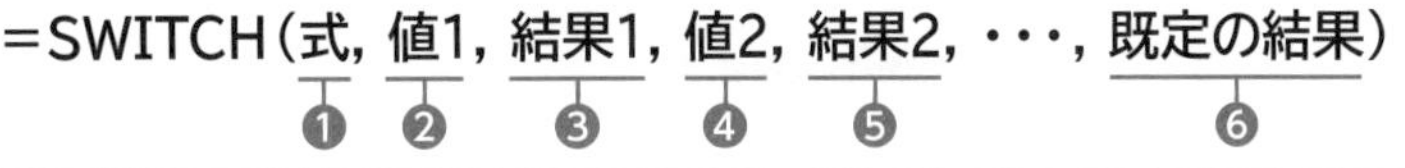

=SWITCH(式, 値1, 結果1, 値2, 結果2, ・・・, 既定の結果)
❶ ❷ ❸ ❹ ❺ ❻

❶式
検索対象のコードや値、または入力されたセルを指定します。

❷値1
式と比較する1つ目の値を指定します。

❸結果1
式が**「値1」**に一致した場合の処理を指定します。

❹値2
式と比較する2つ目の値を指定します。

❺結果2
式が**「値2」**に一致した場合の処理を指定します。

❻既定の結果
式がすべての値に一致しなかった場合の処理を指定します。省略すると、エラー値**「#N/A」**が返されます。

例:
=SWITCH(B5,"A","日帰出張","B","宿泊出張","区分を入力")
セル**【B5】**が**「A」**であれば**「日帰出張」**、**「B」**であれば**「宿泊出張」**、それ以外は**「区分を入力」**を表示します。

Lesson 32

ブック「Lesson32」を開いておきましょう。

次の操作を行いましょう。

(1) 関数を使って、評価の列に、次の条件に基づいて評価を表示してください。
「合計点」が160以上であれば「A」、130以上であれば「B」、100以上であれば「C」、どれにも当てはまらなければ「E」を表示します。

Lesson 32 Answer

Point

論理式の順序

論理式1の条件が真(TRUE)になると論理式2以降は判断されません。そのため、論理式と真の場合の組み合わせは判断する順に記述します。

(1)

① セル【H4】に「**=IFS(G4>=160,"A",G4>=130,"B",G4>=100,"C",TRUE,"E")**」と入力します。

② セル【H4】に評価が表示されます。

③ セル【H4】を選択し、セル右下の■(フィルハンドル)をダブルクリックします。

④ 数式がコピーされます。

留学選考試験結果

受験番号	学籍番号	氏名	筆記	実技	合計点	評価
1001	H2017028	阿部 颯太	75	90	165	A
1002	Z2019237	安藤 結愛	64	68	132	B
1003	S2018260	遠藤 秀幸	82	90	172	A
1004	Z2017391	布施 秋穂	80	52	132	B
1005	Z2019049	後藤 新	60	52	112	C
1006	J2018021	長谷川 陽翔	36	44	80	E
1007	J2018010	服部 杏夏	76	88	164	A
1008	S2019110	本田 莉子	72	40	112	C
1009	H2019221	川奈部 達也	24	32	56	E
1010	B2017128	井上 真紀	85	96	181	A
1011	Z2019086	伊藤 祐輔	76	52	128	C

試験結果　準備完了

Lesson 33

ブック「Lesson33」を開いておきましょう。

次の操作を行いましょう。

(1) 関数を使って、学部の列に学部名を表示してください。
「学籍番号」の1文字目が「B」であれば「文学部」、「H」であれば「法学部」、「K」であれば「工学部」、「S」であれば「商学部」、それ以外は「通信生」を表示します。

Lesson 33 Answer

(1)

①セル**【D4】**に「**=SWITCH(LEFT(C4,1),"B","文学部","H","法学部","K","工学部","S","商学部","通信生")**」と入力します。

CONCAT　=SWITCH(LEFT(C4,1),"B","文学部","H","法学部","K","工学部","S","商学部","通信生")

	A	B	C	D	E	F	G	H	I	J
1		面接試験受験者名簿								
2										
3		受験番号	学籍番号	学部	氏名	筆記	実技	合計点	評価	
4		1001	H2017028	=SWITCH(LEFT(C4,1),"B","文学部","H","法学部","K","工学部","S","商学部","通信生")						
5		1002	Z2019237		安藤 結愛	64	68	132	B	
9		1010	B2017128		井上 真紀	85	96	181	A	
10		1015	H2018012		佐藤 陽菜	88	64	152	B	
11		1016	H2018201		木村 大和	84	76	160	A	
12		1017	J2017082		近藤 花音	84	88	172	A	
13		1018	K2019113		工藤 勝	68	68	136	B	
14		1022	S2019231		村上 静香	64	72	136	B	

=SWITCH(LEFT(C4,1),"B","文学部","H","法学部","K","工学部","S","商学部","通信生")

試験結果　入力

②セル**【D4】**に学部が表示されます。

③セル**【D4】**を選択し、セル右下の■(フィルハンドル)をダブルクリックします。

④数式がコピーされます。

A1

	A	B	C	D	E	F	G	H	I	J
1		面接試験受験者名簿								
2										
3		受験番号	学籍番号	学部	氏名	筆記	実技	合計点	評価	
4		1001	H2017028	法学部	阿部 颯太	75	90	165	A	
5		1002	Z2019237	通信生	安藤 結愛	64	68	132	B	
6		1003	S2018260	商学部	遠藤 秀幸	82	90	172	A	
7		1004	Z2017391	通信生	布施 秋穂	80	52	132	B	
8		1007	J2018010	通信生	服部 杏夏	76	88	164	A	
9		1010	B2017128	文学部	井上 真紀	85	96	181	A	
10		1015	H2018012	法学部	佐藤 陽菜	88	64	152	B	
11		1016	H2018201	法学部	木村 大和	84	76	160	A	
12		1017	J2017082	通信生	近藤 花音	84	88	172	A	
13		1018	K2019113	工学部	工藤 勝	68	68	136	B	
14		1022	S2019231	商学部	村上 静香	64	72	136	B	

試験結果　準備完了

3-1-4 SUMIF、AVERAGEIF、COUNTIF関数を使って論理演算を行う

解説

■SUMIF関数

指定した範囲内で検索条件を満たしているセルと同じ行または列にある、合計範囲内のセルの合計を求めることができます。

=SUMIF（範囲, 検索条件, 合計範囲）
　　　　　❶　　　❷　　　　❸

❶範囲

検索の対象となるセル範囲を指定します。

❷検索条件

検索条件を文字列またはセル、数値、数式で指定します。

※条件にはワイルドカード文字が使えます。

❸合計範囲

合計を求めるセル範囲を指定します。

省略できます。省略すると❶の範囲が対象になります。

例：

セル範囲【A2：A8】から「りんご」を検索し、対応するセル範囲【B2：B8】の数値を合計します。

	A	B	C	D	E
1	品名	仕入個数		りんごの仕入個数合計	300
2	みかん	100			
3	りんご	50			
4	ぶどう	50			
5	なし	120			
6	りんご	200			
7	なし	200			
8	りんご	50			
9					

=SUMIF（A2：A8,"りんご",B2：B8）

セル範囲【A2：A8】から「りんご」を検索

対応する行の仕入個数を合計

例：

セル範囲【B1：H1】から「りんご」を検索し、対応するセル範囲【B2：H2】の数値を合計します。

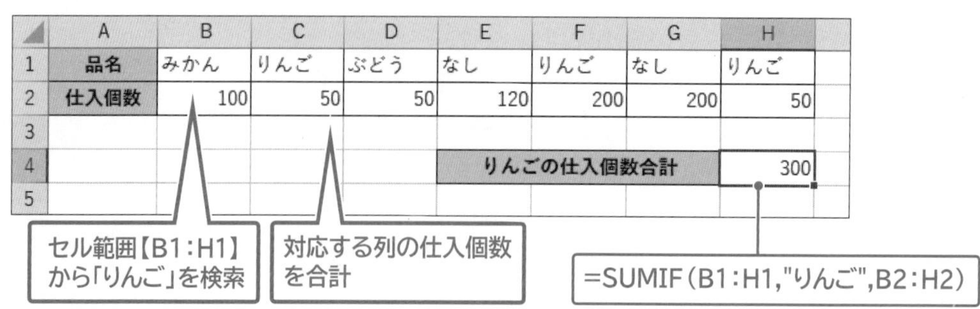

	A	B	C	D	E	F	G	H
1	品名	みかん	りんご	ぶどう	なし	りんご	なし	りんご
2	仕入個数	100	50	50	120	200	200	50
3								
4					りんごの仕入個数合計			300
5								

セル範囲【B1：H1】から「りんご」を検索
対応する列の仕入個数を合計
=SUMIF（B1：H1,"りんご",B2：H2）

■AVERAGEIF関数

指定した範囲内で条件を満たしているセルと同じ行または列にある、平均対象範囲内のセルの平均を求めることができます。

=AVERAGEIF(範囲, 条件, 平均対象範囲)
❶ ❷ ❸

❶範囲

検索の対象となるセル範囲を指定します。

❷条件

検索条件を文字列またはセル、数値、数式で指定します。
※条件にはワイルドカード文字が使えます。

❸平均対象範囲

平均を求めるセル範囲を指定します。
省略できます。省略すると❶の範囲が対象になります。

例：
セル範囲**【A2：A8】**から**「りんご」**を検索し、対応するセル範囲**【B2：B8】**の数値を平均します。

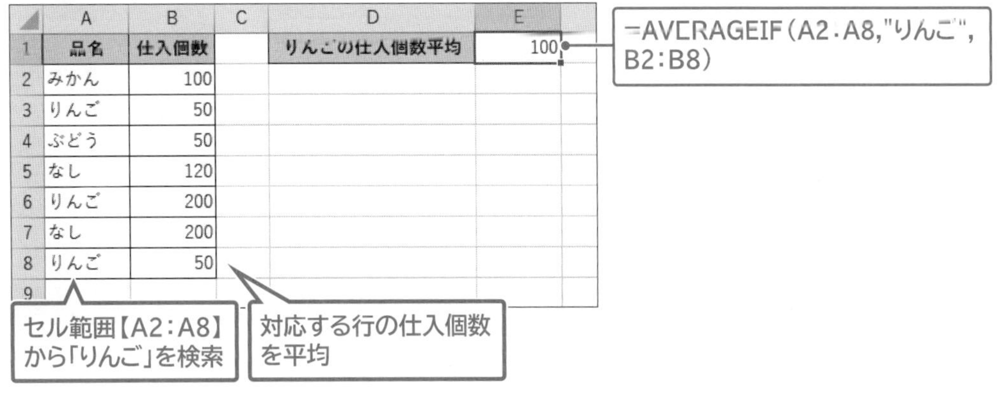

	A	B	C	D	E
1	品名	仕入個数		りんごの仕入個数平均	100
2	みかん	100			
3	りんご	50			
4	ぶどう	50			
5	なし	120			
6	りんご	200			
7	なし	200			
8	りんご	50			
9					

=AVERAGEIF(A2:A8,"りんご",B2:B8)
セル範囲【A2：A8】から「りんご」を検索
対応する行の仕入個数を平均

■COUNTIF関数

指定した範囲内で条件を満たしているセルの個数を求めることができます。

=COUNTIF(範囲, 検索条件)
❶ ❷

❶範囲

検索の対象となるセル範囲を指定します。

❷検索条件

検索条件を文字列またはセル、数値、数式で指定します。
※条件にはワイルドカード文字が使えます。

例：
セル範囲**【A2：A8】**から**「りんご」**を検索し、**「りんご」**のデータの個数を返します。

	A	B	C	D	E
1	品名	仕入個数		りんごの仕入回数	3
2	みかん	100			
3	りんご	50			
4	ぶどう	50			
5	なし	120			
6	りんご	200			
7	なし	200			
8	りんご	50			
9					

=COUNTIF(A2:A8,"りんご")

セル範囲【A2：A8】から「りんご」を検索

Lesson 34

ブック「Lesson34」を開いておきましょう。

次の操作を行いましょう。

(1) 関数を使って、売上金額合計の欄に地区別の売上金額の合計を表示してください。数式には、名前付き範囲「地区」と「売上金額」を使います。

Lesson 34 Answer

(1)

①セル【G3】に「=SUMIF(」と入力します。

②《数式》タブ→《定義された名前》グループの 数式で使用 (数式で使用)→《地区》をクリックします。

※「地区」と直接入力してもかまいません。

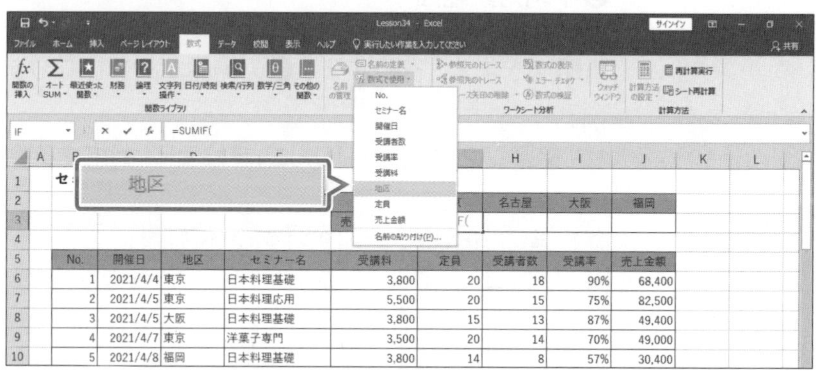

③「=SUMIF(地区」と表示されます。

④続けて「,G2,」と入力します。

⑤《数式》タブ→《定義された名前》グループの 数式で使用 (数式で使用)→《売上金額》をクリックします。

※「売上金額」と直接入力してもかまいません。

⑥数式バーに「=SUMIF(地区,G2,売上金額」と表示されます。

⑦続けて「)」を入力します。

⑧数式バーに「=SUMIF(地区,G2,売上金額)」と表示されていることを確認します。

=SUMIF(地区,G2,売上金額)

⑨ Enter を押します。

⑩セル【G3】に東京の売上金額の合計が表示されます。

⑪セル【G3】を選択し、セル右下の■(フィルハンドル)をセル【J3】までドラッグします。

⑫数式がコピーされます。

	東京	名古屋	大阪	福岡
売上金額合計	1,179,900	140,400	662,000	97,400

Point
ワイルドカード文字

検索条件を指定する場合、ワイルドカード文字を使って条件を指定すると、部分的に等しい文字列を検索できます。
ワイルドカード文字には、「＊(アスタリスク)」と「?(疑問符)」の2種類があります。「＊」は任意の文字列、「?」は任意の1文字を意味します。

検索する文字列	検索結果
??料理基礎	先頭が任意の2文字で、続く文字列が「料理基礎」のデータが検索される。 例: 「日本料理基礎」 「中華料理基礎」
日本料理＊	先頭が「日本料理」で、続く文字列は任意のデータが検索される。 例: 「日本料理基礎」 「日本料理アレンジ」

Point
文字列演算子

文字列演算子「&」を使うと、セルの文字列とワイルドカード文字を結合することができます。
例えば、セル【A1】の文字列とワイルドカード文字「＊」を結合するには、「A1&"＊"」と入力します。

Lesson 35

 ブック「Lesson35」を開いておきましょう。

次の操作を行いましょう。

(1) 関数を使って、売上金額平均の欄に地区別の売上金額の平均を表示してください。数式には、名前付き範囲「地区」と「売上金額」を使います。

Lesson 35 Answer

(1)

①セル**【G3】**に**「=AVERAGEIF(」**と入力します。

②**《数式》**タブ→**《定義された名前》**グループの 数式で使用 (数式で使用)→**《地区》**をクリックします。

※「地区」と直接入力してもかまいません。

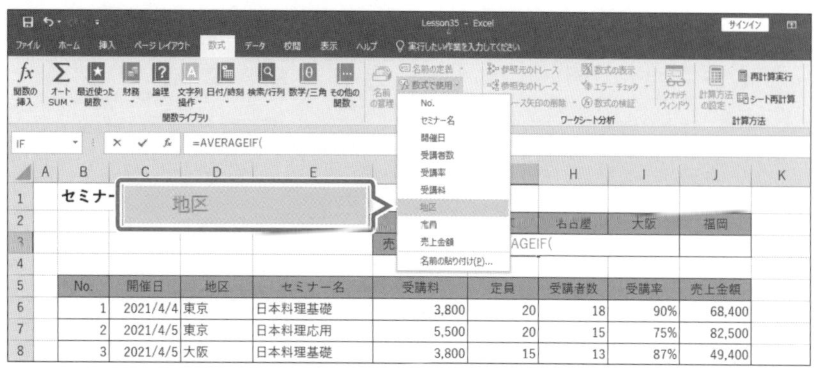

③**「=AVERAGEIF(地区」**と表示されます。

④続けて**「,G2,」**と入力します。

⑤**《数式》**タブ→**《定義された名前》**グループの 数式で使用 (数式で使用)→**《売上金額》**をクリックします。

※「売上金額」と直接入力してもかまいません。

⑥**「=AVERAGEIF(地区,G2,売上金額」**と表示されます。

⑦続けて**「)」**を入力します。

⑧数式バーに**「=AVERAGEIF(地区,G2,売上金額)」**と表示されていることを確認します。

=AVERAGEIF(地区,G2,売上金額)

	A	B	C	D	E	F	G	H	I	J
1		セミナー開催状況								
2							東京	名古屋	大阪	福岡
3						売上金額平均	=AVERAGEIF(地区,G2,売上金額)			
4										
5		No.	開催日	地区	セミナー名	受講料	定員	受講者数	受講率	売上金額
6		1	2021/4/4	東京	日本料理基礎	3,800	20	18	90%	68,400
7		2	2021/4/5	東京	日本料理応用	5,500	20	15	75%	82,500
8		3	2021/4/5	大阪	日本料理基礎	3,800	15	13	87%	49,400

⑨ Enter を押します。

⑩セル**【G3】**に東京の売上金額の平均が表示されます。

⑪セル**【G3】**を選択し、セル右下の■(フィルハンドル)をセル**【J3】**までドラッグします。

⑫数式がコピーされます。

	A	B	C	D	E	F	G	H	I	J
1		セミナー開催状況								
2							東京	名古屋	大阪	福岡
3						売上金額平均	65,550	35,100	47,286	24,350
4										
5		No.	開催日	地区	セミナー名	受講料	定員	受講者数	受講率	売上金額
6		1	2021/4/4	東京	日本料理基礎	3,800	20	18	90%	68,400
7		2	2021/4/5	東京	日本料理応用	5,500	20	15	75%	82,500
8		3	2021/4/5	大阪	日本料理基礎	3,800	15	13	87%	49,400

Lesson 36

 ブック「Lesson36」を開いておきましょう。

次の操作を行いましょう。

(1) 関数を使って、開催数の欄に地区別のセミナーの開催数を表示してください。数式には、名前付き範囲「地区」を使います。

Lesson 36 Answer

(1)

①セル【G3】に「**=COUNTIF(**」と入力します。

②《**数式**》タブ→《**定義された名前**》グループの 数式で使用 (数式で使用)→《**地区**》をクリックします。

※「地区」と直接入力してもかまいません。

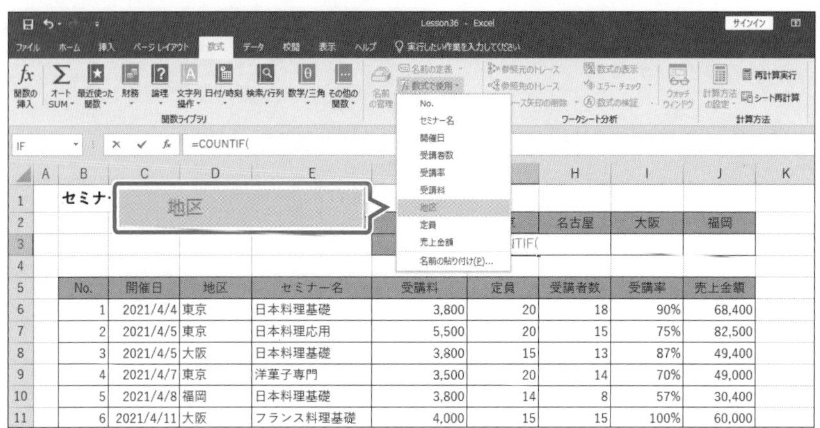

③「**=COUNTIF(地区**」と表示されます。

④続けて「**,G2)**」と入力します。

⑤数式バーに「**=COUNTIF(地区,G2)**」と表示されていることを確認します。

G3 =COUNTIF(地区,G2)

=COUNTIF(地区,G2)

	A	B	C	D	E	F	G	H	I	J	K
1		セミナー開催状況									
2							東京	名古屋	大阪	福岡	
3						開催数	=COUNTIF(地区,G2)				
4											
5		No.	開催日	地区	セミナー名	受講料	定員	受講者数	受講率	売上金額	
6		1	2021/4/4	東京	日本料理基礎	3,800	20	18	90%	68,400	
7		2	2021/4/5	東京	日本料理応用	5,500	20	15	75%	82,500	
8		3	2021/4/5	大阪	日本料理基礎	3,800	15	13	87%	49,400	
9		4	2021/4/7	東京	洋菓子専門	3,500	20	14	70%	49,000	
10		5	2021/4/8	福岡	日本料理基礎	3,800	14	8	57%	30,400	
11		6	2021/4/11	大阪	フランス料理基礎	4,000	15	15	100%	60,000	

⑥ Enter を押します。

⑦セル【G3】に東京のセミナーの開催数が表示されます。

⑧セル【G3】を選択し、セル右下の■(フィルハンドル)をセル【J3】までドラッグします。

⑨数式がコピーされます。

3-1-5 SUMIFS、AVERAGEIFS、COUNTIFS関数を使って論理演算を行う

■SUMIFS関数

複数の検索条件をすべて満たす場合、対応するセル範囲の値の合計を求めることができます。

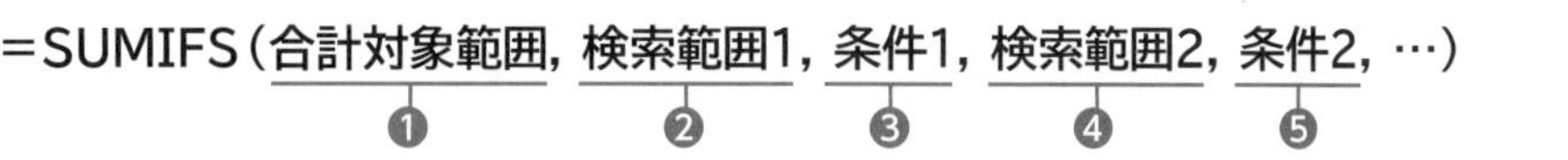

=SUMIFS(合計対象範囲, 検索範囲1, 条件1, 検索範囲2, 条件2, …)
❶ ❷ ❸ ❹ ❺

❶合計対象範囲

複数の検索条件をすべて満たす場合に、合計するセル範囲を指定します。

❷検索範囲1

1つ目の検索条件によって検索するセル範囲を指定します。

❸条件1

1つ目の検索条件を指定します。

検索条件が入力されているセルを参照するか、**「"=30000"」「">15"」「"<>0"」**のように**「"(ダブルクォーテーション)」**で囲んで直接入力します。

❹検索範囲2

2つ目の検索条件によって検索するセル範囲を指定します。

❺条件2

2つ目の検索条件を指定します。

例：セル範囲**【B2：B8】**から**「りんご」**、セル範囲**【C2：C8】**から**「青森」**を検索し、両方に対応するセル範囲**【D2：D8】**の数値を合計します。

	A	B	C	D	E	F	G
1	日付	品名	産地	仕入個数		青森産りんごの仕入個数合計	450
2	9月3日	りんご	青森	200			
3	9月4日	りんご	岩手	50			
4	9月4日	ぶどう	山梨	50			
5	9月6日	なし	鳥取	120			
6	9月10日	りんご	青森	200			
7	9月10日	なし	鳥取	200			
8	9月15日	りんご	青森	50			

=SUMIFS(D2:D8,B2:B8,"りんご",C2:C8,"青森")

両方に対応する行の仕入個数を合計

セル範囲【B2:B8】から「りんご」、セル範囲【C2:C8】から「青森」を検索

■AVERAGEIFS関数

複数の検索条件をすべて満たす場合、対応するセル範囲の値の平均を求めることができます。

=AVERAGEIFS(平均対象範囲, 検索範囲1, 条件1, 検索範囲2, 条件2, …)
❶ ❷ ❸ ❹ ❺

❶平均対象範囲

複数の条件をすべて満たす場合に、平均を求めるセル範囲を指定します。

❷検索範囲1

1つ目の検索条件によって検索するセル範囲を指定します。

❸条件1

1つ目の検索条件を指定します。

検索条件が入力されているセルを参照するか、**「"=30000"」「">15"」「"<>0"」**のように**「"(ダブルクォーテーション)」**で囲んで直接入力します。

❹検索範囲2

2つ目の検索条件によって検索するセル範囲を指定します。

❺条件2

2つ目の検索条件を指定します。

例：セル範囲**【B2：B8】**から**「りんご」**、セル範囲**【C2：C8】**から**「青森」**を検索し、両方に対応するセル範囲**【D2：D8】**の数値の平均を求めます。

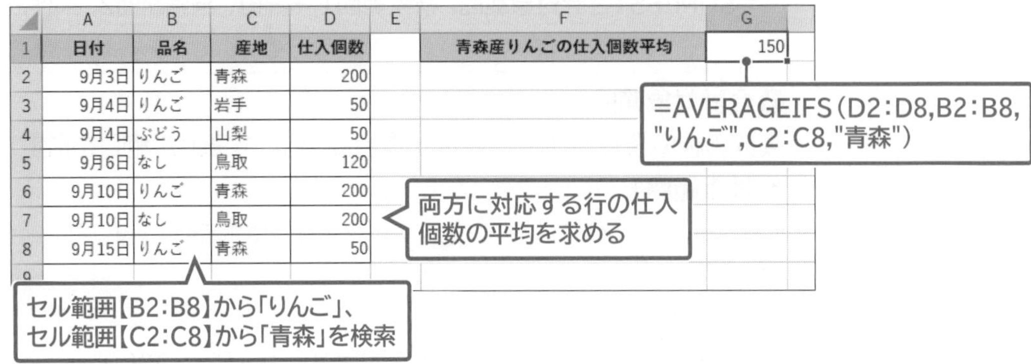

	A	B	C	D	E	F	G
1	日付	品名	産地	仕入個数		青森産りんごの仕入個数平均	150
2	9月3日	りんご	青森	200			
3	9月4日	りんご	岩手	50			
4	9月4日	ぶどう	山梨	50			
5	9月6日	なし	鳥取	120			
6	9月10日	りんご	青森	200			
7	9月10日	なし	鳥取	200			
8	9月15日	りんご	青森	50			

■COUNTIFS関数

複数の検索条件をすべて満たすデータの個数を求めることができます。

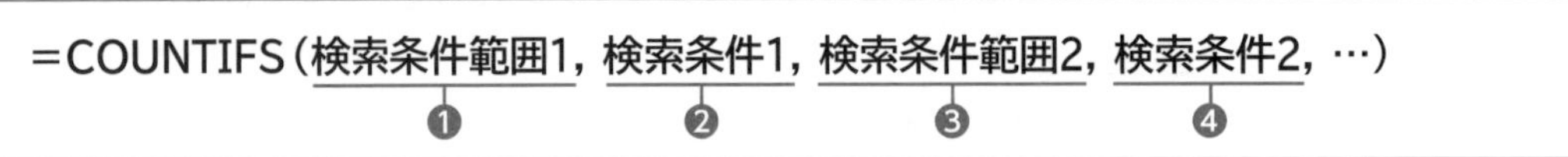

=COUNTIFS(検索条件範囲1, 検索条件1, 検索条件範囲2, 検索条件2, …)
❶ ❷ ❸ ❹

❶検索条件範囲1

1つ目の検索条件によって検索するセル範囲を指定します。

❷検索条件1

1つ目の検索条件を指定します。
検索条件が入力されているセルを参照するか、**「"=30000"」「">15"」「"<>0"」**のように**「"(ダブルクォーテーション)」**で囲んで直接入力します。

❸検索条件範囲2

2つ目の検索条件によって検索するセル範囲を指定します。

❹検索条件2

2つ目の検索条件を指定します。

例：セル範囲**【B2：B8】**から**「りんご」**、セル範囲**【C2：C8】**から**「青森」**を検索し、両方に対応するデータの個数を求めます。

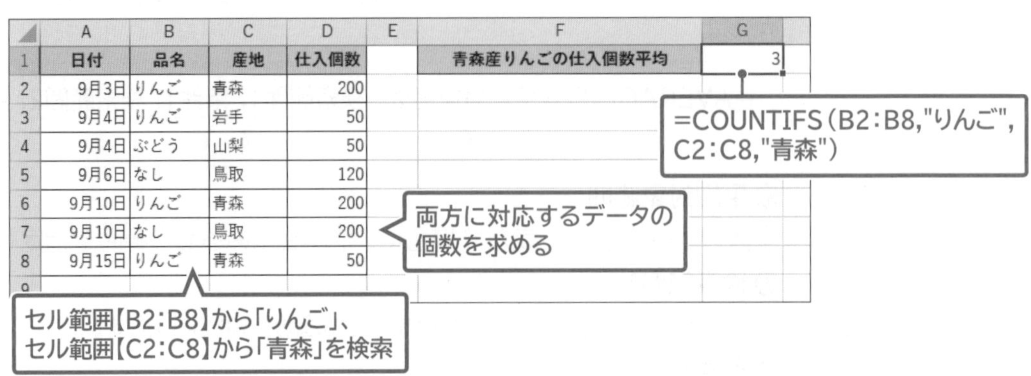

	A	B	C	D	E	F	G
1	日付	品名	産地	仕入個数		青森産りんごの仕入個数平均	3
2	9月3日	りんご	青森	200			
3	9月4日	りんご	岩手	50			
4	9月4日	ぶどう	山梨	50			
5	9月6日	なし	鳥取	120			
6	9月10日	りんご	青森	200			
7	9月10日	なし	鳥取	200			
8	9月15日	りんご	青森	50			

Lesson 37

ブック「Lesson37」を開いておきましょう。

次の操作を行いましょう。

(1) 関数を使って、ワークシート「集計」の受講者数の列に、ワークシート「明細」の月別受講者数を表示してください。開催日の検索条件は、B列とC列に入力されている条件を参照します。数式には、名前付き範囲「受講者数」と「開催日」を使います。

(2) 関数を使って、ワークシート「集計」の右側の表にワークシート「明細」のセミナー別・地区別売上金額を表示してください。数式には、名前付き範囲「売上金額」、「セミナー名」、「地区」を使います。

Lesson 37 Answer

(1)

①ワークシート「**集計**」のセル【**D3**】に「**=SUMIFS(**」と入力します。

②《**数式**》タブ→《**定義された名前**》グループの 数式で使用 (数式で使用)→《**受講者数**》をクリックします。

※「受講者数」と直接入力してもかまいません。

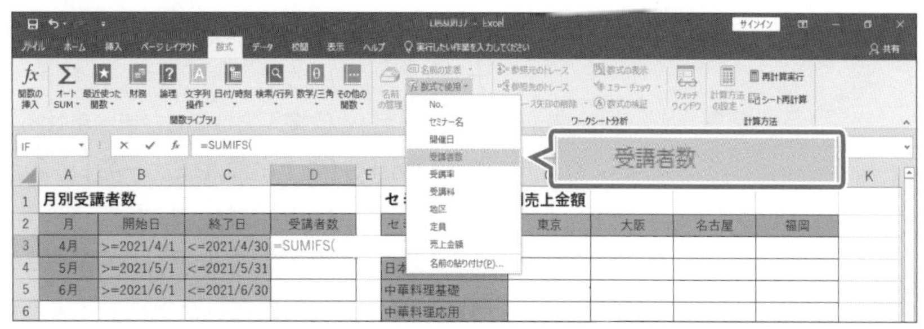

③「**=SUMIFS(受講者数**」と表示されます。

④続けて「**,**」を入力します。

⑤《**数式**》タブ→《**定義された名前**》グループの 数式で使用 (数式で使用)→《**開催日**》をクリックします。

※「開催日」と直接入力してもかまいません。

⑥「**=SUMIFS(受講者数,開催日**」と表示されます。

⑦続けて「**,B3,**」と入力します。

⑧《**数式**》タブ→《**定義された名前**》グループの 数式で使用 (数式で使用)→《**開催日**》をクリックします。

※「開催日」と直接入力してもかまいません。

⑨「**=SUMIFS(受講者数,開催日,B3,開催日**」と表示されます。

⑩続けて「**,C3)**」と入力します。

⑪数式バーに「**=SUMIFS(受講者数,開催日,B3,開催日,C3)**」と表示されていることを確認します。

⑫ Enter を押します。

⑬セル【**D3**】に4月の受講者数が表示されます。

⑭セル【**D3**】を選択し、セル右下の■(フィルハンドル)をダブルクリックします。

⑮数式がコピーされます。

(2)

①ワークシート**「集計」**のセル**【G3】**に**「=SUMIFS(」**と入力します。

②**《数式》**タブ→**《定義された名前》**グループの 数式で使用 (数式で使用)→**《売上金額》**をクリックします。

※「売上金額」と直接入力してもかまいません。

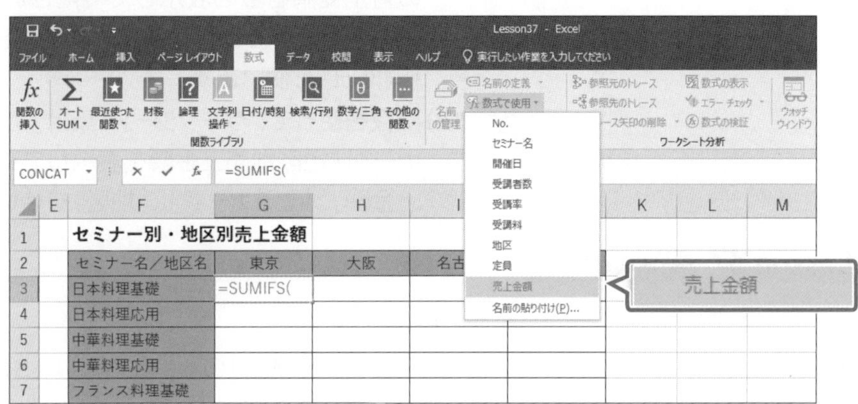

③**「=SUMIFS(売上金額」**と表示されます。

④続けて**「,」**を入力します。

⑤**《数式》**タブ→**《定義された名前》**グループの 数式で使用 (数式で使用)→**《セミナー名》**をクリックします。

※「セミナー名」と直接入力してもかまいません。

⑥**「=SUMIFS(売上金額,セミナー名」**と表示されます。

⑦続けて**「,$F3,」**と入力します。

※数式をコピーするため、セル【F3】は常に同じ列を参照するように複合参照にします。

⑧**《数式》**タブ→**《定義された名前》**グループの 数式で使用 (数式で使用)→**《地区》**をクリックします。

※「地区」と直接入力してもかまいません。

⑨**「=SUMIFS(売上金額,セミナー名,$F3,地区」**と表示されます。

⑩続けて**「,G$2)」**と入力します。

※数式をコピーするため、セル【G2】は常に同じ行を参照するように複合参照にします。

⑪数式バーに**「=SUMIFS(売上金額,セミナー名,$F3,地区,G$2)」**と表示されていることを確認します。

⑫ Enter を押します。

⑬セル**【G3】**に**「日本料理基礎」**の**「東京」**の売上金額が表示されます。

⑭セル**【G3】**を選択し、セル右下の■(フィルハンドル)をダブルクリックします。

⑮セル範囲**【G3:G12】**を選択し、セル範囲右下の■(フィルハンドル)をセル**【J12】**までドラッグします。

⑯数式がコピーされます。

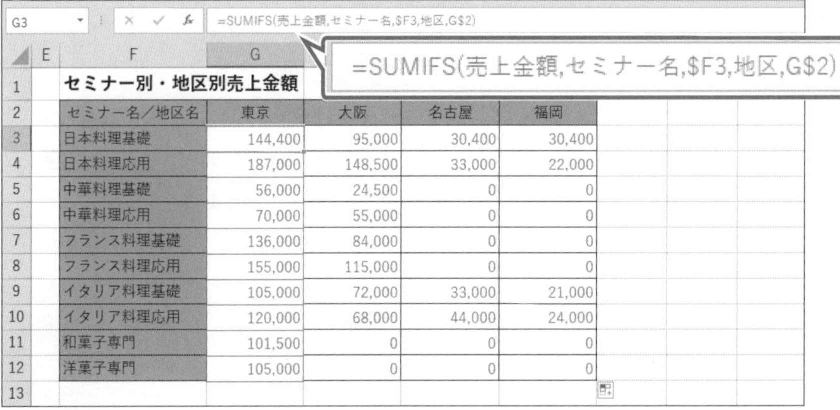

セミナー別・地区別売上金額

セミナー名/地区名	東京	大阪	名古屋	福岡
日本料理基礎	144,400	95,000	30,400	30,400
日本料理応用	187,000	148,500	33,000	22,000
中華料理基礎	56,000	24,500	0	0
中華料理応用	70,000	55,000	0	0
フランス料理基礎	136,000	84,000	0	0
フランス料理応用	155,000	115,000	0	0
イタリア料理基礎	105,000	72,000	33,000	21,000
イタリア料理応用	120,000	68,000	44,000	24,000
和菓子専門	101,500	0	0	0
洋菓子専門	105,000	0	0	0

Lesson 38

ブック「Lesson38」を開いておきましょう。

次の操作を行いましょう。

(1) 関数を使って、平均点の表に年次別・学部別の合計点の平均を表示してください。数式には、名前付き範囲「合計点」、「年次」、「学部」を使います。

Lesson 38 Answer

(1)

①セル【L4】に「=AVERAGEIFS(」と入力します。

②《数式》タブ→《定義された名前》グループの 数式で使用 (数式で使用)→《合計点》をクリックします。

※「合計点」と直接入力してもかまいません。

③「=AVERAGEIFS(合計点」と表示されていることを確認します。

④続けて「,」を入力します。

⑤《数式》タブ→《定義された名前》グループの 数式で使用 (数式で使用)→《年次》をクリックします。

※「年次」と直接入力してもかまいません。

⑥「=AVERAGEIFS(合計点,年次」と表示されます。

⑦続けて「,$K4,」と入力します。

※数式をコピーするため、セル【K4】は常に同じ列を参照するように複合参照にします。

⑧《数式》タブ→《定義された名前》グループの 数式で使用 (数式で使用)→《学部》をクリックします。

※「学部」と直接入力してもかまいません。

⑨「=AVERAGEIFS(合計点,年次,$K4,学部」と表示されます。

⑩続けて「,L$3)」と入力します。

※数式をコピーするため、セル【L3】は常に同じ行を参照するように複合参照にします。

⑪数式バーに「=AVERAGEIFS(合計点,年次,$K4,学部,L$3)」と表示されていることを確認します。

⑫ Enter を押します。

⑬セル【L4】に「1年次」の「文学部」の平均点が表示されます。

⑭セル【L4】を選択し、セル右下の■(フィルハンドル)をダブルクリックします。

⑮セル範囲【L4:L7】を選択し、セル範囲右下の■(フィルハンドル)をセル【O7】までドラッグします。

⑯数式がコピーされます。

L4 =AVERAGEIFS(合計点,年次,$K4,学部,L$3)

=AVERAGEIFS(合計点,年次,$K4,学部,L$3)

考試験結果

氏名(漢字)	氏名(英字)	年次	学部	筆記	実技	合計点
阿部 一郎	Abe Ichiro	1	法学部	75	90	165
本多 達也	Honda Tatsuya	2	法学部	24	32	56
加藤 淑子	Kato Yoshiko	4	法学部	88	64	152
木村 治男	Kimura Haruo	4	法学部	84	76	160
武藤 恒雄	Muto Tsuneo	4	法学部	64	64	128
西田 公一	Nishida Koichi	1	法学部	96	68	164

平均点

年次	文学部	経済学部	法学部	商学部
1	74.7	124.0	141.3	124.0
2	132.2	106.0	84.0	124.0
3	116.0	130.0	94.0	124.0
4	134.0	168.0	134.2	118.7

Lesson 39

 ブック「Lesson39」を開いておきましょう。

次の操作を行いましょう。

(1) 関数を使って、受験人数の表に年次別・学部の人数を表示してください。
数式には、名前付き範囲「年次」、「学部」を使います。

Lesson 39 Answer

(1)

①セル【**L4**】に「**=COUNTIFS(**」と入力します。

②《**数式**》タブ→《**定義された名前**》グループの 数式で使用 (数式で使用)→《**年次**》をクリックします。

※「年次」と直接入力してもかまいません。

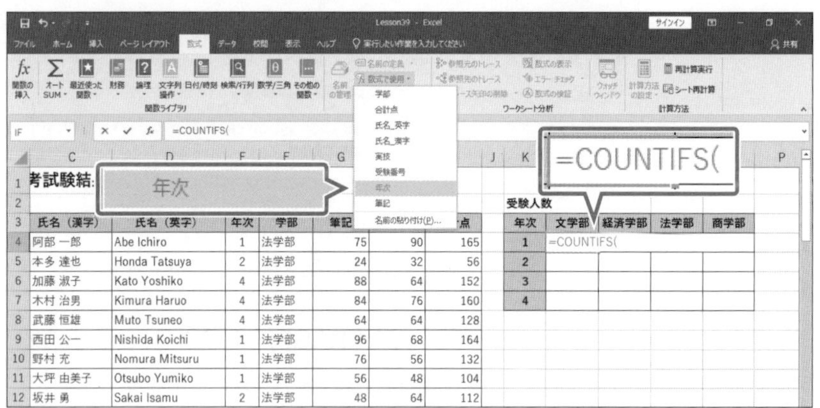

③「**=COUNTIFS(年次**」と表示されていることを確認します。

④続けて「**,$K4,**」と入力します。

※数式をコピーするため、セル【K4】は常に同じ列を参照するように複合参照にします。

⑤《**数式**》タブ→《**定義された名前**》グループの 数式で使用 (数式で使用)→《**学部**》をクリックします。

※「学部」と直接入力してもかまいません。

⑥「**=COUNTIFS(年次,$K4,学部**」と表示されていることを確認します。

⑦続けて「**,L$3)**」と入力します。

※数式をコピーするため、セル【L3】は常に同じ行を参照するように複合参照にします。

⑧数式バーに「**=COUNTIFS(年次,$K4,学部,L$3)**」と表示されていることを確認します。

⑨ Enter を押します。

⑩セル【**L4**】に「**1年次**」の「**文学部**」の人数が表示されます。

⑪セル【**L4**】を選択し、セル右下の■(フィルハンドル)をダブルクリックします。

⑫セル範囲【**L4:L7**】を選択し、セル範囲右下の■(フィルハンドル)をセル【**O7**】までドラッグします。

⑬数式がコピーされます。

3-1-6 MAXIFS、MINIFS関数を使って論理演算を行う

■MAXIFS関数

複数の条件をすべて満たすセルの最大値を求めることができます。

=MAXIFS(**最大範囲❶, 条件範囲1❷, 条件1❸, 条件範囲2❹, 条件2❺**, …)

❶最大範囲
最大値を求めるセル範囲を指定します。

❷条件範囲1
1つ目の条件で検索するセル範囲を指定します。

❸条件1
条件範囲1から検索する条件を数値や文字列で指定します。

❹条件範囲2
2つ目の条件で検索するセル範囲を指定します。

❺条件2
条件範囲2から検索する条件を数値や文字列で指定します。

例：
=MAXIFS(F3:F6,D3:D6,"大阪",E3:E6,"男性")
セル範囲【**D3:D6**】から「**大阪**」、セル範囲【**E3:E6**】から「**男性**」を検索し、両方に対応するセル範囲【**F3:F6**】の最高点を表示します。

■MINIFS関数

複数の条件をすべて満たすセルの最小値を求めることができます。

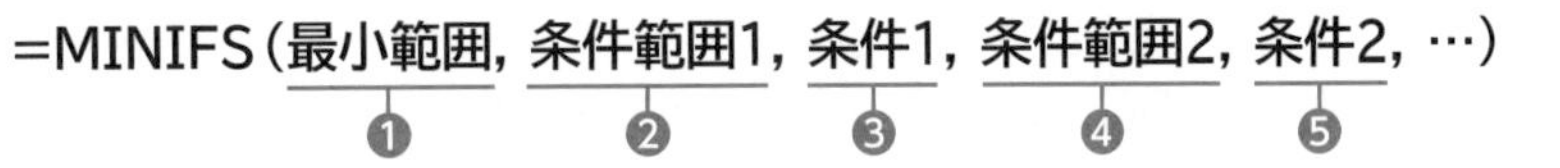

=MINIFS(最小範囲, 条件範囲1, 条件1, 条件範囲2, 条件2, …)
❶
❷
❸
❹
❺

❶最小範囲
最小値を求めるセル範囲を指定します。

❷条件範囲1
1つ目の条件で検索するセル範囲を指定します。

❸条件1
条件範囲1から検索する条件を数値や文字列で指定します。

❹条件範囲2
2つ目の条件で検索するセル範囲を指定します。

❺条件2
条件範囲2から検索する条件を数値や文字列で指定します。

例：
=MINIFS(F3:F6,D3:D6,"大阪",E3:E6,"男性")
セル範囲【**D3:D6**】から「**大阪**」、セル範囲【**E3:E6**】から「**男性**」を検索し、両方に対応するセル範囲【**F3:F6**】の最低点を表示します。

Lesson 40

 ブック「Lesson40」を開いておきましょう。

次の操作を行いましょう。

(1) 関数を使って、セル【I3】に東京地区の日本料理基礎セミナーの最大売上金額を表示してください。数式には、名前付き範囲「売上金額」、「地区」、「セミナー名」を使います。

(2) 関数を使って、セル【J3】に東京地区の日本料理基礎セミナーの最小売上金額を表示してください。数式には、名前付き範囲「売上金額」、「地区」、「セミナー名」を使います。

Lesson 40 Answer

(1)

①セル【I3】に「=MAXIFS(」と入力します。

②《数式》タブ→《定義された名前》グループの 数式で使用 (数式で使用)→《売上金額》をクリックします。

※「売上金額」と直接入力してもかまいません。

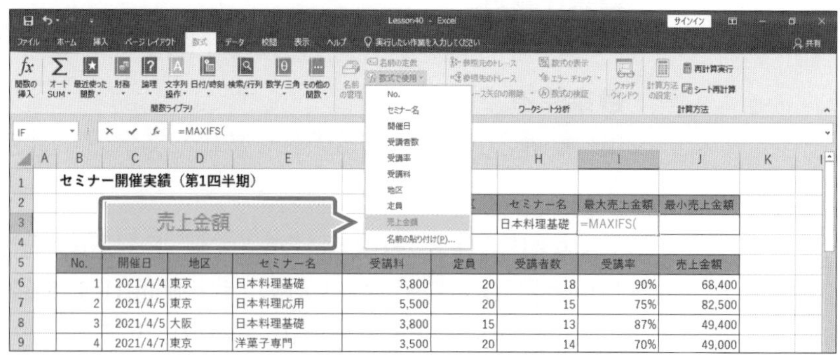
売上金額

③「=MAXIFS(売上金額」と表示されます。

④続けて「,」と入力します。

⑤《数式》タブ→《定義された名前》グループの 数式で使用 (数式で使用)→《地区》をクリックします。

※「地区」と直接入力してもかまいません。

⑥「=MAXIFS(売上金額,地区」と表示されます。

⑦続けて「,G3,」と入力します。

⑧《数式》タブ→《定義された名前》グループの 数式で使用 (数式で使用)→《セミナー名》をクリックします。

※「セミナー名」と直接入力してもかまいません。

⑨「=MAXIFS(売上金額,地区,G3,セミナー名」と表示されます。

⑩続けて「,H3)」と入力します。

⑪数式バーに「=MAXIFS(売上金額,地区,G3,セミナー名,H3)」と表示されていることを確認します。

=MAXIFS(売上金額,地区,G3,セミナー名,H3)

⑫ Enter を押します。

⑬セル【I3】に東京地区の日本料理基礎セミナーの最大売上金額が表示されます。

(2)

①セル【J3】に「=MINIFS(」と入力します。

②《数式》タブ→《定義された名前》グループの［数式で使用］(数式で使用)→《売上金額》をクリックします。

※「売上金額」と直接入力してもかまいません。

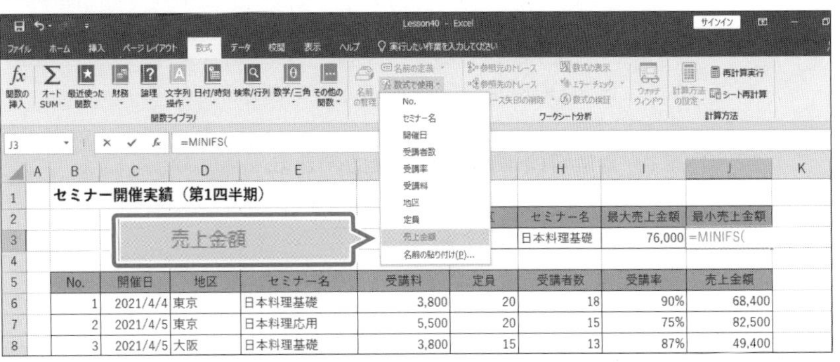

③「=MINIFS(売上金額」と表示されていることを確認します。

④続けて「,」と入力します。

⑤《数式》タブ→《定義された名前》グループの［数式で使用］(数式で使用)→《地区》をクリックします。

※「地区」と直接入力してもかまいません。

⑥「=MINIFS(売上金額,地区」と表示されていることを確認します。

⑦続けて「,G3,」と入力します。

⑧《数式》タブ→《定義された名前》グループの［数式で使用］(数式で使用)→《セミナー名》をクリックします。

※「セミナー名」と直接入力してもかまいません。

⑨「=MINIFS(売上金額,地区,G3,セミナー名」と表示されていることを確認します。

⑩続けて「,H3)」と入力します。

⑪数式バーに「=MINIFS(売上金額,地区,G3,セミナー名,H3)」と表示されていることを確認します。

=MINIFS(売上金額,地区,G3,セミナー名,H3)

セミナー開催実績（第1四半期）

地区	セミナー名	最大売上金額	最小売上金額
東京	日本料理基礎	76,000	=MINIFS(売上金額,地区,G3,セミナー名,H3)

No.	開催日	地区	セミナー名	受講料	定員	受講者数	受講率	
1	2021/4/4	東京	日本料理基礎	3,800	20	18	90%	68,400
2	2021/4/5	東京	日本料理応用	5,500	20	15	75%	82,500
3	2021/4/5	大阪	日本料理基礎	3,800	15	13	87%	49,400
4	2021/4/7	東京	洋菓子専門	3,500	20	14	70%	49,000
5	2021/4/8	福岡	日本料理基礎	3,800	14	8	57%	30,400
6	2021/4/11	大阪	フランス料理基礎	4,000	15	15	100%	60,000
7	2021/4/11	東京	イタリア料理基礎	3,000	20	20	100%	60,000
8	2021/4/12	大阪	日本料理応用	5,500	15	12	80%	66,000
9	2021/4/12	東京	イタリア料理応用	4,000	20	16	80%	64,000

⑫ Enter を押します。

⑬セル【J3】に東京地区の日本料理基礎セミナーの最小売上金額が表示されます。

J3 =MINIFS(売上金額,地区,G3,セミナー名,H3)

セミナー開催実績（第1四半期）

地区	セミナー名	最大売上金額	最小売上金額
東京	日本料理基礎	76,000	68,400

No.	開催日	地区	セミナー名	受講料	定員	受講者数	受講率	売上金額
1	2021/4/4	東京	日本料理基礎	3,800	20	18	90%	68,400
2	2021/4/5	東京	日本料理応用	5,500	20	15	75%	82,500
3	2021/4/5	大阪	日本料理基礎	3,800	15	13	87%	49,400
4	2021/4/7	東京	洋菓子専門	3,500	20	14	70%	49,000
5	2021/4/8	福岡	日本料理基礎	3,800	14	8	57%	30,400
6	2021/4/11	大阪	フランス料理基礎	4,000	15	15	100%	60,000
7	2021/4/11	東京	イタリア料理基礎	3,000	20	20	100%	60,000
8	2021/4/12	大阪	日本料理応用	5,500	15	12	80%	66,000
9	2021/4/12	東京	イタリア料理応用	4,000	20	16	80%	64,000

3-2 出題範囲3　高度な機能を使用した数式およびマクロの作成
関数を使用してデータを検索する

☑ 理解度チェック

習得すべき機能	参照Lesson	学習前	学習後	試験直前
■VLOOKUP関数を使うことができる。	➡Lesson41	☑	☑	☑
■HLOOKUP関数を使うことができる。	➡Lesson42	☑	☑	☑
■MATCH関数を使うことができる。	➡Lesson43 ➡Lesson44	☑	☑	☑
■INDEX関数を使うことができる。	➡Lesson44	☑	☑	☑

3-2-1 VLOOKUP、HLOOKUP関数を使ってデータを検索する

解説

■VLOOKUP関数

キーとなるコードや番号を検索範囲から検索し、対応するデータを表示します。検索範囲でキーとなるコードや番号が縦方向に入力されている場合に使います。検索範囲の左端の列にキーとなるコードや番号を入力しておく必要があります。

=VLOOKUP（検索値，検索範囲，列番号，検索方法）
　　　　　　❶　　　❷　　　❸　　　❹

❶検索値

検索対象のコードや番号を入力するセルを指定します。

❷検索範囲

検索するセル範囲を指定します。

❸列番号

検索範囲の左から何番目の列を参照するかを指定します。

❹検索方法

「FALSE」または**「TRUE」**を指定します。**「TRUE」**は省略できます。

FALSE	完全に一致するものを検索します。
TRUE	検索値が見つからない場合には、検索値未満で最大値を参照します。 ※検索値は昇順に並べておく必要があります。

例：

セル範囲**【I3：K6】**の左端の列から商品コードを検索し、対応する商品名と単価を表示します。

商品一覧から商品コードを検索して、該当する商品名を表示する

商品一覧から商品コードを検索して、該当する単価を表示する

	A	B	C	D	E	F	G	H	I	J	K
1	売上データ								商品一覧		
2	No.	売上日	商品コード	商品名	単価	数量	金額		商品コード	商品名	単価
3	1	2021/7/1	1002	トレインセット	6,400	10	64,000		1001	積み木セット	7,800
4	2								1002	トレインセット	6,400
5	3								1003	三輪車	19,800
6	4								1004	ミニ輪投げ	3,200
7	5										
8											

=VLOOKUP（C3,$I$3:$K$6,2,FALSE）

=VLOOKUP（C3,$I$3:$K$6,3,FALSE）

■HLOOKUP関数

キーとなるコードや番号を検索範囲から検索し、対応するデータを表示します。検索範囲でキーとなるコードや番号が横方向に入力されている場合に使います。検索範囲の上端の行にキーとなるコードや番号を入力しておく必要があります。

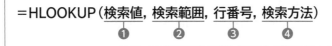

=HLOOKUP(検索値, 検索範囲, 行番号, 検索方法)
　　　　　❶　　　❷　　　❸　　❹

❶検索値

検索対象のコードや番号を入力するセルを指定します。

❷検索範囲

検索するセル範囲を指定します。

❸行番号

検索範囲の上から何番目の行を参照するかを指定します。

❹検索方法

「FALSE」または**「TRUE」**を指定します。**「TRUE」**は省略できます。

FALSE	完全に一致するものを検索します。
TRUE	検索値が見つからない場合には、検索値未満で最大値を参照します。 ※検索値は昇順に並べておく必要があります。

例：

セル範囲**【J2：M4】**の上端の行から商品コードを検索し、対応する商品名と単価を表示します。

No.	売上日	商品コード	商品名	単価	数量	金額
1	2021/7/1	1002	トレインセット	6,400	10	64,000
2						
3						
4						
5						

商品コード	1001	1002	1003	1004
商品名	積み木セット	トレインセット	三輪車	ミニ輪投げ
単価	7,800	6,400	19,800	3,200

Lesson 41

ブック「Lesson41」を開いておきましょう。

次の操作を行いましょう。

(1) 関数を使って、商品名の列に、商品コードと一致する商品名を表示してください。次に、単価の列に、商品コードと一致する単価を表示してください。商品名と単価は商品一覧の表を参照します。

Lesson 41 Answer

(1)

① セル【**E4**】に「**=VLOOKUP(D4,$J$4:$L$14,2,FALSE)**」と入力します。

※数式をコピーするため、検索範囲は常に同じ範囲を参照するように絶対参照にします。

CONCAT　=VLOOKUP(D4,$J$4:$L$14,2,FALSE)

	C	D	E	F	G	H	I	J	K	L	M
1	上データ										
2								商品一覧			
3	売上日	商品コード	商品名	単価	数量	金額		商品コード	商品名	単価	
4	2021/10/1	1020	=VLOOKUP(D4,$J$4:$L$14,2,FALSE)					1010	バット（木製）	18,000	
5	2021/10/1	2030						1020	バット（金属製）	15,000	
6	2021/10/4	3								19,800	
7	2021/10/4	1								68,000	
8	2021/10/5	3								1,200	
9	2021/10/6	1020			4	0		2030	ゴルフシューズ	28,000	
10	2021/10/7	4010			15	0		3010	スキー板	55,000	
11	2021/10/7	1030			20	0		3020	スキーブーツ	23,000	
12	2021/10/12	1020			30	0		4010	テニスラケット	16,000	

=VLOOKUP(D4,$J$4:$L$14,2,FALSE)

② 商品コードに対応する商品名が表示されます。

③ セル【**F4**】に「**=VLOOKUP(D4,$J$4:$L$14,3,FALSE)**」と入力します。

※数式をコピーするため、検索範囲は常に同じ範囲を参照するように絶対参照にします。

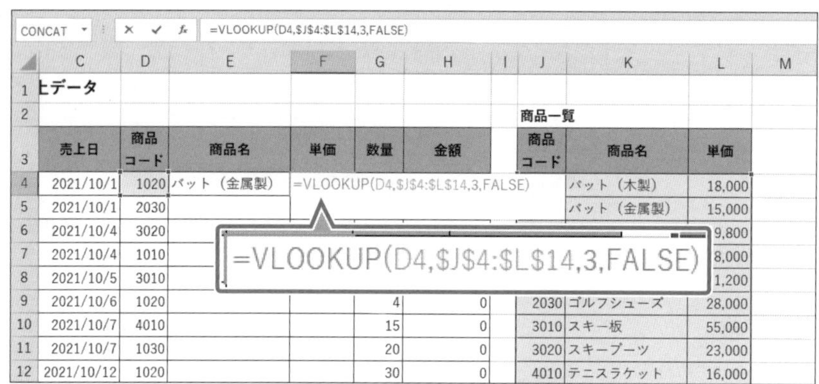

CONCAT　=VLOOKUP(D4,$J$4:$L$14,3,FALSE)

	C	D	E	F	G	H	I	J	K	L	M
1	上データ										
2								商品一覧			
3	売上日	商品コード	商品名	単価	数量	金額		商品コード	商品名	単価	
4	2021/10/1	1020	バット（金属製）	=VLOOKUP(D4,$J$4:$L$14,3,FALSE)					バット（木製）	18,000	
5	2021/10/1	2030							バット（金属製）	15,000	
6	2021/10/4	3020								9,800	
7	2021/10/4	1010								8,000	
8	2021/10/5	3010								1,200	
9	2021/10/6	1020			4	0		2030	ゴルフシューズ	28,000	
10	2021/10/7	4010			15	0		3010	スキー板	55,000	
11	2021/10/7	1030			20	0		3020	スキーブーツ	23,000	
12	2021/10/12	1020			30	0		4010	テニスラケット	16,000	

=VLOOKUP(D4,$J$4:$L$14,3,FALSE)

④ 商品コードに対応する単価が表示されます。

⑤ セル範囲【**E4:F4**】を選択し、セル範囲右下の■（フィルハンドル）をダブルクリックします。

⑥ 数式がコピーされます。

A1

	A	B	C	D	E	F	G	H	I	J	K	L	M
1		売上データ											
2										商品一覧			
3		No.	売上日	商品コード	商品名	単価	数量	金額		商品コード	商品名	単価	
4		1	2021/10/1	1020	バット（金属製）	15,000	10	150,000		1010	バット（木製）	18,000	
5		2	2021/10/1	2030	ゴルフシューズ	28,000	3	84,000		1020	バット（金属製）	15,000	
6		3	2021/10/4	3020	スキーブーツ	23,000	5	115,000		1030	野球グローブ	19,800	
7		4	2021/10/4	1010	バット（木製）	18,000	4	72,000		2010	ゴルフクラブ	68,000	
8		5	2021/10/5	3010	スキー板	55,000	10	550,000		2020	ゴルフボール	1,200	
9		6	2021/10/6	1020	バット（金属製）	15,000	4	60,000		2030	ゴルフシューズ	28,000	
10		7	2021/10/7	4010	テニスラケット	16,000	15	240,000		3010	スキー板	55,000	
11		8	2021/10/7	1030	野球グローブ	19,800	20	396,000		3020	スキーブーツ	23,000	
12		9	2021/10/12	1020	バット（金属製）	15,000	30	450,000		4010	テニスラケット	16,000	

※単価の列には、あらかじめ表示形式が設定されています。

Lesson 42

ブック「Lesson42」を開いておきましょう。

次の操作を行いましょう。

(1) 関数を使って、評価の列に、評価一覧に対応する評価を表示してください。評価一覧の「0」は0以上60未満、「60」は60以上120未満、「120」は120以上160未満、「160」は160以上を意味します。

Lesson 42 Answer

Point

TRUEの指定

引数に「TRUE」を指定すると、データが一致しない場合に検索値未満で最大値を参照します。例えば、レッスン数に応じた割引率や点数に応じた評価などを表示することができます。「TRUE」を指定する場合は、左端の列のデータを昇順に並べます。

レッスン数	割引率
0	0%
100	5%
150	10%
200	15%

200以上
150以上200未満
100以上150未満
0以上100未満

※検索値が0未満の場合は、エラー表示「#N/A」になります。

(1)

①セル【H4】に「=HLOOKUP(G4,$K$3:$N$4,2,TRUE)」と入力します。

※数式をコピーするため、検索範囲は常に同じ範囲を参照するように絶対参照にします。

H4 =HLOOKUP(G4,$K$3:$N$4,2,TRUE)

留学選考試験結果

受験番号	学籍番号	氏名	筆記	実技	合計	評価
1001	H2016028	阿部 颯太	75			=HLOOKUP(G4,$K$3:$N$4,2,TRUE)
1002	Z2014237	安藤 結愛	64	68	132	
1003	S2015260	遠藤 秀幸				
1004	Z2016391	布施 秋穂				
1005	Z2014049	後藤 新				
1006	J2015021	長谷川 陽翔				
1007	J2015010	服部 杏夏	76	88	164	
1008	S2014110	本田 莉子	72	40	112	
1009	H2014221	川奈部 達也	24	32	56	
1010	B2016128	井上 真紀	85	96	181	
1011	Z2014086	伊藤 祐輔	76	52	128	

評価一覧

合計	0	60	120	160
		△	○	◎

=HLOOKUP(G4,$K$3:$N$4,2,TRUE)

②セル【H4】に評価が表示されます。

③セル【H4】を選択し、セル右下の■(フィルハンドル)をダブルクリックします。

④数式がコピーされます。

留学選考試験結果

受験番号	学籍番号	氏名	筆記	実技	合計	評価
1001	H2016028	阿部 颯太	75	90	165	◎
1002	Z2014237	安藤 結愛	64	68	132	○
1003	S2015260	遠藤 秀幸	82	90	172	◎
1004	Z2016391	布施 秋穂	80	52	132	○
1005	Z2014049	後藤 新	60	52	112	△
1006	J2015021	長谷川 陽翔	36	44	80	△
1007	J2015010	服部 杏夏	76	88	164	◎
1008	S2014110	本田 莉子	72	40	112	△
1009	H2014221	川奈部 達也	24	32	56	×
1010	B2016128	井上 真紀	85	96	181	◎
1011	Z2014086	伊藤 祐輔	76	52	128	○

評価一覧

合計	0	60	120	160
評価	×	△	○	◎

3-2-2 MATCH関数を使ってデータを検索する

解説

■MATCH関数

検査範囲内でデータを検索して、範囲内での相対的な位置を表す数値を求めることができます。

```
=MATCH(検査値, 検査範囲, 照合の種類)
         ❶        ❷          ❸
```

❶検査値

検索する値またはセルを指定します。

❷検査範囲

検査値を検索するセル範囲を1行または1列で指定します。

❸照合の種類

「0」「1」「-1」のいずれかを指定します。**「1」**は省略できます。

種類	説明
0	完全に一致するものを検索します。
1	検査値が見つからない場合には、検査値以下の最大値を参照します。検査範囲は昇順に並べておく必要があります。
-1	検査値が見つからない場合には、検査値以上の最小値を参照します。検査範囲は降順に並べておく必要があります。

例：

セル範囲【F3:F5】から点数を検索し、範囲内で上から何番目にあるかを表示します。

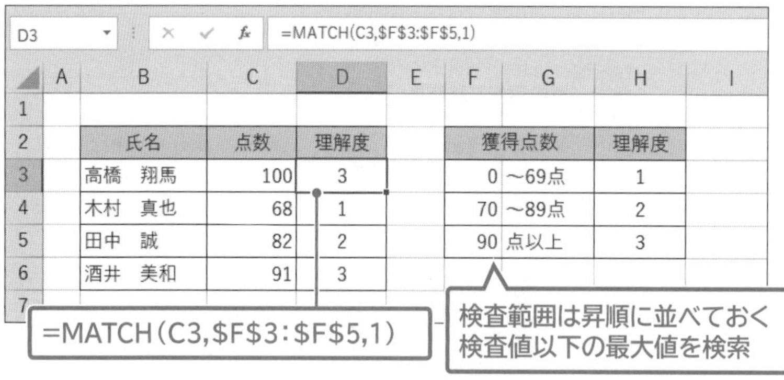

D3 =MATCH(C3,$F$3:$F$5,1)

	A	B	C	D	E	F	G	H	I
1									
2		氏名	点数	理解度		獲得点数		理解度	
3		高橋　翔馬	100	3		0	～69点	1	
4		木村　真也	68	1		70	～89点	2	
5		田中　誠	82	2		90	点以上	3	
6		酒井　美和	91	3					

=MATCH(C3,$F$3:$F$5,1)
検査範囲は昇順に並べておく
検査値以下の最大値を検索

Lesson 43

ブック「Lesson43」を開いておきましょう。

次の操作を行いましょう。

(1)「行」の列に、「種類」を印刷価格表から検索して、範囲内での相対的な位置を表示してください。

(2)「列」の列に、「注文数」を印刷価格表から検索して、範囲内での相対的な位置を表示してください。注文数の「500」は401～500まで、「400」は301～400まで、「300」は201～300まで、「200」は101～200まで、「100」は0～100までを意味します。

Lesson 43 Answer

(1)

①セル【D7】に「=MATCH(B7,$H$7:$H$17,0)」と入力します。

※数式をコピーするため、検査範囲は常に同じ範囲を参照するように絶対参照にします。

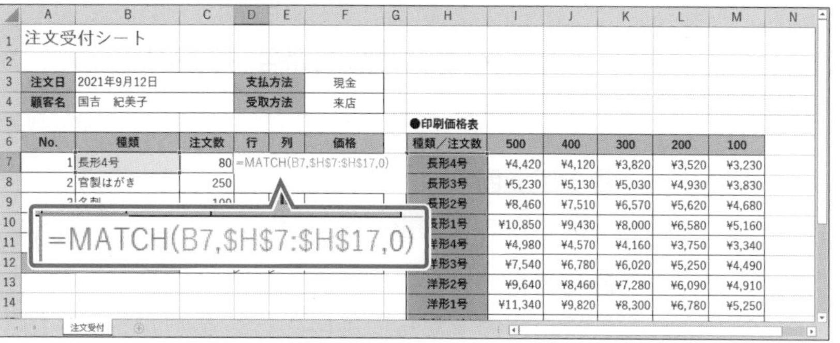

	A	B	C	D	E	F
1	注文受付シート					
2						
3	注文日	2021年9月12日		支払方法		現金
4	顧客名	国吉　紀美子		受取方法		来店
5						
6	No.	種類	注文数	行	列	価格
7	1	長形4号	80	=MATCH(B7,$H$7:$H$17,0)		
8	2	官製はがき	250			

	H	I	J	K	L	M
5	●印刷価格表					
6	種類／注文数	500	400	300	200	100
7	長形4号	¥4,420	¥4,120	¥3,820	¥3,520	¥3,230
8	長形3号	¥5,230	¥5,130	¥5,030	¥4,930	¥3,830
9	長形2号	¥8,460	¥7,510	¥6,570	¥5,620	¥4,680
10	長形1号	¥10,850	¥9,430	¥8,000	¥6,580	¥5,160
11	洋形4号	¥4,980	¥4,570	¥4,160	¥3,750	¥3,340
12	洋形3号	¥7,540	¥6,780	¥6,020	¥5,250	¥4,490
13	洋形2号	¥9,640	¥8,460	¥7,280	¥6,090	¥4,910
14	洋形1号	¥11,340	¥9,820	¥8,300	¥6,780	¥5,250

②セル【D7】に相対的な位置が表示されます。

③セル【D7】を選択し、セル右下の■(フィルハンドル)をダブルクリックします。

④数式がコピーされます。

	A	B	C	D	E	F
1	注文受付シート					
2						
3	注文日	2021年9月12日		支払方法		現金
4	顧客名	国吉　紀美子		受取方法		来店
5						
6	No.	種類	注文数	行	列	価格
7	1	長形4号	80	1		
8	2	官製はがき	250	9		
9	3	名刺	100	11		
10	4	洋形3号	330	6		
11	5	長形3号	180	2		
12	合計		940			¥0

	H	I	J	K	L	M
5	●印刷価格表					
6	種類／注文数	500	400	300	200	100
7	長形4号	¥4,420	¥4,120	¥3,820	¥3,520	¥3,230
8	長形3号	¥5,230	¥5,130	¥5,030	¥4,930	¥3,830
9	長形2号	¥8,460	¥7,510	¥6,570	¥5,620	¥4,680
10	長形1号	¥10,850	¥9,430	¥8,000	¥6,580	¥5,160
11	洋形4号	¥4,980	¥4,570	¥4,160	¥3,750	¥3,340
12	洋形3号	¥7,540	¥6,780	¥6,020	¥5,250	¥4,490
13	洋形2号	¥9,640	¥8,460	¥7,280	¥6,090	¥4,910
14	洋形1号	¥11,340	¥9,820	¥8,300	¥6,780	¥5,250

(2)

①セル【E7】に「=MATCH(C7,$I$6:$M$6,-1)」と入力します。

※数式をコピーするため、検査範囲は常に同じ範囲を参照するように絶対参照にします。

	A	B	C	D	E	F
1	注文受付シート					
2						
3	注文日	2021年9月12日		支払方法		現金
4	顧客名	国吉　紀美子		受取方法		来店
5						
6	No.	種類	注文数	行	列	価格
7	1	長形4号	80	1	=MATCH(C7,$I$6:$M$6,-1)	
8	2	官製はがき	250	9		

	H	I	J	K	L	M
5	●印刷価格表					
6	種類／注文数	500	400	300	200	100
7		¥4,420	¥4,120	¥3,820	¥3,520	¥3,230
8		¥5,230	¥5,130	¥5,030	¥4,930	¥3,830
9	長形2号	¥8,460	¥7,510	¥6,570	¥5,620	¥4,680
10		¥10,850	¥9,430	¥8,000	¥6,580	¥5,160
11		¥4,980	¥4,570	¥4,160	¥3,750	¥3,340
12		¥7,540	¥6,780	¥6,020	¥5,250	¥4,490
13	洋形2号	¥9,640	¥8,460	¥7,280	¥6,090	¥4,910
14	洋形1号	¥11,340	¥9,820	¥8,300	¥6,780	¥5,250

=MATCH(C7,$I$6:$M$6,-1)

②セル【E7】に相対的な位置が表示されます。

③セル【E7】を選択し、セル右下の■(フィルハンドル)をダブルクリックします。

④数式がコピーされます。

	A	B	C	D	E	F
1	注文受付シート					
2						
3	注文日	2021年9月12日		支払方法		現金
4	顧客名	国吉　紀美子		受取方法		来店
5						
6	No.	種類	注文数	行	列	価格
7	1	長形4号	80	1	5	
8	2	官製はがき	250	9	3	
9	3	名刺	100	11	5	
10	4	洋形3号	330	6	2	
11	5	長形3号	180	2	4	
12	合計		940			¥0

	H	I	J	K	L	M
5	●印刷価格表					
6	種類／注文数	500	400	300	200	100
7	長形4号	¥4,420	¥4,120	¥3,820	¥3,520	¥3,230
8	長形3号	¥5,230	¥5,130	¥5,030	¥4,930	¥3,830
9	長形2号	¥8,460	¥7,510	¥6,570	¥5,620	¥4,680
10	長形1号	¥10,850	¥9,430	¥8,000	¥6,580	¥5,160
11	洋形4号	¥4,980	¥4,570	¥4,160	¥3,750	¥3,340
12	洋形3号	¥7,540	¥6,780	¥6,020	¥5,250	¥4,490
13	洋形2号	¥9,640	¥8,460	¥7,280	¥6,090	¥4,910
14	洋形1号	¥11,340	¥9,820	¥8,300	¥6,780	¥5,250

3-2-3 INDEX関数を使ってデータを検索する

解 説

■INDEX関数

参照範囲の行と列の交点のデータを表示します。

```
=INDEX(参照範囲, 行番号, 列番号)
        ❶       ❷     ❸
```

❶参照範囲

検索するセル範囲を指定します。

❷行番号

参照範囲の上から何番目の行を参照するかを指定します。参照範囲が1行の場合は省略できます。

❸列番号

参照範囲の左から何番目の列を参照するかを指定します。参照範囲が1列の場合は省略できます。

例：

セル範囲【B6：D9】の上から4行目、左から2列目の交点のデータを表示します。

	A	B	C	D	E	F	G
1	検定試験合格ライン						
2	科目	Access		4	行目		
3	級	2級		2	列目		
4	Access 2級の合格ライン			118	点		
5	科目/級	1級	2級	3級			
6	Word	156	124	118			
7	Excel	186	175	158			
8	PowerPoint	175	158	124			
9	Access	134	118	105			
10							

=INDEX(B6:D9,D2,D3)

セル範囲【B6：D9】から4行目と2列目の交点のデータを検索

■INDEX関数とMATCH関数の組み合わせ

INDEX関数の行番号や、列番号の引数に、MATCH関数を組み合わせると、表内に行や列の位置の欄を作成しなくても、ひとつの数式で計算結果を求めることができます。

例：

売上明細表の価格の列に、商品マスタから商品コードと一致する価格を表示します。

=INDEX($J$3:$J$7,MATCH(B3,$H$3:$H$7))

	A	B	C	D	E	F	G	H	I	J
1	売上明細							商品マスタ		
2	売上日	商品コード	商品名	価格	数量	売上金額		商品コード	商品名	価格
3	5月1日	A001	炊飯器	59,800	2	119,600		A001	炊飯器	59,800
4	5月1日	A002	洗濯機	128,000	1	128,000		A002	洗濯機	128,000
5	5月2日	A003	電子レンジ	13,000	2	26,000		A003	電子レンジ	13,000
6	5月2日	A004	パソコン	140,000	1	140,000		A004	パソコン	140,000
7	5月2日	A005	タブレット	68,000	3	204,000		A005	タブレット	68,000
8	5月3日	A001	炊飯器	59,800	1	59,800				
9	5月3日	A005	タブレット	68,000	1	68,000				
10										

セル範囲【H3：H7】から商品コードが一致する行を検索する

セル範囲【J3：J7】からMATCH関数で求めた行のデータを検索する

Lesson 44

ブック「Lesson44」を開いておきましょう。

次の操作を行いましょう。

(1) 関数を使って、ワークシート「注文受付(1)」の価格の列に、種類と注文数に対応した価格を表示してください。「行」と「列」の列には、印刷価格表に対応する種類の行位置、注文数の列位置が表示されています。

(2) INDEX関数とMATCH関数を使って、ワークシート「注文受付(2)」の価格の列に、種類と注文数に対応した価格を表示してください。「種類」と「注文数」に対応した料金は、印刷価格表を参照して求めます。

Lesson 44 Answer

(1)

① ワークシート**「注文受付(1)」**のセル**【F7】**に**「=INDEX($I$7:$M$17,D7,E7)」**と入力します。

※数式をコピーするため、参照範囲は常に同じ範囲を参照するように絶対参照にします。

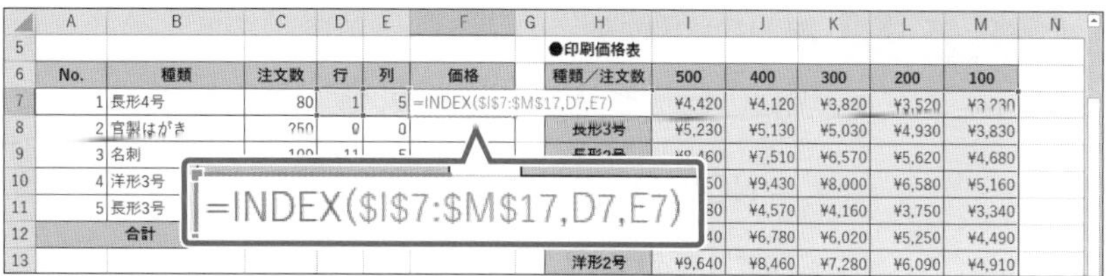

② セル**【F7】**に価格が表示されます。

③ セル**【F7】**を選択し、セル右下の■(フィルハンドル)をダブルクリックします。

④ 数式がコピーされます。

No.	種類	注文数	行	列	価格
1	長形4号	80	1	5	¥3,230
2	官製はがき	250	9	3	¥4,480
3	名刺	100	11	5	¥1,800
4	洋形3号	330	6	2	¥6,780
5	長形3号	180	2	4	¥4,930
合計		940			¥21,220

●印刷価格表

種類/注文数	500	400	300	200	100
長形4号	¥4,420	¥4,120	¥3,820	¥3,520	¥3,230
長形3号	¥5,230	¥5,130	¥5,030	¥4,930	¥3,830
長形2号	¥8,460	¥7,510	¥6,570	¥5,620	¥4,680
長形1号	¥10,850	¥9,430	¥8,000	¥6,580	¥5,160
洋形4号	¥4,980	¥4,570	¥4,160	¥3,750	¥3,340
洋形3号	¥7,540	¥6,780	¥6,020	¥5,250	¥4,490
洋形2号	¥9,640	¥8,460	¥7,280	¥6,090	¥4,910

(2)

① ワークシート**「注文受付(2)」**のセル**【D7】**に**「=INDEX($G$7:$K$17,MATCH(B7,$F$7:$F$17,0),MATCH(C7,$G$6:$K$6,-1))」**と入力します。

※数式をコピーするため、参照範囲と検査範囲は常に同じ範囲を参照するように絶対参照にします。

=INDEX($G$7:$K$17,MATCH(B7,$F$7:$F$17,0),MATCH(C7,$G$6:$K$6,-1))

② セル**【D7】**に価格が表示されます。

③ セル**【D7】**を選択し、セル右下の■(フィルハンドル)をダブルクリックします。

④ 数式がコピーされます。

No.	種類	注文数	価格
1	長形4号	80	¥3,230
2	官製はがき	250	¥4,480
3	名刺	100	¥1,800
4	洋形3号	330	¥6,780
5	長形3号	180	¥4,930
合計		940	¥21,220

●印刷価格表

種類/注文数	500	400	300	200	100
長形4号	¥4,420	¥4,120	¥3,820	¥3,520	¥3,230
長形3号	¥5,230	¥5,130	¥5,030	¥4,930	¥3,830
長形2号	¥8,460	¥7,510	¥6,570	¥5,620	¥4,680
長形1号	¥10,850	¥9,430	¥8,000	¥6,580	¥5,160
洋形4号	¥4,980	¥4,570	¥4,160	¥3,750	¥3,340
洋形3号	¥7,540	¥6,780	¥6,020	¥5,250	¥4,490
洋形2号	¥9,640	¥8,460	¥7,280	¥6,090	¥4,910

3-3 高度な日付と時刻の関数を使用する

理解度チェック

習得すべき機能	参照Lesson	学習前	学習後	試験直前
■NOW関数を使うことができる。	➡Lesson45	☑	☑	☑
■TODAY関数を使うことができる。	➡Lesson46	☑	☑	☑
■WEEKDAY関数を使うことができる。	➡Lesson47	☑	☑	☑
■WORKDAY関数を使うことができる。	➡Lesson48	☑	☑	☑

3-3-1 NOW、TODAY関数を使って日付や時刻を参照する

解説

■NOW関数

現在の日付と時刻をシリアル値で表示します。

```
=NOW()
```

※引数は指定しません。

例：
=NOW()→2021/4/1 12：34
現在の日付と時刻を表示します。
※自動的に表示形式がユーザー定義になります。

■TODAY関数

現在の日付をシリアル値で表示します。

```
=TODAY()
```

※引数は指定しません。

例：
=TODAY()→2021/4/1
現在の日付を表示します。
※自動的に表示形式が日付になります。

■シリアル値

「シリアル値」とは、Excelで日付や時刻の計算に使用されるコードのことです。
日付のシリアル値は、1900年1月1日を**「1」**として1日ごとに1加算します。**「2021年4月1日」**は**「1900年1月1日」**から44287日後になるので、シリアル値は**「44287」**になります。
時刻のシリアル値は、**「1日(24時間)」**を**「1」**として、12：00は**「12÷24=0.5」**のように小数点以下の数値で表されます。

Lesson 45

ブック「Lesson45」を開いておきましょう。

次の操作を行いましょう。

(1)関数を使って、セル【E1】に現在の日時を表示してください。

Lesson 45 Answer

(1)

①セル【E1】に「=NOW()」と入力します。

	A	B	C	D	E	F	G	H
1		セミナー申込状況			=NOW()	現在		
2								
3		No.	開催日	地区	セミナー名	定員	申込者数	残席数
4		1	2021/10/2(土)	東京	日本料理基礎	20	18	2
5		2	2021/10/3(日)	大阪	日本料理基礎	15	13	2
6		3	2021/10/7(木)	東京	洋菓子専門	20	14	6

②セル【E1】に現在の日付と時刻が表示されます。

※本書では、本日の日付を「2021年4月1日」としています。

	A	B	C	D	E	F	G	H
1		セミナー申込状況			2021/4/1 10:21	現在		
2								
3		No.	開催日	地区	セミナー名	定員	申込者数	残席数
4		1	2021/10/2(土)	東京	日本料理基礎	20	18	2
5		2	2021/10/3(日)	大阪	日本料理基礎	15	13	2
6		3	2021/10/7(木)	東京	洋菓子専門	20	14	6

Point

日付や時刻の更新

日付や時刻はブックを開くたびに更新されます。F9を押して更新することもできます。

Lesson 46

ブック「Lesson46」を開いておきましょう。

次の操作を行いましょう。

(1)関数を使って、営業年数の列に開校日からの経過年数を表示してください。経過年数は開校日の年をもとに計算します。

Lesson 46 Answer

(1)

①セル【C4】に「=YEAR(TODAY())-YEAR(B4)」と入力します。

	A	B	C	D	E
1	教室リスト		2021年4月1日 現在		
2					
3	教室名	開校日	営業年数		
4	有楽町	2008年10月1日	=YEAR(TODAY())-YEAR(B4)		
5	新宿	2011年6月1日			
6	渋谷	2015年12月1日			

②セル【C4】に経過年数が表示されます。

※本書では、本日の日付を「2021年4月1日」としています。

③セル【C4】を選択し、セル右下の■(フィルハンドル)をダブルクリックします。

④数式がコピーされます。

	A	B	C	D	E
1	教室リスト		2021年4月1日 現在		
2					
3	教室名	開校日	営業年数		
4	有楽町	2008年10月1日	13		
5	新宿	2011年6月1日	10		
6	渋谷	2015年12月1日	6		
7	港北	2018年3月1日	3		
8	関内	2015年10月1日	6		
9	栄	2012年7月1日	9		
10	藤が丘	2015年2月1日	6		

Point

YEAR関数

1900～9999までの整数で日付に対応する「年」を表示します。

=YEAR(日付)

例:

=YEAR("2021/4/1") →2021

※日付を指定する場合は「"(ダブルクォーテーション)」で囲みます。

Point

MONTH関数

1～12までの整数で日付に対応する「月」を表示します。

=MONTH(日付)

例:

=MONTH("2021/4/1") →4

Point

DAY関数

1～31までの整数で日付に対応する「日」を表示します。

=DAY(日付)

例:

=DAY("2021/4/1") →1

3-3-2　WEEKDAY関数を使って日にちを計算する

解説

■WEEKDAY関数

日付に対応する曜日を1～7または0～6の整数で返します。

=WEEKDAY(シリアル値, 種類)
❶シリアル値　❷種類

❶シリアル値

日付、または、日付が入力されているセルを指定します。

❷種類

曜日を表す整数の組み合わせを指定します。

種類	曜日を表す整数						
1または省略	1(日曜)	2(月曜)	3(火曜)	4(水曜)	5(木曜)	6(金曜)	7(土曜)
2	1(月曜)	2(火曜)	3(水曜)	4(木曜)	5(金曜)	6(土曜)	7(日曜)
3	0(月曜)	1(火曜)	2(水曜)	3(木曜)	4(金曜)	5(土曜)	6(日曜)

例1：

=WEEKDAY("2021/4/1",2)→4

※日付を指定する場合は「"(ダブルクォーテーション)」で囲みます。

例2：

種類**「2」**に対応する曜日の番号が6より小さい(月～金)の場合は**「平日」**、そうでない(土、日)の場合は**「休日」**と表示します。

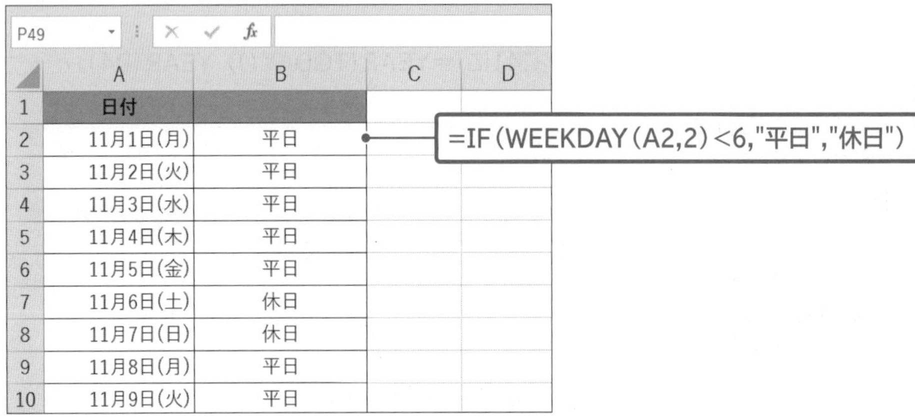

	A	B	C	D
1	日付			
2	11月1日(月)	平日		
3	11月2日(火)	平日		
4	11月3日(水)	平日		
5	11月4日(木)	平日		
6	11月5日(金)	平日		
7	11月6日(土)	休日		
8	11月7日(日)	休日		
9	11月8日(月)	平日		
10	11月9日(火)	平日		

Lesson 47

ブック「Lesson47」を開いておきましょう。

次の操作を行いましょう。

(1) IF関数を使って、文化センターの列の月曜日に対応するセルと、北駅前センターの列の水曜日に対応するセルに「休館日」と表示してください。曜日の種類は月曜日を「1」とします。

Lesson 47 Answer

(1)

①セル【C4】に「=IF(WEEKDAY($B4,2)=1,"休館日","")」と入力します。

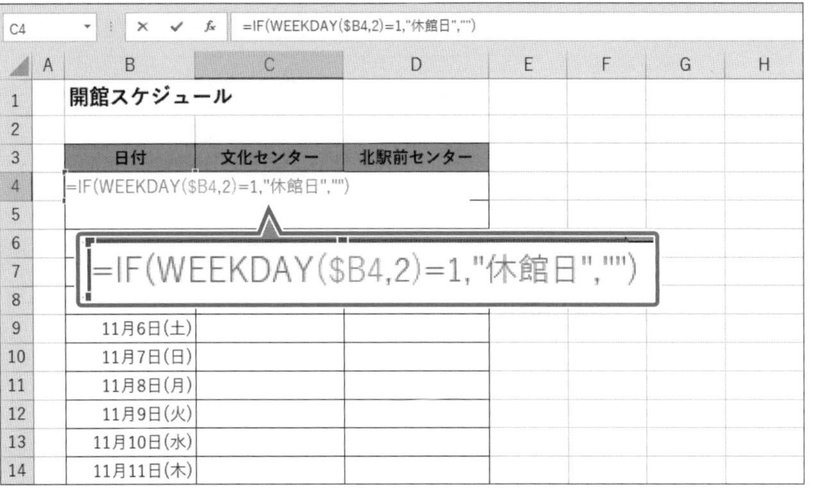

C4 =IF(WEEKDAY($B4,2)=1,"休館日","")

	A	B	C	D	E	F	G	H
1		開館スケジュール						
2								
3		日付	文化センター	北駅前センター				
4		=IF(WEEKDAY($B4,2)=1,"休館日","")						
5								
6								
7								
8								
9		11月6日(土)						
10		11月7日(日)						
11		11月8日(月)						
12		11月9日(火)						
13		11月10日(水)						
14		11月11日(木)						

②セル【C4】に「休館日」と表示されます。

③セル【C4】を選択し、セル右下の■(フィルハンドル)をセル【D4】までドラッグします。

④セル【D4】を「=IF(WEEKDAY($B4,2)=3,"休館日","")」に修正します。

※セル【D4】には何も表示されません。

	A	B	C	D	E	F	G	H
1		開館スケジュール						
2								
3		日付	文化センター	北駅前センター				
4		11月1日(月)	休	=IF(WEEKDAY($B4,2)=3,"休館日","")				
5		11月2日(火)						
6		11月3日(水						
7		11月4日(木						
8		11月5日(金)						
9		11月6日(土)						
10		11月7日(日)						
11		11月8日(月)						
12		11月9日(火)						
13		11月10日(水)						
14		11月11日(木)						

=IF(WEEKDAY($B4,2)=3,"休館日","")

⑤セル範囲【C4:D4】を選択し、セル範囲右下の■(フィルハンドル)をダブルクリックします。

⑥数式がコピーされます。

	A	B	C	D	E	F	G	H
1		開館スケジュール						
2								
3		日付	文化センター	北駅前センター				
4		11月1日(月)	休館日					
5		11月2日(火)						
6		11月3日(水)		休館日				
7		11月4日(木)						
8		11月5日(金)						
9		11月6日(土)						
10		11月7日(日)						
11		11月8日(月)	休館日					
12		11月9日(火)						
13		11月10日(水)		休館日				
14		11月11日(木)						

3-3-3 WORKDAY関数を使って日にちを計算する

解説

■WORKDAY関数

土日や祝日を除いて、開始日から指定した経過日数の日付を求めることができます。

=WORKDAY(開始日, 日数, 祭日)
❶ ❷ ❸

❶開始日

開始日、または、開始日が入力されているセルを指定します。

❷日数

経過日数を指定します。

❸祭日

計算から除く祝日や休業日を、日付やセル範囲で指定します。
省略すると、土日を除いた日付が求められます。

例:
注文日から、土日と祝日を除いた3日後の日付を表示します。

	A	B	C	D	E	F
1				祝日一覧		
2	注文日	2021年4月28日		日付	祝日	
3	納品日	2021年5月7日		2021/1/1	元日	
4		※納品は3営業日後		2021/1/11	成人の日	
5				2021/2/11	建国記念の日	
6				2021/2/23	天皇誕生日	
7				2021/3/20	春分の日	
8				2021/4/29	昭和の日	
9				2021/5/3	憲法記念日	
10				2021/5/4	みどりの日	
11				2021/5/5	こどもの日	
12				2021/7/22	海の日	
13				2021/7/23	スポーツの日	
14				2021/8/8	山の日	
15				2021/8/9	休日	
16				2021/9/20	敬老の日	
17				2021/9/23	秋分の日	
18				2021/11/3	文化の日	
19				2021/11/23	勤労感謝の日	
20						

=WORKDAY(B2,3,D3:D19)

祝休日はセル範囲【D3:D19】を参照する

Lesson 48

ブック「Lesson48」を開いておきましょう。

次の操作を行いましょう。

(1) 関数を使って、ワークシート「請求書」のセル【C8】に、発行日から10営業日後の支払期限を表示してください。土日および祝休日は営業日から除外します。発行日はワークシート「請求書」のセル【F2】、祝休日は名前付き範囲「祝休日一覧」をそれぞれ参照します。

(1)

①ワークシート「**請求書**」のセル【**C8**】に「**=WORKDAY(F2,10,**」と入力します。

②《**数式**》タブ→《**定義された名前**》グループの 数式で使用 (数式で使用)→《**祝休日一覧**》をクリックします。

※「祝休日一覧」と直接入力してもかまいません。

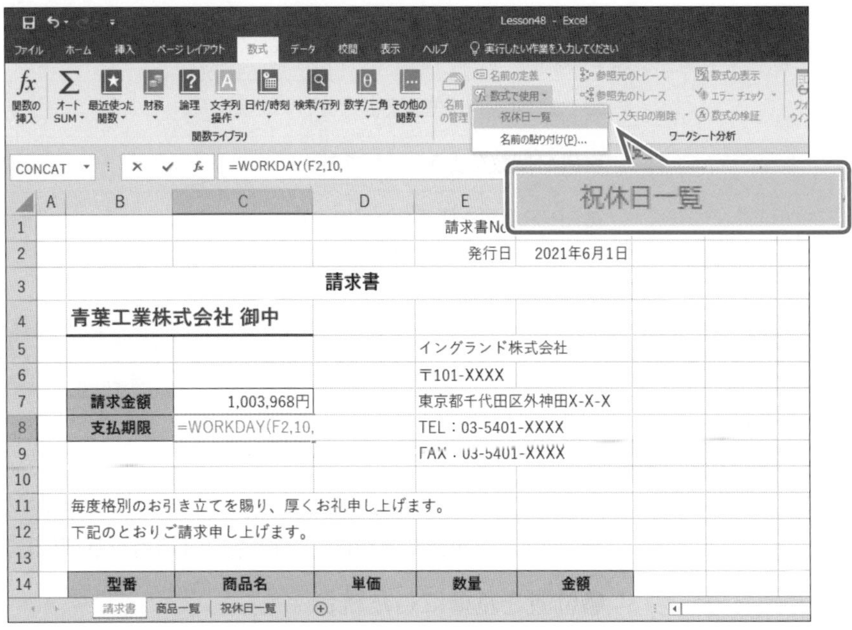

③「**=WORKDAY(F2,10,祝休日一覧**」と表示されます。

④続けて「**)**」を入力します。

⑤数式バーに「**=WORKDAY(F2,10,祝休日一覧)**」と表示されていることを確認します。

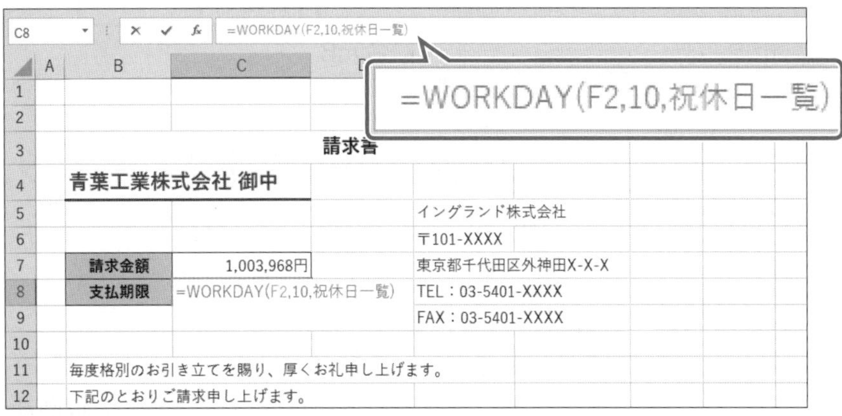

⑥ Enter を押します。

⑦セル【**C8**】に発行日から10営業日後の日付が表示されます。

	A	B	C	D	E	F	G	H
1					請求書No.	20210111		
2					発行日	2021年6月1日		
3				請求書				
4		青葉工業株式会社 御中						
5					イングランド株式会社			
6					〒101-XXXX			
7		請求金額	1,003,968円		東京都千代田区外神田X-X-X			
8		支払期限	2021年6月15日		TEL：03-5401-XXXX			
9					FAX：03-5401-XXXX			
10								
11		毎度格別のお引き立てを賜り、厚くお礼申し上げます。						
12		下記のとおりご請求申し上げます。						

※セル【C8】には、あらかじめ表示形式が設定されています。

3-4 データ分析を行う

理解度チェック　習得すべき機能	参照Lesson	学習前	学習後	試験直前
■データを統合できる。	➡Lesson49 ➡Lesson50	☑	☑	☑
■ゴールシークを使って、最適値を求めることができる。	➡Lesson51	☑	☑	☑
■シナリオを作成できる。	➡Lesson52	☑	☑	☑
■PMT関数を使うことができる。	➡Lesson53	☑	☑	☑
■NPER関数を使うことができる。	➡Lesson54	☑	☑	☑

3-4-1 統合を使って複数のセル範囲のデータを集計する

■データの統合

異なるブックやワークシートの情報をひとつにまとめることを**「統合」**といいます。
統合には、**「位置を基準にした統合」**と**「項目を基準にした統合」**があります。

●位置を基準にした統合

統合するワークシートの項目名の数や並び、位置が一致している場合は、位置を基準に統合します。

統合元A

日本	満足	ふつう	不満	合計
20代	36	33	18	87
30代	45	32	21	98
40代	28	20	10	58
50代	9	10	12	31
合計				

統合元B

アメリカ	満足	ふつう	不満	合計
20代	6	12	15	33
30代	21	28	10	59
40代	28	14	8	50
50代				
合計				

統合元C

中国	満足	ふつう	不満	合計
20代	8	22	15	45
30代	6	18	12	36
40代	8	22	21	51
50代	10	15	9	34
合計	32	77	57	166

統合先

まとめ	満足	ふつう	不満	合計
20代	50	67	48	165
30代	72	78	43	193
40代	64	56	39	159
50代	39	37	29	105
合計	258	271	185	714

●項目を基準にした統合

統合するワークシートの項目名の数や並び、位置が一致していない場合は、項目を基準に統合します。

統合元A

日本	満足	ふつう	少し不満	不満	合計
20代	36	33	12	18	99
30代	45	32	18	21	116
40代	28	20	13	10	71
50代	9	10	8	12	39
60代					
合計					

項目名の数や並び、
位置が異なる

統合元B

アメリカ	満足	ふつう	不満	無回答	合計
50代	20	50	15	2	87
40代	28	44	16	3	91
30代	15	30	8	0	53
20代	6				
合計	69				

統合元C

中国	満足	ふつう	不満	合計
20代	7	23	17	47
30代	12	16	12	40
40代	9	15	9	33
50代	10	24	3	37
60代	11	18	12	41
70代	5	7	6	18
合計	54	103	59	216

統合先

まとめ	満足	ふつう	少し不満	不満	無回答	合計
20代	49	84	12	43	1	189
30代	72	78	18	41	0	209
40代	65	79	13	35	3	195
50代	39	84	8	30	2	163
60代	18	23	4	18		63
70代	5	7		6		18
合計	248	355	55	173	6	831

2019 365 ◆《データ》タブ→《データツール》グループの 統合 (統合)

Lesson 49

ブック「Lesson49」を開いておきましょう。

次の操作を行いましょう。

(1) ワークシート「2018年度」「2019年度」「2020年度」の3つの表を統合して、平均を求める表を作成してください。ワークシート「平均」のセル【C4】を開始位置として作成します。

Lesson 49 Answer

(1)

① ワークシート**「平均」**のセル**【C4】**を選択します。

②**《データ》**タブ→**《データツール》**グループの 統合 (統合)をクリックします。

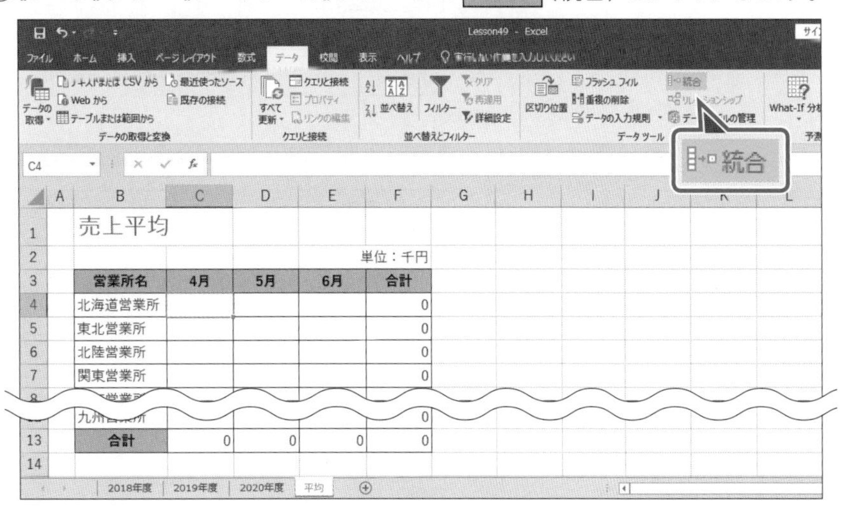

③**《統合の設定》**ダイアログボックスが表示されます。

④**《集計の方法》**の ⌄ をクリックし、一覧から**《平均》**を選択します。

⑤**《統合元範囲》**にカーソルを移動します。

⑥ ワークシート**「2018年度」**のセル範囲**【C4:E12】**を選択します。

⑦**《統合元範囲》**が**「'2018年度'!$C$4:$E$12」**になっていることを確認します。

⑧**《追加》**をクリックします。

統合の設定

❶ 集計の方法(F):
平均

❷ 統合元範囲(R):
'2018年度'!$C$4:$E$12　参照(B)...

❸ 統合元(E):
追加(A)
削除(D)

❹ 統合の基準
☐ 上端行(T)
☐ 左端列(L)
❺ ☐ 統合元データとリンクする(S)

OK　閉じる

Point

《統合の設定》

❶集計の方法
集計の方法を選択します。

❷統合元範囲
統合元のセル範囲を設定します。
位置を基準にした統合では、項目名を含めません。
項目を基準にした統合では、項目名を含めます。

❸統合元
統合元のセル範囲が一覧で表示されます。

❹統合の基準
位置を基準にした統合では、《上端行》と《左端列》を☐にします。
項目を基準にした統合では、項目が上端行か左端列かによって、《上端行》や《左端列》を☑にします。

❺統合元データとリンクする
☑にすると、統合元と統合先にリンクが設定されます。

⑨**《統合元》**に**「'2018年度'!$C$4：$E$12」**が追加されます。
⑩ワークシート**「2019年度」**のシート見出しを選択します。
⑪**《統合元範囲》**が**「'2019年度'!$C$4：$E$12」**になっていることを確認します。
⑫**《追加》**をクリックします。
⑬**《統合元》**に**「'2019年度'!$C$4：$E$12」**が追加されます。
⑭ワークシート**「2020年度」**のシート見出しを選択します。
⑮**《統合元範囲》**が**「'2020年度'!$C$4：$E$12」**になっていることを確認します。
⑯**《追加》**をクリックします。
⑰**《統合元》**に**「'2020年度'!$C$4：$E$12」**が追加されます。
⑱**《上端行》**を☐にします。
⑲**《左端列》**を☐にします。
⑳**《OK》**をクリックします。

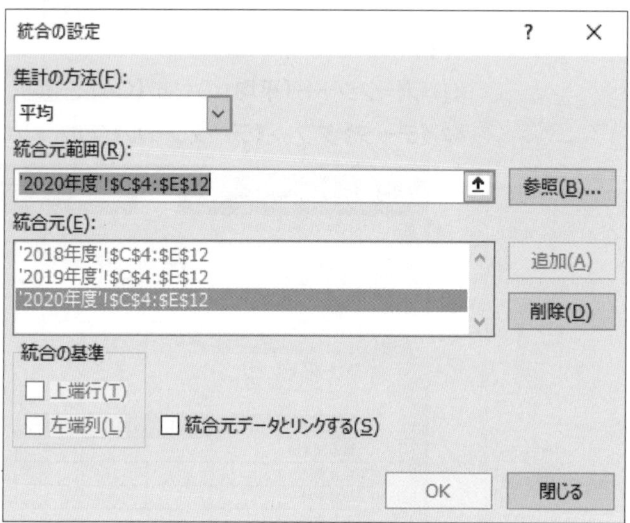

㉑2018年度から2020年度までの表が統合され、平均が表示されます。

	A	B	C	D	E	F	G	H	I	J
1		売上平均								
2						単位：千円				
3		営業所名	4月	5月	6月	合計				
4		北海道営業所	983	1,050	1,000	3,033				
5		東北営業所	750	883	967	2,600				
6		北陸営業所	883	1,017	900	2,800				
7		関東営業所	3,017	2,900	2,500	8,417				
8		東海営業所	2,433	1,900	2,067	6,400				
9		関西営業所	2,383	1,950	2,467	6,800				
10		中国営業所	1,683	1,333	1,233	4,250				
11		四国営業所	1,000	1,017	950	2,967				
12		九州営業所	1,850	1,300	1,333	4,483				
13		合計	14,983	13,350	13,417	41,750				
14										

2018年度 | 2019年度 | 2020年度 | 平均

Lesson 50

ブック「Lesson50」を開いておきましょう。

次の操作を行いましょう。

(1) ワークシート「2018年度」「2019年度」「2020年度」の3つの表を統合して、平均を求める表を作成してください。ワークシート「平均」のセル【B3】を開始位置として作成します。

(1)

①ワークシート**「平均」**のセル**【B3】**を選択します。
②**《データ》**タブ→**《データツール》**グループの[統合](統合)をクリックします。
③**《統合の設定》**ダイアログボックスが表示されます。
④**《集計の方法》**の[∨]をクリックし、一覧から**《平均》**を選択します。
⑤**《統合元範囲》**にカーソルを移動します。
⑥ワークシート**「2018年度」**のセル範囲**【B3：F12】**を選択します。
⑦**《統合元範囲》**が**「'2018年度'!$B$3：$F$12」**になっていることを確認します。
⑧**《追加》**をクリックします。
⑨**《統合元》**に**「'2018年度'!$B$3：$F$12」**が追加されます。
⑩ワークシート**「2019年度」**のセル範囲**【B3：F13】**を選択します。
⑪**《統合元範囲》**が**「'2019年度'!$B$3：$F$13」**になっていることを確認します。
⑫**《追加》**をクリックします。
⑬**《統合元》**に**「'2019年度'!$B$3：$F$13」**が追加されます。
⑭ワークシート**「2020年度」**のセル範囲**【B3：F13】**を選択します。
⑮**《統合元範囲》**が**「'2020年度'!$B$3：$F$13」**になっていることを確認します。
⑯**《追加》**をクリックします。
⑰**《統合元》**に**「'2020年度'!$B$3：$F$13」**が追加されます。
⑱**《上端行》**を☑にします。
⑲**《左端列》**を☑にします。
⑳**《OK》**をクリックします。

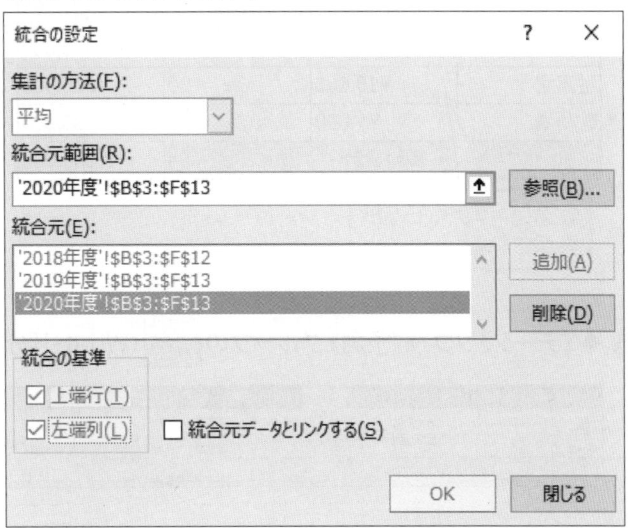

㉑2018年度から2020年度までの表が統合され、平均が表示されます。

	A	B	C	D	E	F
1		売上平均				
2					単位：千円	
3			4月	5月	6月	合計
4		北海道営業所	983	1,050	1,000	3,033
5		東北営業所	750	883	967	2,600
6		北陸営業所	883	1,017	900	2,800
7		関東営業所	3,017	2,900	2,500	8,417
8		東海営業所	2,433	1,900	2,067	6,400
9		関西営業所	2,383	1,950	2,467	6,800
10		中国営業所	1,683	1,333	1,233	4,250
11		四国営業所	1,050	1,025	1,075	3,150
12		九州営業所	1,850	1,300	1,333	4,483
13		合計	14,683	13,017	13,183	40,883
14						

2018年度 | 2019年度 | 2020年度 | 平均

3-4-2 ゴールシークやシナリオの登録と管理を使って、What-If分析を実行する

解説

■ゴールシーク

「ゴールシーク」とは、数式の計算結果（目標値）を先に指定して、その結果を得るために任意のセルを変化させて最適な数値を導き出す機能です。

例：
賃料合計を**「¥3,000,000」**にするには、家賃をいくらにしたらよいか？

賃貸収入試算表			
区分	賃料単価	貸出数	合計
家賃		28	¥0
駐車場	¥15,000	20	¥300,000
駐輪場	¥1,000	30	¥30,000
賃料合計			¥330,000

変化させるセル
数式入力セル

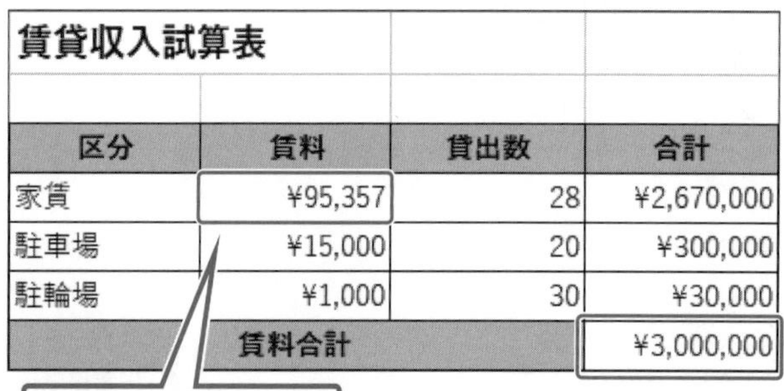

賃貸収入試算表			
区分	賃料	貸出数	合計
家賃	¥95,357	28	¥2,670,000
駐車場	¥15,000	20	¥300,000
駐輪場	¥1,000	30	¥30,000
賃料合計			¥3,000,000

目標値=¥3,000,000
が表示される

最適値=¥95,357が
表示される

2019 365 ◆《データ》タブ→《予測》グループの  (What-If分析)→《ゴールシーク》

Lesson 51

OPEN ブック「Lesson51」を開いておきましょう。

次の操作を行いましょう。

(1) ゴールシークを使って、賃料合計の目標値を「3,000,000」とし、セル【C4】に最適な数値となる家賃を表示してください。

Lesson 51 Answer

(1)

①**《データ》**タブ→**《予測》**グループの(What-If分析)→**《ゴールシーク》**をクリックします。

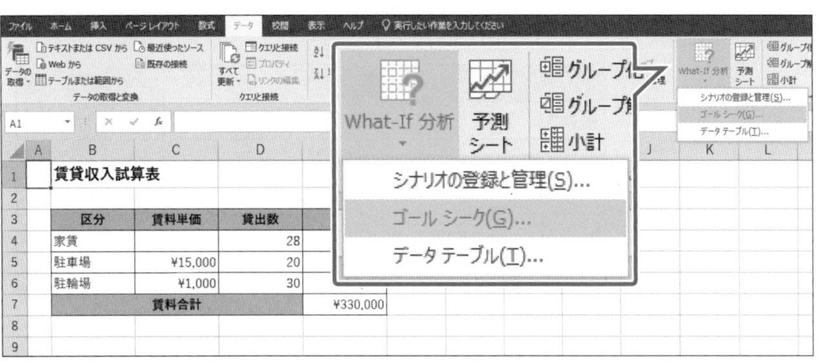

②**《ゴールシーク》**ダイアログボックスが表示されます。

③**《数式入力セル》**が反転表示されていることを確認し、セル**【E7】**を選択します。

④**《数式入力セル》**が**「$E$7」**になっていることを確認します。

⑤**《目標値》**に**「3000000」**と入力します。

⑥**《変化させるセル》**にカーソルを移動し、セル**【C4】**を選択します。

⑦**《変化させるセル》**が**「$C$4」**になっていることを確認します。

⑧**《OK》**をクリックします。

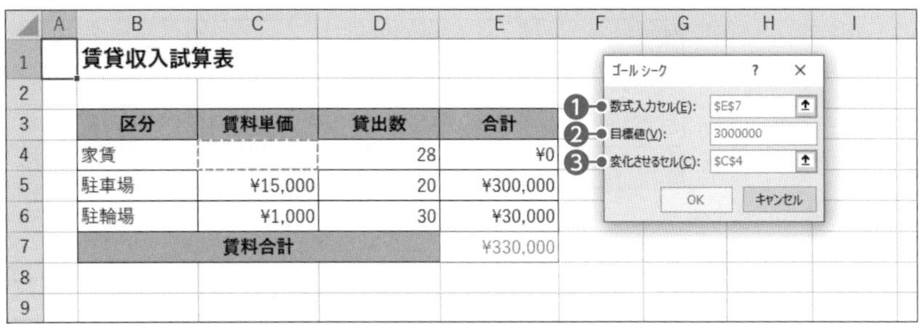

Point

《ゴールシーク》

❶数式入力セル
目標値を求める数式が入力されているセルを設定します。

❷目標値
❶の計算結果の目標値を入力します。

❸変化させるセル
値を変化させるセルを設定します。

⑨**《ゴールシーク》**ダイアログボックスが表示されます。

⑩メッセージを確認し、**《OK》**をクリックします。

	B	C	D	E
1	賃貸収入試算表			
2				
3	区分	賃料単価	貸出数	合計
4	家賃	¥95,357	28	¥2,670,000
5	駐車場	¥15,000	20	¥300,000
6	駐輪場	¥1,000	30	¥30,000
7	賃料合計			¥3,000,000

ゴール シーク
セル E7 の収束値を探索しています。
解答が見つかりました。
目標値: 3000000
現在値: ¥3,000,000
ステップ(S)
一時停止(P)
OK
キャンセル

⑪最適な数値が表示されます。

	B	C	D	E
1	賃貸収入試算表			
2				
3	区分	賃料単価	貸出数	合計
4	家賃	¥95,357	28	¥2,670,000
5	駐車場	¥15,000	20	¥300,000
6	駐輪場	¥1,000	30	¥30,000
7	賃料合計			¥3,000,000

■シナリオの登録と管理

「シナリオ」とは、値の組み合わせのことです。ワークシートの複数のセルに順番に値を代入して、数式の計算結果を比較する場合に使います。

例：3つのマンションの年間支出額を比較する

シナリオ名「物件X」

区分	単価	回数	合計
更新料	¥150,000	1	¥150,000
家賃	¥80,000	12	¥960,000
共益費	¥6,000	12	¥72,000
駐車場	¥15,000	12	¥180,000
合計			¥1,362,000

シナリオ名「物件Y」

区分	単価	回数	合計
更新料	¥180,000	1	¥180,000
家賃	¥75,000	12	¥900,000
共益費	¥5,000	12	¥60,000
駐車場	¥13,000	12	¥156,000
合計			¥1,296,000

シナリオ名「物件Z」

区分	単価	回数	合計
更新料	¥0	1	¥0
家賃	¥83,000	12	¥996,000
共益費	¥7,000	12	¥84,000
駐車場	¥16,000	12	¥192,000
合計			¥1,272,000

2019 365 ◆《データ》タブ→《予測》グループの  (What-If分析)→《シナリオの登録と管理》

Lesson 52

OPEN ブック「Lesson52」を開いておきましょう。

次の操作を行いましょう。

(1) 次のような3つのシナリオを登録してください。

シナリオ名「物件X」

更新料「150,000」、家賃「80,000」、共益費「6,000」、駐車場「15,000」

シナリオ名「物件Y」

更新料「180,000」、家賃「75,000」、共益費「5,000」、駐車場「13,000」

シナリオ名「物件Z」

更新料「0」、家賃「83,000」、共益費「7,000」、駐車場「16,000」

(2) 登録した3つのシナリオを順番に表示してください。

(3) 登録した3つのシナリオをもとに、セル【E8】の「合計」を比較するシナリオ情報レポートを作成してください。

(1)

①《**データ**》タブ→《**予測**》グループの (What-If分析) →《**シナリオの登録と管理**》をクリックします。

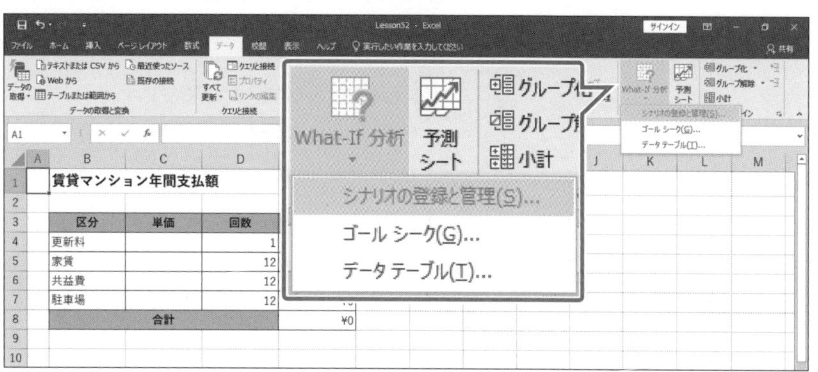

②《**シナリオの登録と管理**》ダイアログボックスが表示されます。

③《**追加**》をクリックします。

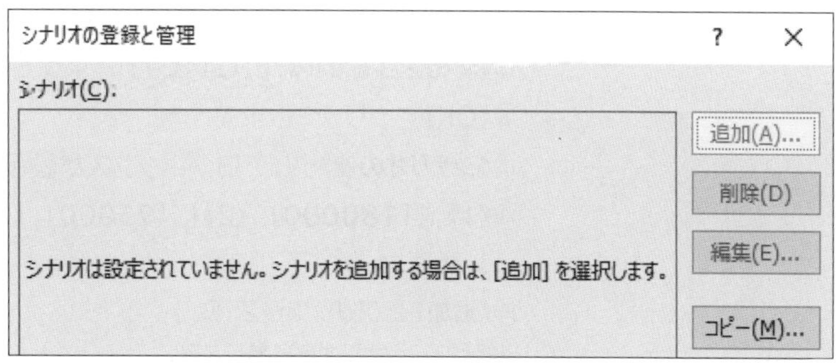

④《**シナリオの追加**》ダイアログボックスが表示されます。

⑤《**シナリオ名**》に「**物件X**」と入力します。

⑥《**変化させるセル**》にカーソルを移動し、セル範囲【**C4:C7**】を選択します。

⑦《**変化させるセル**》が「**$C$4:$C$7**」になっていることを確認します。

※ダイアログボックス名が《シナリオの編集》ダイアログボックスになります。

⑧《**OK**》をクリックします。

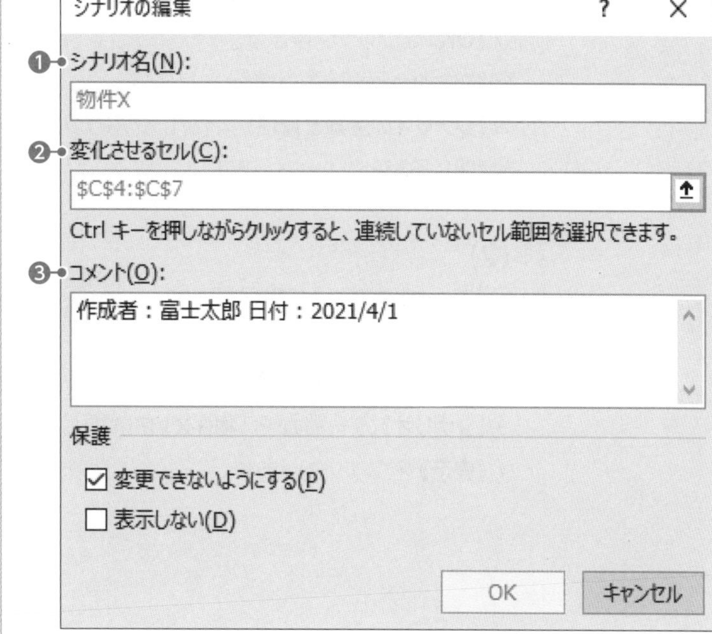

Point

《シナリオの編集》

❶シナリオ名
シナリオ名を入力します。

❷変化させるセル
値を変化させるセルを設定します。

❸コメント
シナリオの説明を入力します。自動的に作成者と日付が表示されます。

⑨**《シナリオの値》**ダイアログボックスが表示されます。

⑩**《1》**に**「150000」**、**《2》**に**「80000」**、**《3》**に**「6000」**、**《4》**に**「15000」**と入力します。

⑪**《追加》**をクリックします。

※続けて、シナリオを登録します。

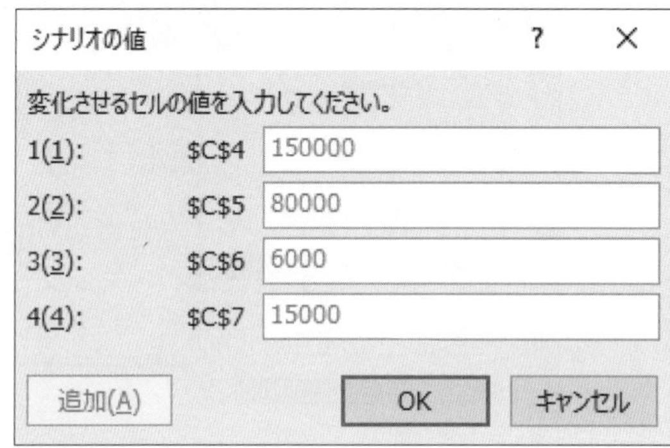

⑫物件Xのシナリオが登録されます。

⑬**《シナリオの追加》**ダイアログボックスが表示されます。

⑭**《シナリオ名》**に**「物件Y」**と入力します。

⑮**《変化させるセル》**が**「C4：C7」**になっていることを確認します。

⑯**《OK》**をクリックします。

⑰**《シナリオの値》**ダイアログボックスが表示されます。

⑱**《1》**に**「180000」**、**《2》**に**「75000」**、**《3》**に**「5000」**、**《4》**に**「13000」**と入力します。

⑲**《追加》**をクリックします。

※続けて、シナリオを登録します。

⑳物件Yのシナリオが登録されます。

㉑**《シナリオの追加》**ダイアログボックスが表示されます。

㉒**《シナリオ名》**に**「物件Z」**と入力します。

㉓**《変化させるセル》**が**「C4：C7」**になっていることを確認します。

㉔**《OK》**をクリックします。

㉕**《シナリオの値》**ダイアログボックスが表示されます。

㉖**《1》**に**「0」**、**《2》**に**「83000」**、**《3》**に**「7000」**、**《4》**に**「16000」**と入力します。

㉗**《OK》**をクリックします。

㉘物件Zのシナリオが登録されます。

㉙**《シナリオの登録と管理》**ダイアログボックスに戻ります。

㉚**《閉じる》**をクリックします。

(2)

①**《データ》**タブ→**《予測》**グループの（What-If分析）→**《シナリオの登録と管理》**をクリックします。

②**《シナリオの登録と管理》**ダイアログボックスが表示されます。

③**《シナリオ》**の一覧から**「物件X」**を選択します。

④**《表示》**をクリックします。

⑤セル範囲【C4:C7】に値が代入され、計算結果が表示されます。

賃貸マンション年間支払額

区分	単価	回数	合計
更新料	¥150,000	1	¥150,000
家賃	¥80,000	12	¥960,000
共益費	¥6,000	12	¥72,000
駐車場	¥15,000	12	¥180,000
合計			¥1,362,000

シナリオの登録と管理
シナリオ(C):
物件X
物件Y
物件Z
追加(A)... ❶
削除(D) ❷
編集(E)... ❸
コピー(M)... ❹
情報(U)... ❺
変化させるセル: $C$4:$C$7
コメント: 作成者:富士太郎 日付:2021/4/1
表示(S) ❻
閉じる

⑥同様に、シナリオ**「物件Y」**と**「物件Z」**を表示します。

⑦**《閉じる》**をクリックします。

Point

《シナリオの登録と管理》

❶追加
シナリオを登録します。

❷削除
シナリオを削除します。

❸編集
シナリオを編集します。

❹コピー
別のブックや別のワークシートのシナリオをコピーして結合します。

❺情報
複数のシナリオの結果を別のワークシートに表示したり、ピボットテーブルとして表示したりします。

❻表示
登録したシナリオの値をワークシートに表示します。

(3)

①**《データ》**タブ→**《予測》**グループの (What-If分析)→**《シナリオの登録と管理》**をクリックします。

②**《シナリオの登録と管理》**ダイアログボックスが表示されます。

③**《情報》**をクリックします。

④**《シナリオの情報》**ダイアログボックスが表示されます。

⑤**《シナリオの情報》**を◉にします。

⑥**《結果を出力するセル》**が**「E8」**になっていることを確認します。

⑦**《OK》**をクリックします。

賃貸マンション年間支払額

区分	単価	回数	合計
更新料	¥0	1	¥0
家賃	¥83,000	12	¥996,000
共益費	¥7,000	12	¥84,000
駐車場	¥16,000	12	¥192,000
合計			¥1,272,000

シナリオの情報
レポートの種類
◉シナリオの情報(S)
○シナリオ ピボットテーブル レポート(P)
結果を出力するセル(R):
E8
OK
キャンセル

⑧新しいワークシート**「シナリオ情報」**にシナリオ情報レポートが作成されます。

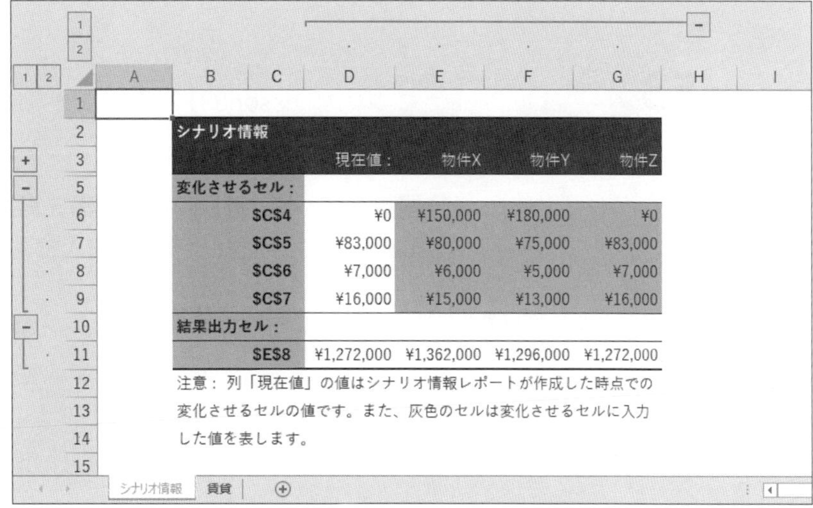

シナリオ情報

	現在値:	物件X	物件Y	物件Z
変化させるセル:				
$C$4	¥0	¥150,000	¥180,000	¥0
$C$5	¥83,000	¥80,000	¥75,000	¥83,000
$C$6	¥7,000	¥6,000	¥5,000	¥7,000
$C$7	¥16,000	¥15,000	¥13,000	¥16,000
結果出力セル:				
$E$8	¥1,272,000	¥1,362,000	¥1,296,000	¥1,272,000

注意:列「現在値」の値はシナリオ情報レポートが作成した時点での変化させるセルの値です。また、灰色のセルは変化させるセルに入力した値を表します。

3-4-3 PMT関数を使って財務データを計算する

 解説

■ PMT関数

指定された利率と期間で定期的な返済（ローン）や貯蓄をする場合の定期支払額を求めることができます。

=PMT（利率, 期間, 現在価値, 将来価値, 支払期日）
❶ 利率　❷ 期間　❸ 現在価値　❹ 将来価値　❺ 支払期日

❶利率

一定の利率を指定します。

❷期間

返済回数、または、預入回数を指定します。

※❶と❷は、時間の単位を一致させます。

❸現在価値

返済（ローン）の場合は借入金、貯蓄の場合は頭金を指定します。

❹将来価値

返済（ローン）の場合は支払いが終わったあとの残高、貯蓄の場合は最終的な目標金額を指定します。ローンを完済する場合は**「0」**を指定します。
「0」は省略できます。

❺支払期日

返済する期日、または、預入する期日を指定します。期末の場合は**「0」**、期首の場合は**「1」**を指定します。
「0」は省略できます。

例：
=PMT（5%/12,12,100000,0,0）
10万円を、年利5%で1年間（12か月）借り入れた場合の毎月の返済金額を求めます。

■ 利率と期間

利率と期間は、定期支払額の時間の単位と一致させます。定期支払額が月払いのときは、利率を月利、期間を月数で指定します。
利率が年利のときは**「年利÷12」**で月利に換算し、期間が年数のときは**「年数×12」**で月数に換算します。

Lesson 53

ブック「Lesson53」を開いておきましょう。

次の操作を行いましょう。

(1) 関数を使って、毎月の返済金額を算出して、返済金額一覧の表を完成させてください。年利、支払日、借入金、返済期間はセルを参照します。

Lesson 53 Answer

(1)

①セル【D8】に「=PMT($D$2/12,$B8,D$6,0,$D$3)」と入力します。

※年利を月利に換算するため、12で割ります。

※数式をコピーするため、年利は常に同じセルを参照するよう絶対参照、返済期間は常に同じ列を、借入金は常に同じ行を参照するように複合参照、支払日は常に同じセルを参照するように絶対参照にします。

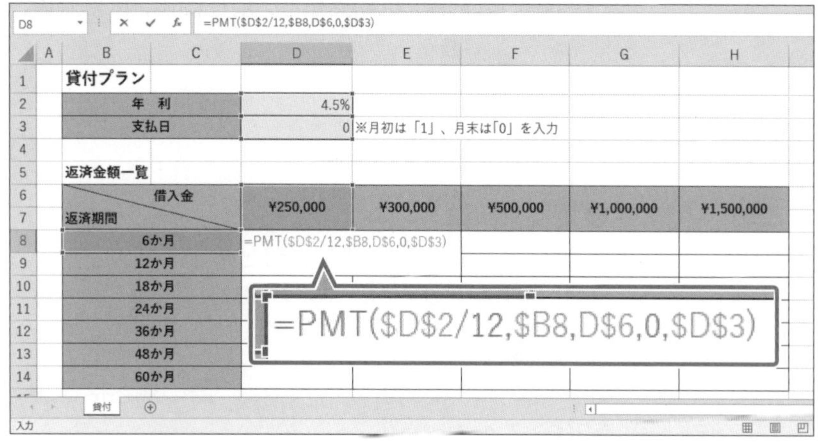

②セル【D8】に返済金額が表示されます。

※PMT関数を入力すると、表示形式が自動的に通貨に設定され、「－(マイナス)」の値は赤字で表示されます。

③セル【D8】を選択し、セル右下の■(フィルハンドル)をダブルクリックします。

④セル範囲【D8:D14】を選択し、セル範囲右下の■(フィルハンドル)をセル【H14】までドラッグします。

⑤数式がコピーされます。

貸付プラン

年　利	4.5%	
支払日	0	※月初は「1」、月末は「0」を入力

返済金額一覧

返済期間＼借入金	¥250,000	¥300,000	¥500,000	¥1,000,000	¥1,500,000
6か月	¥-42,215	¥-50,658	¥-84,430	¥-168,861	¥-253,291
12か月	¥-21,345	¥-25,614	¥-42,689	¥-85,379	¥-128,068
18か月	¥-14,389	¥-17,267	¥-28,778	¥-57,556	¥-86,334
24か月	¥-10,912	¥-13,094	¥-21,824	¥-43,648	¥-65,472
36か月	¥-7,437	¥-8,924	¥-14,873	¥-29,747	¥-44,620
48か月	¥-5,701	¥-6,841	¥-11,402	¥-22,803	¥-34,205
60か月	¥-4,661	¥-5,593	¥-9,322	¥-18,643	¥-27,965

貸付　準備完了

Point

財務関数の符号

財務関数では、受取分(手元に入る金額)は「＋(プラス)」、支払分(手元から出る金額)は「－(マイナス)」で表示されます。

3-4-4 NPER関数を使ってデータを予測する

解説

■NPER関数

指定された利率と金額で定期的な返済（ローン）や貯蓄をする場合に、目標金額に到達するまでの返済回数や預入回数を求めます。

＝NPER（利率，定期支払額，現在価値，将来価値，支払期日）
　　　　❶　　❷　　　❸　　　❹　　　❺

❶利率

一定の利率を指定します。

❷定期支払額

定期的な返済金額や預入金額を指定します。

※❶と❷は、時間の単位を一致させます。

❸現在価値

返済（ローン）の場合は借入金、貯蓄の場合は頭金を指定します。

❹将来価値

返済（ローン）の場合は支払いが終わったあとの残高、貯蓄の場合は最終的な目標金額を指定します。ローンを完済する場合は「**0**」を指定します。

「**0**」は省略できます。

❺支払期日

返済する期日、または、預入する期日を指定します。期末の場合は「**0**」、期首の場合は「**1**」を指定します。「**0**」は省略できます。

例：

＝NPER（5%/12,－5000,100000,0,0）

10万円を年利5%で借り入れて、毎月5,000円ずつ返済していく場合の返済回数を求めます。

※年利を月利に換算するため12で割ります。

Lesson 54

ブック「Lesson54」を開いておきましょう。

Hint

小数点以下を切り上げるには、ROUNDUP関数を使います。

次の操作を行いましょう。

(1) 関数を使って、借入金と毎月の返済金額に対する返済回数を求めてください。返済回数は、小数点以下第1位で切り上げて表示します。年利、毎月の返済金額、借入金、支払日はセルを参照します。

Lesson 54 Answer

Point

ROUNDUP関数

数値を指定した桁数で切り上げます。

=ROUNDUP(数値,桁数)

例：
=ROUNDUP(1234.56,1)
→1234.6
=ROUNDUP(1234.56,0)
→1235
=ROUNDUP(1234.56,−1)
→1240

(1)

①セル【D8】に「=ROUNDUP(NPER($D$2/12,D$6,$B8,0,$D$3),0)」と入力します。

※年利を月利に換算するため、12で割ります。

※数式をコピーするため、年利は常に同じセルを参照するように絶対参照、毎月の返済金額は常に同じ行を、借入金は常に同じ列を参照するように複合参照、支払日は常に同じセルを参照するように絶対参照にします。

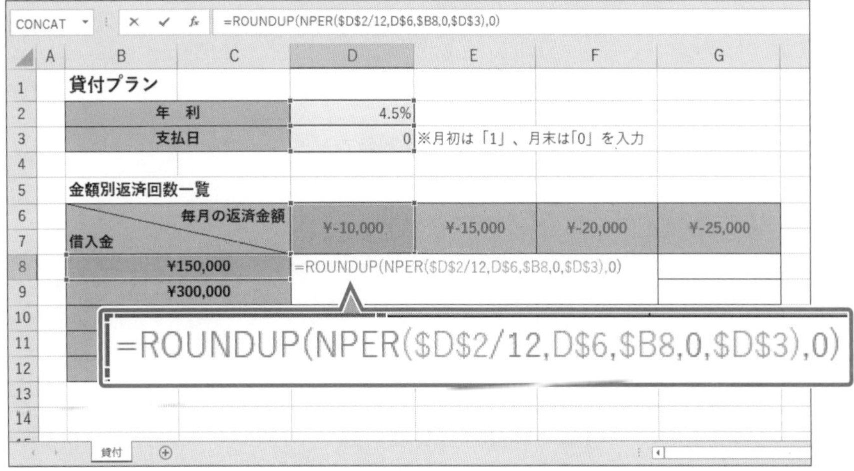

②セル【D8】に返済回数が表示されます。

③セル【D8】を選択し、セル右下の■（フィルハンドル）をダブルクリックします。

④セル範囲【D8：D12】を選択し、セル範囲右下の■（フィルハンドル）をセル【G12】までドラッグします。

⑤数式がコピーされます。

	A	B	C	D	E	F	G
1		貸付プラン					
2		年　利		4.5%			
3		支払日		0	※月初は「1」、月末は「0」を入力		
4							
5		金額別返済回数一覧					
6–7		借入金 ＼ 毎月の返済金額		¥-10,000	¥-15,000	¥-20,000	¥-25,000
8		¥150,000		16	11	8	7
9		¥300,000		32	21	16	13
10		¥500,000		56	36	27	21
11		¥800,000		96	60	44	35
12		¥1,000,000		126	77	56	44
13							
14							

3-5 数式のトラブルシューティングを行う

理解度チェック

習得すべき機能	参照Lesson	学習前	学習後	試験直前
■数式の参照元や参照先をトレースできる。	➡Lesson55	☑	☑	☑
■数式のエラーをチェックし、対処できる。	➡Lesson56	☑	☑	☑
■エラーチェックルールを設定できる。	➡Lesson57	☑	☑	☑
■数式を検証できる。	➡Lesson58	☑	☑	☑
■ウォッチウィンドウを利用できる。	➡Lesson59	☑	☑	☑

3-5-1 参照元、参照先をトレースする

解説

■トレース

「トレース」を使うと、数式と数式のもとになっているセルの参照関係を確認できます。参照元や参照先のセルをトレース矢印で視覚的に表示できるため、数式が正しいセルを参照しているかを確認したり、エラーの原因を調べたりするのに便利です。

■参照元のトレース

アクティブセルの数式が参照しているセル（参照元）を検出します。参照元からアクティブセルに向かってトレース矢印が引かれます。

支店	第1四半期	第2四半期	第3四半期	第4四半期	年間合計
北海道支店	49,200	42,800	41,800	39,600	173,400
東北支店	130,800	112,800	128,500	96,500	468,600
関東支店	311,500	287,500	288,500	159,600	1,047,100
合計	491,500	443,100	458,800	295,700	1,689,100

■参照先のトレース

アクティブセルを参照している数式（参照先）を検出します。アクティブセルから参照先に向かってトレース矢印が引かれます。

支店	第1四半期	第2四半期	第3四半期	第4四半期	年間合計
北海道支店	49,200	42,800	41,800	39,600	173,400
東北支店	130,800	112,800	128,500	96,500	468,600
関東支店	311,500	287,500	288,500	159,600	1,047,100
合計	491,500	443,100	458,800	295,700	1,689,100

2019 365 ◆《数式》タブ→《ワークシート分析》グループの 参照元のトレース （参照元のトレース）／ 参照先のトレース （参照先のトレース）

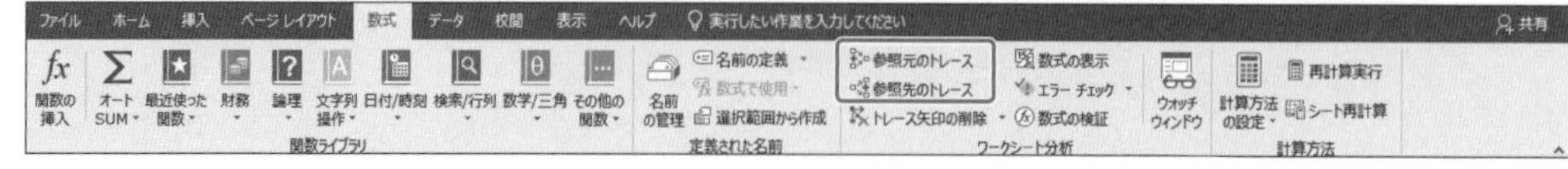

Lesson 55

ブック「Lesson55」を開いておきましょう。

Hint

トレース矢印を削除するには、《数式》タブ→《ワークシート分析》グループの トレース矢印の削除 (すべてのトレース矢印を削除) を使います。

次の操作を行いましょう。

(1) セル【I17】のすべての参照元をトレースしてください。
(2) トレース矢印をすべて削除してください。
(3) セル【D3】のすべての参照先をトレースしてください。

Lesson 55 Answer

(1)

① セル**【I17】**を選択します。

② **《数式》**タブ→**《ワークシート分析》**グループの 参照元のトレース (参照元のトレース) を4回クリックします。

※新しいトレース矢印が表示されなくなるまで繰り返しクリックします。

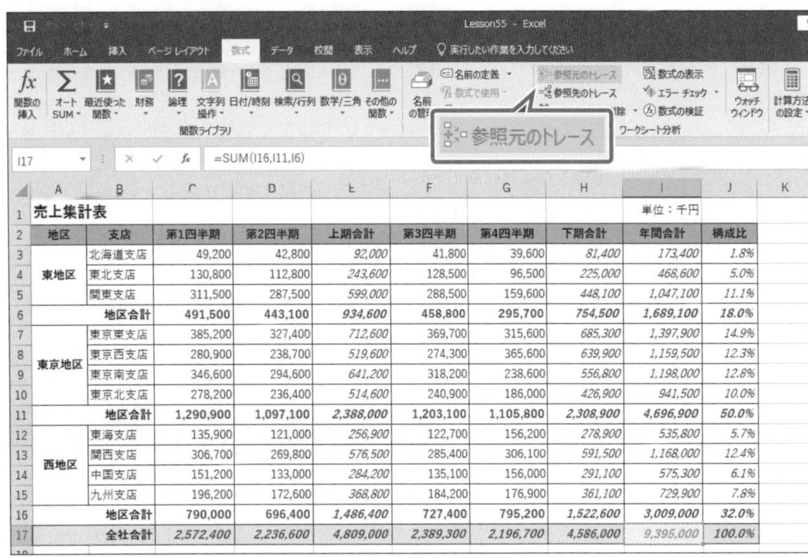

	A	B	C	D	E	F	G	H	I	J
1	売上集計表								単位：千円	
2	地区	支店	第1四半期	第2四半期	上期合計	第3四半期	第4四半期	下期合計	年間合計	構成比
3	東地区	北海道支店	49,200	42,800	92,000	41,800	39,600	81,400	173,400	1.8%
4		東北支店	130,800	112,800	243,600	128,500	96,500	225,000	468,600	5.0%
5		関東支店	311,500	287,500	599,000	288,500	159,600	448,100	1,047,100	11.1%
6		地区合計	491,500	443,100	934,600	458,800	295,700	754,500	1,689,100	18.0%
7	東京地区	東京東支店	385,200	327,400	712,600	369,700	315,600	685,300	1,397,900	14.9%
8		東京西支店	280,900	238,700	519,600	274,300	365,600	639,900	1,159,500	12.3%
9		東京南支店	346,600	294,600	641,200	318,200	238,600	556,800	1,198,000	12.8%
10		東京北支店	278,200	236,400	514,600	240,900	186,000	426,900	941,500	10.0%
11		地区合計	1,290,900	1,097,100	2,388,000	1,203,100	1,105,800	2,308,900	4,696,900	50.0%
12	西地区	東海支店	135,900	121,000	256,900	122,700	156,200	278,900	535,800	5.7%
13		関西支店	306,700	269,800	576,500	285,400	306,100	591,500	1,168,000	12.4%
14		中国支店	151,200	133,000	284,200	135,100	156,000	291,100	575,300	6.1%
15		九州支店	196,200	172,600	368,800	184,200	176,900	361,100	729,900	7.8%
16		地区合計	790,000	696,400	1,486,400	727,400	795,200	1,522,600	3,009,000	32.0%
17		全社合計	2,572,400	2,236,600	4,809,000	2,389,300	2,196,700	4,586,000	9,395,000	100.0%

③ トレース矢印が表示されます。

	A	B	C	D	E	F	G	H	I	J
1	売上集計表								単位：千円	
2	地区	支店	第1四半期	第2四半期	上期合計	第3四半期	第4四半期	下期合計	年間合計	構成比
3	東地区	北海道支店	49,200	42,800	92,000	41,800	39,600	81,400	173,400	1.8%
4		東北支店	130,800	112,800	243,600	128,500	96,500	225,000	468,600	5.0%
5		関東支店	311,500	287,500	599,000	288,500	159,600	448,100	1,047,100	11.1%
6		地区合計	491,500	443,100	934,600	458,800	295,700	754,500	1,689,100	18.0%
7	東京地区	東京東支店	385,200	327,400	712,600	369,700	315,600	685,300	1,397,900	14.9%
8		東京西支店	280,900	238,700	519,600	274,300	365,600	639,900	1,159,500	12.3%
9		東京南支店	346,600	294,600	641,200	318,200	238,600	556,800	1,198,000	12.8%
10		東京北支店	278,200	236,400	514,600	240,900	186,000	426,900	941,500	10.0%
11		地区合計	1,290,900	1,097,100	2,388,000	1,203,100	1,105,800	2,308,900	4,696,900	50.0%
12	西地区	東海支店	135,900	121,000	256,900	122,700	156,200	278,900	535,800	5.7%
13		関西支店	306,700	269,800	576,500	285,400	306,100	591,500	1,168,000	12.4%
14		中国支店	151,200	133,000	284,200	135,100	156,000	291,100	575,300	6.1%
15		九州支店	196,200	172,600	368,800	184,200	176,900	361,100	729,900	7.8%
16		地区合計	790,000	696,400	1,486,400	727,400	795,200	1,522,600	3,009,000	32.0%
17		全社合計	2,572,400	2,236,600	4,809,000	2,389,300	2,196,700	4,586,000	9,395,000	100.0%

(2)

①《**数式**》タブ→《**ワークシート分析**》グループの トレース矢印の削除 （すべてのトレース矢印を削除）をクリックします。

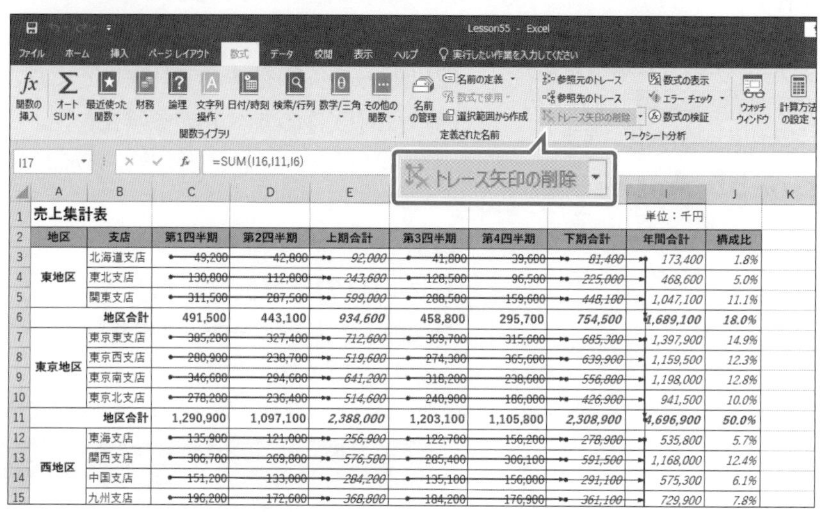

売上集計表									単位：千円
地区	支店	第1四半期	第2四半期	上期合計	第3四半期	第4四半期	下期合計	年間合計	構成比
東地区	北海道支店	49,200	42,800	92,000	41,800	39,600	81,400	173,400	1.8%
	東北支店	130,800	112,800	243,600	128,500	96,500	225,000	468,600	5.0%
	関東支店	311,500	287,500	599,000	288,500	159,600	448,100	1,047,100	11.1%
	地区合計	491,500	443,100	934,600	458,800	295,700	754,500	1,689,100	18.0%
東京地区	東京東支店	385,200	327,400	712,600	369,700	315,600	685,300	1,397,900	14.9%
	東京西支店	280,900	238,700	519,600	274,300	365,600	639,900	1,159,500	12.3%
	東京南支店	346,600	294,600	641,200	318,200	238,600	556,800	1,198,000	12.8%
	東京北支店	278,200	236,400	514,600	240,900	186,000	426,900	941,500	10.0%
	地区合計	1,290,900	1,097,100	2,388,000	1,203,100	1,105,800	2,308,900	4,696,900	50.0%
西地区	東海支店	135,900	121,000	256,900	122,700	156,200	278,900	535,800	5.7%
	関西支店	306,700	269,800	576,500	285,400	306,100	591,500	1,168,000	12.4%
	中国支店	151,200	133,000	284,200	135,100	156,000	291,100	575,300	6.1%
	九州支店	196,200	172,600	368,800	184,200	176,900	361,100	729,900	7.8%

②すべてのトレース矢印が削除されます。

(3)

①セル【**D3**】を選択します。

②《**数式**》タブ→《**ワークシート分析**》グループの 参照先のトレース （参照先のトレース）を5回クリックします。

※新しいトレース矢印が表示されなくなるまで繰り返しクリックします。

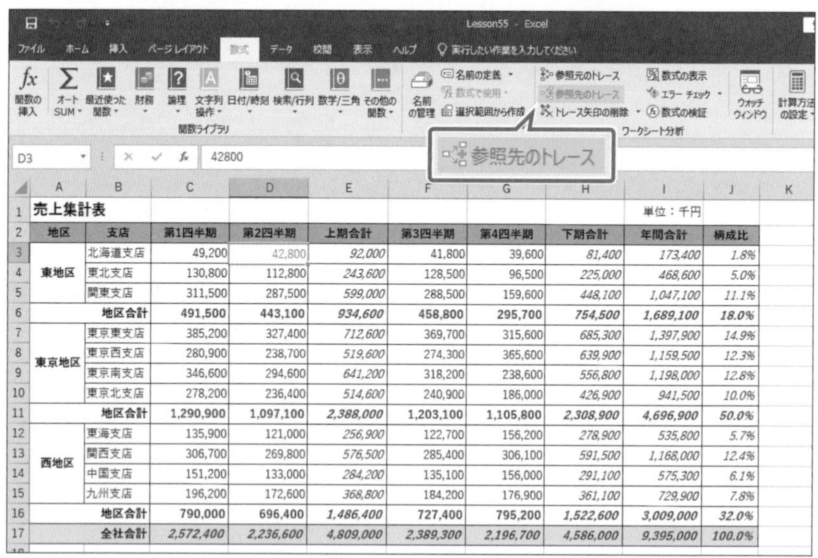

売上集計表									単位：千円
地区	支店	第1四半期	第2四半期	上期合計	第3四半期	第4四半期	下期合計	年間合計	構成比
東地区	北海道支店	49,200	42,800	92,000	41,800	39,600	81,400	173,400	1.8%
	東北支店	130,800	112,800	243,600	128,500	96,500	225,000	468,600	5.0%
	関東支店	311,500	287,500	599,000	288,500	159,600	448,100	1,047,100	11.1%
	地区合計	491,500	443,100	934,600	458,800	295,700	754,500	1,689,100	18.0%
東京地区	東京東支店	385,200	327,400	712,600	369,700	315,600	685,300	1,397,900	14.9%
	東京西支店	280,900	238,700	519,600	274,300	365,600	639,900	1,159,500	12.3%
	東京南支店	346,600	294,600	641,200	318,200	238,600	556,800	1,198,000	12.8%
	東京北支店	278,200	236,400	514,600	240,900	186,000	426,900	941,500	10.0%
	地区合計	1,290,900	1,097,100	2,388,000	1,203,100	1,105,800	2,308,900	4,696,900	50.0%
西地区	東海支店	135,900	121,000	256,900	122,700	156,200	278,900	535,800	5.7%
	関西支店	306,700	269,800	576,500	285,400	306,100	591,500	1,168,000	12.4%
	中国支店	151,200	133,000	284,200	135,100	156,000	291,100	575,300	6.1%
	九州支店	196,200	172,600	368,800	184,200	176,900	361,100	729,900	7.8%
	地区合計	790,000	696,400	1,486,400	727,400	795,200	1,522,600	3,009,000	32.0%
	全社合計	2,572,400	2,236,600	4,809,000	2,389,300	2,196,700	4,586,000	9,395,000	100.0%

③トレース矢印が表示されます。

売上集計表									単位：千円
地区	支店	第1四半期	第2四半期	上期合計	第3四半期	第4四半期	下期合計	年間合計	構成比
東地区	北海道支店	49,200	42,800	92,000	41,800	39,600	81,400	173,400	1.8%
	東北支店	130,800	112,800	243,600	128,500	96,500	225,000	468,600	5.0%
	関東支店	311,500	287,500	599,000	288,500	159,600	448,100	1,047,100	11.1%
	地区合計	491,500	443,100	934,600	458,800	295,700	754,500	1,689,100	18.0%
東京地区	東京東支店	385,200	327,400	712,600	369,700	315,600	685,300	1,397,900	14.9%
	東京西支店	280,900	238,700	519,600	274,300	365,600	639,900	1,159,500	12.3%
	東京南支店	346,600	294,600	641,200	318,200	238,600	556,800	1,198,000	12.8%
	東京北支店	278,200	236,400	514,600	240,900	186,000	426,900	941,500	10.0%
	地区合計	1,290,900	1,097,100	2,388,000	1,203,100	1,105,800	2,308,900	4,696,900	50.0%
西地区	東海支店	135,900	121,000	256,900	122,700	156,200	278,900	535,800	5.7%
	関西支店	306,700	269,800	576,500	285,400	306,100	591,500	1,168,000	12.4%
	中国支店	151,200	133,000	284,200	135,100	156,000	291,100	575,300	6.1%
	九州支店	196,200	172,600	368,800	184,200	176,900	361,100	729,900	7.8%
	地区合計	790,000	696,400	1,486,400	727,400	795,200	1,522,600	3,009,000	32.0%
	全社合計	2,572,400	2,236,600	4,809,000	2,389,300	2,196,700	4,586,000	9,395,000	100.0%

3-5-2 エラーチェックルールを使って数式をチェックする

■エラーインジケータとエラーチェックオプション

数式にエラーがあるかもしれない場合、数式を入力したセルに (エラーインジケータ) が表示されます。エラーインジケータが表示されているセルを選択すると (エラーチェックオプション) が表示されます。 (エラーチェックオプション) をポイントするとエラーの内容を、クリックするとエラーの対処方法を選択できます。

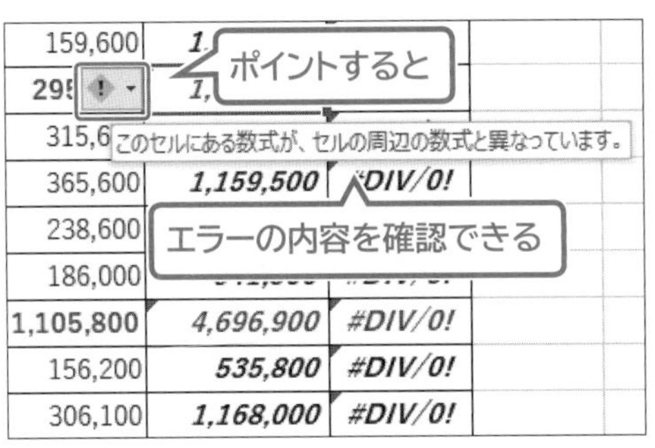

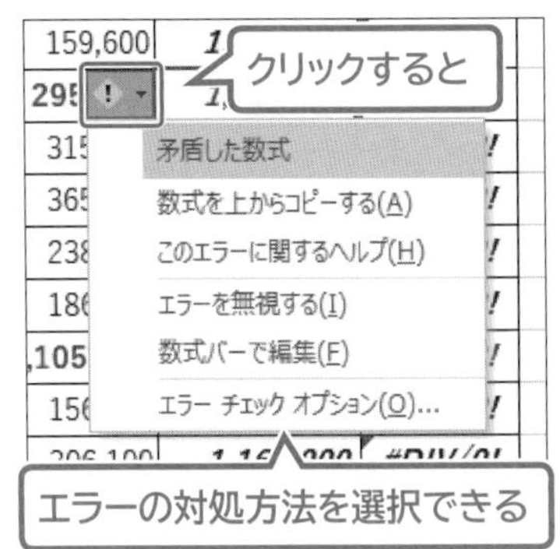

■エラーチェック

「エラーチェック」を使うと、ワークシート上のエラーが含まれるセルを探して、エラーの内容を表示したり、エラーに対処したりできます。

2019 365 ◆《数式》タブ→《ワークシート分析》グループの エラー チェック (エラーチェック)

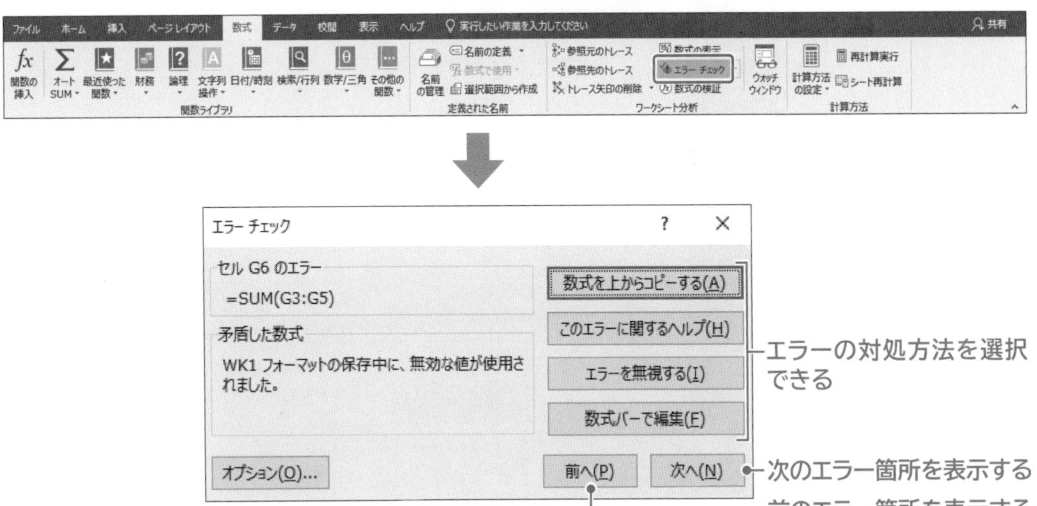

■エラーのトレース

数式の結果としてエラー値が表示されている場合、そのセルを選択して実行すると、数式の参照元となっているセルに向かってトレース矢印が引かれます。数式のエラーの原因が見つけやすくなります。

2019 365 ◆《数式》タブ→《ワークシート分析》グループの エラー チェック (エラーチェック)の →《エラーのトレース》

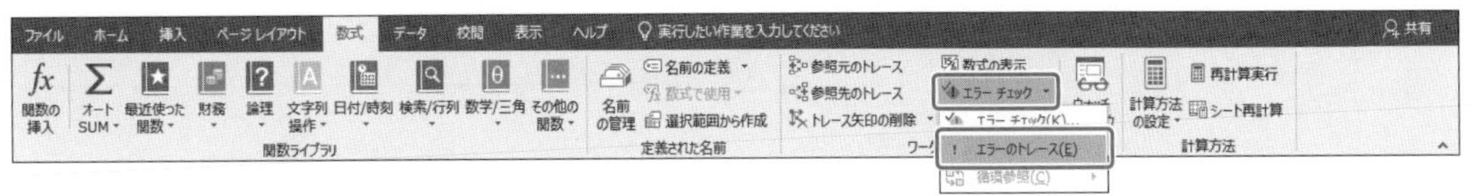

■エラー値

数式がエラーのとき、計算結果としてエラー値が表示されます。

エラー値	説明
#DIV/0!	0または空白を除数にしている。
#N/A	必要な値が入力されていない。
#NAME?	認識できない文字列が使用されている。
#NUM!	引数が不適切であるか、計算結果が処理できない値である。
#NULL!	「:(コロン)」や「,(カンマ)」などが不適切である。
#REF!	セル参照が無効である。
#VALUE!	引数が不適切である。

■エラーチェックルールの設定

Excelが自動的に行うエラーチェックは、Excelにあらかじめ設定されている**「エラーチェックルール」**に基づいて行われます。
ユーザーがエラーチェックルールを厳格にしたり緩和したり、設定を変更したりすることもできます。

2019 365 ◆《ファイル》タブ→《オプション》→《数式》→《エラーチェックルール》

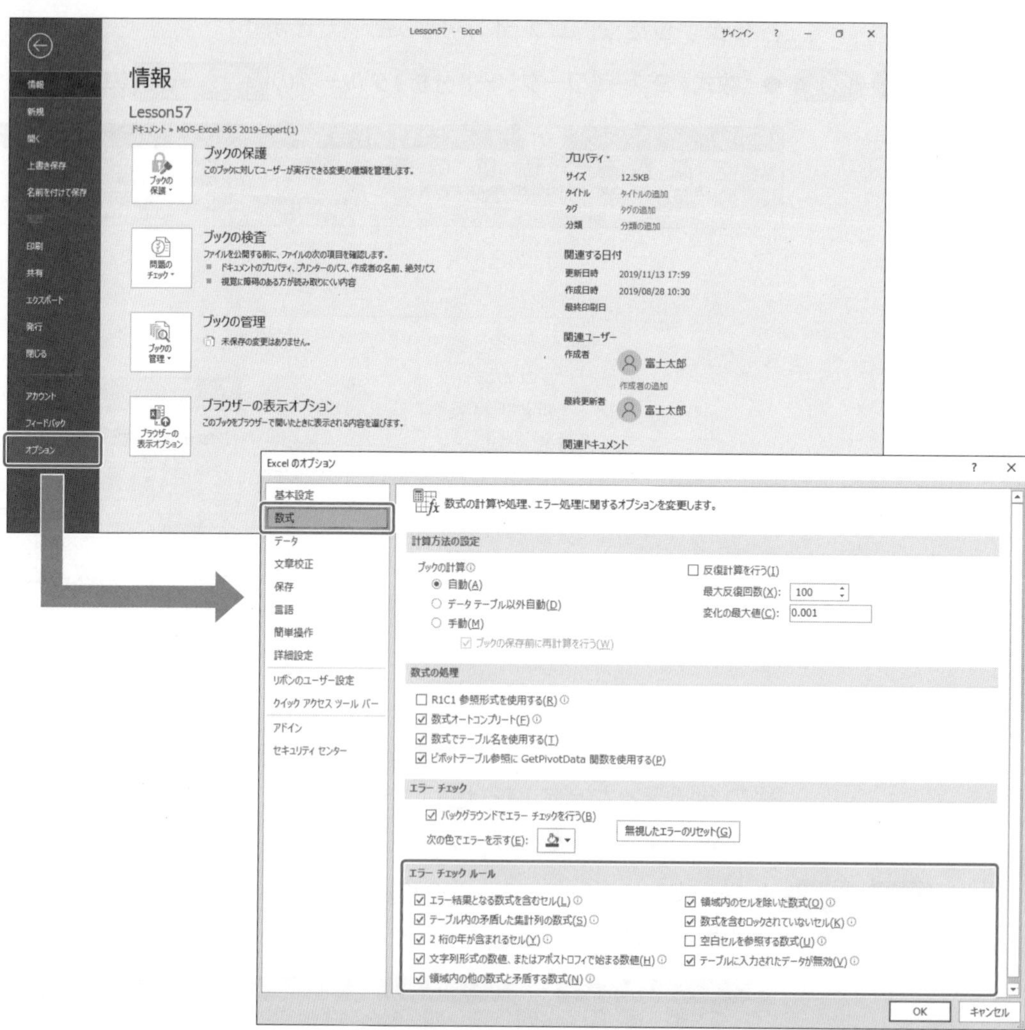

Lesson 56

ブック「Lesson56 」を開いておきましょう。

次の操作を行いましょう。

(1) エラーチェックオプションを使って、セル【G6】、セル【G11】のエラーの内容を確認してください。次に、エラーを無視してください。

(2) セル【H4】のエラーの原因となっているセルをトレースしてください。次に、セル【H3】の数式を正しく修正し、数式をコピーしてください。表の書式は変更しないようにします。

Lesson 56 Answer

(1)

①セル**【G6】**を選択します。

②[◆](エラーチェックオプション)をポイントして、エラーの内容を確認します。

	A	B	C	D	E	F	G	H	I
1	売上集計表								
2	地区	支店	第1四半期	第2四半期	第3四半期	第4四半期	年間合計	構成比	
3	東地区	北海道支店	49,200	42,800	41,800	39,600	173,400	1.8%	
4		東北支店	130,800	112,800	128,500	96,500	468,600	#DIV/0!	
5		関東支店	311,500	287,500	288,500	159,600	1,047,100	#DIV/0!	
6		地区合計	491,500	443,100	458,800	295,	1,689,100	#DIV/0!	
7		東京東支店	385,200	327,400	369,700	315,6			
							1,159,500	#DIV/0!	
							1,198,000	#DIV/0!	
							941,500	#DIV/0!	
							4,696,900	#DIV/0!	
							535,800	#DIV/0!	

1,689,100 #DIV/0!

6 このセルにある数式が、セルの周辺の数式と異なっています。

③[◆](エラーチェックオプション)をクリックします。

④**《エラーを無視する》**をクリックします。

	A	B	C	D	E	F	G	H	I
1	売上集計表								
2	地区	支店	第1四半期	第2四半期	第3四半期	第4四半期	年間合計	構成比	
3	東地区	北海道支店	49,200	42,800	41,800	39,600	173,400	1.8%	
4		東北支店	130,800	112,800	128,500	96,500	468,600	#DIV/0!	
5		関東支店	311,500	287,500	288,500	159,600	1,047,100	#DIV/0!	
6		地区合計	491,500	443,100	458,800	295,	1,689,100	#DIV/0!	
7	東京地区	東京東支店	385,200	327,400	369,700	315,		#DIV/0!	
8		東京西支店				365,		#DIV/0!	
9		東						#DIV/0!	
10		東				186,		#DIV/0!	
11		地区合計	1,290,900	1,097,100	1,203,100	1,105,		#DIV/0!	
12	西地区	東海支店	135,900	121,000	122,700	156,200	535,800	#DIV/0!	
13		関西支店	306,700	269,800	285,400	306,100	1,168,000	#DIV/0!	
14		中国支店	151,200	133,000	135,100	156,000	575,300	#DIV/0!	

矛盾した数式
数式を上からコピーする(A)
このエラーに関するヘルプ(H)
エラーを無視する(I)
数式バーで編集(F)
エラー チェック オプション(O)...

エラーを無視する(I)

⑤セル**【G6】**のエラーインジケータが消えます。

⑥同様に、セル**【G11】**のエラーの内容を確認し、エラーを無視します。

	A	B	C	D	E	F	G	H	I
1	売上集計表								
2	地区	支店	第1四半期	第2四半期	第3四半期	第4四半期	年間合計	構成比	
3	東地区	北海道支店	49,200	42,800	41,800	39,600	173,400	1.8%	
4		東北支店	130,800	112,800	128,500	96,500	468,600	#DIV/0!	
5		関東支店	311,500	287,500	288,500	159,600	1,047,100	#DIV/0!	
6		地区合計	491,500	443,100	458,800	295,700	1,689,100	#DIV/0!	
7	東京地区	東京東支店	385,200	327,400	369,700	315,600	1,397,900	#DIV/0!	
8		東京西支店	280,900	238,700	274,300	365,600	1,159,500	#DIV/0!	
9		東京南支店	346,600	294,600	318,200	238,600	1,198,000	#DIV/0!	
10		東京北支店	278,200	236,400	240,900	186,000	941,500	#DIV/0!	
11		地区合計	1,290,900	1,097,100	1,203,100	1,105,800	4,696,900	#DIV/0!	
12	西地区	東海支店	135,900	121,000	122,700	156,200	535,800	#DIV/0!	
13		関西支店	306,700	269,800	285,400	306,100	1,168,000	#DIV/0!	
14		中国支店	151,200	133,000	135,100	156,000	575,300	#DIV/0!	

Point

エラーチェック

ワークシート上にエラーがあるかをチェックする場合は、[エラー チェック](エラーチェック)を使います。

(2)

①セル【H4】を選択します。

②《数式》タブ→《ワークシート分析》グループの エラー チェック (エラーチェック)の ▾ →《エラーのトレース》をクリックします。

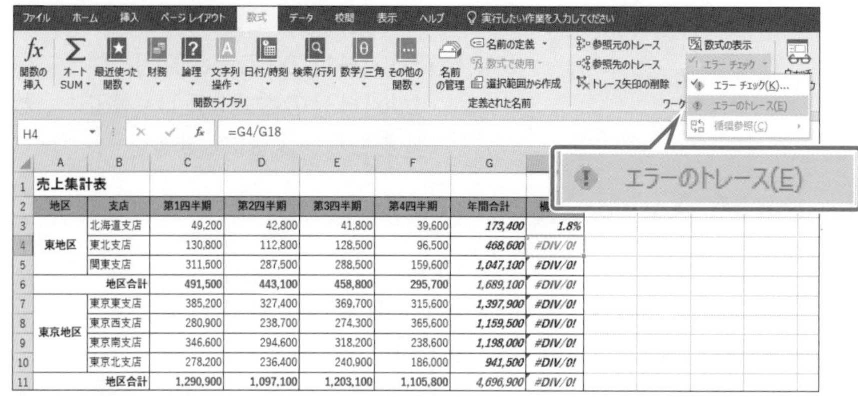

③セル【G18】からトレース矢印が表示されていることを確認します。

	A	B	C	D	E	F	G	H
1	売上集計表							
2	地区	支店	第1四半期	第2四半期	第3四半期	第4四半期	年間合計	構成比
3	東地区	北海道支店	49,200	42,800	41,800	39,600	173,400	1.8%
4		東北支店	130,800	112,800	128,500	96,500	46[illegible]0	#DIV/0!
5		関東支店	311,500	287,500	288,500	159,600	1,047,100	#DIV/0!
6		地区合計	491,500	443,100	458,800	295,700	1,689,100	#DIV/0!
7	東京地区	東京東支店	385,200	327,400	369,700	315,600	1,397,900	#DIV/0!
8		東京西支店	280,900	238,700	274,300	365,600	1,159,500	#DIV/0!
9		東京南支店	346,600	294,600	318,200	238,600	1,198,000	#DIV/0!
10		東京北支店	278,200	236,400	240,900	186,000	941,500	#DIV/0!
11		地区合計	1,290,900	1,097,100	1,203,100	1,105,800	4,696,900	#DIV/0!
12	西地区	東海支店	135,900	121,000	122,700	156,200	535,800	#DIV/0!
13		関西支店	306,700	269,800	285,400	306,100	1,168,000	#DIV/0!
14		中国支店	151,200	133,000	135,100	156,000	575,300	#DIV/0!
15		九州支店	196,200	172,600	184,200	176,900	729,900	#DIV/0!
16		地区合計	790,000	696,400	727,400	795,200	3,009,000	#DIV/0!
17		全社合計	2,572,400	2,236,600	2,389,300	2,196,700	9,395,000	#DIV/0!
18								

④セル【H3】の数式を「=G3/$G$17」に修正します。

⑤セル【H3】を選択し、セル右下の■(フィルハンドル)をセル【H17】までドラッグします。

⑥エラー値が消えます。

⑦ (オートフィルオプション)をクリックします。

⑧《書式なしコピー(フィル)》をクリックします。

⑨書式なしで数式がコピーされます。

	A	B	C	D	E	F	G	H
1	売上集計表							
2	地区	支店	第1四半期	第2四半期	第3四半期	第4四半期	年間合計	構成比
3	東地区	北海道支店	49,200	42,800	41,800	39,600	173,400	1.8%
4		東北支店	130,800	112,800	128,500	96,500	468,600	5.0%
5		関東支店	311,500	287,500	288,500	159,600	1,047,100	11.1%
6		地区合計	491,500	443,100	458,800	295,700	1,689,100	18.0%
7	東京地区	東京東支店	385,200	327,400	369,700	315,600	1,397,900	14.9%
8		東京西支店	280,900	238,700	274,300	365,600	1,159,500	12.3%
9		東京南支店	346,600	294,600	318,200	238,600	1,198,000	12.8%
10		東京北支店	278,200	236,400	240,900	186,000	941,500	10.0%
11		地区合計	1,290,900	1,097,100	1,203,100	1,105,800	4,696,900	50.0%
12	西地区	東海支店	135,900	121,000	122,700	156,200	535,800	5.7%
13		関西支店	306,700	269,800	285,400	306,100	1,168,000	12.4%
14		中国支店	151,200	133,000	135,100	156,000	575,300	6.1%
15		九州支店	196,200	172,600	184,200	176,900	729,900	7.8%
16		地区合計	790,000	696,400	727,400	795,200	3,009,000	32.0%
17		全社合計	2,572,400	2,236,600	2,389,300	2,196,700	9,395,000	100.0%
18								

Lesson 57

ブック「Lesson57」を開いておきましょう。

次の操作を行いましょう。

(1) 隣接するセルと異なる数式が入力されている場合でも、エラーチェックしないように設定を変更してください。

Lesson 57 Answer

(1)

①セル【G6】とセル【G11】にエラーインジケータが表示されていることを確認します。

②《ファイル》タブを選択します。

③《オプション》をクリックします。

※お使いの環境によっては《オプション》が表示されていない場合があります。その場合は《その他》→《オプション》をクリックします。

④《Excelのオプション》ダイアログボックスが表示されます。

⑤左側の一覧から《数式》を選択します。

⑥《エラーチェックルール》の《領域内の他の数式と矛盾する数式》を□にします。

⑦《OK》をクリックします。

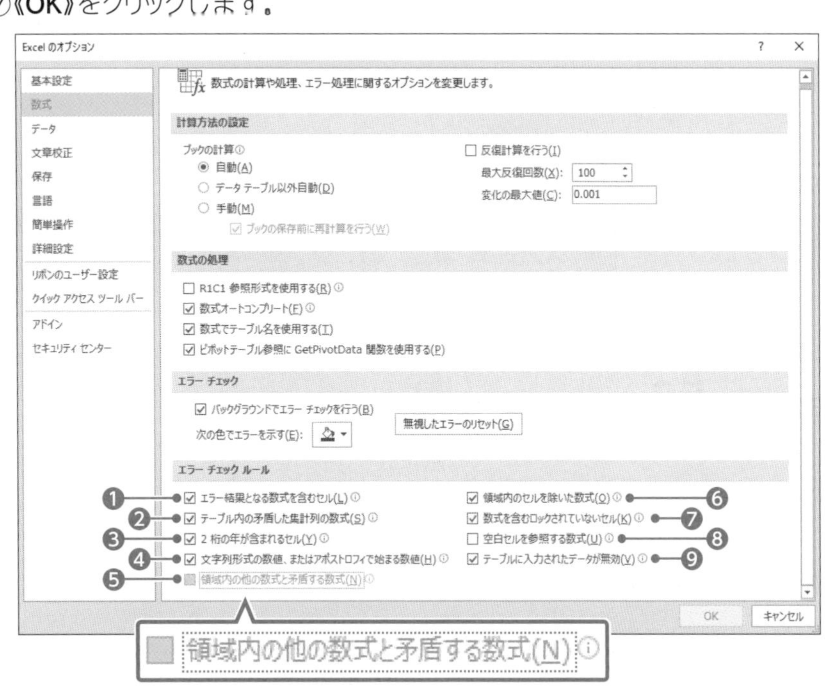

⑧エラーインジケータが消えます。

	A	B	C	D	E	F	G	H
1	売上集計表							
2	地区	支店	第1四半期	第2四半期	第3四半期	第4四半期	年間合計	構成比
3	東地区	北海道支店	49,200	42,800	41,800	39,600	173,400	1.8%
4		東北支店	130,800	112,800	128,500	96,500	468,600	5.0%
5		関東支店	311,500	287,500	288,500	159,600	1,047,100	11.1%
6		地区合計	491,500	443,100	458,800	295,700	1,689,100	18.0%
7	東京地区	東京東支店	385,200	327,400	369,700	315,600	1,397,900	14.9%
8		東京西支店	280,900	238,700	274,300	365,600	1,159,500	12.3%
9		東京南支店	346,600	294,600	318,200	238,600	1,198,000	12.8%
10		東京北支店	278,200	236,400	240,900	186,000	941,500	10.0%
11		地区合計	1,290,900	1,097,100	1,203,100	1,105,800	4,696,900	50.0%
12	西地区	東海支店	135,900	121,000	122,700	156,200	535,800	5.7%
13		関西支店	306,700	269,800	285,400	306,100	1,168,000	12.4%
14		中国支店	151,200	133,000	135,100	156,000	575,300	6.1%

売上

※《エラーチェックルール》の《領域内の他の数式と矛盾する数式》を☑にし、エラーチェックルールを元に戻しておきましょう。

Point

《エラーチェックルール》

❶エラー結果となる数式を含むセル
計算結果のエラーをチェックします。

❷テーブル内の矛盾した集計列の数式
テーブル内の矛盾する数式や値をチェックします。

❸2桁の年が含まれるセル
文字列として保存されている西暦2桁の日付をチェックします。

❹文字列形式の数値、またはアポストロフィで始まる数値
文字列として保存されている数値や、アポストロフィで始まる数値をチェックします。

❺領域内の他の数式と矛盾する数式
隣接するセルと異なる数式をチェックします。

❻領域内のセルを除いた数式
隣接するセルを参照していない数式をチェックします。

❼数式を含むロックされていないセル
数式が入力されていて、ロックが解除されているセルをチェックします。

❽空白セルを参照する数式
空白のセルを参照している数式をチェックします。

❾テーブルに入力されたデータが無効
テーブルのフィールドのデータの種類と異なる値が含まれているかどうかをチェックします。

3-5-3 数式を検証する

解説

■数式の検証

「数式の検証」を使うと、計算結果が導かれるまでの過程を段階的に表示できます。複雑にネストされた数式などでエラーが起きた場合に、数式内のどこに誤りがあるのかを見つけるのに便利です。

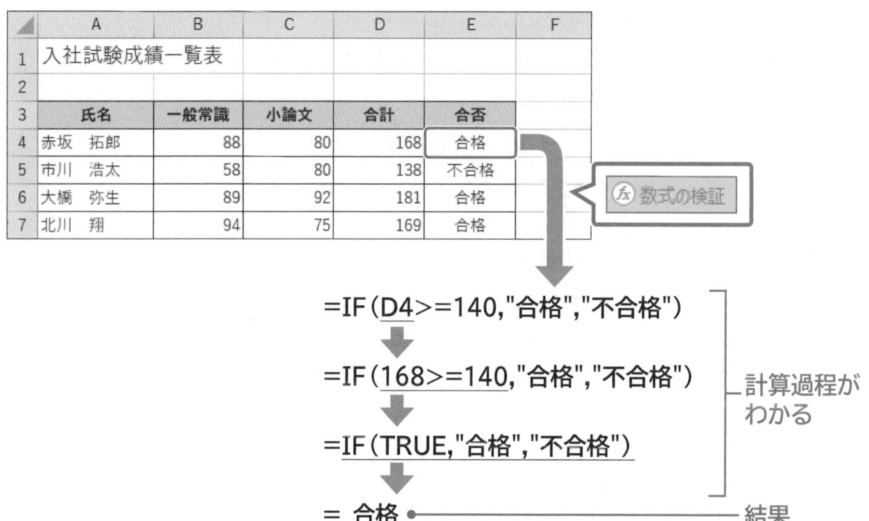

入社試験成績一覧表
氏名
一般常識
小論文
合計
合否
赤坂 拓郎 88 80 168 合格
市川 浩太 58 80 138 不合格
大橋 弥生 89 92 181 合格
北川 翔 94 75 169 合格
数式の検証
=IF(D4>=140,"合格","不合格")
=IF(168>=140,"合格","不合格")
=IF(TRUE,"合格","不合格")
= 合格
計算過程がわかる
結果

2019 365 ◆《数式》タブ→《ワークシート分析》グループの 数式の検証 (数式の検証)

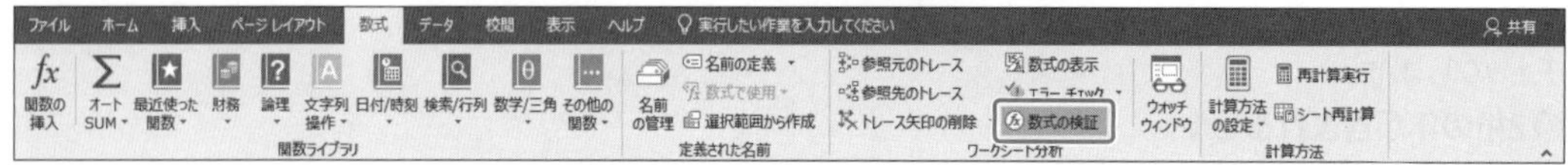

Lesson 58

ブック「Lesson58」を開いておきましょう。

次の操作を行いましょう。

(1) セル【G4】の数式を検証し、数式の計算過程を確認してください。

Lesson 58 Answer

(1)

①セル**【G4】**を選択します。

②**《数式》**タブ→**《ワークシート分析》**グループの 数式の検証 (数式の検証)をクリックします。

③**《数式の検証》**ダイアログボックスが表示されます。

④**《検証》**の数式が「**=IF(AND(E4>=$J$3,F4>=$J$4),"合格","不合格")**」になっていることを確認します。

⑤**《検証》**をクリックします。

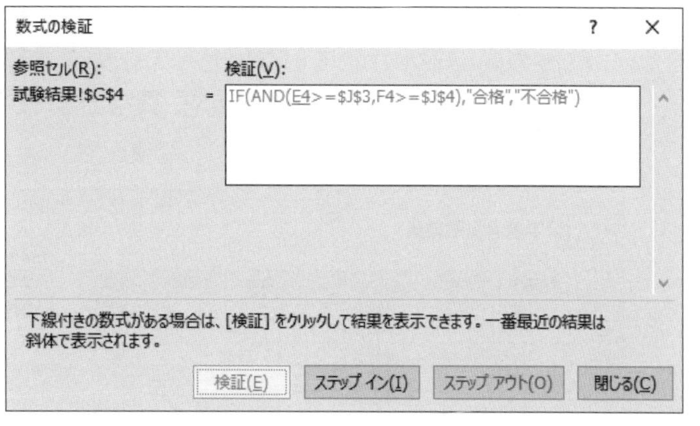

⑥下線の部分に値が代入され、**《検証》**の数式が「**=IF(AND(75>=$J$3,F4>=$J$4),"合格","不合格")**」になっていることを確認します。

⑦**《検証》**をクリックします。

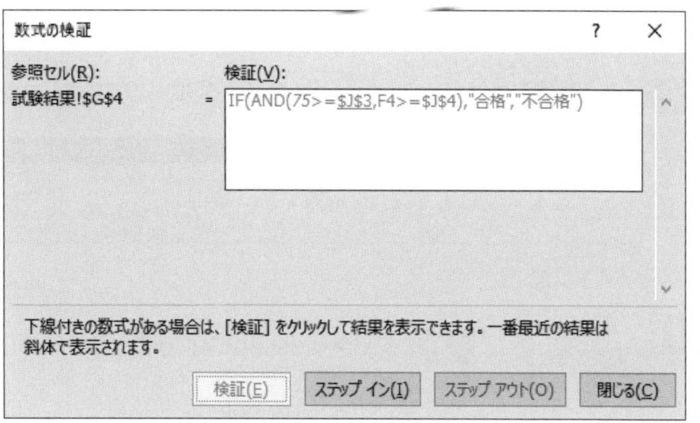

⑧下線の部分に値が代入され、**《検証》**の数式が「**=IF(AND(75>=60,F4>=$J$4),"合格","不合格")**」になっていることを確認します。

⑨結果が表示されるまで**《検証》**をクリックし、数式の計算過程を確認します。

⑩**《閉じる》**をクリックします。

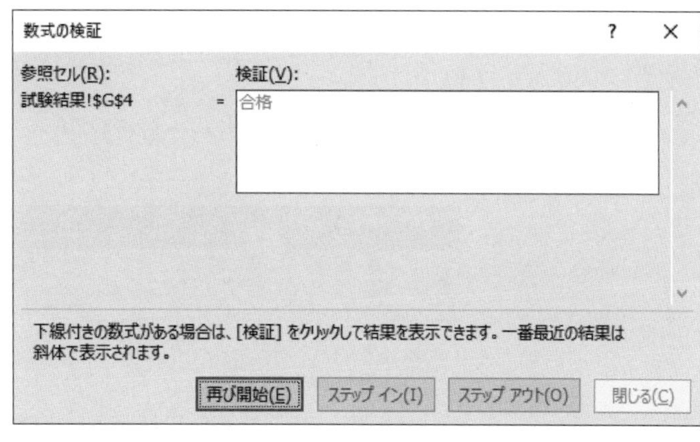

3-5-4 ウォッチウィンドウを使ってセルや数式をウォッチする

解説

■ウォッチウィンドウ

「ウォッチウインドウ」を使うと、指定したセルの値や数式を表示できます。
ウィンドウ内に表示されていないセルの結果を参照できるので、スクロールしなければ表示できない大きな表の集計セルや、異なるワークシートに入力された数式と計算結果などを確認する場合に便利です。

	A	B	C	D	E	F	G	H	I	J
1		留学選考試験結果								
2									合格ライン	
3		受験番号	学籍番号	氏名	筆記	実技	合否		筆記	60
4		1001	H2017028	阿部 颯太	75	90	合格		実技	70
5		1002	Z2019237	安藤 結愛	64	68	不合格			
6		1003	S2018260	遠藤 秀幸	82	90	合格			
7		1004	Z2017391	布施 秋穂						
8		1005	Z2019049	後藤 新						
9		1006	J2018021	長谷川 陽翔						
10		1007	J2018010	服部 杏夏						
11		1008	S2019110	本田 莉子						
12		1009	H2019221	川奈部 達也						
13		1010	B2017128	井上 真紀	85	96	合格			
14		1011	Z2019086	伊藤 祐輔	76	52	不合格			

ウォッチ ウィンドウ

ウォッチ式の追加… ウォッチ式の削除

ブック	シート	名前	セル	値	数式
Lesson59....	全体結果	合格者数	D4	12	=COUNTIF(合否判定,"合格")
Lesson59....	全体結果	不合格者数	D5	33	=COUNTIF(合否判定,"不合格")

個人成績 全体結果

2019 365 ◆《数式》タブ→《ワークシート分析》グループの（ウォッチウィンドウ）

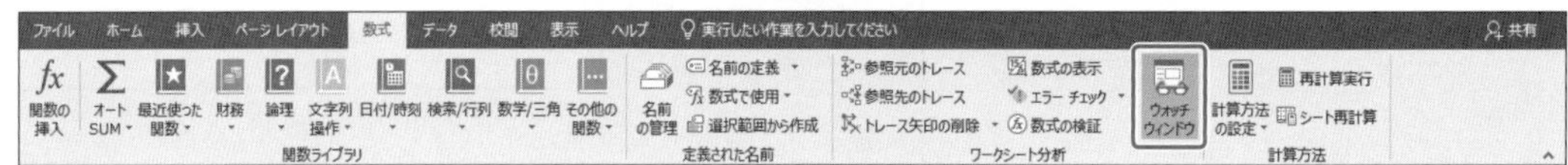

Lesson 59

ブック「Lesson59」を開いておきましょう。

次の操作を行いましょう。

(1) ワークシート「全体結果」のセル範囲【D4：D5】の「合格者数」と「不合格者数」をウォッチウィンドウに表示してください。次に、ワークシート「個人成績」のセル【J3】に「70」、セル【J4】に「75」と入力し、計算結果を確認してください。

Lesson 59 Answer

(1)

①**《数式》**タブ→**《ワークシート分析》**グループの（ウォッチウィンドウ）をクリックします。

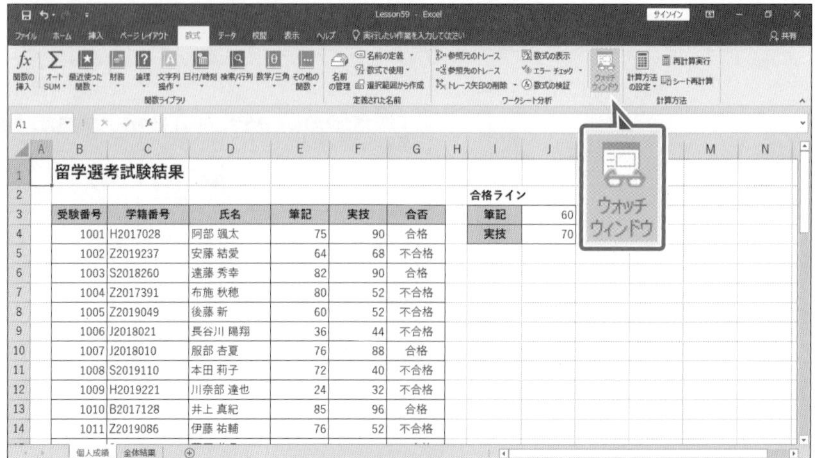

②《**ウォッチウィンドウ**》が表示されます。

③《**ウォッチ式の追加**》をクリックします。

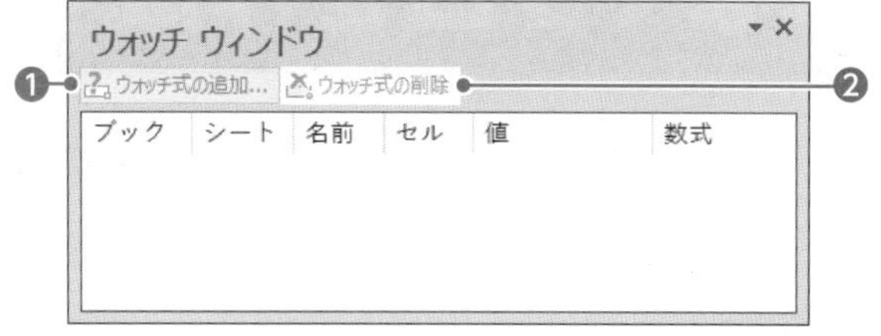

Point

《ウォッチウィンドウ》

❶ウォッチ式の追加

数式が入力されているセルを追加します。

❷ウォッチ式の削除

追加した数式を削除します。

④《**ウォッチ式の追加**》ダイアログボックスが表示されます。

⑤ワークシート「**全体結果**」のセル範囲【**D4：D5**】を選択します。

⑥《**値をウォッチするセル範囲を選択してください**》が「**=全体結果!$D$4：$D$5**」になっていることを確認します。

⑦《**追加**》をクリックします。

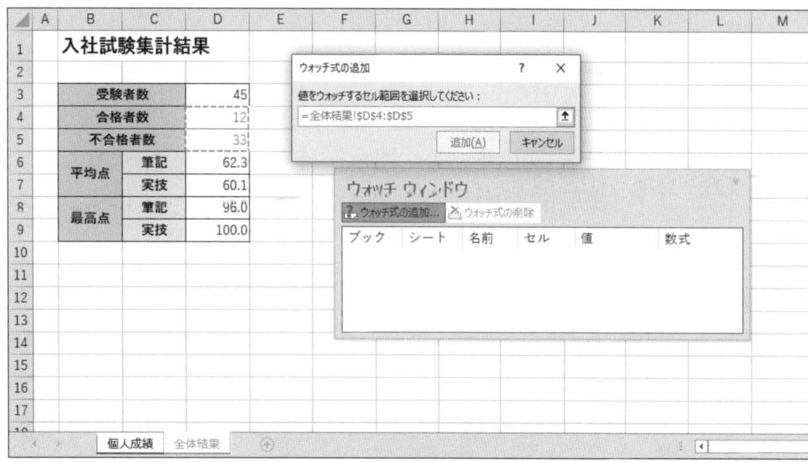

⑧《**ウォッチウィンドウ**》にセル【**D4**】とセル【**D5**】の値が追加されます。

※《ウォッチウィンドウ》のサイズや列幅を調整しておきましょう。

留学選考試験結果

受験番号	学籍番号	氏名	筆記	実技	合否
1001	H2017028	阿部 颯太	75	90	合格
1002	Z2019237	安藤 結愛	64	68	不合格
1003	S2018260	遠藤 秀幸	82	90	合格
1004	Z2017391	布施 秋穂			
1005	Z2019049	後藤 新			
1006	J2018021	長谷川 陽翔			
1007	J2018010	服部 杏夏			
1008	S2019110	本田 莉子			
1009	H2019221	川奈部 達也			
1010	B2017128	井上 真紀	85	96	合格
1011	Z2019086	伊藤 祐輔	76	52	不合格

合格ライン

筆記	60
実技	70

ウォッチ ウィンドウ

ブック	シート	名前	セル	値	数式
Lesson59....	全体結果	合格者数	D4	12	=COUNTIF(合否判定,"合格")
Lesson59....	全体結果	不合格者数	D5	33	=COUNTIF(合否判定,"不合格")

個人成績　全体結果

⑨ワークシート「**個人成績**」のセル【**J3**】に「**70**」、セル【**J4**】に「**75**」と入力します。

⑩《**ウォッチウィンドウ**》の《**値**》が変化します。

留学選考試験結果

受験番号	学籍番号	氏名	筆記	実技	合否
1001	H2017028	阿部 颯太	75	90	合格
1002	Z2019237	安藤 結愛	64	68	不合格
1003	S2018260	遠藤 秀幸	82	90	合格
1004	Z2017391	布施 秋穂			
1005	Z2019049	後藤 新			
1006	J2018021	長谷川 陽翔			
1007	J2018010	服部 杏夏			
1008	S2019110	本田 莉子			
1009	H2019221	川奈部 達也			
1010	B2017128	井上 真紀	85	96	合格
1011	Z2019086	伊藤 祐輔	76	52	不合格

合格ライン

筆記	70
実技	75

ウォッチ ウィンドウ

ブック	シート	名前	セル	値	数式
Lesson59....	全体結果	合格者数	D4	7	=COUNTIF(合否判定,"合格")
Lesson59....	全体結果	不合格者数	D5	38	=COUNTIF(合否判定,"不合格")

個人成績　全体結果

※《ウォッチウィンドウ》を閉じておきましょう。

3-6 出題範囲3　高度な機能を使用した数式およびマクロの作成
簡単なマクロを作成する、変更する

☑ 理解度チェック

習得すべき機能	参照Lesson	学習前	学習後	試験直前
■簡単なマクロを作成できる。	➡Lesson60	☑	☑	☑
■マクロを実行できる。	➡Lesson60	☑	☑	☑
■マクロを編集できる。	➡Lesson61	☑	☑	☑

3-6-1 簡単なマクロを記録する

解説

■マクロ

「マクロ」とは、一連の操作を記録しておき、記録した操作を簡単に実行できるようにしたものです。よく使う操作をマクロにしておくと、同じ操作を繰り返す必要がなく、作業時間を節約できます。

■マクロの記録

2019 365 ◆《表示》タブ→の（マクロの表示）の →《マクロの記録》／《記録の終了》

マクロを記録する基本的な手順は、次のとおりです。

❶ マクロにする操作を確認する

マクロの記録を開始する前に、あらかじめマクロにする操作を確認しておきます。

❷ マクロの記録を開始する

マクロの記録を開始するには、**《表示》**タブ→**《マクロ》**グループの（マクロの表示）の →**《マクロの記録》**を使います。

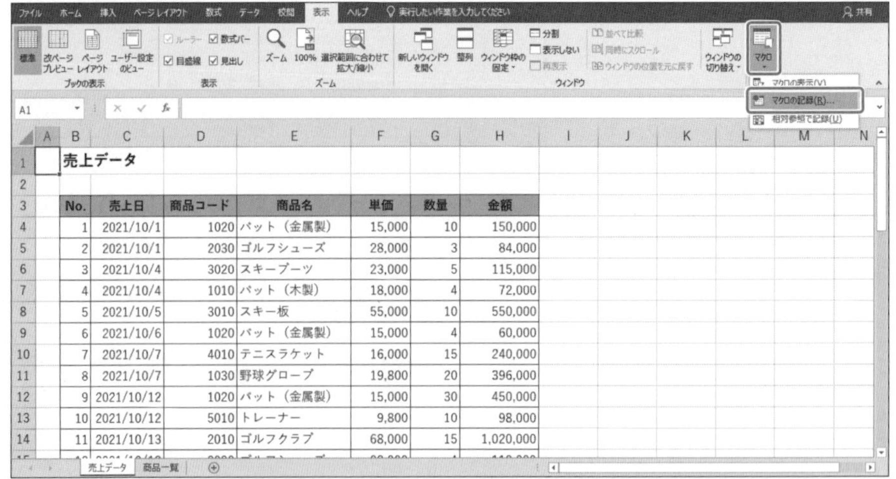

No.	売上日	商品コード	商品名	単価	数量	金額
1	2021/10/1	1020	バット（金属製）	15,000	10	150,000
2	2021/10/1	2030	ゴルフシューズ	28,000	3	84,000
3	2021/10/4	3020	スキーブーツ	23,000	5	115,000
4	2021/10/4	1010	バット（木製）	18,000	4	72,000
5	2021/10/5	3010	スキー板	55,000	10	550,000
6	2021/10/6	1020	バット（金属製）	15,000	4	60,000
7	2021/10/7	4010	テニスラケット	16,000	15	240,000
8	2021/10/7	1030	野球グローブ	19,800	20	396,000
9	2021/10/12	1020	バット（金属製）	15,000	30	450,000
10	2021/10/12	5010	トレーナー	9,800	10	98,000
11	2021/10/13	2010	ゴルフクラブ	68,000	15	1,020,000

③ マクロに記録する操作を行う

マクロの記録を開始すると、終了するまでの操作が記録されます。
コマンドの実行やセルの選択、キーボードからの入力などが記録の対象になります。

④ マクロの記録を終了する

マクロの記録を終了するには、**《表示》**タブ→**《マクロ》**グループの (マクロの表示)の →**《記録の終了》**を使います。

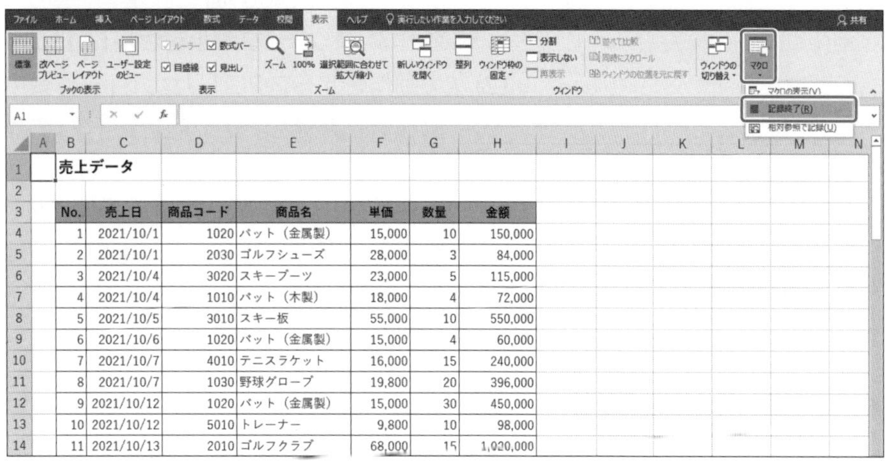

	A	B	C	D	E	F	G	H
1		売上データ						
2								
3		No.	売上日	商品コード	商品名	単価	数量	金額
4		1	2021/10/1	1020	バット（金属製）	15,000	10	150,000
5		2	2021/10/1	2030	ゴルフシューズ	28,000	3	84,000
6		3	2021/10/4	3020	スキーブーツ	23,000	5	115,000
7		4	2021/10/4	1010	バット（木製）	18,000	4	72,000
8		5	2021/10/5	3010	スキー板	55,000	10	550,000
9		6	2021/10/6	1020	バット（金属製）	15,000	4	60,000
10		7	2021/10/7	4010	テニスラケット	16,000	15	240,000
11		8	2021/10/7	1030	野球グローブ	19,800	20	396,000
12		9	2021/10/12	1020	バット（金属製）	15,000	30	450,000
13		10	2021/10/12	5010	トレーナー	9,800	10	98,000
14		11	2021/10/13	2010	ゴルフクラブ	68,000	15	1,020,000

■マクロの実行

マクロを実行すると、記録した一連の操作が実行されます。

2019 365 ◆《表示》タブ→《マクロ》グループの  (マクロの表示)→実行するマクロを選択→《実行》

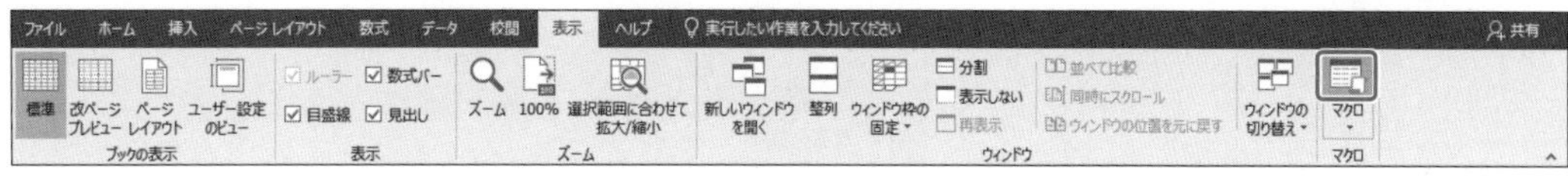

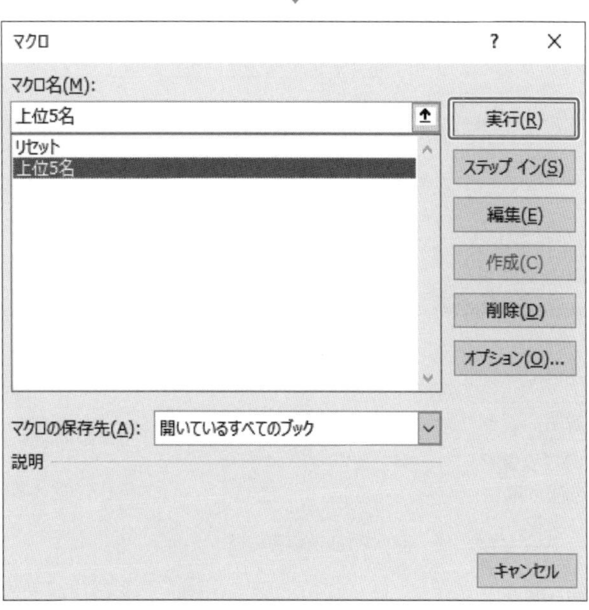

Lesson 60

ブック「Lesson60」を開いておきましょう。

次の操作を行いましょう。

(1) 次の動作をするマクロ「上位5件」を作業中のブックに作成してください。

動作1　ワークシート「売上データ」の表を、金額を基準に降順で並べ替え

動作2　金額が上位5件のレコードの背景色を「ゴールド、アクセント4、白+基本色60%」に設定

動作3　アクティブセルをセル【A1】にする

(2) 次の動作をするマクロ「リセット」を作業中のブックに作成してください。

動作1　ワークシート「売上データ」の表の上位5件のレコードの背景色を「塗りつぶしなし」に設定

動作2　No.を基準に昇順で並べ替え

動作3　アクティブセルをセル【A1】にする

(3) マクロ「上位5件」を実行してください。次に、マクロ「リセット」を実行してください。

Lesson 60 Answer

その他の方法

マクロの記録開始

2019　365

◆《開発》タブ→《コード》グループの マクロの記録 (マクロの記録)

Point

《マクロの記録》

❶マクロ名

マクロ名を入力します。

❷ショートカットキー

キー操作でマクロを実行できるようにします。割り当てるキーのアルファベットを入力します。

❸マクロの保存先

マクロの保存先を選択します。

保存先	説明
個人用マクロブック	すべてのブックでマクロを使う場合に選択します。
新しいブック	新しいブックでマクロを使う場合に選択します。
作業中のブック	現在作業しているブックでマクロを使う場合に選択します。

❹説明

マクロの説明を入力します。

(1)

①**《表示》**タブ→**《マクロ》**グループの (マクロの表示) の →**《マクロの記録》**をクリックします。

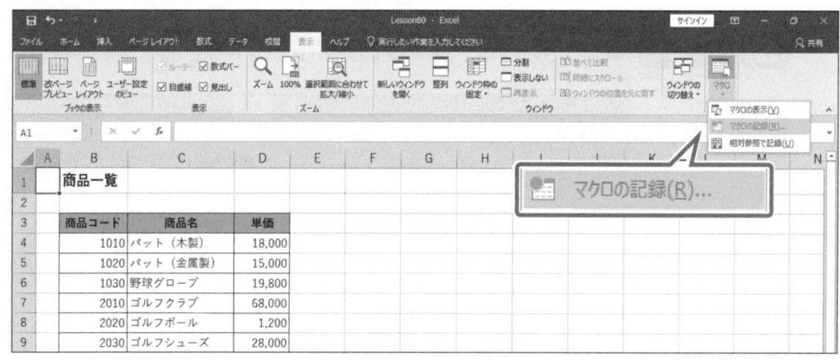

②**《マクロの記録》**ダイアログボックスが表示されます。

③**《マクロ名》**に**「上位5件」**と入力します。

④**《マクロの保存先》**の をクリックし、一覧から**《作業中のブック》**を選択します。

⑤**《OK》**をクリックします。

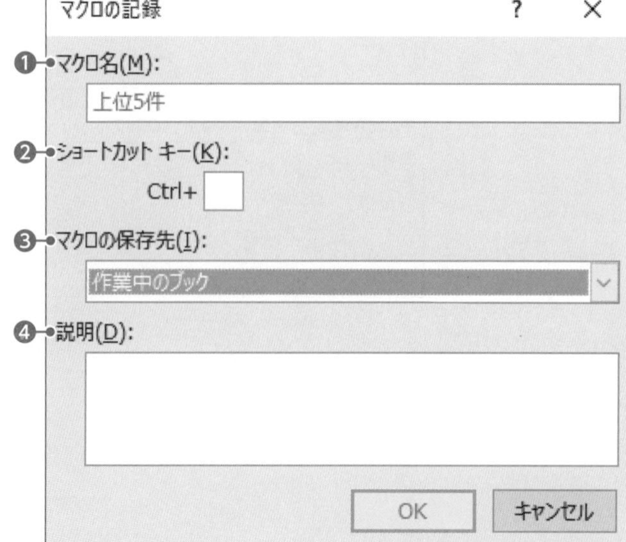

Point

マクロ名

マクロ名を付けるときの注意点は、次のとおりです。

- 先頭は文字列を使う
- 2文字目以降は文字列、数値、「_（アンダーバー）」を使うことができる
- スペースは使うことができない

Point

絶対参照と相対参照

マクロでセルを記録する方法には、「絶対参照」で特定のセルを記録する方法と、「相対参照」で相対的なセルの位置関係で記録する方法があります。

初期の設定では、絶対参照で記録されます。相対参照に切り替える方法は、次のとおりです。

2019　365

◆《開発》タブ→《コード》グループの［相対参照で記録］（相対参照で記録）

その他の方法

マクロの記録終了

2019　365

◆《開発》タブ→《コード》グループの［記録終了］（記録終了）

◆ステータスバーの［■］

⑥マクロの記録が開始されます。

⑦ワークシート**「売上データ」**のシート見出しを選択します。

⑧セル**【H3】**を選択します。

※表内のH列のセルであればどこでもかまいません。

⑨**《データ》**タブ→**《並べ替えとフィルター》**グループの［ZA↓］（降順）をクリックします。

	A	B	C	D	E	F	G	H
1		売上データ						
2								
3		No.	売上日	商品コード	商品名	単価	数量	金額
4		1	2021/10/1	1020	バット（金属製）	15,000	10	150,000
5		2	2021/10/1	2030	ゴルフシューズ	28,000	3	84,000
6		3	2021/10/4	3020	スキーブーツ	23,000	5	115,000
7		4	2021/10/4	1010	バット（木製）	18,000	4	72,000
8		5	2021/10/5	3010	スキー板	55,000	10	550,000
9		6	2021/10/6	1020	バット（金属製）	15,000	4	60,000
10		7	2021/10/7	4010	テニスラケット	16,000	15	240,000
11		8	2021/10/7	1030	野球グローブ	19,800	20	396,000
12		9	2021/10/12	1020	バット（金属製）	15,000	30	450,000
13		10	2021/10/12	5010	トレーナー	9,800	10	98,000
14		11	2021/10/13	2010	ゴルフクラブ	68,000	15	1,020,000

⑩セル範囲**【B4：H8】**を選択します。

⑪**《ホーム》**タブ→**《フォント》**グループの［塗りつぶしの色］（塗りつぶしの色）の［▼］→**《テーマの色》**の**《ゴールド、アクセント4、白＋基本色60%》**をクリックします。

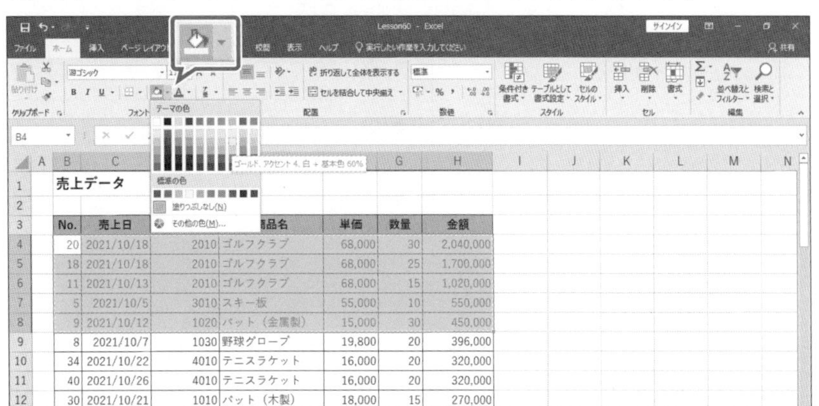

	A	B	C	D	E	F	G	H
1		売上データ						
2								
3		No.	売上日	商品コード	商品名	単価	数量	金額
4		20	2021/10/18	2010	ゴルフクラブ	68,000	30	2,040,000
5		18	2021/10/18	2010	ゴルフクラブ	68,000	25	1,700,000
6		11	2021/10/13	2010	ゴルフクラブ	68,000	15	1,020,000
7		5	2021/10/5	3010	スキー板	55,000	10	550,000
8		9	2021/10/12	1020	バット（金属製）	15,000	30	450,000
9		8	2021/10/7	1030	野球グローブ	19,800	20	396,000
10		34	2021/10/22	4010	テニスラケット	16,000	20	320,000
11		40	2021/10/26	4010	テニスラケット	16,000	20	320,000
12		30	2021/10/21	1010	バット（木製）	18,000	15	270,000

⑫セル**【A1】**を選択します。

⑬**《表示》**タブ→**《マクロ》**グループの［マクロ］（マクロの表示）の［マクロ▼］→**《記録終了》**をクリックします。

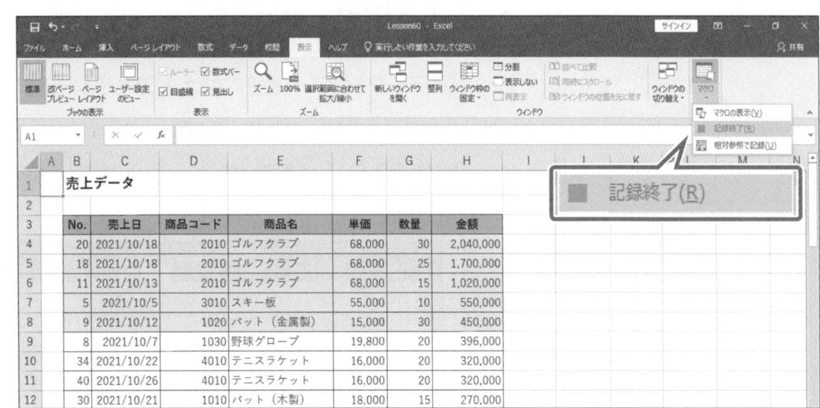

	A	B	C	D	E	F	G	H
1		売上データ						
2								
3		No.	売上日	商品コード	商品名	単価	数量	金額
4		20	2021/10/18	2010	ゴルフクラブ	68,000	30	2,040,000
5		18	2021/10/18	2010	ゴルフクラブ	68,000	25	1,700,000
6		11	2021/10/13	2010	ゴルフクラブ	68,000	15	1,020,000
7		5	2021/10/5	3010	スキー板	55,000	10	550,000
8		9	2021/10/12	1020	バット（金属製）	15,000	30	450,000
9		8	2021/10/7	1030	野球グローブ	19,800	20	396,000
10		34	2021/10/22	4010	テニスラケット	16,000	20	320,000
11		40	2021/10/26	4010	テニスラケット	16,000	20	320,000
12		30	2021/10/21	1010	バット（木製）	18,000	15	270,000

⑭マクロの記録が終了します。

(2)

①《表示》タブ→《マクロ》グループの（マクロの表示）の →《マクロの記録》をクリックします。

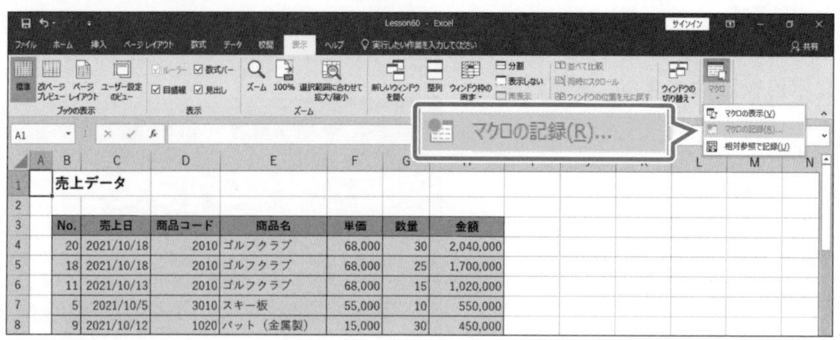

No.	売上日	商品コード	商品名	単価	数量	金額
20	2021/10/18	2010	ゴルフクラブ	68,000	30	2,040,000
18	2021/10/18	2010	ゴルフクラブ	68,000	25	1,700,000
11	2021/10/13	2010	ゴルフクラブ	68,000	15	1,020,000
5	2021/10/5	3010	スキー板	55,000	10	550,000
9	2021/10/12	1020	バット（金属製）	15,000	30	450,000

②《マクロの記録》ダイアログボックスが表示されます。

③《マクロ名》に「リセット」と入力します。

④《マクロの保存先》の をクリックし、一覧から《作業中のブック》を選択します。

⑤《OK》をクリックします。

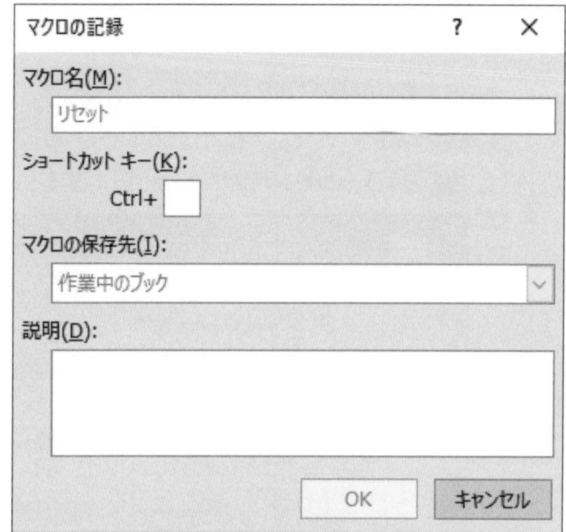

⑥マクロの記録が開始されます。

⑦ワークシート「売上データ」のシート見出しを選択します。

⑧セル範囲【B4:H8】を選択します。

⑨《ホーム》タブ→《フォント》グループの（塗りつぶしの色）の →《塗りつぶしなし》をクリックします。

⑩セル【B3】を選択します。

※表内のB列のセルであればどこでもかまいません。

⑪《データ》タブ→《並べ替えとフィルター》グループの（昇順）をクリックします。

⑫セル【A1】を選択します。

⑬《表示》タブ→《マクロ》グループの（マクロの表示）の → 記録終了（記録終了）をクリックします。

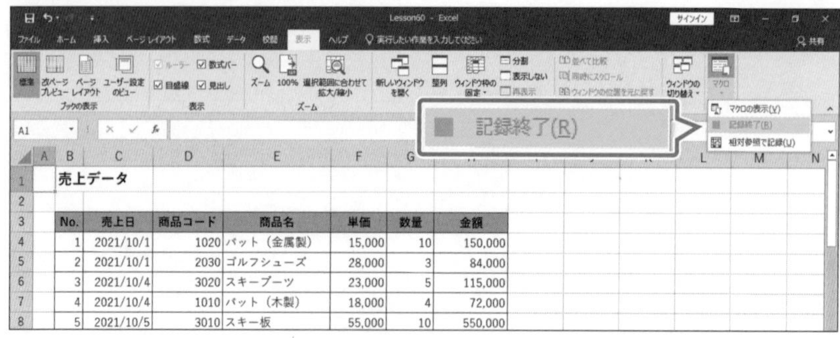

No.	売上日	商品コード	商品名	単価	数量	金額
1	2021/10/1	1020	バット（金属製）	15,000	10	150,000
2	2021/10/1	2030	ゴルフシューズ	28,000	3	84,000
3	2021/10/4	3020	スキーブーツ	23,000	5	115,000
4	2021/10/4	1010	バット（木製）	18,000	4	72,000
5	2021/10/5	3010	スキー板	55,000	10	550,000

⑭マクロの記録が終了します。

その他の方法

マクロの表示

2019 365

◆《開発》タブ→《コード》グループの（マクロの表示）

◆ Alt + F8

Point

マクロを含むブックの保存

マクロを含むブックは「マクロ有効ブック」として保存する必要があります。マクロ有効ブックとして保存すると、拡張子は「.xlsm」になります。

2019 365

◆《ファイル》タブ→《エクスポート》→《ファイルの種類の変更》→《ブックファイルの種類》の《マクロ有効ブック》→《名前を付けて保存》

(3)

①《**表示**》タブ→《**マクロ**》グループの（マクロの表示）をクリックします。

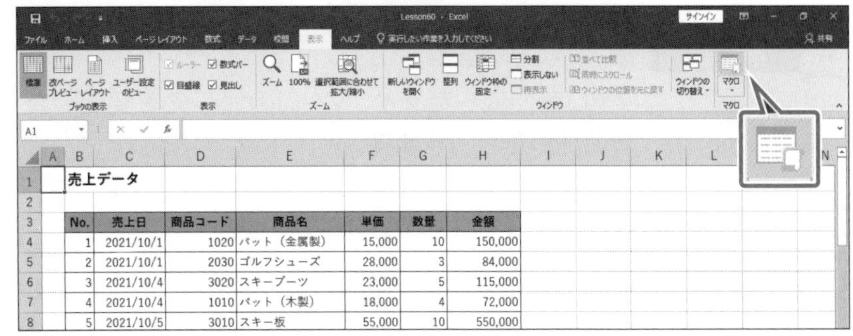

売上データ

No.	売上日	商品コード	商品名	単価	数量	金額
1	2021/10/1	1020	バット（金属製）	15,000	10	150,000
2	2021/10/1	2030	ゴルフシューズ	28,000	3	84,000
3	2021/10/4	3020	スキーブーツ	23,000	5	115,000
4	2021/10/4	1010	バット（木製）	18,000	4	72,000
5	2021/10/5	3010	スキー板	55,000	10	550,000

②《**マクロ**》ダイアログボックスが表示されます。

③《**マクロ名**》の一覧から「**上位5件**」を選択します。

④《**実行**》をクリックします。

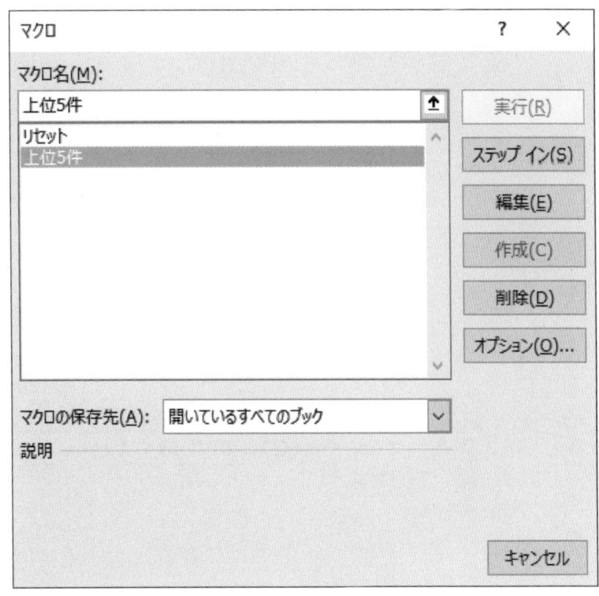

⑤マクロ「**上位5件**」が実行されます。

売上データ

No.	売上日	商品コード	商品名	単価	数量	金額
20	2021/10/18	2010	ゴルフクラブ	68,000	30	2,040,000
18	2021/10/18	2010	ゴルフクラブ	68,000	25	1,700,000
11	2021/10/13	2010	ゴルフクラブ	68,000	15	1,020,000
5	2021/10/5	3010	スキー板	55,000	10	550,000
9	2021/10/12	1020	バット（金属製）	15,000	30	450,000
8	2021/10/7	1030	野球グローブ	19,800	20	396,000
34	2021/10/22	4010	テニスラケット	16,000	20	320,000
40	2021/10/26	4010	テニスラケット	16,000	20	320,000
30	2021/10/21	1010	バット（木製）	18,000	15	270,000
32	2021/10/22	1010	バット（木製）	18,000	15	270,000
7	2021/10/7	4010	テニスラケット	16,000	15	240,000

売上データ　商品一覧

⑥同様に、マクロ「**リセット**」を実行します。

売上データ

No.	売上日	商品コード	商品名	単価	数量	金額
1	2021/10/1	1020	バット（金属製）	15,000	10	150,000
2	2021/10/1	2030	ゴルフシューズ	28,000	3	84,000
3	2021/10/4	3020	スキーブーツ	23,000	5	115,000
4	2021/10/4	1010	バット（木製）	18,000	4	72,000
5	2021/10/5	3010	スキー板	55,000	10	550,000
6	2021/10/6	1020	バット（金属製）	15,000	4	60,000
7	2021/10/7	4010	テニスラケット	16,000	15	240,000
8	2021/10/7	1030	野球グローブ	19,800	20	396,000
9	2021/10/12	1020	バット（金属製）	15,000	30	450,000
10	2021/10/12	5010	トレーナー	9,800	10	98,000
11	2021/10/13	2010	ゴルフクラブ	68,000	15	1,020,000

売上データ　商品一覧

3-6-2 簡単なマクロを編集する

解説

■マクロの編集

マクロを作成したあと、マクロの保存先を変更したり、マクロにショートカットキーや説明を追加したりできます。
マクロ名や記録されている操作内容を変更するには、「VBA（Visual Basic for Applications）」といわれるプログラム言語を使って、マクロのコードを集編します。

2019 365 ◆《表示》タブ→《マクロ》グループの（マクロの表示）

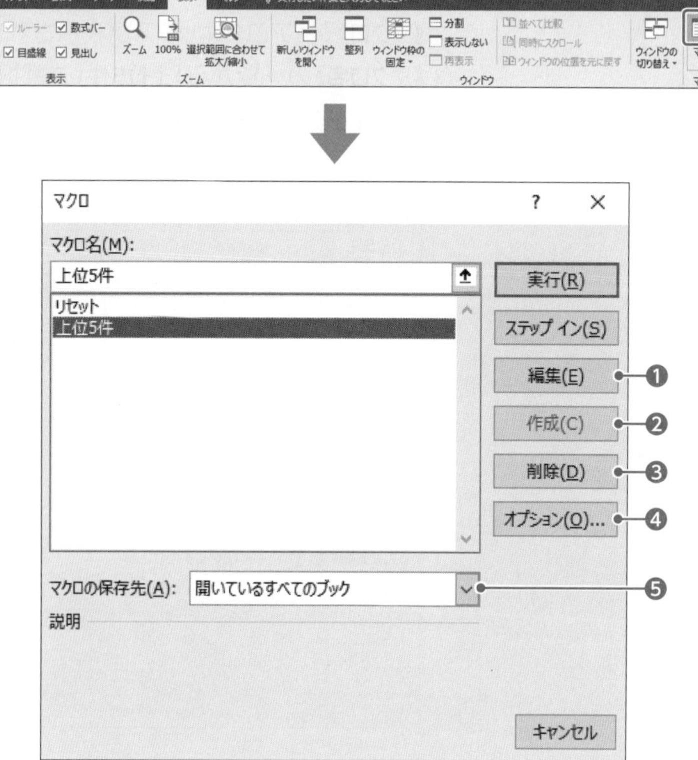

❶編集
選択したマクロをVBAで編集します。
クリックすると、《Microsoft Visual Basic for Applications》ウィンドウが表示されます。

❷作成
新しいマクロをVBAで作成します。
《マクロ名》にマクロ名を入力して**《作成》**をクリックします。

❸削除
選択したマクロを削除します。

❹オプション
選択したマクロのショートカットキーや説明を設定します。

❺マクロの保存先
マクロの保存先を設定します。

Lesson 61

ブック「Lesson61」を開いておきましょう。
※マクロを有効化しておきましょう。

Hint
ブックには、マクロがあらかじめ作成されています。

次の操作を行いましょう。

(1) マクロ「上位5件」がショートカットキー【Ctrl】+【J】、マクロ「リセット」がショートカットキー【Ctrl】+【R】で実行できるように設定してください。

(2) ショートカットキーでマクロ「上位5件」を実行してください。次に、ショートカットキーでマクロ「リセット」を実行してください。

(3) マクロ「上位5件」のマクロ名を「トップ5」に変更してください。

Lesson 61 Answer

(1)

①**《表示》**タブ→**《マクロ》**グループの（マクロの表示）をクリックします。

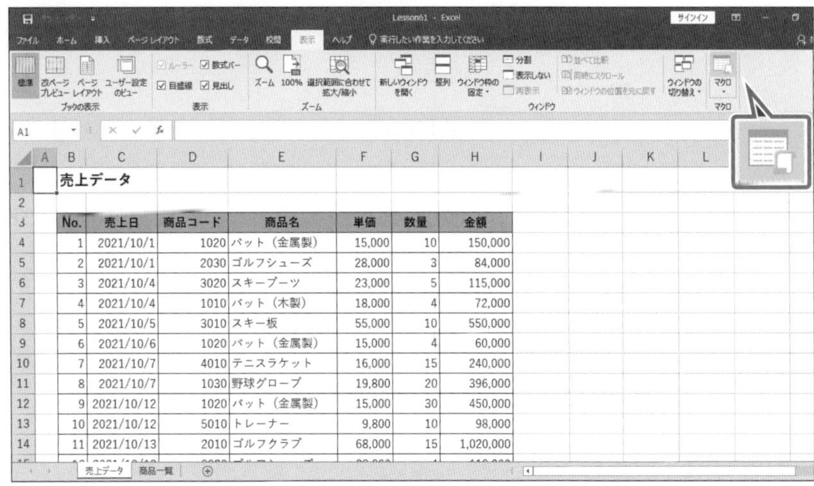

No.	売上日	商品コード	商品名	単価	数量	金額
1	2021/10/1	1020	バット（金属製）	15,000	10	150,000
2	2021/10/1	2030	ゴルフシューズ	28,000	3	84,000
3	2021/10/4	3020	スキーブーツ	23,000	5	115,000
4	2021/10/4	1010	バット（木製）	18,000	4	72,000
5	2021/10/5	3010	スキー板	55,000	10	550,000
6	2021/10/6	1020	バット（金属製）	15,000	4	60,000
7	2021/10/7	4010	テニスラケット	16,000	15	240,000
8	2021/10/7	1030	野球グローブ	19,800	20	396,000
9	2021/10/12	1020	バット（金属製）	15,000	30	450,000
10	2021/10/12	5010	トレーナー	9,800	10	98,000
11	2021/10/13	2010	ゴルフクラブ	68,000	15	1,020,000

②**《マクロ》**ダイアログボックスが表示されます。

③**《マクロ名》**の一覧から**「上位5件」**を選択します。

④**《オプション》**をクリックします。

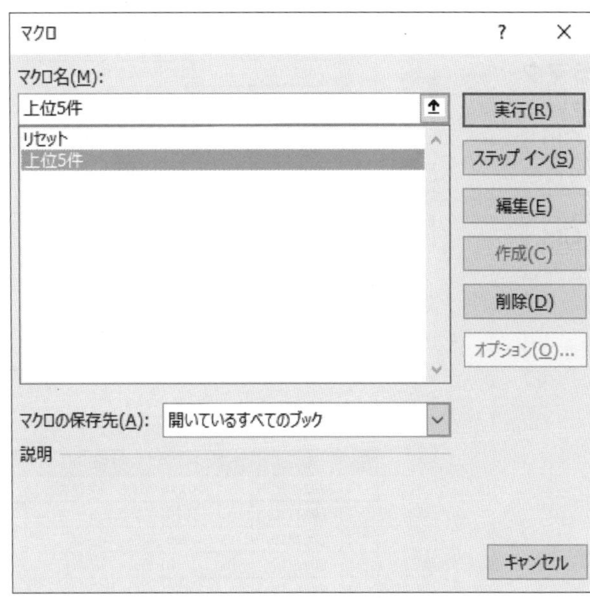

⑤**《マクロオプション》**ダイアログボックスが表示されます。

⑥**《ショートカットキー》**に**「j」**と入力します。

※小文字（半角）で入力します。

⑦**《OK》**をクリックします。

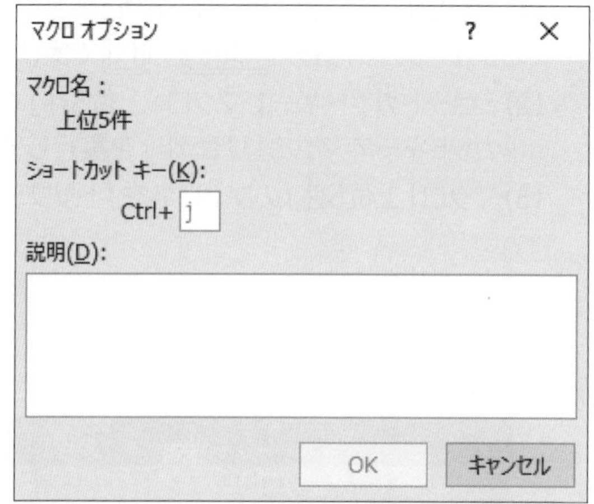

⑧**《マクロ》**ダイアログボックスに戻ります。

⑨同様に、マクロ**「リセット」**にショートカットキー**「r」**を割り当てます。

⑩**《マクロ》**ダイアログボックスの**《キャンセル》**をクリックします。

⑪マクロにショートカットキーが割り当てられます。

(2)

① Ctrl ＋ J を押します。

②マクロ**「上位5件」**が実行されます。

売上データ

No.	売上日	商品コード	商品名	単価	数量	金額
20	2021/10/18	2010	ゴルフクラブ	68,000	30	2,040,000
18	2021/10/18	2010	ゴルフクラブ	68,000	25	1,700,000
11	2021/10/13	2010	ゴルフクラブ	68,000	15	1,020,000
5	2021/10/5	3010	スキー板	55,000	10	550,000
9	2021/10/12	1020	バット（金属製）	15,000	30	450,000
8	2021/10/7	1030	野球グローブ	19,800	20	396,000
34	2021/10/22	4010	テニスラケット	16,000	20	320,000
40	2021/10/26	4010	テニスラケット	16,000	20	320,000
30	2021/10/21	1010	バット（木製）	18,000	15	270,000
32	2021/10/22	1010	バット（木製）	18,000	15	270,000
7	2021/10/7	4010	テニスラケット	16,000	15	240,000

売上データ　商品一覧

③ Ctrl ＋ R を押します。

④マクロ**「リセット」**が実行されます。

売上データ

No.	売上日	商品コード	商品名	単価	数量	金額
1	2021/10/1	1020	バット（金属製）	15,000	10	150,000
2	2021/10/1	2030	ゴルフシューズ	28,000	3	84,000
3	2021/10/4	3020	スキーブーツ	23,000	5	115,000
4	2021/10/4	1010	バット（木製）	18,000	4	72,000
5	2021/10/5	3010	スキー板	55,000	10	550,000
6	2021/10/6	1020	バット（金属製）	15,000	4	60,000
7	2021/10/7	4010	テニスラケット	16,000	15	240,000
8	2021/10/7	1030	野球グローブ	19,800	20	396,000
9	2021/10/12	1020	バット（金属製）	15,000	30	450,000
10	2021/10/12	5010	トレーナー	9,800	10	98,000
11	2021/10/13	2010	ゴルフクラブ	68,000	15	1,020,000

売上データ　商品一覧

Point

ショートカットキーが重複した場合

Ctrl ＋ B （太字）や Ctrl ＋ C （コピー）などExcelであらかじめ設定されているショートカットキーと重複した場合は、マクロで設定したショートカットキーが優先されます。

Point

ショートカットキーによるマクロの実行

英小文字を設定した場合は、Ctrl を押しながらキーを押してマクロを実行します。

英大文字を設定した場合は、Ctrl と Shift を押しながらキーを押してマクロを実行します。

(3)

①《**表示**》タブ→《**マクロ**》グループの（マクロの表示）をクリックします。

②《**マクロ**》ダイアログボックスが表示されます。

③《**マクロ名**》の一覧から「**上位5件**」を選択します。

④《**編集**》をクリックします。

⑤《**Microsoft Visual Basic for Applications**》ウィンドウが表示されます。

⑥マクロ「**上位5件**」のコードが表示されます。

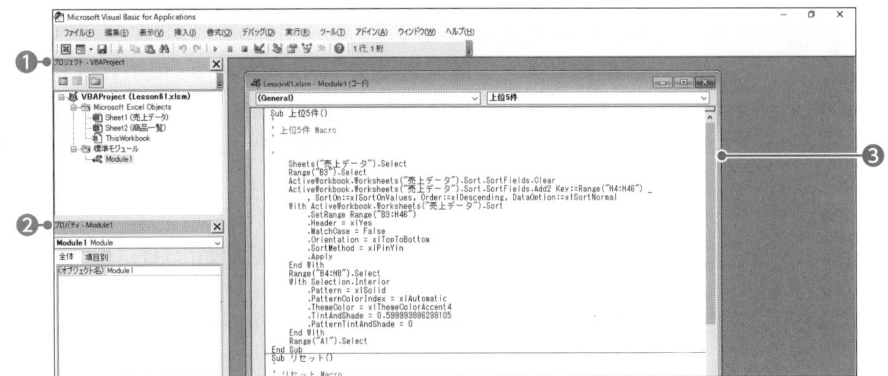

⑦「**Sub 上位5件()**」を「**Sub トップ5()**」に修正します。

※「Sub」のあとの半角スペースは削除しないようにしましょう。

※マクロ名の下にある「' 上位5件 Macro」はコメント行です。マクロの実行には関係ありません。

⑧《**Microsoft Visual Basic for Applications**》ウィンドウの（閉じる）をクリックします。

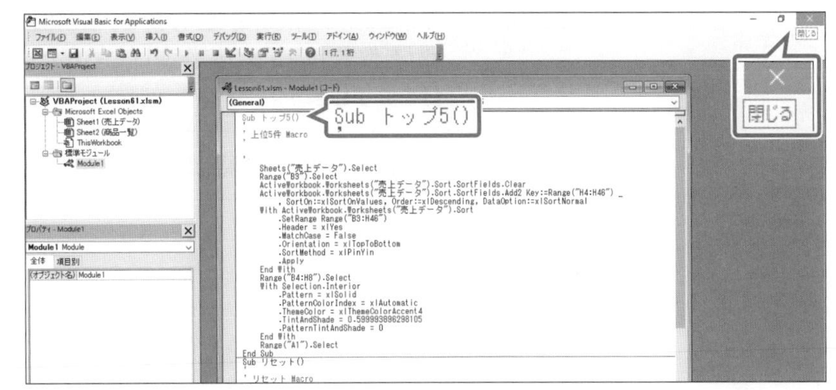

※《表示》タブ→《マクロ》グループの（マクロの表示）をクリックして、マクロ名が変更されていることを確認しておきましょう。

Point

《Microsoft Visual Basic for Applications》ウィンドウ

❶プロジェクトエクスプローラー

ブックを構成する要素を階層的に管理するウィンドウです。「Microsoft Excel Objects」には、現在起動中のブックやブック内のワークシートが表示されます。「標準モジュール」には、記録したマクロのコードが「Module（モジュール）」単位で表示されます。

❷プロパティウィンドウ

プロジェクトエクスプローラーで選択した要素のプロパティ（属性）を設定できます。

❸コードウィンドウ

記録したマクロのコードが表示される領域です。コードウィンドウでコードの入力や編集ができます。ブックに複数のマクロがある場合は、マクロとマクロの間に「区分線」が表示されます。「Sub」から「End Sub」までがひとつのマクロです。「Sub」と「()」の間に記述されている文字列がマクロ名になります。

その他の方法

VBAによるマクロの編集

2019 365

◆《開発》タブ→《コード》グループの（Visual Basic）

◆ Alt + F11

Exercise 確認問題

解答 ▶ P.226

Lesson 62

ブック「Lesson62」を開いておきましょう。
※マクロを有効化しておきましょう。

次の操作を行いましょう。

	バトンクラブの大会記録やチーム情報を作成します。
問題(1)	HLOOKUP関数を使って、ワークシート「大会記録」の大会名の列に、大会IDと一致する大会名を表示してください。大会名はワークシート「大会情報」を参照します。
問題(2)	関数を使って、ワークシート「大会記録」のチーム名の列に、チームIDと一致するチーム名を表示してください。チーム名はワークシート「成績管理」を参照します。
問題(3)	関数を使って、ワークシート「成績管理」のセル【H1】に本日の日付を表示してください。
問題(4)	関数を使って、ワークシート「成績管理」の出場回数の列に、過去に出場した回数を表示してください。回数はワークシート「大会記録」を参照します。数式には、名前付き範囲「チームID」を使います。
問題(5)	関数を使って、ワークシート「成績管理」の入賞回数の列に、3位までに入賞した回数を表示してください。順位はワークシート「大会記録」を参照します。数式には、名前付き範囲「チームID」、「順位」を使います。
問題(6)	IFS関数を使って、ワークシート「成績管理」のランクの列に、入賞回数が4回以上の場合は「A」、2回以上の場合は「B」、それ以外の場合は「C」を表示してください。
問題(7)	関数を使って、ワークシート「成績管理」のチーム数の列に、セル【L3】の出場回数以上で、セル【L4】の入賞回数以上のチーム数を都道府県ごとに表示してください。出場回数や入賞回数の条件が変更されても、自動的に再計算されるようにします。
問題(8)	ワークシート「成績管理」のセル【L7】のすべて参照元をトレースしてください。確認後、トレース矢印をすべて削除してください。
問題(9)	ワークシート「成績管理」の表を、優勝回数の多い順に並べ替えるマクロ「優勝回数」を作業中のブックに作成してください。セル【A1】をアクティブセルにして記録を終了します。
問題(10)	作成したマクロ「優勝回数」の名前を、「成績上位順」に変更してください。

Hint
「セル【L3】の出場回数以上」という条件は、比較演算子とセル番地を結合し「">="&L3」と指定します。

MOS Excel 365&2019 Expert

出題範囲 4

高度な機能を使用したグラフやテーブルの管理

4-1 高度な機能を使用したグラフを作成する、変更する

☑ 理解度チェック

習得すべき機能	参照Lesson	学習前	学習後	試験直前
■2軸グラフを作成できる。	➡Lesson63	☑	☑	☑
■ヒストグラムを作成できる。	➡Lesson64	☑	☑	☑
■パレート図を作成できる	➡Lesson64	☑	☑	☑
■箱ひげ図を作成できる。	➡Lesson65	☑	☑	☑
■マップグラフを作成できる。	➡Lesson66	☑	☑	☑
■サンバーストを作成できる。	➡Lesson67	☑	☑	☑
■じょうごグラフを作成できる。	➡Lesson68	☑	☑	☑
■ウォーターフォール図を作成できる。	➡Lesson69	☑	☑	☑

4-1-1 2軸グラフを作成する

■2軸グラフの作成

ひとつのグラフ内に異なる種類のグラフを組み合わせて表示したものを**「複合グラフ」**といいます。また、複合グラフを主軸（左または下側）と第2軸（右または上側）を使った**「2軸グラフ」**にすると、データの数値に大きな開きがあるグラフや、単位が異なるデータを扱ったグラフを見やすくすることができます。

2019 365 ◆《挿入》タブ→《グラフ》グループの［複合グラフの挿入］（複合グラフの挿入）

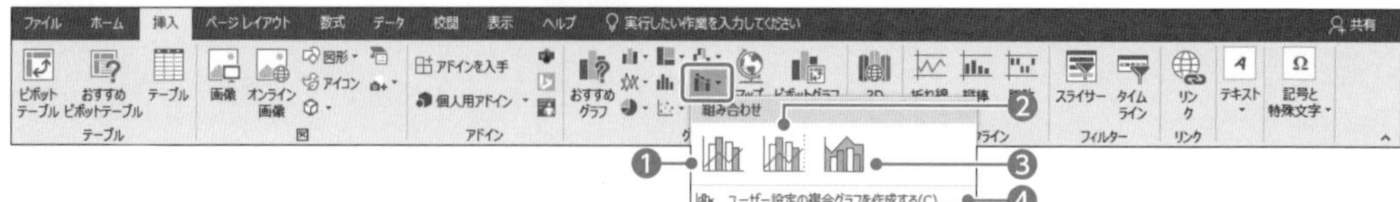

❶ ［集合縦棒－折れ線］（集合縦棒－折れ線）
集合縦棒グラフと折れ線グラフの複合グラフを作成します。

❷ ［集合縦棒－第2軸の折れ線］（集合縦棒－第2軸の折れ線）
主軸と第2軸を使って、集合縦棒グラフと折れ線グラフの複合グラフを作成します。

❸ ［積み上げ面－集合縦棒］（積み上げ面－集合縦棒）
積み上げ面グラフと集合縦棒グラフの複合グラフを作成します。

❹ユーザー設定の複合グラフを作成する
ユーザーがグラフの種類を設定して複合グラフを作成します。

Lesson 63

ブック「Lesson63」を開いておきましょう。

次の操作を行いましょう。

(1) 売上の推移を集合縦棒グラフ、予算達成率の推移をマーカー付き折れ線グラフで表した2軸グラフを作成してください。売上を主軸、予算達成率を第2軸にします。
(2) グラフをセル範囲【B8：F17】に配置してください。
(3) グラフタイトルを削除してください。
(4) 主軸の最小値を「100,000」、最大値を「200,000」、主目盛単位を「20,000」に設定してください。

(1)

①セル範囲【B3:F3】を選択します。

② Ctrl を押しながら、セル範囲【B5:F6】を選択します。

※ Ctrl を使うと、離れた場所にあるセル範囲を選択できます。

③**《挿入》**タブ→**《グラフ》**グループの（複合グラフの挿入）→**《ユーザー設定の複合グラフを作成する》**をクリックします。

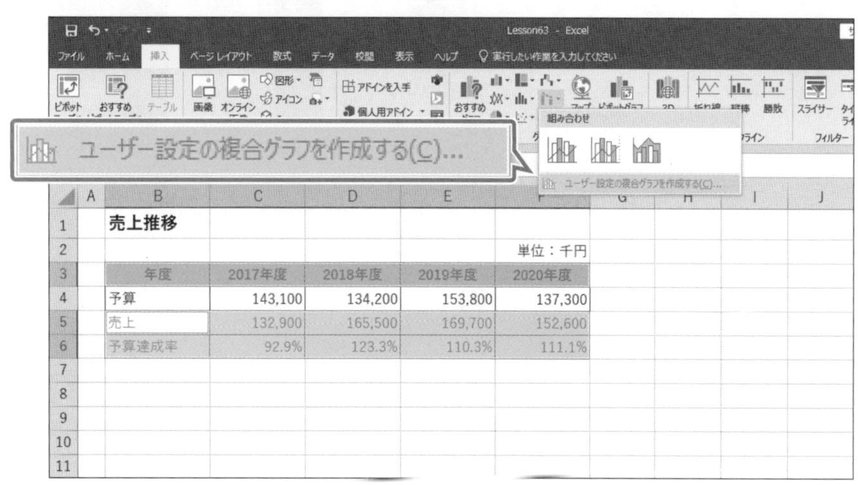

	A	B	C	D	E	F
1		売上推移				
2						単位：千円
3		年度	2017年度	2018年度	2019年度	2020年度
4		予算	143,100	134,200	153,800	137,300
5		売上	132,900	165,500	169,700	152,600
6		予算達成率	92.9%	123.3%	110.3%	111.1%

④**《グラフの挿入》**ダイアログボックスが表示されます。

⑤**《すべてのグラフ》**タブを選択します。

⑥**「売上」**の**《グラフの種類》**の をクリックし、一覧から**《縦棒》**の**《集合縦棒》**を選択します。

⑦**「予算達成率」**の**《グラフの種類》**の をクリックし、一覧から**《折れ線》**の**《マーカー付き折れ線》**を選択します。

⑧**「予算達成率」**の**《第2軸》**を ☑ にします。

⑨**《OK》**をクリックします。

Point

《グラフの挿入》の《すべてのグラフ》タブ

❶組み合わせ

複合グラフを作成します。

❷系列名

選択したセル範囲から自動的に認識して、データ系列の名称が表示されます。

❸グラフの種類

データ系列を表すグラフの種類を選択します。

❹第2軸

主軸にするデータ系列は☐、第2軸にするデータ系列は☑にします。

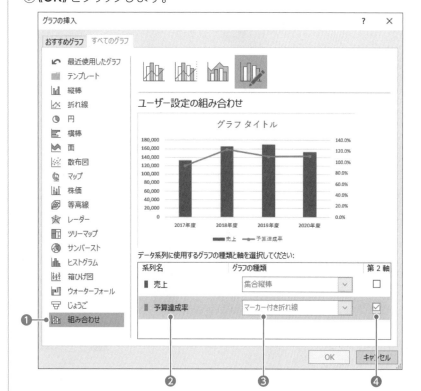

⑩ 2軸グラフが作成されます。

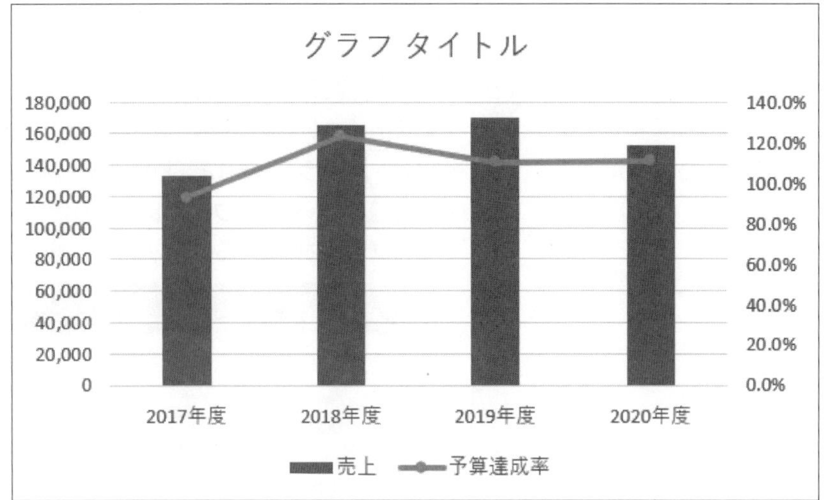

(2)

① グラフの枠線をポイントし、マウスポインターの形が に変わったら、ドラッグして移動します。（左上位置の目安：セル【B8】）

② グラフの右下の○（ハンドル）をポイントし、マウスポインターの形が に変わったら、ドラッグしてサイズを変更します。（右下位置の目安：セル【F17】）

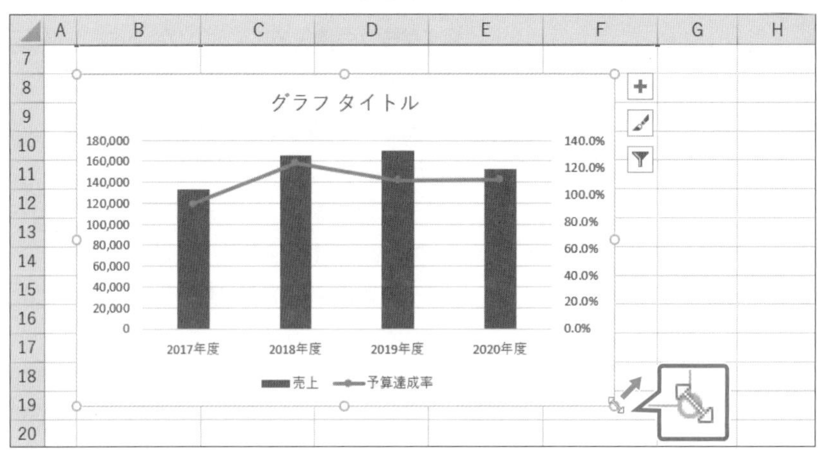

(3)

① グラフタイトルを選択します。

② 【Delete】を押します。

③ グラフタイトルが削除されます。

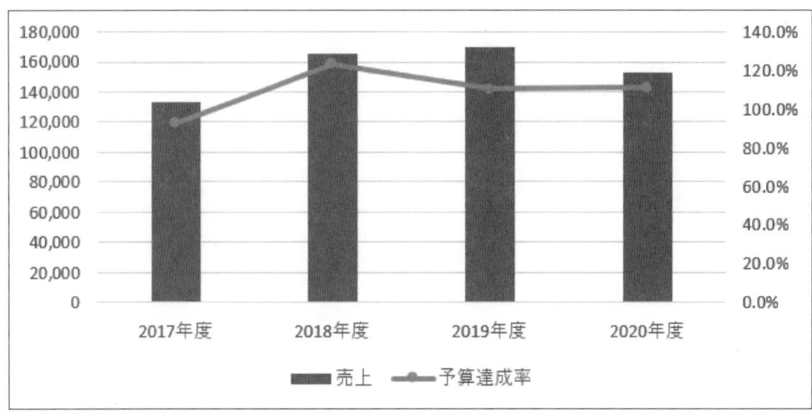

Point

複合グラフの種類の変更

2019

◆複合グラフを選択→《デザイン》タブ→《種類》グループの （グラフの種類の変更）

365

◆複合グラフを選択→《デザイン》タブ／《グラフのデザイン》タブ→《種類》グループの （グラフの種類の変更）

その他の方法

グラフタイトルの削除

2019

◆《デザイン》タブ→《グラフのレイアウト》グループの （グラフ要素を追加）→《グラフタイトル》→《なし》

◆グラフタイトルを右クリック→《削除》

365

◆《デザイン》タブ／《グラフのデザイン》タブ→《グラフのレイアウト》グループの （グラフ要素を追加）→《グラフタイトル》→《なし》

◆グラフタイトルを右クリック→《削除》

その他の方法

軸の書式設定

2019

◆グラフを選択→《デザイン》タブ→《グラフのレイアウト》グループの(グラフ要素を追加)→《軸》→《その他の軸オプション》→グラフの軸を選択

365

◆グラフを選択→《デザイン》タブ／《グラフのデザイン》タブ→《グラフのレイアウト》グループの(グラフ要素を追加)→《軸》→《その他の軸オプション》→グラフの軸を選択

Point

《軸のオプション》

❶最小値
軸の最小値を設定します。

❷最大値
軸の最大値を設定します。

❸主
主目盛の間隔を設定します。

❹補助
補助目盛の間隔を設定します。
※補助目盛を表示している場合に使います。

❺リセット
ユーザーが設定した値をリセットし、初期の値に戻します。

Point

補助目盛の表示

2019

◆グラフを選択→《デザイン》タブ→《グラフのレイアウト》グループの(グラフ要素を追加)→《目盛線》

365

◆グラフを選択→《デザイン》タブ／《グラフのデザイン》タブ→《グラフのレイアウト》グループの(グラフ要素を追加)→《目盛線》

(4)

①主軸を右クリックします。

②**《軸の書式設定》**をクリックします。

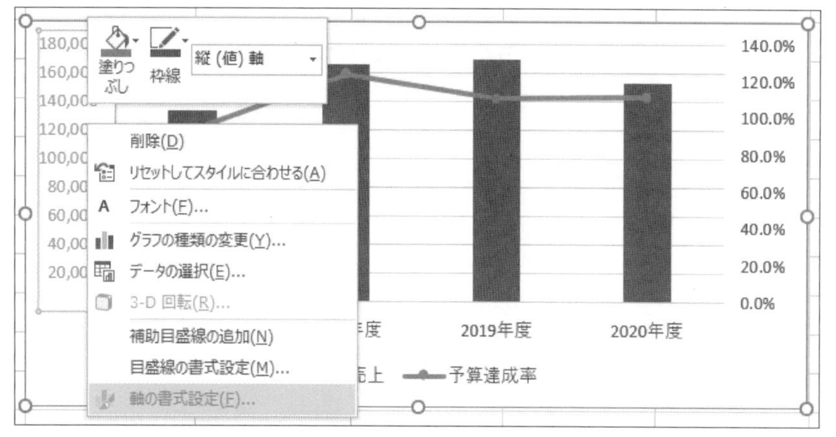

③**《軸の書式設定》**作業ウィンドウが表示されます。

④**《軸のオプション》**の(軸のオプション)をクリックします。

⑤**《軸のオプション》**の詳細が表示されていることを確認します。

※表示されていない場合は、《軸のオプション》をクリックします。

⑥**《最小値》**に**「100000」**と入力します。

⑦**《最大値》**に**「200000」**と入力します。

⑧**《主》**に**「20000」**と入力します。

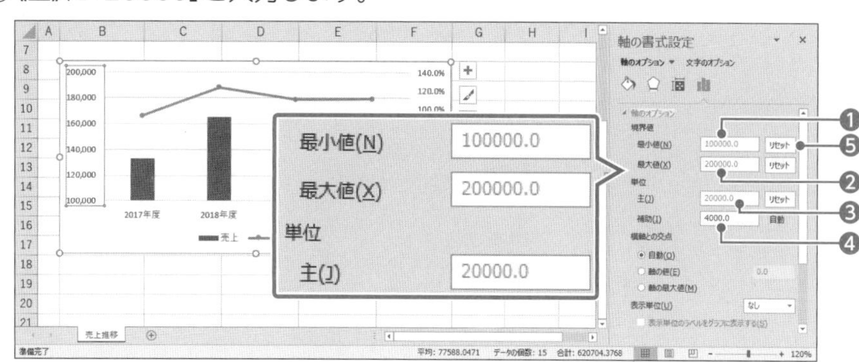

⑨主軸の最小値と最大値、目盛単位が設定されます。

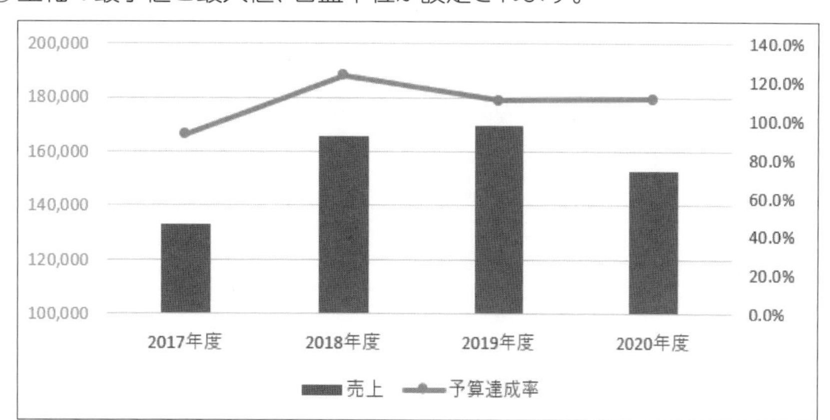

※《軸の書式設定》作業ウィンドウを閉じておきましょう。

4-1-2 ヒストグラム、箱ひげ図を作成する

解説

■ヒストグラム

「ヒストグラム」は**「度数分布図」**とも呼ばれ、データのばらつきを表すグラフです。データをいくつかの区間（階級）に分けて、区間ごとのデータの個数を表示します。人口や成績表など、データのばらつきを視覚的にとらえることができます。

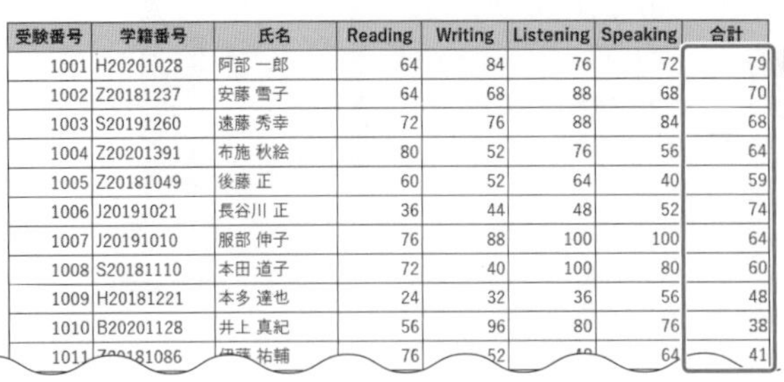

受験番号	学籍番号	氏名	Reading	Writing	Listening	Speaking	合計
1001	H20201028	阿部 一郎	64	84	76	72	79
1002	Z20181237	安藤 雪子	64	68	88	68	70
1003	S20191260	遠藤 秀幸	72	76	88	84	68
1004	Z20201391	布施 秋絵	80	52	76	56	64
1005	Z20181049	後藤 正	60	52	64	40	59
1006	J20191021	長谷川 正	36	44	48	52	74
1007	J20191010	服部 伸子	76	88	100	100	64
1008	S20181110	本田 道子	72	40	100	80	60
1009	H20181221	本多 達也	24	32	36	56	48
1010	B20201128	井上 真紀	56	96	80	76	38
1011	[illegible]181086	[illegible] 祐輔	76	52	[illegible]	64	41

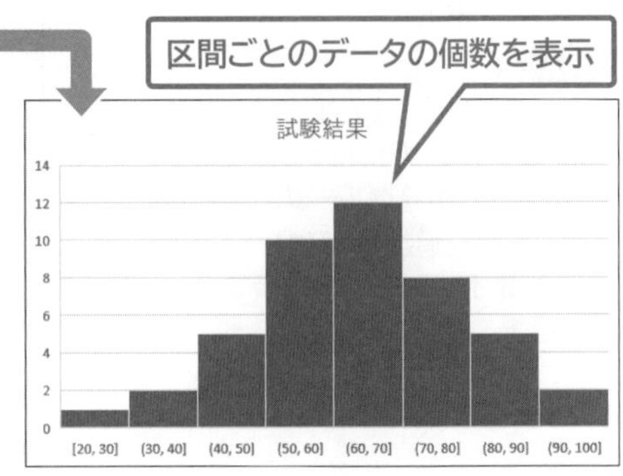

項目軸の区間と縦棒の数は自動的に決まりますが、**《軸のオプション》**を使うと変更できます。区間を変更するには**「ビンの幅」**、縦棒の数を変更するには**「ビンの数」**を使います。

●《ビンの幅》を「10」にした場合

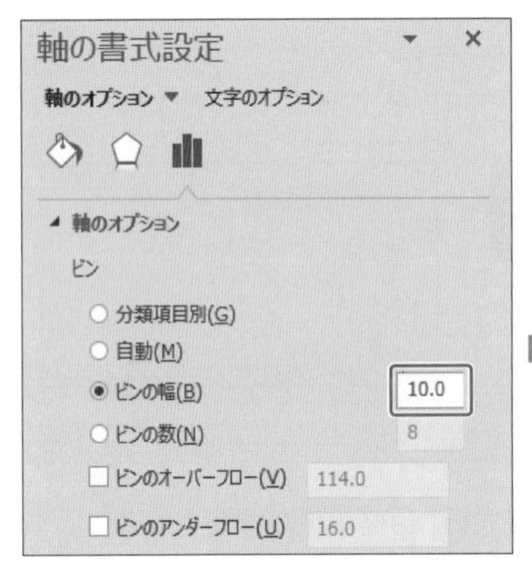

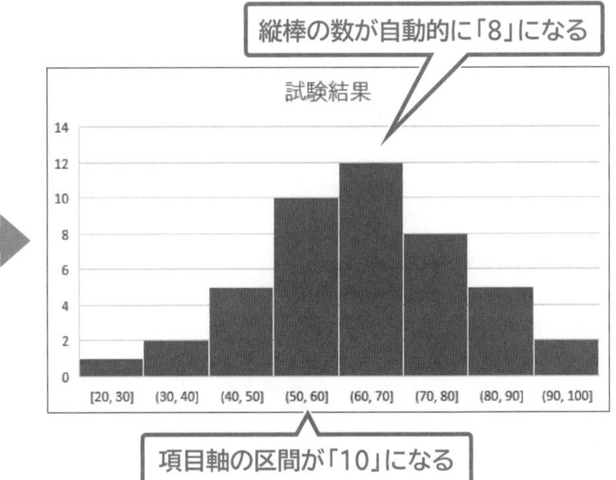

●《ビンの数》を「10」にした場合

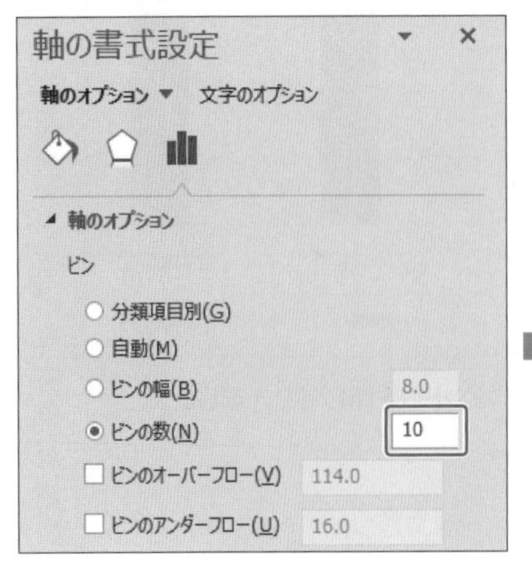

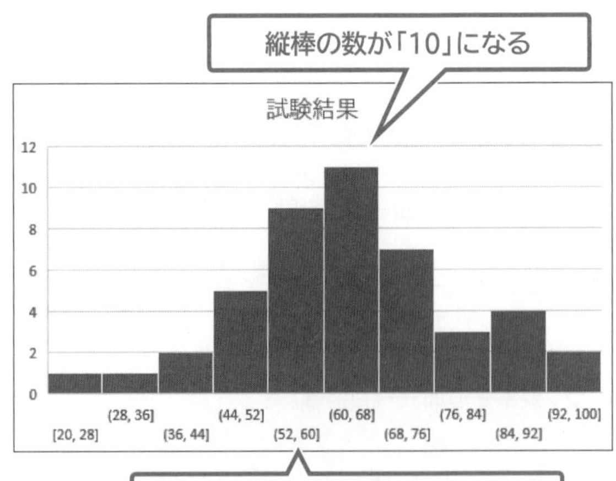

■パレート図

「パレート図」は、データを数値の大きい順に並べた棒グラフと、データの累積比率を折れ線グラフで表した複合グラフです。製品に対するクレームや製品不良、損失金額などの問題点を効率よく解決するための分析によく使われます。例えば、返品理由に占める割合の多い製品不良をなくせば、返品数が減るといったことをグラフから読み取ることができます。

No.	返品理由	返品件数	累積度数	累積比率
1	傷	50	50	41%
2	キャスター不良	38	88	72%
3	歪み	20	108	89%
4	強度不足	8	116	95%
5	色ムラ	6	122	100%

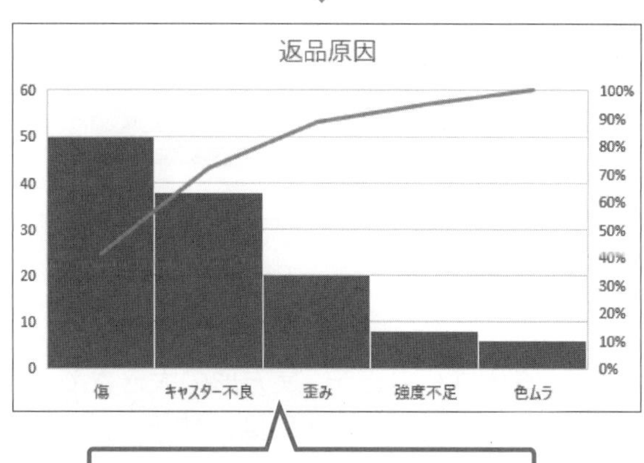

数値の大きい順に並べた縦棒グラフと累積値を折れ線グラフで表現

2019 365 ◆《挿入》タブ→《グラフ》グループの（統計グラフの挿入）

❶ **（ヒストグラム）**

ヒストグラムを作成します。

❷ **（パレート図）**

パレート図を作成します。

■箱ひげ図

「箱ひげ図」は、データのばらつきを表すグラフです。ヒストグラムではひとつの項目しか表示できませんが、箱ひげ図では複数の項目をひとつのグラフで表示できるので、複数のデータを比較する場合に便利です。

■箱ひげ図の構成要素

箱ひげ図の各要素の名称は、次のとおりです。

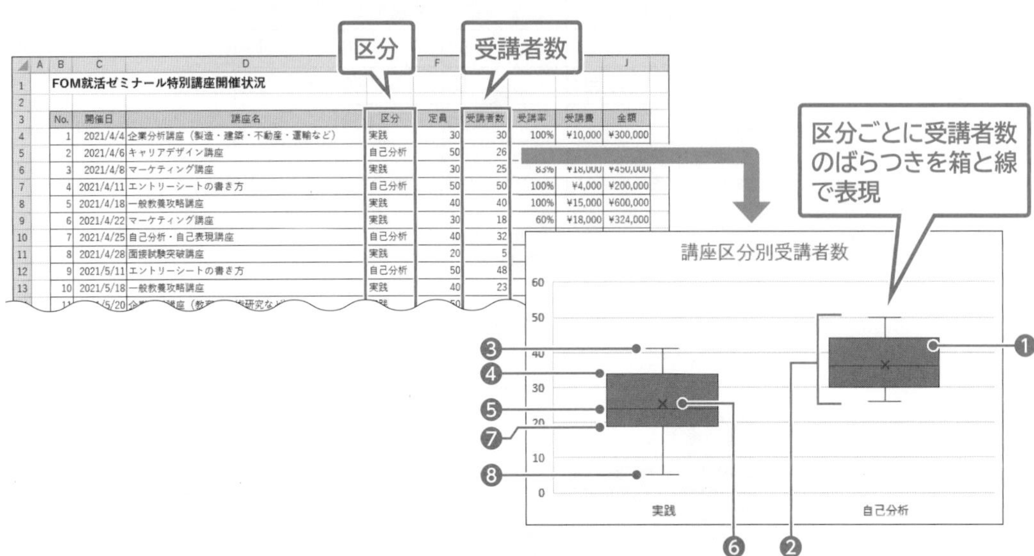

❶箱

全データのうち50%のデータのばらつきを、長方形の大きさで表示します。箱の大きさが大きいほど数値のばらつきが大きく、小さいほど数値のばらつきが小さくなります。

❷ひげ

最大値または最小値までのデータのばらつきを線の長さで表示します。線が長いほど数値のばらつきが大きく、短いほど数値のばらつきが小さくなります。

❸最大値

最大値を表示します。

❹第3四分位数

最小値から3/4にあたる値を表示します。

❺中央値（第2四分位数）

全データを順番に並べたときに、中央の位置の値を線で表示します。データが偶数の場合は、中央の2つの値の平均が中央値になります。

❻平均値

平均値を**「×（平均マーカー）」**で表示します。

❼第1四分位数

最小値から1/4にあたる値を表示します。

❽最小値

最小値を表示します。

2019 365 ◆《挿入》タブ→《グラフ》グループの（統計グラフの挿入）→《箱ひげ図》

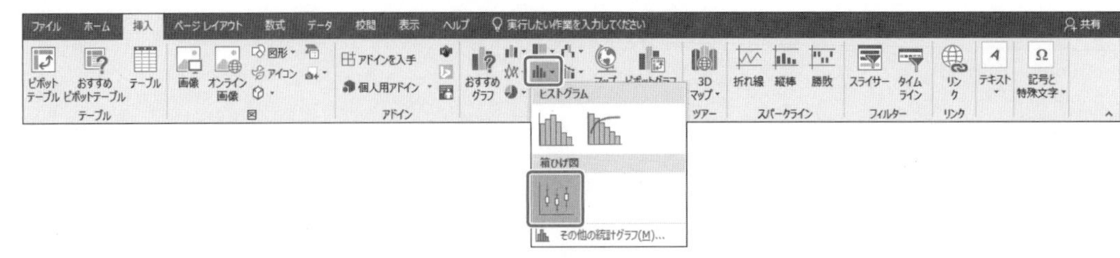

Lesson 64

ブック「Lesson64」を開いておきましょう。

次の操作を行いましょう。

(1) ワークシート「検査表」のデータをもとに、重さのばらつきを表すヒストグラムを作成してください。グラフタイトルは「C01」とします。次に、作成したヒストグラムの縦棒の数を「10」に変更してください。

(2) ワークシート「返品表」のデータをもとに、パレート図を作成してください。グラフタイトルは「返品理由」とします。

Lesson 64 Answer

(1)

①ワークシート**「検査表」**のセル範囲**【C3:C243】**を選択します。

②**《挿入》**タブ→**《グラフ》**グループの（統計グラフの挿入）→**《ヒストグラム》**の**《ヒストグラム》**をクリックします。

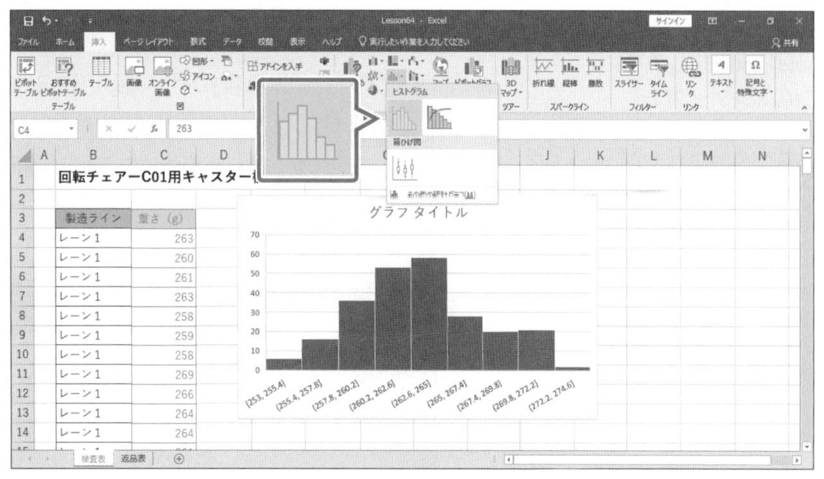

③ヒストグラムが作成されます。

④**《グラフタイトル》**を選択します。

⑤**《グラフタイトル》**の文字列を選択し、**「C01」**と入力します。

⑥**《グラフタイトル》**以外の場所をクリックします。

⑦**《グラフタイトル》**が設定されます。

⑧項目軸を右クリックします。

⑨**《軸の書式設定》**をクリックします。

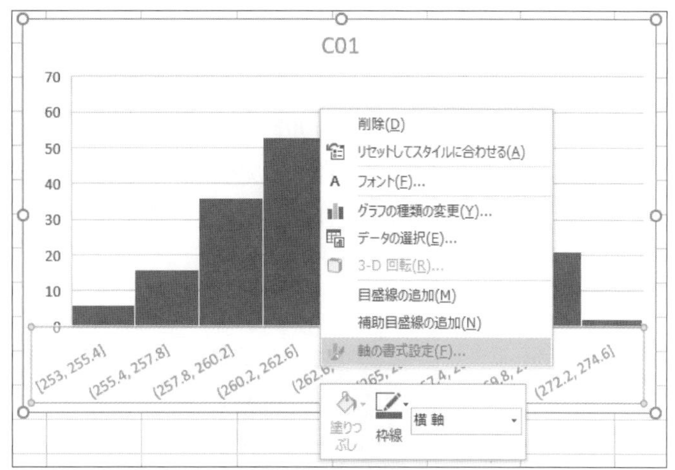

⑩**《軸の書式設定》**作業ウィンドウが表示されます。

⑪**《軸のオプション》**の（軸のオプション）をクリックします。

Point

ヒストグラムの読み方

項目軸の最初の縦棒は「○○以上○○以下」の範囲になり、次の縦棒からは「○○より大きく○○以下」の範囲になります。

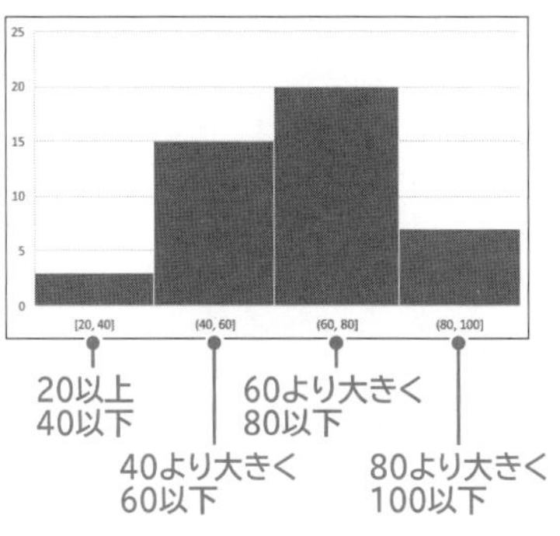

⑫《**軸のオプション**》の詳細が表示されていることを確認します。

※表示されていない場合は、《軸のオプション》をクリックします。

⑬《**ビンの数**》を◉にし、「**10**」に設定します。

※表示されていない場合は、作業ウィンドウの幅を広げて調整します。

⑭ヒストグラムの区間と縦棒の数が変更されます。

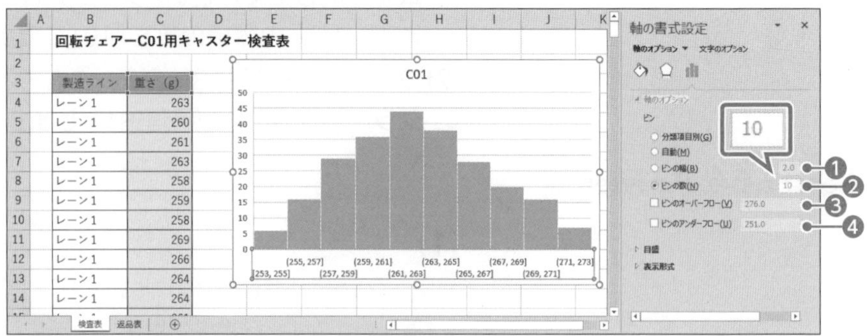

※《軸の書式設定》作業ウィンドウを閉じておきましょう。

Point

《軸のオプション》

❶ビンの幅

ビンの幅を指定すると、項目軸の区間を設定できます。縦棒の数は、項目軸の区間に応じて自動的に決まります。

❷ビンの数

ビンの数を指定すると、縦棒の数を設定できます。項目軸の区間は、縦棒の数に応じて自動的に決まります。

❸ビンのオーバーフロー

最後のビンの幅を、設定した値より上回る区間範囲にします。

❹ビンのアンダーフロー

最初のビンの幅を、設定した値より下回る区間範囲にします。

(2)

①ワークシート「**返品表**」のセル範囲【**B3:C8**】を選択します。

② Ctrl を押しながら、セル範囲【**E3:E8**】を選択します。

※ Ctrl を使うと、離れた場所にあるセル範囲を選択できます。

③《**挿入**》タブ→《**グラフ**》グループの (統計グラフの挿入)→《**ヒストグラム**》の《**パレート図**》をクリックします。

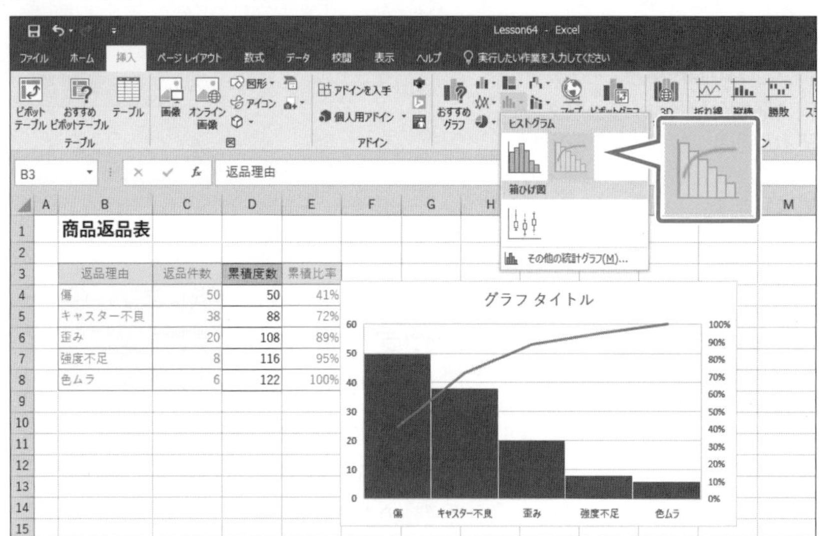

④パレート図が作成されます。

⑤《**グラフタイトル**》を選択します。

⑥《**グラフタイトル**》の文字列を選択し、「**返品理由**」と入力します。

⑦《**グラフタイトル**》以外の場所をクリックします。

⑧《**グラフタイトル**》が設定されます。

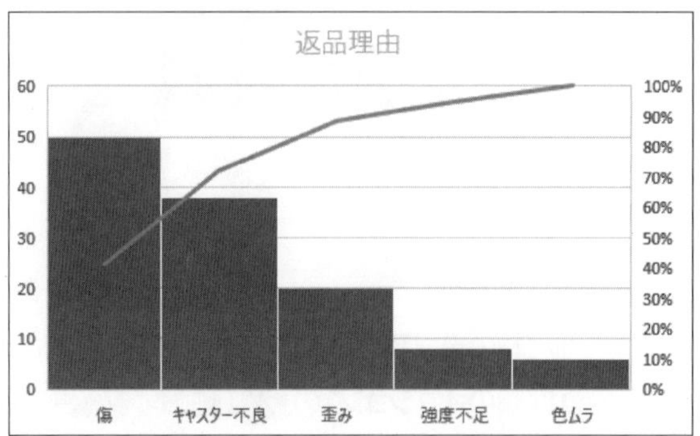

Lesson 65

ブック「Lesson65」を開いておきましょう。

次の操作を行いましょう。

(1) 表のデータをもとに、地区ごとに受講者数のばらつきを表す箱ひげ図を作成してください。

Lesson 65 Answer

(1)

①セル範囲【E3:E26】を選択します。

② Ctrl を押しながら、セル範囲【G3:G26】を選択します。

※ Ctrl を使うと、離れた場所にあるセル範囲を選択できます。

③**《挿入》**タブ→**《グラフ》**グループの（統計グラフの挿入）→**《箱ひげ図》**の**《箱ひげ図》**をクリックします。

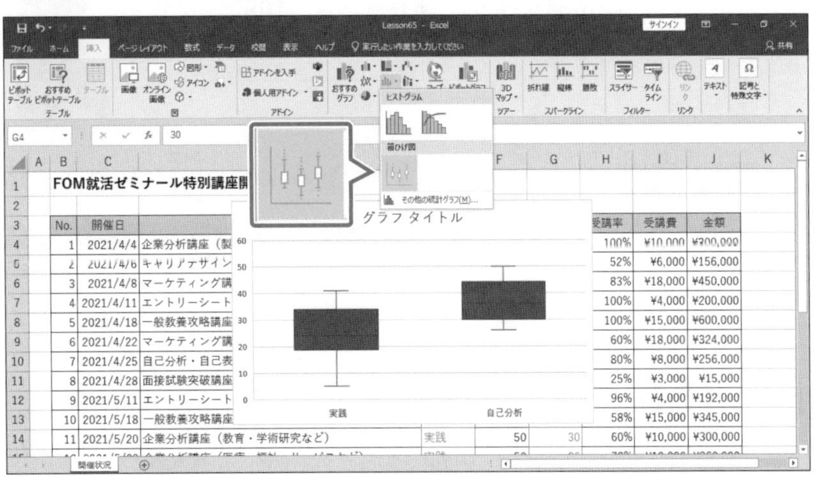

④箱ひげ図が作成されます。

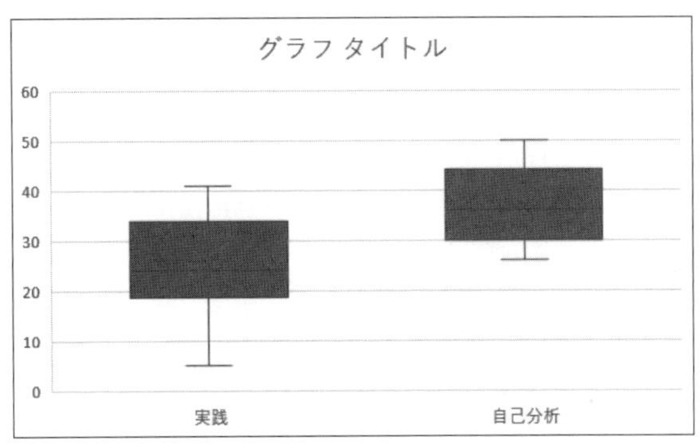

4-1-3 マップグラフを作成する

解 説

■マップグラフ

「マップグラフ」は、地図を塗り分けてデータを比較するグラフです。
国別や都道府県別の人口データの値や店舗の数など、値の大小を色の濃淡で表示する場合に使います。

都道府県	登録数
青森	61
岩手	88
宮城	69
秋田	42
山形	108
福島	102

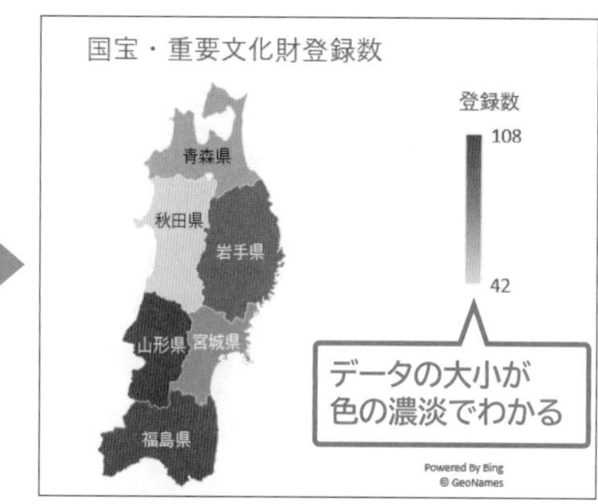

2019 365 ◆《挿入》タブ→《グラフ》グループの（マップグラフの挿入）

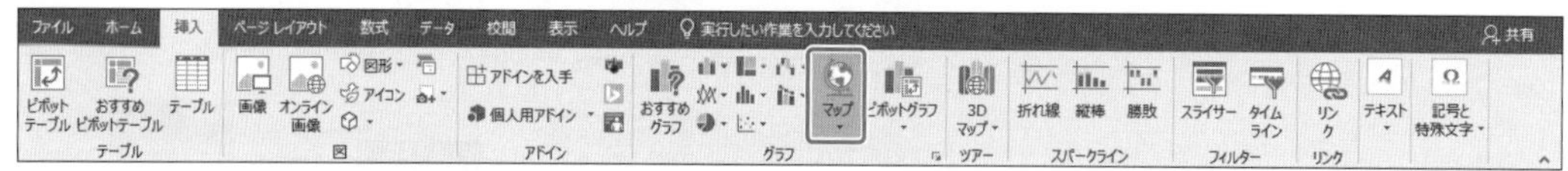

Lesson 66

ブック「Lesson66」を開いておきましょう。

Hint

マップの表示方法を変更するには、《データ系列の書式設定》作業ウィンドウを使います。

次の操作を行いましょう。

(1) 表のデータをもとに、国宝・重要文化財の登録数を比較するマップグラフを作成してください。マップは投影方法を「メルカトル」に変更し、データのある地域だけをラベルを付けて表示します。グラフタイトルは「国宝・重要文化財登録数」と設定します。

(2) グラフをセル範囲【D2：J14】に配置してください。

※インターネットに接続できる環境が必要です。

Lesson 66 Answer

(1)

①セル範囲**【A3：B9】**を選択します。

②**《挿入》**→**《グラフ》**グループの（マップグラフの挿入）→**《塗り分けマップ》**の**《塗り分けマップ》**をクリックします。

③マップグラフが作成されます。

※「マップグラフを作成するために必要なデータがBingに送信されます。」が表示された場合は、《同意します》をクリックしておきましょう。

④マップグラフの大陸の上を右クリックします。
※どの大陸でもかまいません。
※大陸上をポイントし、「系列･･･」と表示されることを確認してから、右クリックしましょう。
⑤**《データ系列の書式設定》**をクリックします。

⑥**《データ系列の書式設定》**作業ウィンドウが表示されます。
⑦**《系列のオプション》**の（系列のオプション）をクリックします。
⑧**《系列のオプション》**の詳細が表示されていることを確認します。
※表示されていない場合は、《系列のオプション》をクリックします。
⑨**《マップ投影》**のをクリックし、一覧から**《メルカトル》**を選択します。
⑩**《マップ領域》**のをクリックし、一覧から**《データが含まれる地域のみ》**を選択します。
⑪**《マップラベル》**のをクリックし、一覧から**《すべて表示》**を選択します。
※《データ系列の書式設定》作業ウィンドウを閉じておきましょう。
⑫マップグラフに表示される地域が東北地方に絞り込まれ、登録数が多い地域ほど濃色で表示されます。

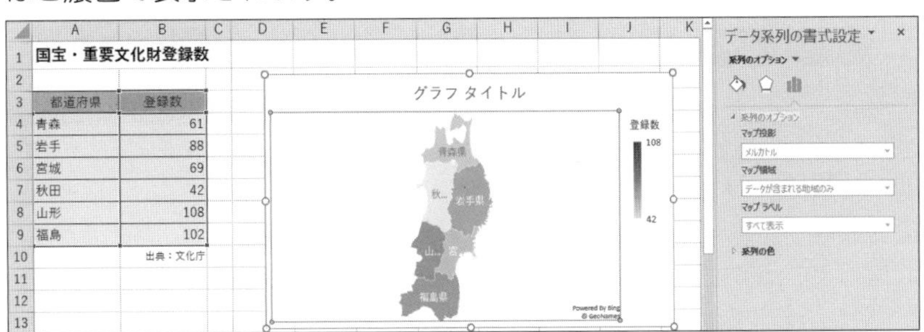

⑬**《グラフタイトル》**を選択します。
⑭**《グラフタイトル》**の文字列を選択し、**「国宝・重要文化財登録数」**と入力します。
⑮**《グラフタイトル》**以外の場所をクリックします。
⑯グラフタイトルが設定されます。

(2)

①グラフの枠線をポイントし、マウスポインターの形がに変わったら、ドラッグして移動します。(左上位置の目安：セル**【D2】**)
②グラフの右下の○（ハンドル）をポイントし、マウスポインターの形がに変わったら、ドラッグしてサイズを変更します。(右下位置の目安：セル**【J14】**)

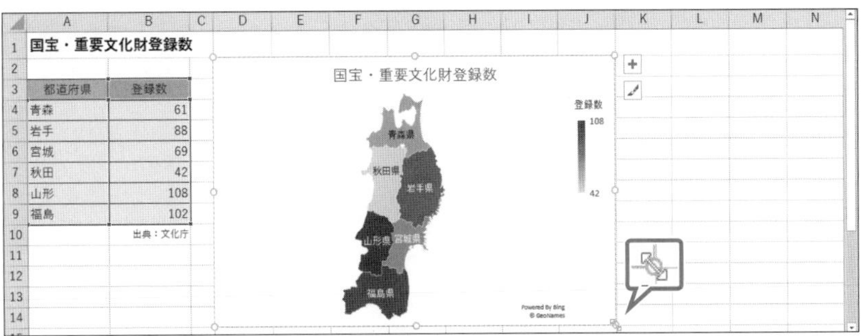

4-1-4 サンバーストを作成する

解説

■サンバースト

「サンバースト」は、全体に対する各階層のデータの割合をドーナツ状の輪で表すグラフです。複数の階層データをひとつのグラフで表すことができ、最も内側の輪が、表のデータの最上位の階層になり、データの大きい順にグラフに割合が表示されます。
地域別の人口比率や部署別の売上金額など、複数の階層があるデータの割合を比較する場合に使います。

区分	地域	収穫量
東日本	北海道	514,800
	東北	2,137,000
	北陸	1,096,000
	関東	1,457,000
西日本	東海	462,400
	近畿	517,500
	中国	537,800
	四国	233,400
	九州	821,300
	沖縄	2,200

1階層目　2階層目

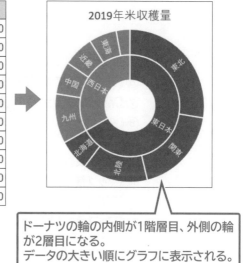

2019年米収穫量
東北
東日本
関東
北陸
北海道
九州
中国
西日本
近畿
東海

ドーナツの輪の内側が1階層目、外側の輪が2層目になる。
データの大きい順にグラフに表示される。

2019 365 ◆《挿入》タブ→《グラフ》グループの (階層構造グラフの挿入)→《サンバースト》

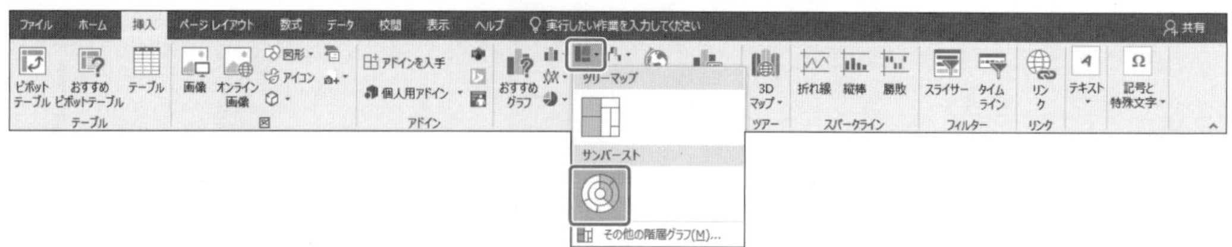

Lesson 67

 ブック「Lesson67」を開いておきましょう。

次の操作を行いましょう。

(1) 表のデータをもとに、地域別米収穫量の割合を表すサンバーストを作成してください。グラフタイトルを「2019年米収穫量」に設定します。

Lesson 67 Answer

(1)

①セル範囲【B3:D13】を選択します。

②**《挿入》**タブ→**《グラフ》**グループの (階層構造グラフの挿入)→**《サンバースト》**の**《サンバースト》**をクリックします。

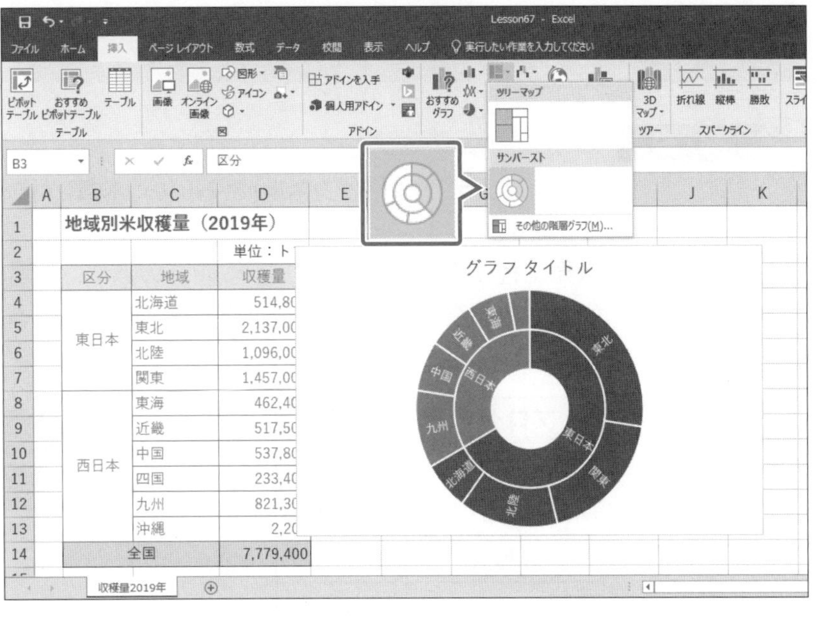

③サンバーストグラフが作成されます。

④**《グラフタイトル》**を選択します。

⑤**《グラフタイトル》**の文字列を選択し、**「2019年米収穫量」**と入力します。

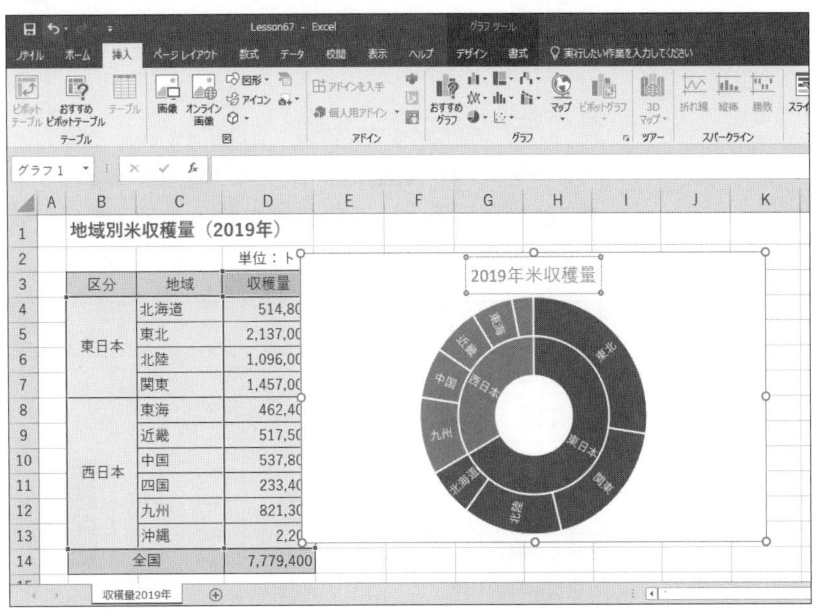

⑥グラフタイトル以外の場所をクリックします。

⑦グラフタイトルが設定されます。

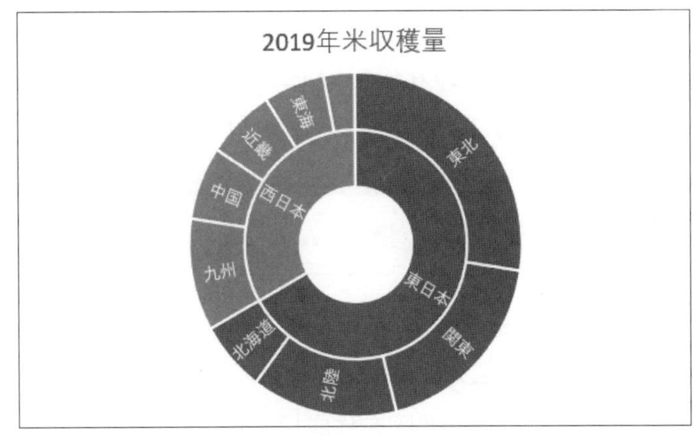

4-1-5 じょうごグラフ、ウォーターフォール図を作成する

解説

■じょうごグラフ

「じょうごグラフ」は**「ファンネル」**ともいい、物事が進行する過程での数値を視覚化するグラフです。
販売工程が進むにつれ減少する顧客の数や、年間の予算残高など通常、過程ごとに減少する数値を視覚化し、ボトルネックになっている工程や原因をグラフから読み取ることができます。

プロセス	顧客数
見込み	600
DM発送	495
問い合わせ	188
説明	98
商談交渉	65
契約成立	22

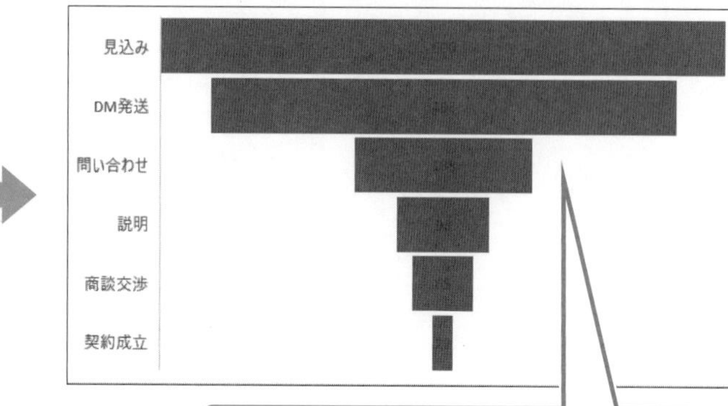

DM発送後から問い合わせまでの段階で、問題点がなかったのか検討する必要があると読み取れる。

■ウォーターフォール図

「ウォーターフォール図」は、データの増減を棒グラフで表します。グラフは値がプラスかマイナスかがわかるように色分けされるので、増減の要因を簡単に把握できます。
在庫や金融資産の推移を表す場合に使います。

	入出庫数
前月在庫	60
7月1日	70
7月8日	-10
7月15日	50
7月22日	-60
7月29日	-80
当月在庫	30

増減する値

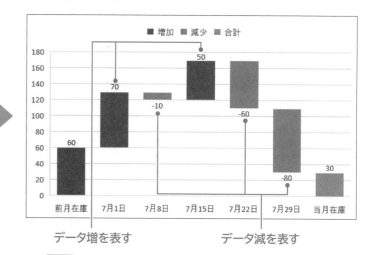

■ 増加 ■ 減少 ■ 合計

データ増を表す　データ減を表す

2019 365 ◆《挿入》タブ→《グラフ》グループの（ウォーターフォール図、じょうごグラフ、株価チャート、等高線グラフ、レーダーチャートの挿入）

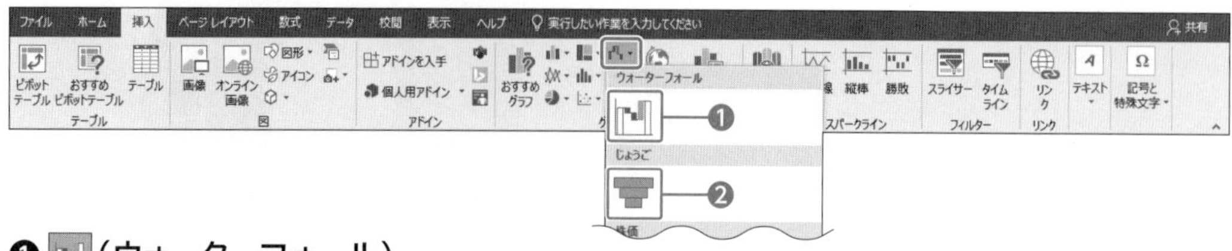

❶ （ウォーターフォール）
ウォーターフォール図を作成します。

❷ （じょうご）
じょうごグラフを作成します。

Lesson 68

 ブック「Lesson68」を開いておきましょう。

次の操作を行いましょう。

(1) 表のデータをもとに、販売工程における商談フェーズと顧客数の割合を表すじょうごグラフを作成してください。

Lesson 68 Answer

(1)

①セル範囲【B3:C9】を選択します。

②《挿入》タブ→《グラフ》グループの (ウォーターフォール図、じょうごグラフ、株価チャート、等高線グラフ、レーダーチャートの挿入)→《じょうご》の《じょうご》をクリックします。

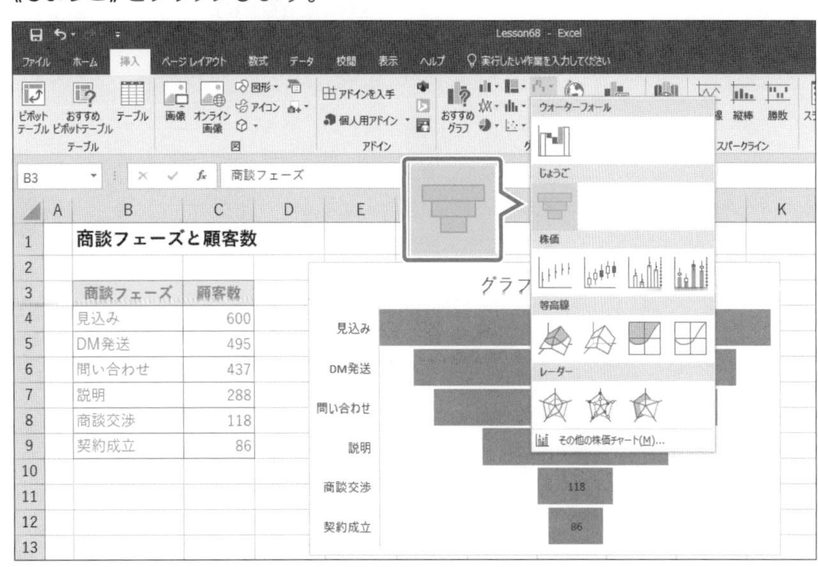

③じょうごグラフが作成されます。

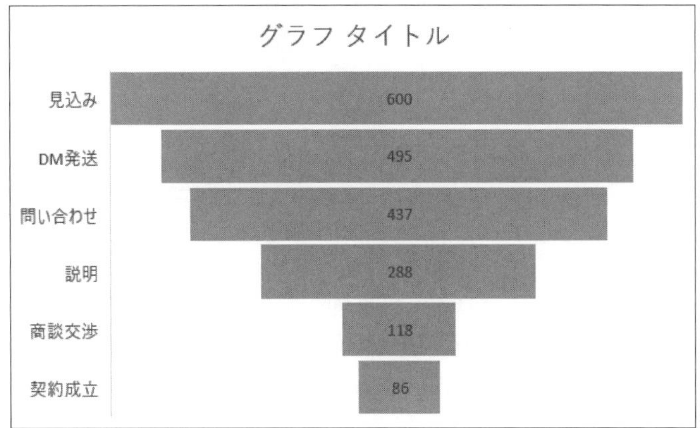

Lesson 69

Hint

グラフのコネクタを非表示にするには、《データ系列の書式設定》作業ウィンドウを使います。

 ブック「Lesson69」を開いておきましょう。

次の操作を行いましょう。

(1) 表のデータをもとに、日付ごとの在庫数の増減を表すウォーターフォール図を作成してください。

(2) グラフのコネクタを非表示にしてください。

(3) 当月在庫を合計として設定してください。

(1)

①セル範囲【B3：C10】を選択します。

②**《挿入》**タブ→**《グラフ》**グループの［アイコン］（ウオーターフォール図、じょうごグラフ、株価チャート、等高線グラフ、レーダーチャートの挿入）→**《ウォーターフォール》**の**《ウォーターフォール》**をクリックします。

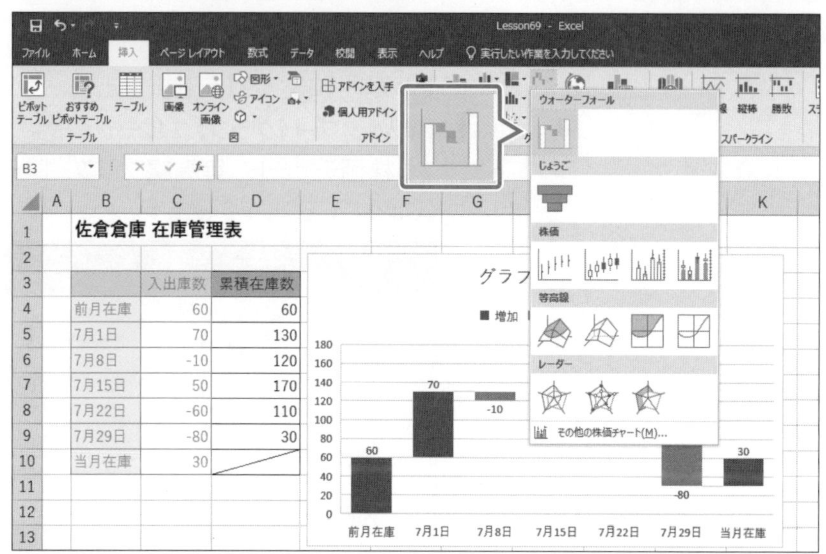

③ウォーターフォール図が作成されます。

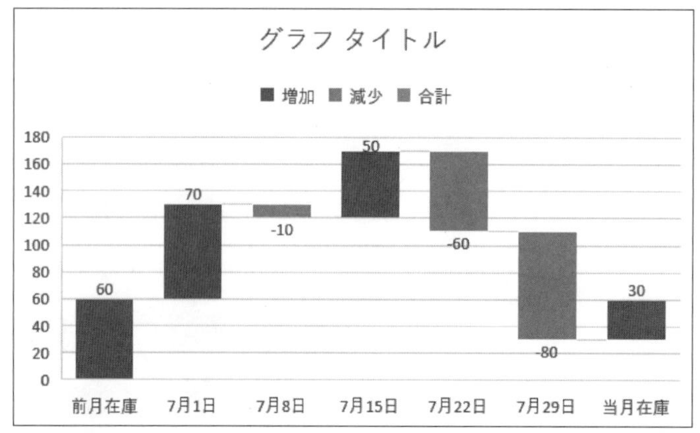

(2)

①データ系列を右クリックします。

※どの系列でもかまいません。

②**《データ系列の書式設定》**をクリックします。

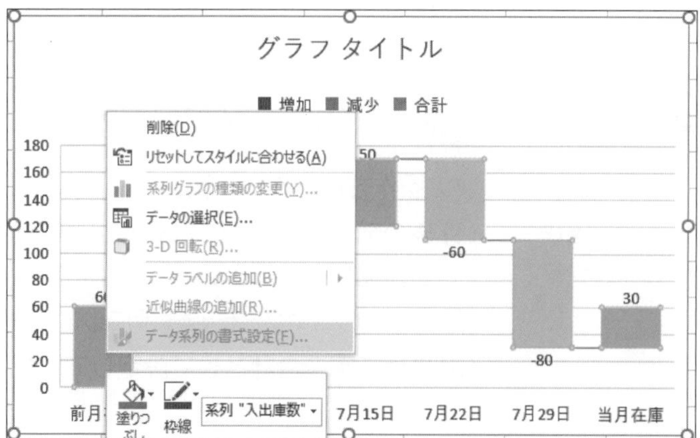

③《**データ系列の書式設定**》作業ウィンドウが表示されます。

④《**系列のオプション**》の（系列のオプション）をクリックします。

⑤《**系列のオプション**》の詳細が表示されていることを確認します。

※表示されていない場合は、《系列のオプション》をクリックします。

⑥《**コネクタを表示**》を□にします。

⑦コネクタが非表示になります。

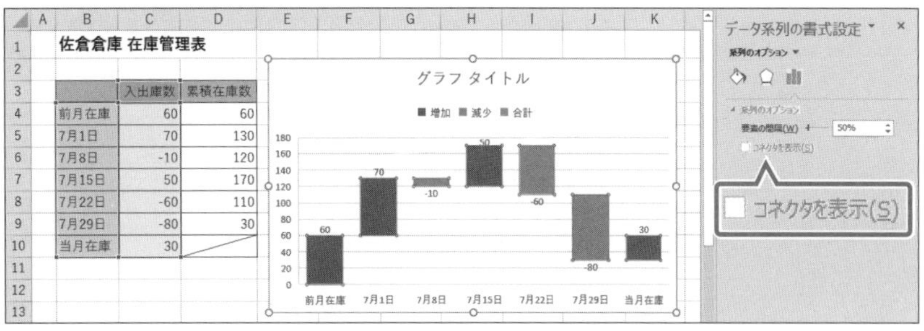

Point

コネクタ

「コネクタ」は、データ系列の終点と次のデータ系列の始点をつないでデータの推移を表します。プロットエリアに目盛線を表示しているなど、不要な場合は非表示にできます。

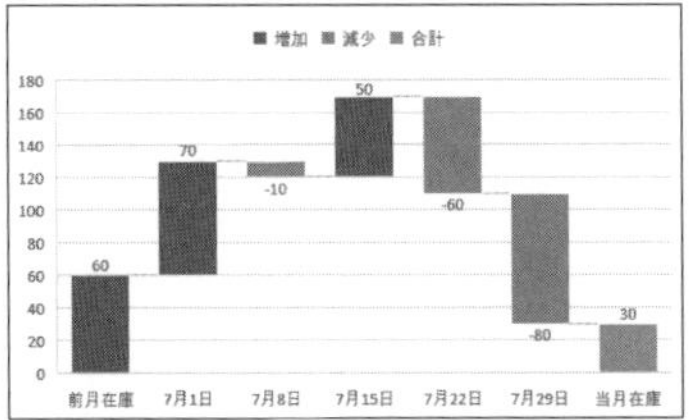

(3)

①データ系列が選択されていることを確認します。

②当月在庫のデータ系列を選択します。

※当月在庫のデータ系列だけが選択されます。

③《**データ要素の書式設定**》作業ウィンドウが表示されます。

④《**系列のオプション**》の（系列のオプション）をクリックします。

⑤《**系列のオプション**》の詳細が表示されていることを確認します。

※表示されていない場合は、《系列のオプション》をクリックします。

⑥《**合計として設定**》を☑にします。

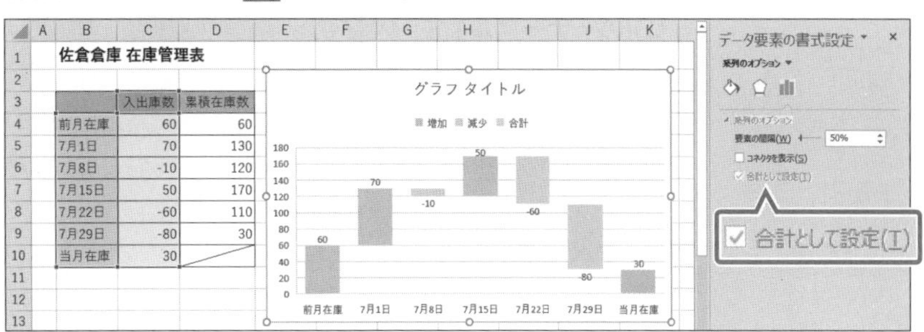

⑦グラフ以外の場所をクリックします。

⑧当月在庫が合計として設定されます。

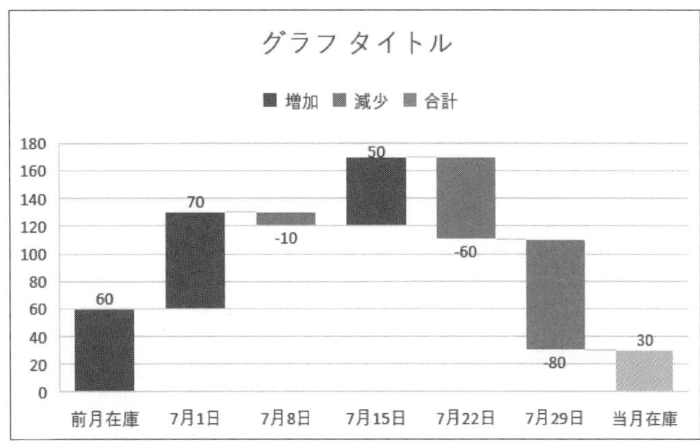

※《データ要素の書式設定》作業ウィンドウを閉じておきましょう。

その他の方法

合計として設定

2019 365

◆データ系列を選択→合計として設定するデータ系列を選択→合計として設定するデータ系列を右クリック→《合計として設定》

4-2 ピボットテーブルを作成する、変更する

理解度チェック

習得すべき機能	参照Lesson	学習前	学習後	試験直前
■ピボットテーブルを作成できる。	➡Lesson70	☑	☑	☑
■スライサーを使って集計データを絞り込める。	➡Lesson71	☑	☑	☑
■タイムラインを使って集計データを絞り込める。	➡Lesson72	☑	☑	☑
■ピボットテーブルオプションの設定ができる。	➡Lesson73	☑	☑	☑
■ピボットテーブルの集計データを絞り込める。	➡Lesson73	☑	☑	☑
■ピボットテーブルのデータをグループ化できる。	➡Lesson74	☑	☑	☑
■ピボットテーブルに集計フィールドを追加できる。	➡Lesson75	☑	☑	☑
■ピボットテーブルの集計方法を変更できる。	➡Lesson75	☑	☑	☑
■ピボットテーブルのデザインを適用できる。	➡Lesson76	☑	☑	☑

4-2-1 ピボットテーブルを作成する

解説

■ピボットテーブルの作成

「ピボットテーブル」は、大量のデータを瞬時に集計して、様々な角度から分析できる機能です。

ピボットテーブルを利用するには、ワークシートに**「フィールド名」**、**「フィールド」**、**「レコード」**から構成されるデータベースを用意しておく必要があります。

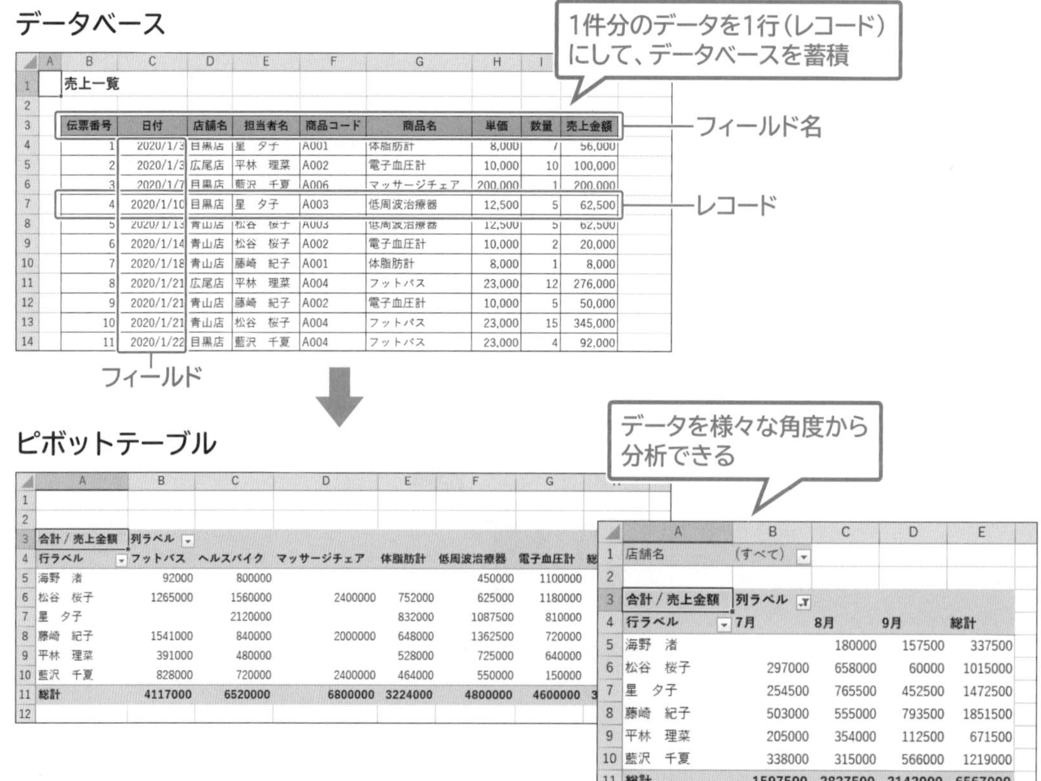

売上一覧

伝票番号	日付	店舗名	担当者名	商品コード	商品名	単価	数量	売上金額
1	2020/1/3	目黒店	星　夕子	A001	体脂肪計	8,000	7	56,000
2	2020/1/3	広尾店	平林　理菜	A002	電子血圧計	10,000	10	100,000
3	2020/1/7	目黒店	藍沢　千夏	A006	マッサージチェア	200,000	1	200,000
4	2020/1/10	目黒店	星　夕子	A003	低周波治療器	12,500	5	62,500
5	2020/1/13	青山店	松谷　桜子	A003	低周波治療器	12,500	5	62,500
6	2020/1/14	青山店	松谷　桜子	A002	電子血圧計	10,000	2	20,000
7	2020/1/18	青山店	藤崎　紀子	A001	体脂肪計	8,000	1	8,000
8	2020/1/21	広尾店	平林　理菜	A004	フットバス	23,000	12	276,000
9	2020/1/21	青山店	藤崎　紀子	A002	電子血圧計	10,000	5	50,000
10	2020/1/21	青山店	松谷　桜子	A004	フットバス	23,000	15	345,000
11	2020/1/22	目黒店	藍沢　千夏	A004	フットバス	23,000	4	92,000

合計 / 売上金額	列ラベル					
行ラベル	フットバス	ヘルスバイク	マッサージチェア	体脂肪計	低周波治療器	電子血圧計
海野　渚	92000	800000			450000	1100000
松谷　桜子	1265000	1560000	2400000	752000	625000	1180000
星　夕子		2120000		832000	1087500	810000
藤崎　紀子	1541000	840000	2000000	648000	1362500	720000
平林　理菜	391000	480000		528000	725000	640000
藍沢　千夏	828000	720000	2400000	464000	550000	150000
総計	4117000	6520000	6800000	3224000	4800000	4600000

店舗名	（すべて）			
合計 / 売上金額	列ラベル			
行ラベル	7月	8月	9月	総計
海野　渚		180000	157500	337500
松谷　桜子	297000	658000	60000	1015000
星　夕子	254500	765500	452500	1472500
藤崎　紀子	503000	555000	793500	1851500
平林　理菜	205000	354000	112500	671500
藍沢　千夏	338000	315000	566000	1219000
総計	1597500	2827500	2142000	6567000

2019 365 ◆《挿入》タブ→《テーブル》グループの (ピボットテーブル)

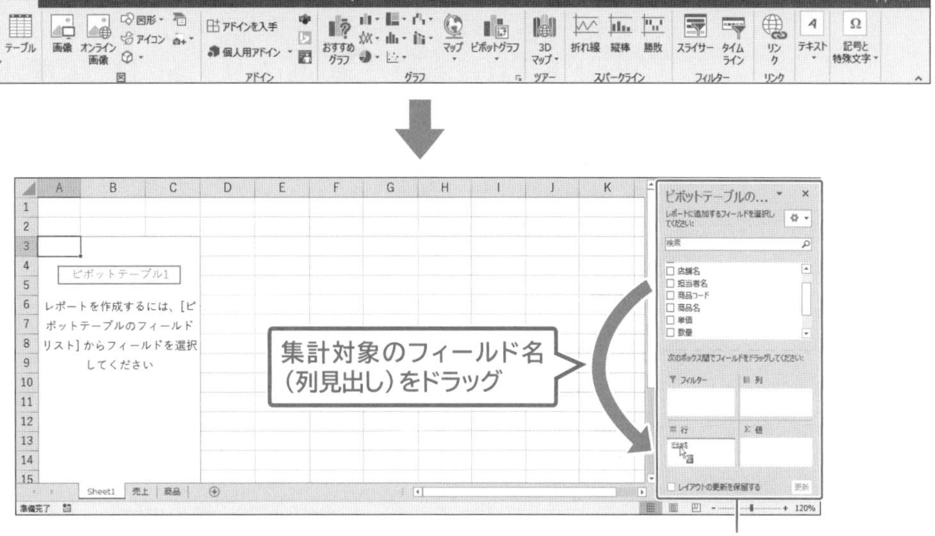

■ピボットテーブルの構成要素

ピボットテーブルの各要素の名称は、次のとおりです。

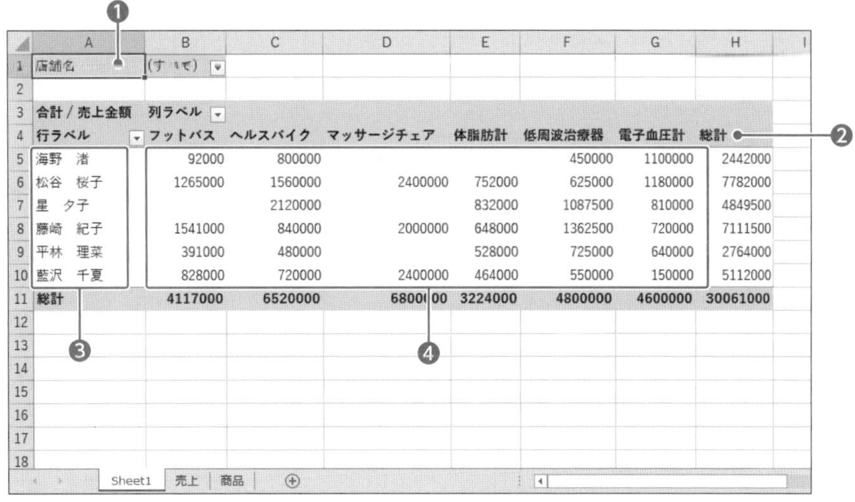

店舗名	(すべて)						
合計 / 売上金額	列ラベル						
行ラベル	フットバス	ヘルスバイク	マッサージチェア	体脂肪計	低周波治療器	電子血圧計	総計
海野　渚	92000	800000			450000	1100000	2442000
松谷　桜子	1265000	1560000	2400000	752000	625000	1180000	7782000
星　夕子		2120000		832000	1087500	810000	4849500
藤崎　紀子	1541000	840000	2000000	648000	1362500	720000	7111500
平林　理菜	391000	480000		528000	725000	640000	2764000
藍沢　千夏	828000	720000	2400000	464000	550000	150000	5112000
総計	4117000	6520000	6800000	3224000	4800000	4600000	30061000

❶レポートフィルターエリア

データを絞り込んで集計するときに、条件となるフィールドを設定します。

❷列ラベルエリア

列方向の項目名になるデータが含まれるフィールドを設定します。

❸行ラベルエリア

行方向の項目名になるデータが含まれるフィールドを設定します。

❹値エリア

集計するデータの値が含まれるフィールドを設定します。

■ピボットテーブルの編集

ピボットテーブルは作成後に、各エリアのフィールドを入れ替えることで、簡単に再集計できます。また、各エリアにフィールドを追加したり、不要なフィールドを削除したりできます。

フィールドを入れ替えたり、追加したりするには、**《ピボットテーブルのフィールド》**作業ウィンドウのフィールドを各エリアのボックスにドラッグします。

フィールドを削除するには、**《ピボットテーブルのフィールド》**作業ウィンドウのフィールドを作業ウィンドウの外側にドラッグします。

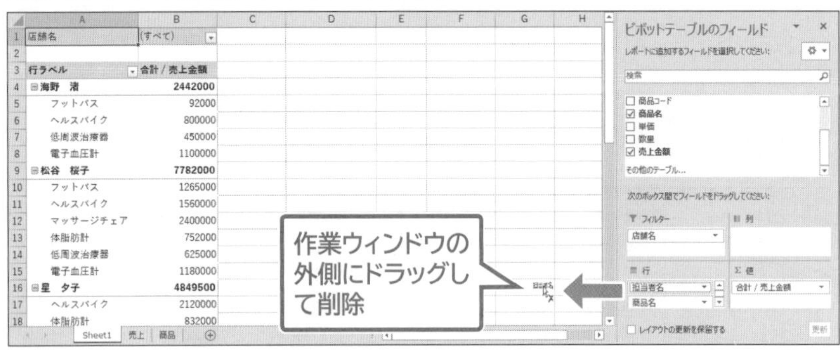

Lesson 70

OPEN ブック「Lesson70」を開いておきましょう。

次の操作を行いましょう。

(1) 店舗別、商品別に売上金額を集計するピボットテーブルを新しいワークシートに作成してください。行ラベルエリアに店舗名、列ラベルエリアに商品名、値エリアに売上金額をそれぞれ配置します。

(2) 行ラベルエリアの店舗名の下層に、担当者名を追加してください。

(3) 列ラベルエリアから商品名を削除し、日付を配置してください。

Lesson 70 Answer

(1)

① ワークシート**「売上」**のセル**【B3】**を選択します。

※表内のセルであれば、どこでもかまいません。

②**《挿入》**タブ→**《テーブル》**グループの  (ピボットテーブル)をクリックします。

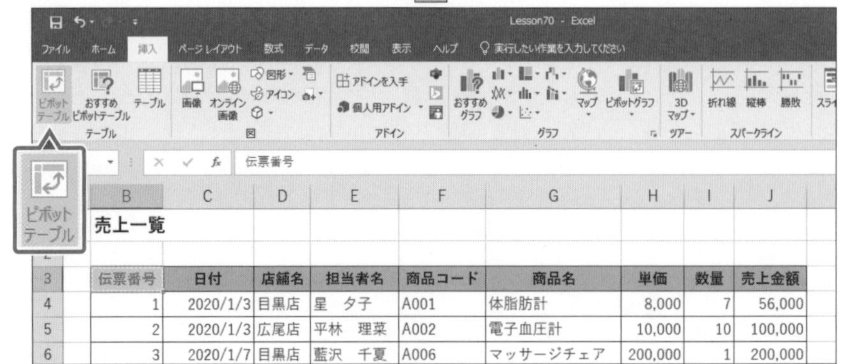

Point

《ピボットテーブルの作成》

❶テーブルまたは範囲を選択
ピボットテーブルのもとになるテーブルまたはセル範囲を指定します。

❷外部データソースを使用
テキストファイルやAccessデータベースなど、Excel以外のデータからピボットテーブルを作成する場合に指定します。

❸このブックのデータモデルを使用する
ブックに読み込まれているデータモデルからピボットテーブルを作成する場合に指定します。

❹新規ワークシート
ワークシートを追加してピボットテーブルを作成します。

❺既存のワークシート
ピボットテーブルを作成するワークシート名とセル番地を指定します。

❻このデータをデータモデルに追加する
作成したピボットテーブルをデータモデルとして追加する場合に指定します。

その他の方法

フィールドの追加

2019 365

◆《ピボットテーブルのフィールド》作業ウィンドウのフィールド名を右クリック→《レポートフィルターに追加》/《行ラベルに追加》/《列ラベルに追加》/《値に追加》

Point

値エリアの集計方法

値エリアの集計方法は、値エリアに配置するフィールドのデータの種類によって異なります。初期の設定では、次のように集計されますが、集計方法はあとから変更できます。

データの種類	集計方法
数値	合計
文字列	データの個数
日付	データの個数

Point

《ピボットテーブルのフィールド》作業ウィンドウのレイアウトの変更

フィールドリストの表示が狭くて操作しにくい場合は、⚙▾(ツール)を使うと、作業ウィンドウのレイアウトを変更できます。

③《ピボットテーブルの作成》ダイアログボックスが表示されます。
④《テーブルまたは範囲を選択》を⦿にします。
⑤《テーブル/範囲》に「売上!$B$3:$J$203」と表示されていることを確認します。
⑥《新規ワークシート》を⦿にします。
⑦《OK》をクリックします。

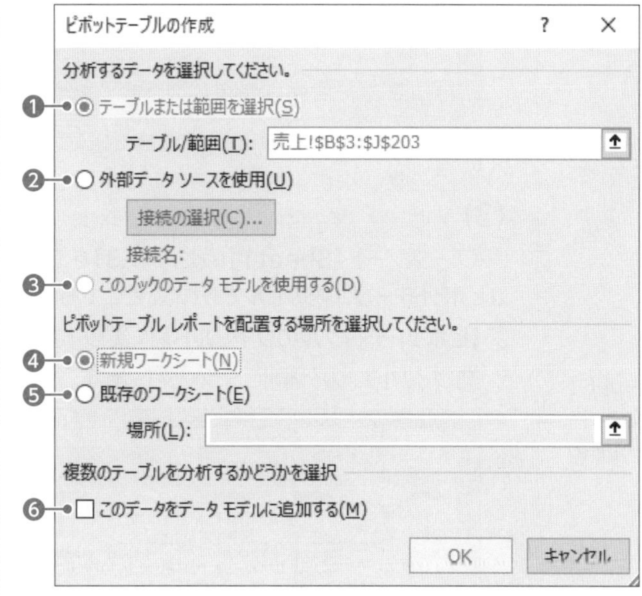

⑧新しいワークシートが挿入され、《ピボットテーブルのフィールド》作業ウィンドウが表示されます。
⑨「店舗名」を《行》のボックスにドラッグします。
⑩「商品名」を《列》のボックスにドラッグします。
⑪「売上金額」を《値》のボックスにドラッグします。
⑫新しいワークシートが挿入され、ピボットテーブルが作成されます。

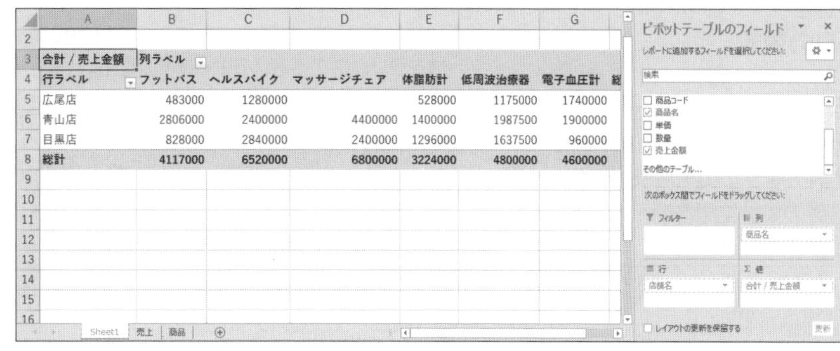

合計 / 売上金額	列ラベル					
行ラベル	フットバス	ヘルスバイク	マッサージチェア	体脂肪計	低周波治療器	電子血圧計
広尾店	483000	1280000		528000	1175000	1740000
青山店	2806000	2400000	4400000	1400000	1987500	1900000
目黒店	828000	2840000	2400000	1296000	1637500	960000
総計	4117000	6520000	6800000	3224000	4800000	4600000

(2)

①ワークシート「Sheet1」のセル【A3】を選択します。
※ピボットテーブル内のセルであれば、どこでもかまいません。
②《ピボットテーブルのフィールド》作業ウィンドウの「担当者名」を、《行》のボックスの「店舗名」の下にドラッグします。
※作業ウィンドウが表示されていない場合は、《分析》タブ/《ピボットテーブル分析》タブ→《表示》グループの フィールドリスト (フィールドリスト)をクリックします。

その他の方法

ボックス内のフィールドの入れ替え

2019 365

◆《ピボットテーブルのフィールド》作業ウィンドウのボックスのフィールド名をクリック→移動先を選択

その他の方法

フィールドの削除

2019 365

◆《ピボットテーブルのフィールド》作業ウィンドウのボックスのフィールド名をクリック→《フィールドの削除》

Point

データの更新

ピボットテーブルと、もとになるデータベースは連動しています。データベースを変更した場合には、ピボットテーブルのデータを更新して、最新の集計結果を表示します。

2019

◆《分析》タブ→《データ》グループの (更新)

365

◆《分析》タブ/《ピボットテーブル分析》タブ→《データ》グループの (更新)

③行ラベルエリアの店舗名の下層に、担当者名が追加されます。

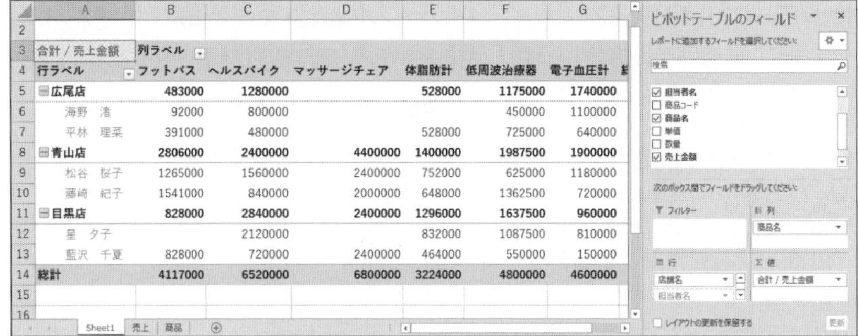

合計 / 売上金額	列ラベル					
行ラベル	フットバス	ヘルスバイク	マッサージチェア	体脂肪計	低周波治療器	電子血圧計
⊟広尾店	483000	1280000		528000	1175000	1740000
海野　渚	92000	800000			450000	1100000
平林　理菜	391000	480000		528000	725000	640000
⊟青山店	2806000	2400000	4400000	1400000	1987500	1900000
松谷　桜子	1265000	1560000	2400000	752000	625000	1180000
藤崎　紀子	1541000	840000	2000000	648000	1362500	720000
⊟目黒店	828000	2840000	2400000	1296000	1637500	960000
星　夕子		2120000		832000	1087500	810000
藍沢　千夏	828000	720000	2400000	464000	550000	150000
総計	4117000	6520000	6800000	3224000	4800000	4600000

(3)

①ワークシート**「Sheet1」**のセル**【A3】**を選択します。

※ピボットテーブル内のセルであれば、どこでもかまいません。

②**《ピボットテーブルのフィールド》**作業ウィンドウの**《列》**のボックスの**「商品名」**を作業ウィンドウの外側にドラッグします。

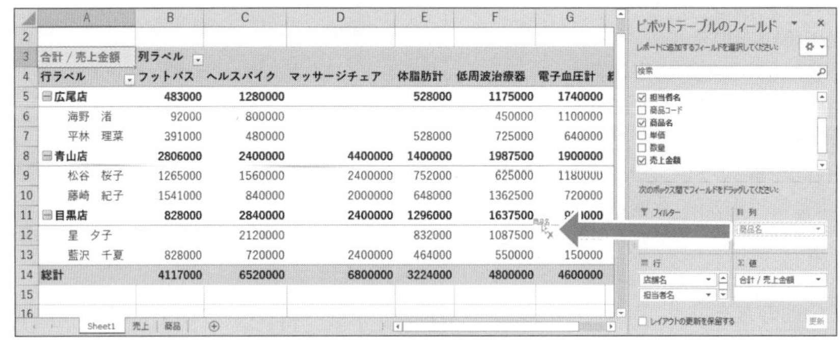

合計 / 売上金額	列ラベル					
行ラベル	フットバス	ヘルスバイク	マッサージチェア	体脂肪計	低周波治療器	電子血圧計
⊟広尾店	483000	1280000		528000	1175000	1740000
海野　渚	92000	800000			450000	1100000
平林　理菜	391000	480000		528000	725000	640000
⊟青山店	2806000	2400000	4400000	1400000	1987500	1900000
松谷　桜子	1265000	1560000	2400000	752000	625000	1180000
藤崎　紀子	1541000	840000	2000000	648000	1362500	720000
⊟目黒店	828000	2840000	2400000	1296000	1637500	[illegible]
星　夕子		2120000		832000	1087500	
藍沢　千夏	828000	720000	2400000	464000	550000	150000
総計	4117000	6520000	6800000	3224000	4800000	4600000

③列ラベルエリアから商品名が削除されます。

④**「日付」**を**《列》**のボックスにドラッグします。

⑤列ラベルエリアに日付が配置されます。

※日付は、自動的にグループ化されて月単位で集計されます。
⊞をクリックすると、フィールドが展開して日単位の詳細が表示されます。

合計 / 売上金額	列ラベル							
	⊞1月	⊞2月	⊞3月	⊞4月	⊞5月	⊞6月	⊞7月	⊞8月
行ラベル								
⊟広尾店	376000	412000	362500	587500	582500	273500	205000	534000
海野　渚		300000	250000	240000	262500	86000		180000
平林　理菜	376000	112000	112500	347500	320000	187500	205000	354000
⊟青山店	1602500	2100500	611500	903000	1144000	857500	800000	1213000
松谷　桜子	537500	1000000	10000	553000	724000	630000	297000	658000
藤崎　紀子	1065000	1100500	601500	350000	420000	227500	503000	555000
⊟目黒店	460500	1444000	1697500	604500	722500	576000	592500	1080500
星　夕子	168500	299000	707500	392000	447500	200000	254500	765500
藍沢　千夏	292000	1145000	990000	212500	275000	376000	338000	315000
総計	2439000	3956500	2671500	2095000	2449000	1707000	1597500	2827500

4-2-2 スライサーを作成する

■スライサー

「スライサー」を使うと、リストから直感的に集計データを絞り込むことができます。

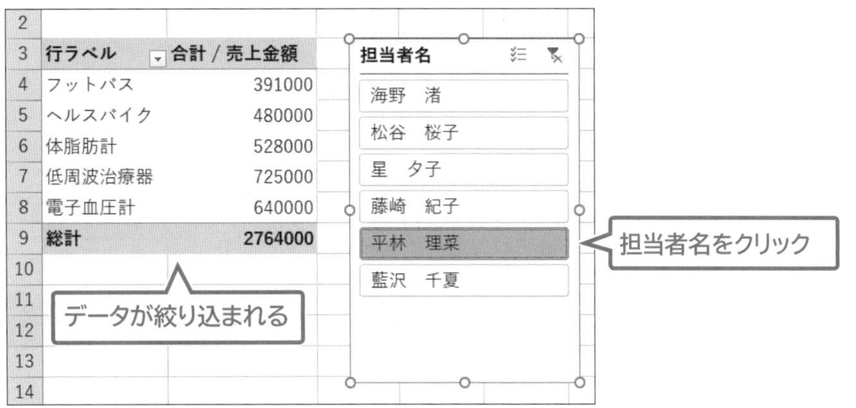

2019 ◆《分析》タブ→《フィルター》グループの［スライサーの挿入］（スライサーの挿入）

365 ◆《分析》タブ／《ピボットテーブル分析》タブ→《フィルター》グループの［スライサーの挿入］（スライサーの挿入）

■タイムライン

「タイムライン」を使うと、日付のフィールドを絞り込むことができます。
集計する期間をクリックまたはドラッグするだけで簡単に選択できます。

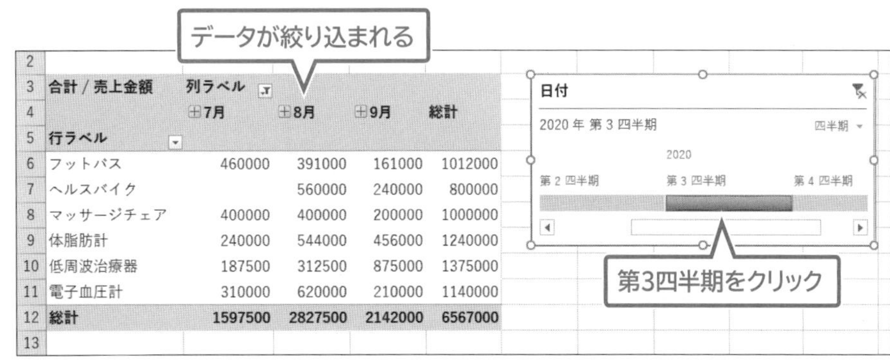

2019 ◆《分析》タブ→《フィルター》グループの［タイムラインの挿入］（タイムラインの挿入）

365 ◆《分析》タブ／《ピボットテーブル分析》タブ→《フィルター》グループの［タイムラインの挿入］（タイムラインの挿入）

Lesson 71

ブック「Lesson71」を開いておきましょう。

次の操作を行いましょう。

(1) スライサーを使って、担当者名が「平林　理菜」のデータだけを集計してください。

Lesson 71 Answer

(1)

① ワークシート**「集計」**のセル**【A3】**を選択します。

※ピボットテーブル内のセルであれば、どこでもかまいません。

②**《分析》**タブ→**《フィルター》**グループの スライサーの挿入 （スライサーの挿入）をクリックします。

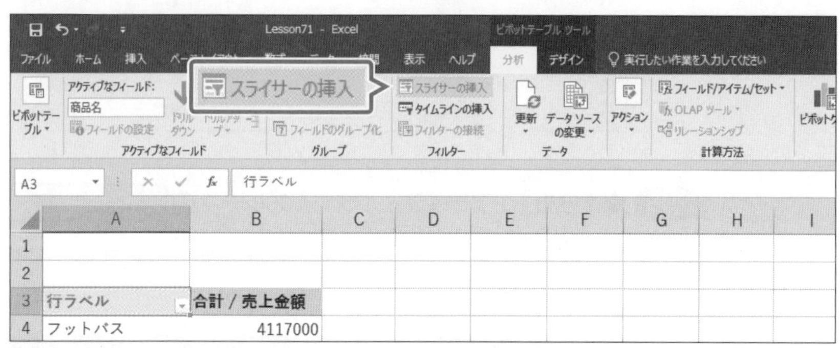

③**《スライサーの挿入》**ダイアログボックスが表示されます。

④**「担当者名」**を ✓ にします。

⑤**《OK》**をクリックします。

⑥**「担当者名」**のスライサーが挿入されます。

※スライサーのフィールド名の部分をドラッグすると、移動できます。

⑦スライサーの**「平林　理菜」**をクリックします。

⑧**「平林　理菜」**のデータだけが集計されます。

行ラベル	合計 / 売上金額
フットバス	391000
ヘルスパイク	480000
体脂肪計	528000
低周波治療器	725000
電子血圧計	640000
総計	2764000

担当者名 ❶ ❷

- 海野　渚
- 松谷　桜子
- 星　夕子
- 藤崎　紀子
- 平林　理菜
- 藍沢　千夏

Point
スライサーの削除

2019 365

◆スライサーを選択→ Delete

Point
スライサースタイルの適用

スライサーにスタイルを適用して、外観を変更できます。

2019

◆スライサーを選択→《オプション》タブ→《スライサースタイル》グループの ▾ （その他）

365

◆スライサーを選択→《オプション》タブ／《スライサー》タブ→《スライサースタイル》グループの ▾ （その他）

Point
スライサー

❶ （複数選択）

スライサーからデータを複数選択するときは、オン（ボタンが枠で囲まれている状態）にします。データをひとつだけ選択するときは、オフ（ボタンが枠で囲まれていない状態）にします。

❷ （フィルターのクリア）

スライサーによるデータの絞り込みを解除します。

Lesson 72

ブック「Lesson72」を開いておきましょう。

次の操作を行いましょう。

(1) タイムラインを使って、第3四半期のデータだけを集計してください。

Lesson 72 Answer

(1)

① ワークシート「**集計**」のセル【**A3**】を選択します。

※ピボットテーブル内のセルであれば、どこでもかまいません。

②《**分析**》タブ→《**フィルター**》グループの タイムラインの挿入 (タイムラインの挿入) をクリックします。

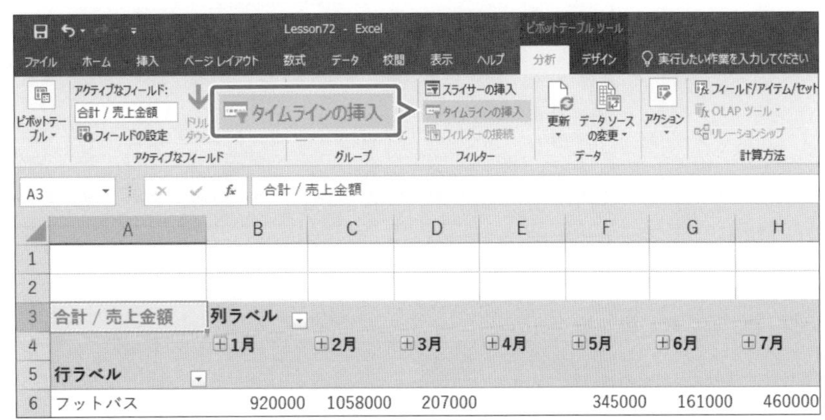

	A	B	C	D	E	F	G	H
1								
2								
3	合計 / 売上金額	列ラベル						
4		⊞1月	⊞2月	⊞3月	⊞4月	⊞5月	⊞6月	⊞7月
5	行ラベル							
6	フットバス	920000	1058000	207000		345000	161000	460000

③《**タイムラインの挿入**》ダイアログボックスが表示されます。

④「**日付**」を ☑ にします。

⑤《**OK**》をクリックします。

⑥ 日付のタイムラインが挿入されます。

※タイムラインのフィールド名の部分をドラッグすると、移動できます。

⑦《**すべての期間**》の右側の《**月**》をクリックし、一覧から《**四半期**》を選択します。

⑧《**第3四半期**》をクリックします。

⑨ 第3四半期のデータだけが集計されます。

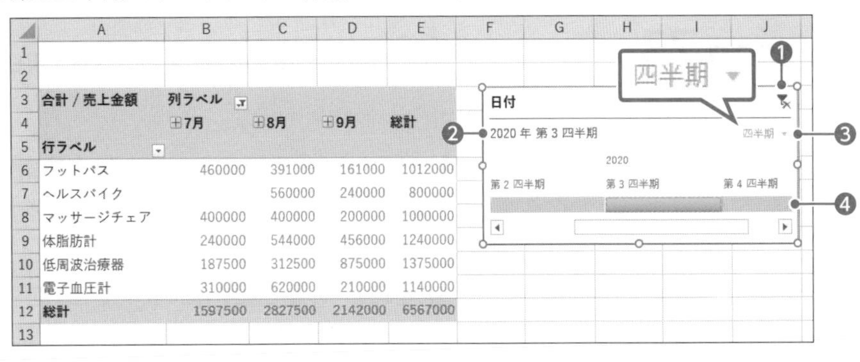

	A	B	C	D	E
1					
2					
3	合計 / 売上金額	列ラベル			
4		⊞7月	⊞8月	⊞9月	総計
5	行ラベル				
6	フットバス	460000	391000	161000	1012000
7	ヘルスバイク		560000	240000	800000
8	マッサージチェア	400000	400000	200000	1000000
9	体脂肪計	240000	544000	456000	1240000
10	低周波治療器	187500	312500	875000	1375000
11	電子血圧計	310000	620000	210000	1140000
12	総計	1597500	2827500	2142000	6567000
13					

Point

タイムラインの削除

2019 365

◆タイムラインを選択→ Delete

Point

タイムラインのスタイルの適用

タイムラインにスタイルを適用して、外観を変更できます。

2019

◆タイムラインを選択→《オプション》タブ→《タイムラインのスタイル》グループの ▾ (その他)

365

◆タイムラインを選択→《オプション》タブ/《タイムライン》タブ→《タイムラインのスタイル》グループの ▾ (その他)

Point

タイムライン

❶ (フィルターのクリア)

タイムラインによるデータの絞り込みを解除します。

❷**集計対象**

集計対象が表示されます。

❸**集計単位**

集計の単位を切り替えることができます。

❹**集計期間**

集計する期間を選択します。

ドラッグすると、連続する期間を選択できます。

4-2-3 フィールドの選択項目とオプションを変更する

解 説

■集計データの絞り込み

ピボットテーブルを使うと、データベースのすべてのデータが集計されますが、データベースからデータを絞り込んで集計することもできます。
データを絞り込んで集計するには、列ラベルエリア、行ラベルエリア、レポートフィルターエリアの ▼ を使います。

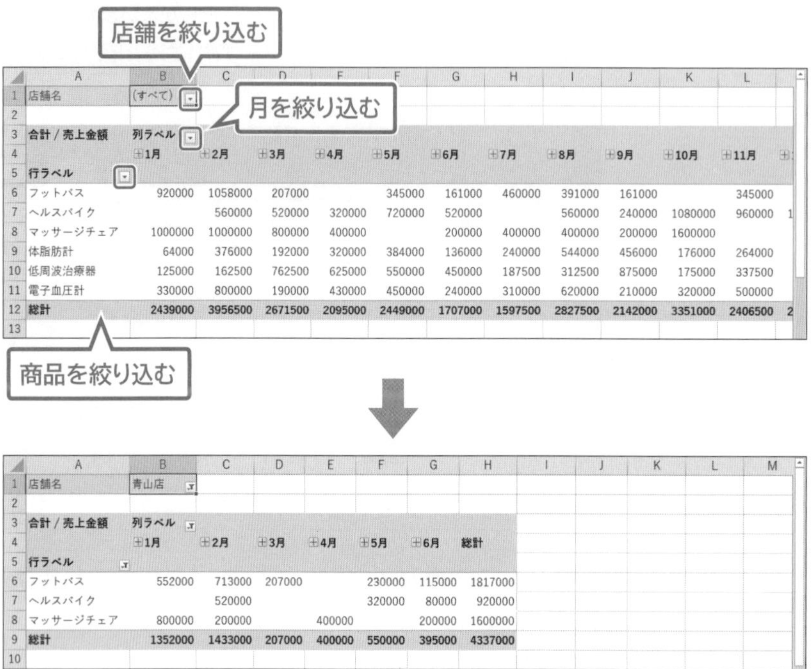

	A	B	C	D	E	F	G	H	I	J	K	L
1	店舗名	(すべて)										
2												
3	合計 / 売上金額	列ラベル										
4		1月	2月	3月	4月	5月	6月	7月	8月	9月	10月	11月
5	行ラベル											
6	フットバス	920000	1058000	207000		345000	161000	460000	391000	161000		345000
7	ヘルスバイク		560000	520000	320000	720000	520000		560000	240000	1080000	960000
8	マッサージチェア	1000000	1000000	800000	400000		200000	400000	400000	200000	1600000	
9	体脂肪計	64000	376000	192000	320000	384000	136000	240000	544000	456000	176000	264000
10	低周波治療器	125000	162500	762500	625000	550000	450000	187500	312500	875000	175000	337500
11	電子血圧計	330000	800000	190000	430000	450000	240000	310000	620000	210000	320000	500000
12	総計	2439000	3956500	2671500	2095000	2449000	1707000	1597500	2827500	2142000	3351000	2406500
13												

	A	B	C	D	E	F	G	H
1	店舗名	青山店						
2								
3	合計 / 売上金額	列ラベル						
4		1月	2月	3月	4月	5月	6月	総計
5	行ラベル							
6	フットバス	552000	713000	207000		230000	115000	1817000
7	ヘルスバイク		520000			320000	80000	920000
8	マッサージチェア	800000	200000		400000		200000	1600000
9	総計	1352000	1433000	207000	400000	550000	395000	4337000
10								

■ピボットテーブルオプション

ピボットテーブルオプションを使うと、ピボットテーブルのレイアウトや書式、表示などの設定を変更できます。

2019 ◆《分析》タブ→《ピボットテーブル》グループの オプション （ピボットテーブルオプション）

365 ◆《分析》タブ／《ピボットテーブル分析》タブ→《ピボットテーブル》グループの オプション （ピボットテーブルオプション）

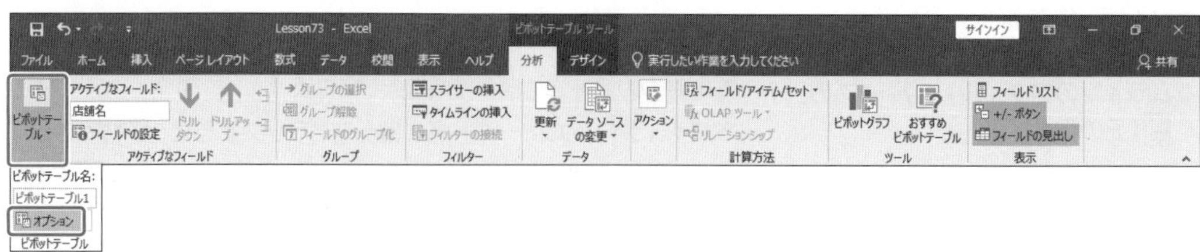

Lesson 73

ブック「Lesson73」を開いておきましょう。

次の操作を行いましょう。

(1) 4月から6月までのデータだけを集計してください。

(2) レポートフィルターエリアに店舗名を配置し、青山店と目黒店のデータだけを集計してください。

(3) 値エリアの空白セルに「0」（ゼロ）を表示してください。次に、ピボットテーブルのデータがファイルを開くときに更新されるように設定してください。

(1)

① ワークシート「**集計**」の列ラベルエリアの[▼]をクリックします。

②《**フィールドの選択**》が《**月**》になっていることを確認します。

③「**4月**」「**5月**」「**6月**」を[✓]にします。

※《(すべて選択)》を[ ]にしてから選択すると効率的です。

④《**OK**》をクリックします。

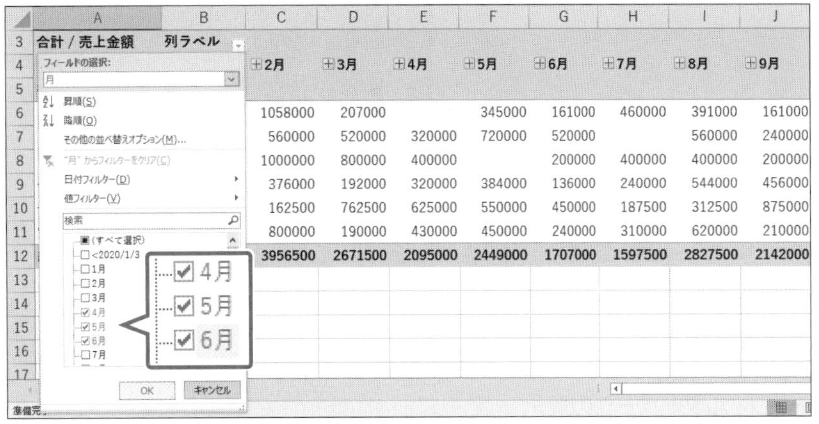

⑤ 4月から6月までのデータが集計されます。

※[▼]が[フィルター]に変わります。

	A	B	C	D	E	F	G	H
3	合計 / 売上金額	列ラベル						
4		⊞4月	⊞5月	⊞6月	総計			
5	行ラベル							
6	フットバス		345000	161000	506000			
7	ヘルスバイク	320000	720000	520000	1560000			
8	マッサージチェア	400000		200000	600000			
9	体脂肪計	320000	384000	136000	840000			
10	低周波治療器	625000	550000	450000	1625000			
11	電子血圧計	430000	450000	240000	1120000			
12	総計	2095000	2449000	1707000	6251000			
13								

(2)

① ワークシート「**集計**」のセル【**A3**】を選択します。

※ピボットテーブル内のセルであれば、どこでもかまいません。

②《**ピボットテーブルのフィールド**》作業ウィンドウの「**店舗名**」を《**フィルター**》のボックスにドラッグします。

※作業ウィンドウが表示されていない場合は、《分析》タブ／《ピボットテーブル分析》タブ→《表示》グループの[フィールドリスト]（フィールドリスト）をクリックします。

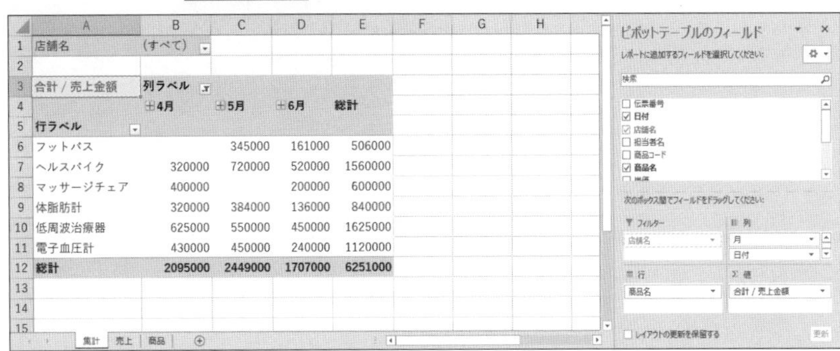

③レポートフィルターエリアに店舗名が追加されます。

④レポートフィルターエリアの［▼］をクリックします。

⑤**《複数のアイテムを選択》**を☑にします。

⑥**「広尾店」**を□にし、**「青山店」**と**「目黒店」**を☑にします。

⑦**《OK》**をクリックします。

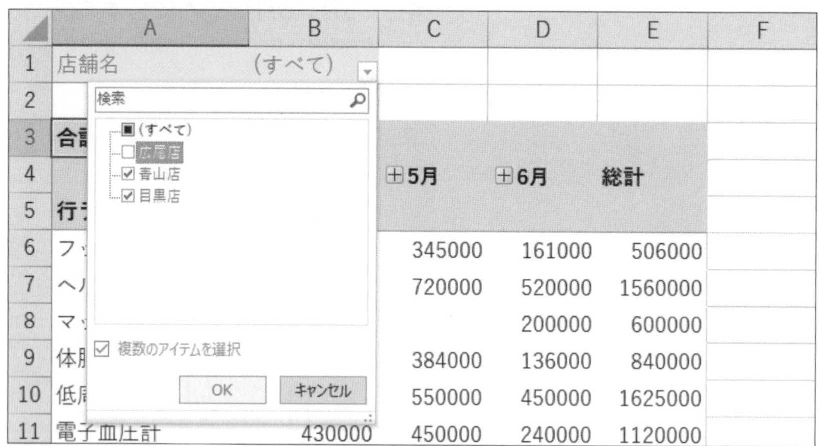

⑧青山店と目黒店のデータが集計されます。

※［▼］が［フィルター］に変わります。

	A	B	C	D	E	F
1	店舗名	(複数のアイテム)				
2						
3	**合計 / 売上金額**	**列ラベル**				
4		**⊞4月**	**⊞5月**	**⊞6月**	**総計**	
5	**行ラベル**					
6	フットバス		345000	115000	460000	
7	ヘルスバイク	80000	440000	520000	1040000	
8	マッサージチェア	400000		200000	600000	
9	体脂肪計	200000	344000	136000	680000	
10	低周波治療器	437500	387500	262500	1087500	
11	電子血圧計	390000	350000	200000	940000	
12	**総計**	**1507500**	**1866500**	**1433500**	**4807500**	
13						

(3)

①ワークシート**「集計」**のセル**【A3】**を選択します。

※ピボットテーブル内のセルであれば、どこでもかまいません。

②**《分析》**タブ→**《ピボットテーブル》**グループの［オプション］(ピボットテーブルオプション)をクリックします。

※《ピボットテーブル》グループが［ピボットテーブル］(ピボットテーブル)で表示されている場合は、［ピボットテーブル］(ピボットテーブル)をクリックすると《ピボットテーブル》グループのボタンが表示されます。

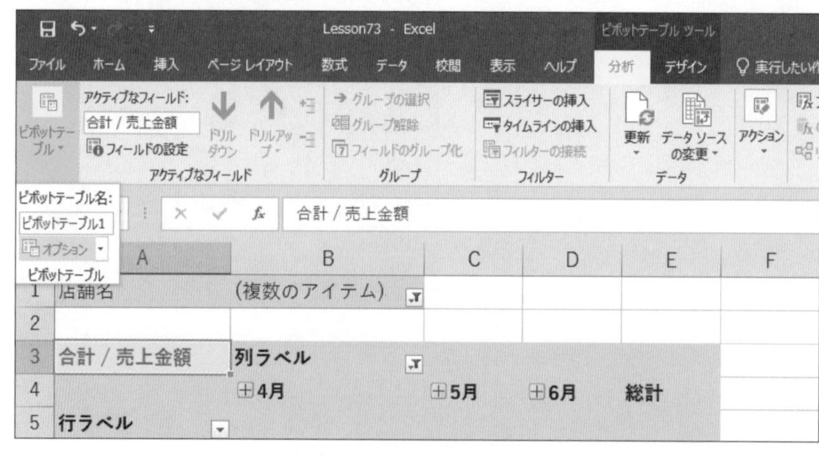

Point

レポートフィルターページの表示

レポートフィルターエリアに配置したフィールドは、データごとにワークシートを分けて表示できます。

2019

◆《分析》タブ→《ピボットテーブル》グループの［オプション］(ピボットテーブルオプション)の［▼］→《レポートフィルターページの表示》

365

◆《分析》タブ／《ピボットテーブル分析》タブ→《ピボットテーブル》グループの［オプション］(ピボットテーブルオプション)の［▼］→《レポートフィルターページの表示》

③**《ピボットテーブルオプション》**ダイアログボックスが表示されます。

④**《レイアウトと書式》**タブを選択します。

⑤**《空白セルに表示する値》**を☑にし、に**「0」**と入力します。

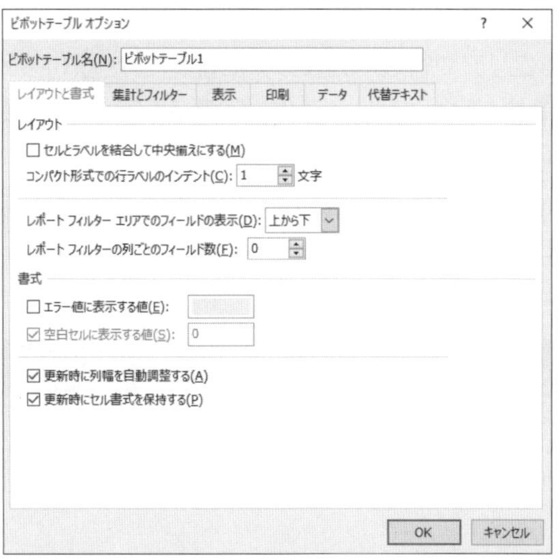

⑥**《データ》**タブを選択します。

⑦**《ファイルを開くときにデータを更新する》**を☑にします。

⑧**《OK》**をクリックします。

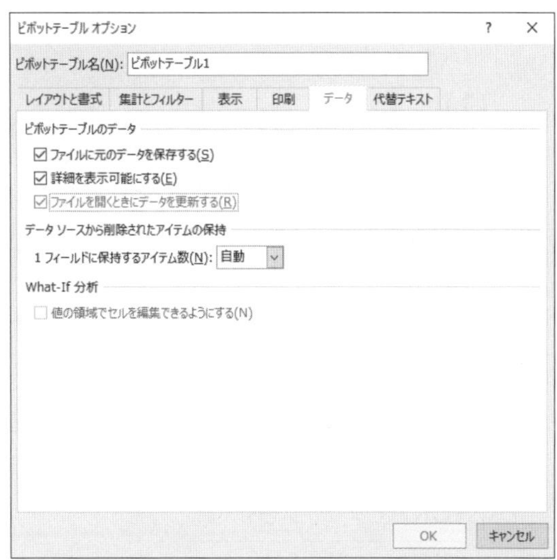

⑨値エリアの空白セルに**「0(ゼロ)」**が表示されます。また、ファイルを開くときにデータが更新されるようになります。

	A	B	C	D	E	F
1	店舗名	(複数のアイテム)				
2						
3	**合計 / 売上金額**	**列ラベル**				
4		**⊞4月**	**⊞5月**	**⊞6月**	**総計**	
5	**行ラベル**					
6	フットバス	0	345000	115000	460000	
7	ヘルスバイク	80000	440000	520000	1040000	
8	マッサージチェア	400000	0	200000	600000	
9	体脂肪計	200000	344000	136000	680000	
10	低周波治療器	437500	387500	262500	1087500	
11	電子血圧計	390000	350000	200000	940000	
12	**総計**	**1507500**	**1866500**	**1433500**	**4807500**	
13						

※ワークシート「売上」の4月～6月の任意のデータの数量を変更して上書き保存し、ブックを開き直してピボットテーブルのデータが更新されることを確認しておきましょう。

Point

詳細データの表示

値エリアの集計結果のセルをダブルクリックすると、その結果のもとになった詳細データを新しいワークシートに表示できます。

Point

ピボットテーブルの並べ替え

行ラベルエリアや列ラベルエリア、値エリアのデータを並べ替えることができます。
例えば、商品名を昇順にする場合は、行ラベルエリアの商品名のセルを選択して[A↓Z](昇順)をクリックします。

2019 365

◆並べ替えをするフィールドのセルを選択→《データ》タブ→《並べ替えとフィルター》グループの[A↓Z](昇順)／[Z↓A](降順)

4-2-4 ピボットテーブルのデータをグループ化する

解 説

■データのグループ化

列ラベルエリアや行ラベルエリアに配置した日付フィールドは、必要に応じて、四半期単位や年単位などにグループ化して集計できます。数値フィールドは、10単位、100単位のようにグループ化して集計できます。

2019 ◆《分析》タブ→《グループ》グループの フィールドのグループ化 （フィールドのグループ化）

365 ◆《分析》タブ／《ピボットテーブル分析》タブ→《グループ》グループの フィールドのグループ化 （フィールドのグループ化）

Lesson 74

ブック「Lesson74」を開いておきましょう。

次の操作を行いましょう。

(1) 列ラベルエリアの「日付」を月単位と四半期単位でグループ化してください。

Lesson 74 Answer

その他の方法

フィールドのグループ化

2019 365

◆列ラベルエリアまたは行ラベルエリアのセルを右クリック→《グループ化》

◆列ラベルエリアまたは行ラベルエリアのセルを選択→ Shift + Alt + →

Point

グループ化の解除

2019

◆列ラベルエリアまたは行ラベルエリアのセルを選択→《分析》タブ→《グループ》グループの グループ解除 （グループ解除）

365

◆列ラベルエリアまたは行ラベルエリアのセルを選択→《分析》タブ／《ピボットテーブル分析》タブ→《グループ》グループの グループ解除 （グループ解除）

Point

フィールドの展開と折りたたみ

グループ化されているフィールドの ＋ をクリックするとフィールドが展開して、詳細が表示されます。－ をクリックすると、フィールドが折りたたまれ、詳細が非表示になります。

(1)

①ワークシート**「集計」**のセル**【B4】**を選択します。

※列ラベルエリアのセルであれば、どこでもかまいません。

②**《分析》**タブ→**《グループ》**グループの フィールドのグループ化 （フィールドのグループ化）をクリックします。

③**《グループ化》**ダイアログボックスが表示されます。

④**《単位》**の**《日》**をクリックし、選択を解除ます。

⑤**《単位》**の月が選択されていることを確認します。

⑥**《単位》**の**《四半期》**をクリックし、選択します。

⑦**《OK》**をクリックします。

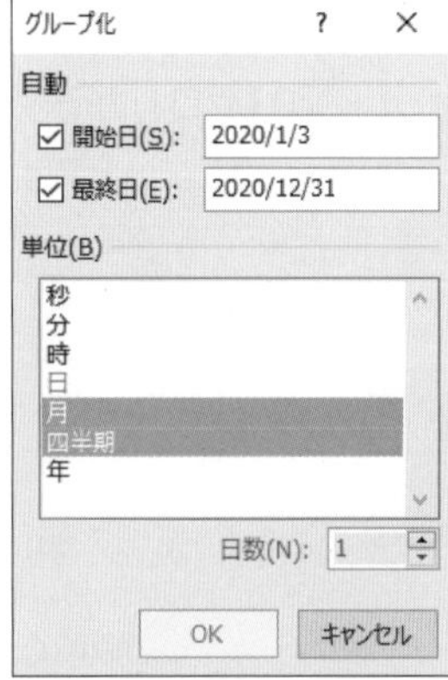

⑧日付が月単位と四半期単位でグループ化されます。

	A	B	C	D	E	F	G	H	I	J	
3	合計 / 売上金額	列ラベル									
4		第1四半期			第1四半期 集計	第2四半期			第2四半期 集計	第3四半期	
5	行ラベル	1月	2月	3月		4月	5月	6月		7月	8月
6	フットバス	920000	1058000	207000	2185000		345000	161000	506000	460000	3
7	ヘルスバイク		560000	520000	1080000	320000	720000	520000	1560000		5
8	マッサージチェア	1000000	1000000	800000	2800000	400000		200000	600000	400000	4
9	体脂肪計	64000	376000	192000	632000	320000	384000	136000	840000	240000	5
10	低周波治療器	125000	162500	762500	1050000	625000	550000	450000	1625000	187500	3
11	電子血圧計	330000	800000	190000	1320000	430000	450000	240000	1120000	310000	6
12	総計	2439000	3956500	2671500	9067000	2095000	2449000	1707000	6251000	1597500	28

4-2-5 集計フィールドを追加する

■集計フィールドの追加

値エリアには、複数の集計フィールドを配置できます。また、同じフィールドを複数配置して、それぞれに異なる方法で集計することもできます。

行ラベル	広尾店 売上平均	広尾店 売上構成比	青山店 売上平均	青山店 売上構成比	目黒店 売上平均	目黒店 売上構成比	全体の 売上平均	全体の 売上構成比
フットバス	120,750	9.28%	175,375	18.84%	138,000	8.31%	158,346	13.70%
ヘルスパイク	320,000	24.59%	240,000	16.11%	236,667	28.51%	250,769	21.69%
マッサージチェア		0.00%	440,000	29.54%	400,000	24.09%	425,000	22.62%
体脂肪計	88,000	10.14%	87,500	9.40%	81,000	13.01%	84,842	10.72%
低周波治療器	117,500	22.57%	124,219	13.34%	136,458	16.44%	126,316	15.97%
電子血圧計	96,667	33.42%	73,077	12.76%	80,000	9.64%	82,143	15.30%
総計	**123,952**	**100.00%**	**158,441**	**100.00%**	**155,648**	**100.00%**	**150,305**	**100.00%**

■集計方法の変更

値エリアの集計方法は、**「平均」「最大値」「最小値」「データの個数」「全体に対する比率」**などに変更できます。

2019 ◆《分析》タブ→《アクティブなフィールド》グループの フィールドの設定 (フィールドの設定)

365 ◆《分析》タブ／《ピボットテーブル分析》タブ→《アクティブなフィールド》グループの フィールドの設定 (フィールドの設定)

■ユーザー設定の集計フィールドの挿入

数式を作成して計算結果を表示する集計フィールドを追加できます。例えば、売上金額をもとに来年度の売上目標を105%増で試算する場合**「=売上金額＊1.05」**のような数式を作成して集計します。

2019 ◆《分析》タブ→《計算方法》グループの フィールド/アイテム/セット (フィールド/アイテム/セット)→《集計フィールド》

365 ◆《分析》タブ／《ピボットテーブル分析》タブ→《計算方法》グループの フィールド/アイテム/セット (フィールド/アイテム/セット)→《集計フィールド》

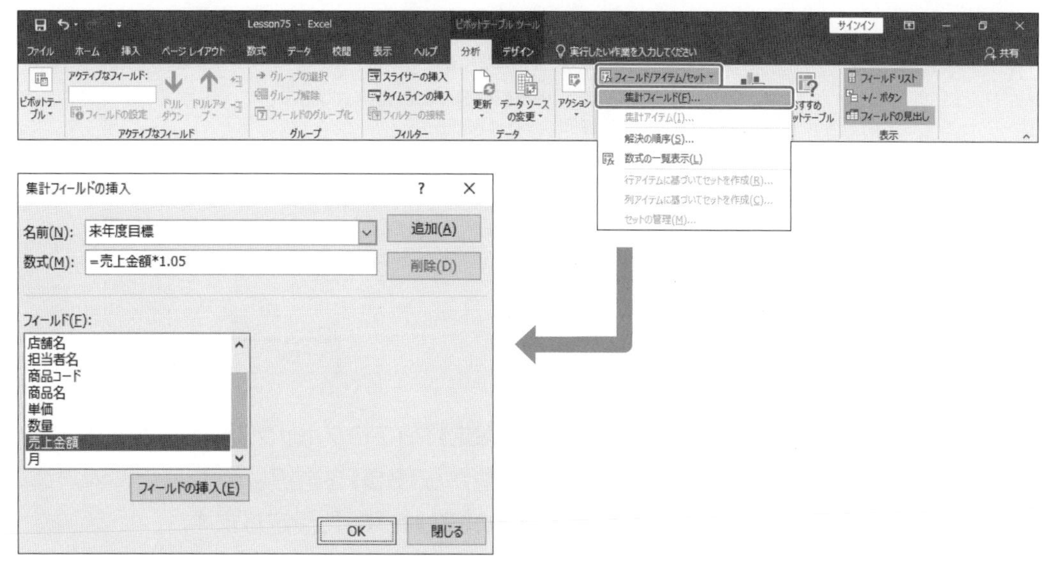

Lesson 75

ブック「Lesson75」を開いておきましょう。

次の操作を行いましょう。

(1) 値エリアの売上金額を平均に変更してください。3桁区切りカンマを設定し、小数点以下は表示しません。

(2) 値エリアの売上金額の右側にもうひとつ売上金額を追加してください。次に、追加したフィールドの計算の種類を、列集計を100%とした場合の売上構成比に変更してください。

(3) 売上金額の1.2倍の金額を表示する集計フィールドを追加してください。

(4)「平均 / 売上金額」のフィールド名を「売上平均」、「合計 / 売上金額」のフィールド名を「売上構成比」に、「合計 / フィールド1」のフィールド名を「2021年度目標」に変更してください。

Hint

フィールド名を変更するには、フィールド名が表示されているセルに直接入力します。

Lesson 75 Answer

(1)

① ワークシート**「集計」**のセル**【B5】**を選択します。

※値エリアのセルであれば、どこでもかまいません。

② **《分析》**タブ→**《アクティブなフィールド》**グループの フィールドの設定 (フィールドの設定)をクリックします。

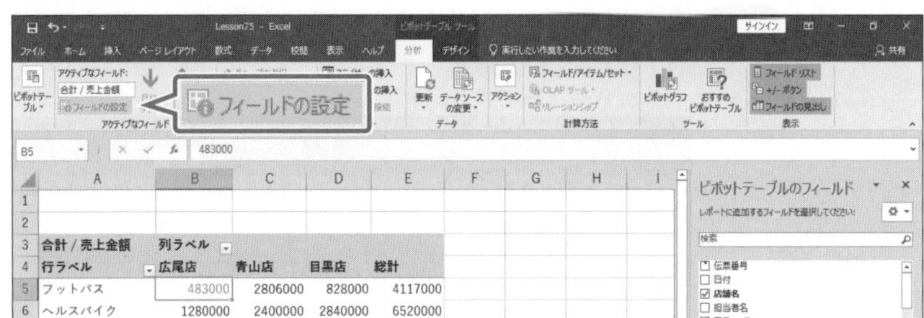

③ **《値フィールドの設定》**ダイアログボックスが表示されます。

④ **《集計方法》**タブを選択します。

⑤ **《選択したフィールドのデータ》**の一覧から**《平均》**を選択します。

⑥ **《表示形式》**をクリックします。

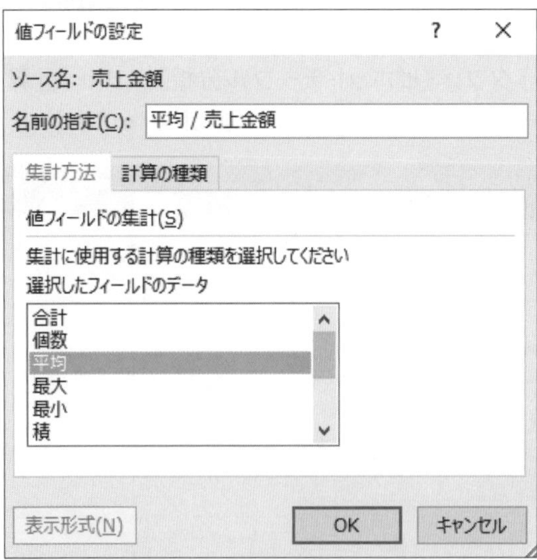

⑦ **《セルの書式設定》**ダイアログボックスが表示されます。

⑧ **《分類》**の一覧から**《数値》**を選択します。

⑨ **《小数点以下の桁数》**を**「0」**に設定します。

その他の方法

集計方法の変更

2019 365

◆《ピボットテーブルのフィールド》作業ウィンドウの《値》のボックスからフィールドを選択→《値フィールドの設定》

◆値エリアを右クリック→《値フィールドの設定》

◆値エリアを右クリック→《値の集計方法》

⑩《**桁区切り(,)を使用する**》を☑にします。

⑪《**OK**》をクリックします。

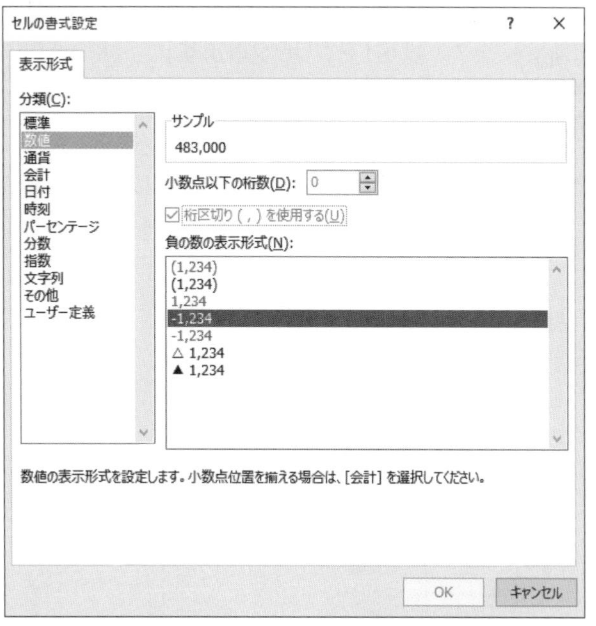

⑫《**値フィールドの設定**》ダイアログボックスに戻ります。

⑬《**OK**》をクリックします。

⑭売上金額の平均が表示され、3桁区切りカンマが設定されます。

	A	B	C	D	E	F	G	H
1								
2								
3	**平均 / 売上金額**	**列ラベル**						
4	**行ラベル**	**広尾店**	**青山店**	**目黒店**	**総計**			
5	フットバス	120,750	175,375	138,000	158,346			
6	ヘルスバイク	320,000	240,000	236,667	250,769			
7	マッサージチェア		440,000	400,000	425,000			
8	体脂肪計	88,000	87,500	81,000	84,842			
9	低周波治療器	117,500	124,219	136,458	126,316			
10	電子血圧計	96,667	73,077	80,000	82,143			
11	**総計**	123,952	158,441	155,648	150,305			
12								

(2)

①ワークシート「**集計**」のセル【**A3**】を選択します。

※ピボットテーブル内のセルであれば、どこでもかまいません。

②《**ピボットテーブルのフィールド**》作業ウィンドウの「**売上金額**」を《**値**》のボックスの《**平均 / 売上金額**》の下にドラッグします。

※作業ウィンドウが表示されていない場合は、《分析》タブ/《ピボットテーブル分析》タブ→《表示》グループの フィールドリスト (フィールドリスト)をクリックします。

③ピボットテーブルに「**合計 / 売上金額**」が追加されます。

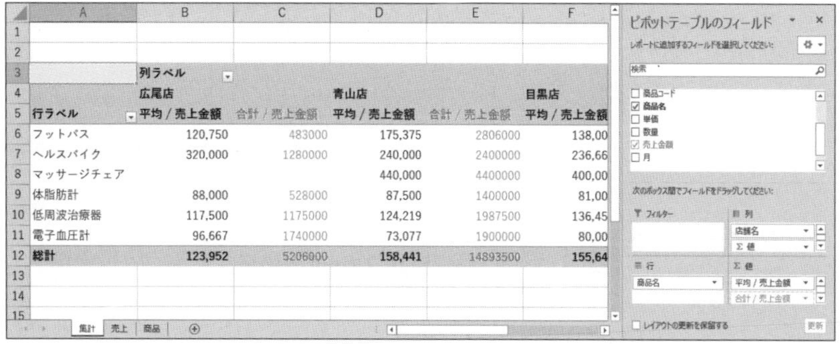

その他の方法

計算の種類の変更

2019 365

- ◆《ピボットテーブルのフィールド》作業ウィンドウの《値》のボックスからフィールドを選択→《値フィールドの設定》
- ◆値エリアを右クリック→《値フィールドの設定》
- ◆値エリアを右クリック→《計算の種類》

Point

《値フィールドの設定》

❶名前の指定
見出しとして表示される名前を指定します。

❷集計方法
合計や個数、平均などの集計する方法を指定します。

❸計算の種類
比率や差分、累計などの計算の種類を指定します。

❹表示形式
桁区切りスタイルやパーセンテージなどの表示形式を指定します。

Point

計算の種類を元に戻す

2019

- ◆《分析》タブ→《アクティブなフィールド》グループの フィールドの設定 (フィールドの設定)→《計算の種類》タブの《計算の種類》の一覧から《計算なし》を選択

365

- ◆《分析》タブ／《ピボットテーブル分析》タブ→《アクティブなフィールド》グループの フィールドの設定 (フィールドの設定)→《計算の種類》タブの《計算の種類》の一覧から《計算なし》を選択

④セル**【C5】**を選択します。

※「合計 / 売上金額」フィールドのセルであれば、どこでもかまいません。

⑤**《分析》**タブ→**《アクティブなフィールド》**グループの フィールドの設定 (フィールドの設定)をクリックします。

⑥**《値フィールドの設定》**ダイアログボックスが表示されます。

⑦**《計算の種類》**タブを選択します。

⑧**《計算の種類》**の ⌄ をクリックし、一覧から**《列集計に対する比率》**を選択します。

⑨**《OK》**をクリックします。

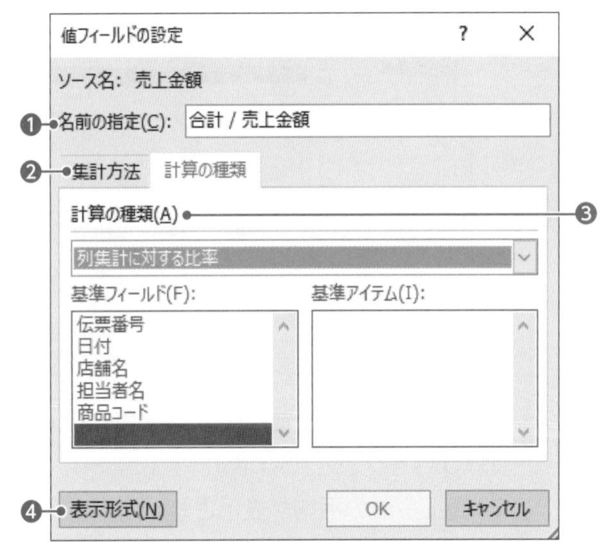

⑩列集計に対する比率が表示されます。

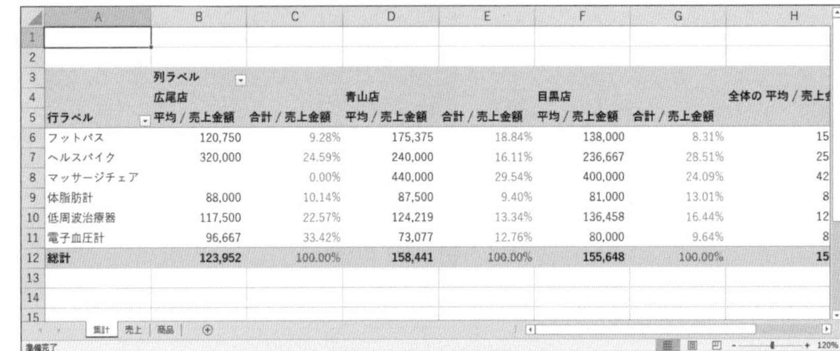

	A	B	C	D	E	F	G	H
3		列ラベル						
4		広尾店		青山店		目黒店		全体の 平均 / 売上金
5	行ラベル	平均 / 売上金額	合計 / 売上金額	平均 / 売上金額	合計 / 売上金額	平均 / 売上金額	合計 / 売上金額	
6	フットバス	120,750	9.28%	175,375	18.84%	138,000	8.31%	15
7	ヘルスパイク	320,000	24.59%	240,000	16.11%	236,667	28.51%	25
8	マッサージチェア		0.00%	440,000	29.54%	400,000	24.09%	42
9	体脂肪計	88,000	10.14%	87,500	9.40%	81,000	13.01%	8
10	低周波治療器	117,500	22.57%	124,219	13.34%	136,458	16.44%	12
11	電子血圧計	96,667	33.42%	73,077	12.76%	80,000	9.64%	8
12	総計	123,952	100.00%	158,441	100.00%	155,648	100.00%	15

(3)

①ワークシート**「集計」**のセル**【A3】**を選択します。

※ピボットテーブル内のセルであれば、どこでもかまいません。

②**《分析》**タブ→**《計算方法》**グループの フィールド/アイテム/セット (フィールド/アイテム/セット)→**《集計フィールド》**をクリックします。

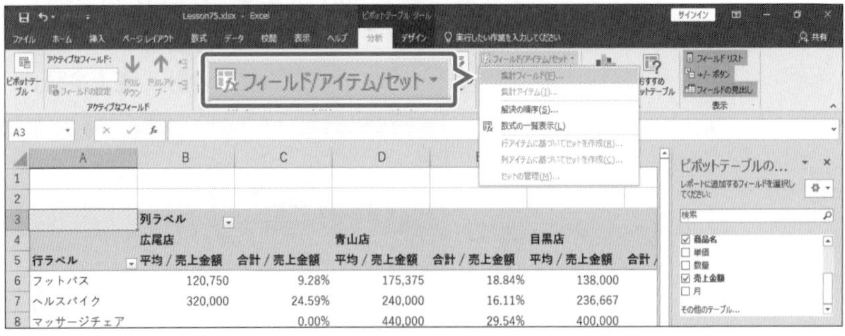

③**《集計フィールドの挿入》**ダイアログボックスが表示されます。

出題範囲4 高度な機能を使用したグラフやテーブルの管理

④《**フィールド**》の一覧から「**売上金額**」を選択します。

⑤《**フィールドの挿入**》をクリックします。

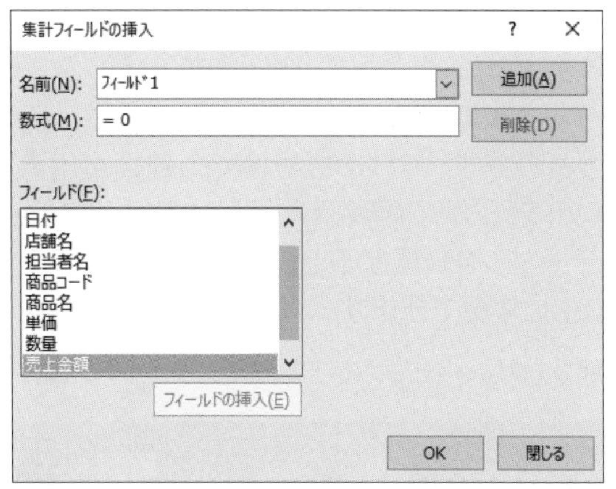

⑥《**数式**》に「**=売上金額**」とカーソルが表示されます。

⑦続けて「***1.2**」と入力します。

⑧《**OK**》をクリックします。

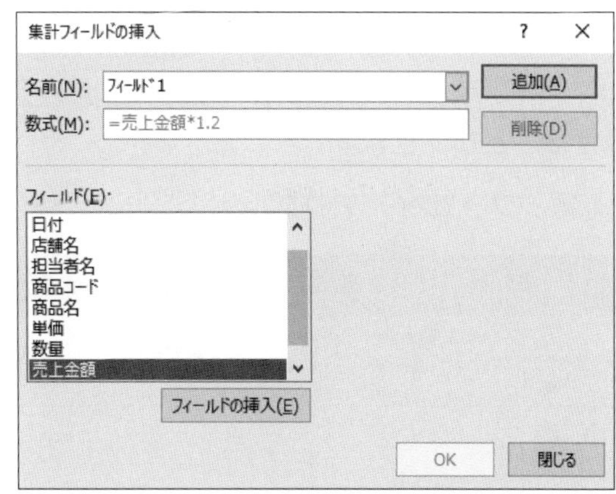

⑨ピボットテーブルに「**合計 / フィールド1**」が追加されます。

	A	B	C	D	E	F
1						
2						
3		列ラベル				
4		広尾店			青山店	
5	行ラベル	平均 / 売上金額	合計 / 売上金額	合計 / フィールド1	平均 / 売上金額	合計 / 売上金額
6	フットバス	120,750	9.28%	579,600	175,375	18.84%
7	ヘルスパイク	320,000	24.59%	1,536,000	240,000	16.11%
8	マッサージチェア		0.00%	0	440,000	29.54%
9	体脂肪計	88,000	10.14%	633,600	87,500	9.40%
10	低周波治療器	117,500	22.57%	1,410,000	124,219	13.34%
11	電子血圧計	96,667	33.42%	2,088,000	73,077	12.76%
12	総計	123,952	100.00%	6,247,200	158,441	100.00%

(4)

①セル【**B5**】に「**売上平均**」と入力します。

②セル【**C5**】に「**売上構成比**」と入力します。

③セル【**D5**】に「**2021年度目標**」と入力します。

④フィールド名が変更されます。

	A	B	C	D	E	F
1						
2						
3		列ラベル				
4		広尾店			青山店	
5	行ラベル	売上平均	売上構成比	2021年度目標	売上平均	売上構成比
6	フットバス	120,750	9.28%	579,600	175,375	18.84%
7	ヘルスパイク	320,000	24.59%	1,536,000	240,000	16.11%
8	マッサージチェア		0.00%	0	440,000	29.54%
9	体脂肪計	88,000	10.14%	633,600	87,500	9.40%
10	低周波治療器	117,500	22.57%	1,410,000	124,219	13.34%
11	電子血圧計	96,667	33.42%	2,088,000	73,077	12.76%
12	総計	123,952	100.00%	6,247,200	158,441	100.00%

4-2-6 データを書式設定する

■ピボットテーブルスタイルの適用

「ピボットテーブルスタイル」とは、ピボットテーブル全体を装飾するための書式をまとめて定義したものです。あらかじめ多くの種類が用意されており、一覧から選択するだけで、ピボットテーブルの見栄えを瞬時に整えることができます。
ピボットテーブルを作成すると、自動的にピボットテーブルスタイルが適用されますが、あとから自由に変更できます。

2019 365 ◆《デザイン》タブ→《ピボットテーブルスタイル》グループ

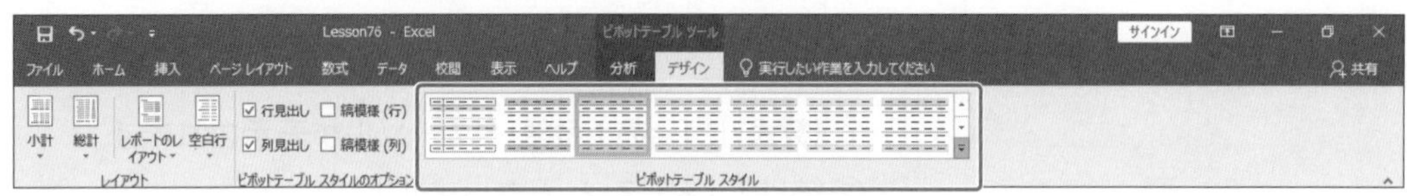

■ピボットテーブルのレイアウトの設定

ピボットテーブルに表示される小計や総計は、表示位置を変更したり、非表示にしたりできます。また、用意された基本レイアウトを選択するだけで、ピボットテーブルのレイアウトを整えることができます。

2019 365 ◆《デザイン》タブ→《レイアウト》グループ

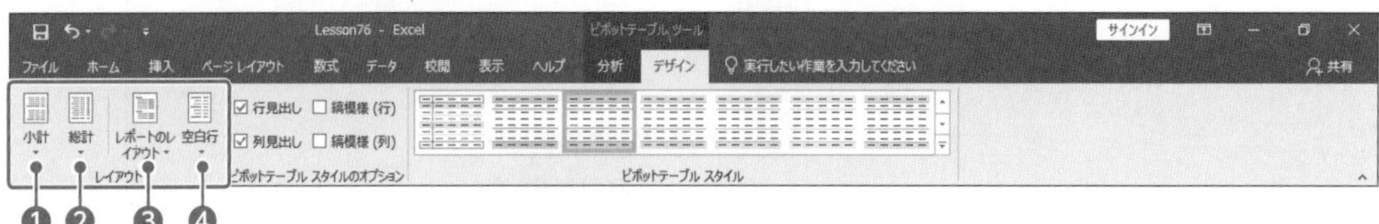

❶小計

ピボットテーブルの小計の表示位置を変更したり、非表示にしたりします。

❷総計

ピボットテーブルの行の総計だけを表示したり、列の総計だけを表示したり、非表示にしたりします。

❸レポートのレイアウト

「コンパクト形式」「アウトライン形式」「表形式」のレイアウトに変更できます。

❹空白行

グループ化した項目の間に空白行を挿入して、項目の区切りをわかりやすくします。

■ピボットテーブルスタイルのオプションの設定

ピボットテーブルスタイルのオプションを設定すると、ピボットテーブルに縞模様の書式を設定したり、列見出しや行見出しを強調したりできます。

2019 365 ◆《デザイン》タブ→《ピボットテーブルスタイルのオプション》グループ

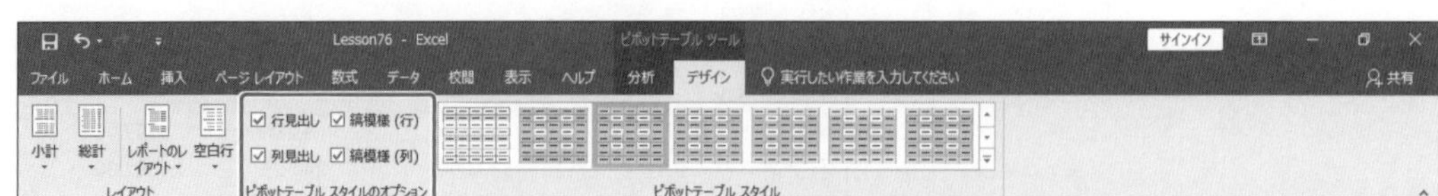

Lesson 76

ブック「Lesson76」を開いておきましょう。

次の操作を行いましょう。

(1) ピボットテーブルにピボットテーブルスタイル「濃い緑，ピボットスタイル（濃色）7」を適用してください。

(2) ピボットテーブルのレイアウトを表形式に変更してください。

Lesson 76 Answer

(1)

① ワークシート**「集計」**のセル**【A3】**を選択します。

※ピボットテーブル内のセルであれば、どこでもかまいません。

② **《デザイン》**タブ→**《ピボットテーブルスタイル》**グループの（その他）→**《濃色》**の**《濃い緑，ピボットスタイル（濃色）7》**をクリックします。

③ ピボットテーブルスタイルが適用されます。

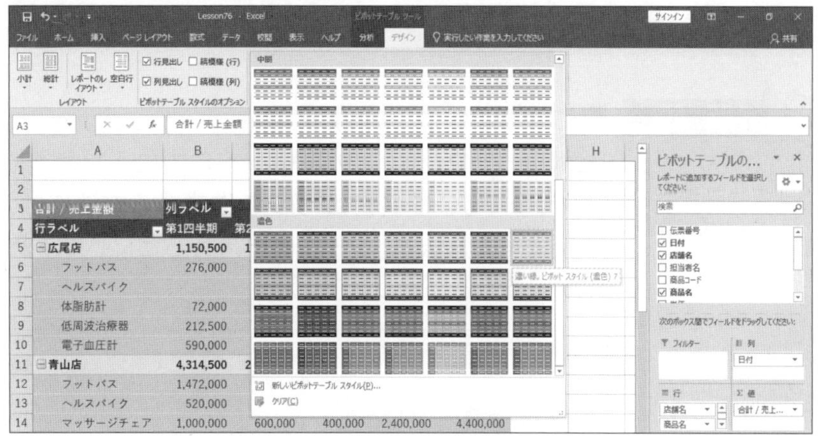

(2)

① ワークシート**「集計」**のセル**【A3】**を選択します。

※ピボットテーブル内のセルであれば、どこでもかまいません。

② **《デザイン》**タブ→**《レイアウト》**グループの（レポートのレイアウト）→**《表形式で表示》**をクリックします。

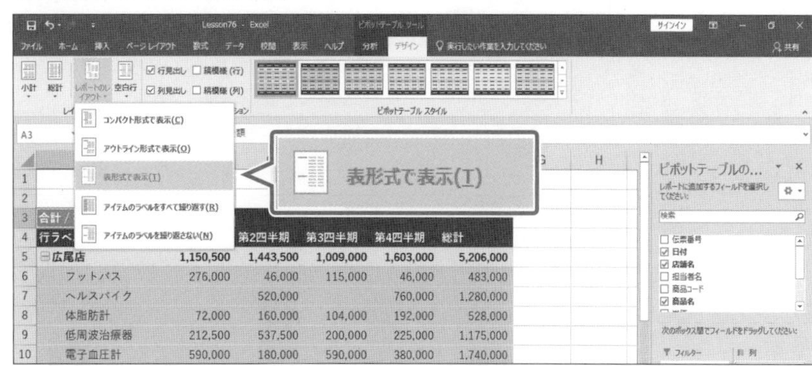

③ ピボットテーブルのレイアウトが変更されます。

	A	B	C	D	E	F	G
1							
2							
3	合計 / 売上金額		日付				
4	店舗名	商品名	第1四半期	第2四半期	第3四半期	第4四半期	総計
5	⊟広尾店	フットバス	276,000	46,000	115,000	46,000	483,000
6		ヘルスバイク		520,000		760,000	1,280,000
7		体脂肪計	72,000	160,000	104,000	192,000	528,000
8		低周波治療器	212,500	537,500	200,000	225,000	1,175,000
9		電子血圧計	590,000	180,000	590,000	380,000	1,740,000
10	広尾店 集計		1,150,500	1,443,500	1,009,000	1,603,000	5,206,000
11	⊟青山店	フットバス	1,472,000	345,000	644,000	345,000	2,806,000
12		ヘルスバイク	520,000	400,000	360,000	1,120,000	2,400,000
13		マッサージチェア	1,000,000	600,000	400,000	2,400,000	4,400,000
14		体脂肪計	360,000	352,000	480,000	208,000	1,400,000

4-3 ピボットグラフを作成する、変更する

☑ 理解度チェック

習得すべき機能	参照Lesson	学習前	学習後	試験直前
■ピボットグラフを作成できる。	➡Lesson77	☑	☑	☑
■ピボットグラフの配色を変更できる。	➡Lesson78	☑	☑	☑
■ピボットグラフのスタイルを適用できる。	➡Lesson78	☑	☑	☑
■ピボットグラフの集計データを絞り込める。	➡Lesson79	☑	☑	☑
■ピボットグラフをドリルダウン分析できる。	➡Lesson80	☑	☑	☑

4-3-1 ピボットグラフを作成する

■ピボットグラフの作成

「ピボットグラフ」とは、フィールドを自由に入れ替えて、データを様々な角度から分析できるグラフです。ピボットグラフを作成する方法には、作成済みのピボットテーブルをもとに作成する方法と、データベースをもとに、ピボットテーブルとピボットグラフを同時に作成する方法があります。

店舗名	(すべて)				
合計 / 売上金額	**列ラベル**				
行ラベル	**第1四半期**	**第2四半期**	**第3四半期**	**第4四半期**	**総計**
フットバス	2,185,000	506,000	1,012,000	414,000	4,117,000
ヘルスバイク	1,080,000	1,560,000	800,000	3,080,000	6,520,000
マッサージチェア	2,800,000	600,000	1,000,000	2,400,000	6,800,000
体脂肪計	632,000	840,000	1,240,000	512,000	3,224,000
低周波治療器	1,050,000	1,625,000	1,375,000	750,000	4,800,000
電子血圧計	1,320,000	1,120,000	1,140,000	1,020,000	4,600,000
総計	**9,067,000**	**6,251,000**	**6,567,000**	**8,176,000**	**30,061,000**

ピボットテーブルからピボットグラフを作成できる

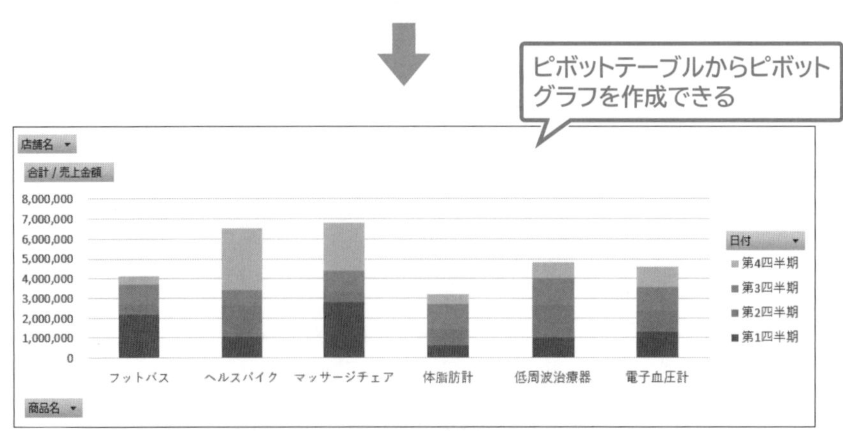

2019 ◆《分析》タブ→《ツール》グループの (ピボットグラフ)

365 ◆《分析》タブ/《ピボットテーブル分析》タブ→《ツール》グループの (ピボットグラフ)

2019 365 ◆《挿入》タブ→《グラフ》グループの (ピボットグラフ)→ ピボットグラフ →《ピボットグラフとピボットテーブル》

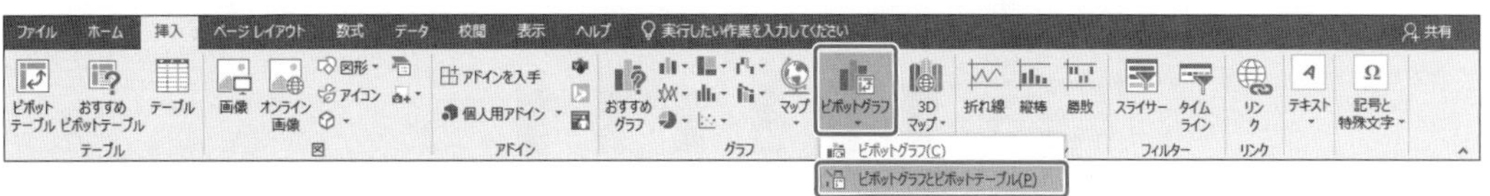

■ピボットグラフの構成要素

ピボットグラフの各要素の名称は、次のとおりです。

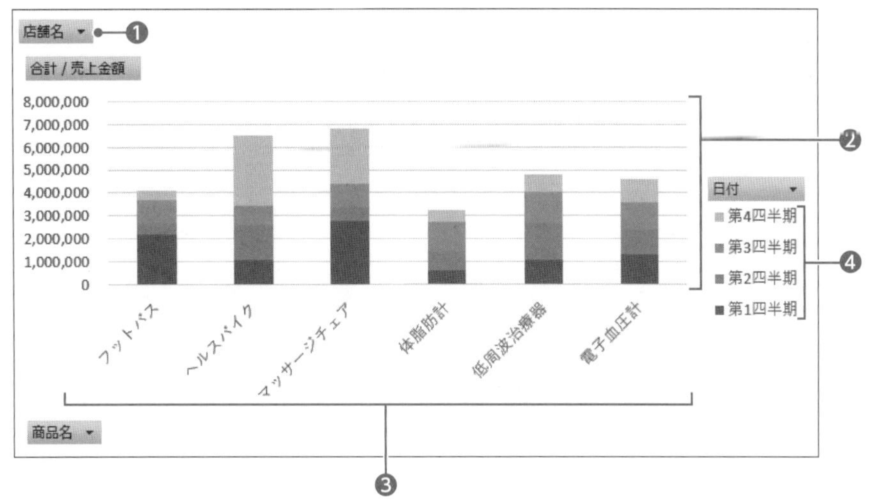

❶レポートフィルターエリア

データを絞り込んで集計するときに、条件となるフィールドを設定します。

❷値エリア

データ系列になるフィールドを設定します。

❸軸(分類項目)エリア

項目軸になるフィールドを設定します。
ピボットテーブルでは、行ラベルエリアに相当します。

❹凡例(系列)エリア

凡例になるフィールドを設定します。
ピボットテーブルでは、列ラベルエリアに相当します。

■ピボットグラフの編集

ピボットグラフは作成後に、各エリアのフィールドを入れ替えることで、簡単にグラフを変更できます。また、各エリアにフィールドを追加したり、不要なフィールドを削除したりできます。

フィールドを入れ替えたり、追加したりするには、**《ピボットグラフのフィールド》**作業ウィンドウのフィールドを各エリアのボックスにドラッグします。

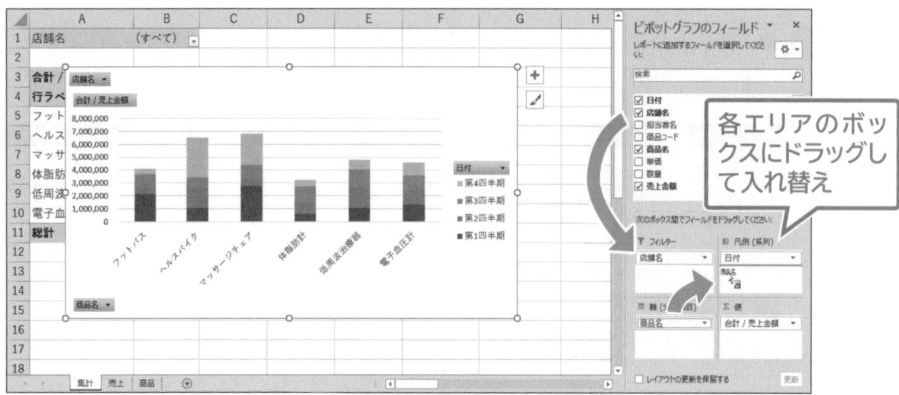

フィールドを削除するには、**《ピボットグラフのフィールド》**作業ウィンドウのフィールドを作業ウィンドウの外側にドラッグします。

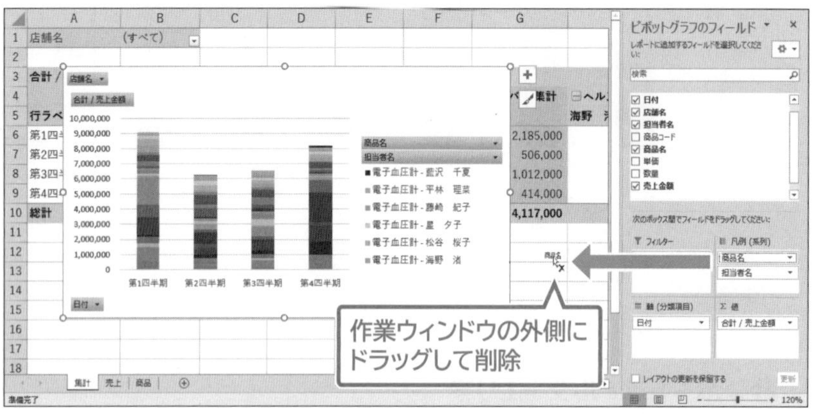

■ピボットグラフのフィールドのグループ化

軸（分類項目）エリアや凡例（系列）エリアに複数のフィールドを追加した場合、上に追加したフィールドがグループになります。

例えば、軸（分類項目）エリアに店舗名と担当者名を追加した場合、上側に店舗名を配置すると、担当者名を店舗ごとにグループ化して表示できます。

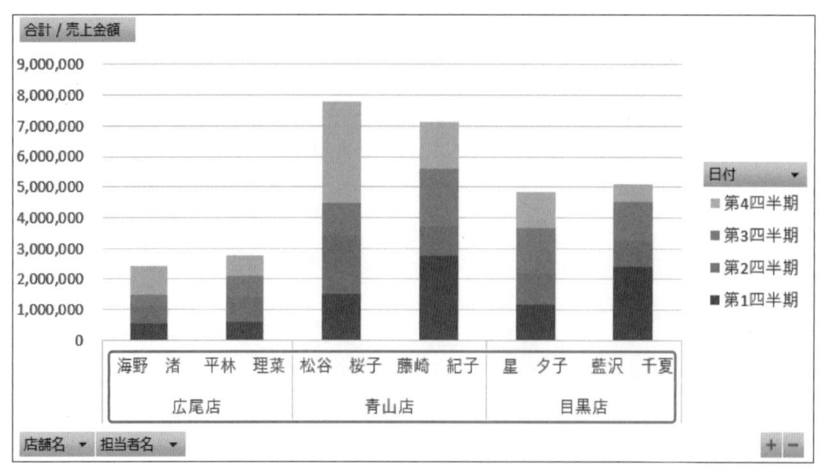

Lesson 77

ブック「Lesson77」を開いておきましょう。

次の操作を行いましょう。

(1) ワークシート「集計」のピボットテーブルをもとに、ピボットグラフを作成してください。グラフの種類は積み上げ縦棒グラフとします。

(2) 軸（分類項目）エリアの「商品名」と凡例（系列）エリアの《日付》を入れ替えてください。

(3) 凡例（系列）エリアに担当者名を追加し、商品名を削除してください。

Lesson 77 Answer

(1)

①ワークシート**「集計」**のセル**【A1】**を選択します。

※ピボットテーブル内のセルであれば、どこでもかまいません。

②**《分析》**タブ→**《ツール》**グループの（ピボットグラフ）をクリックします。

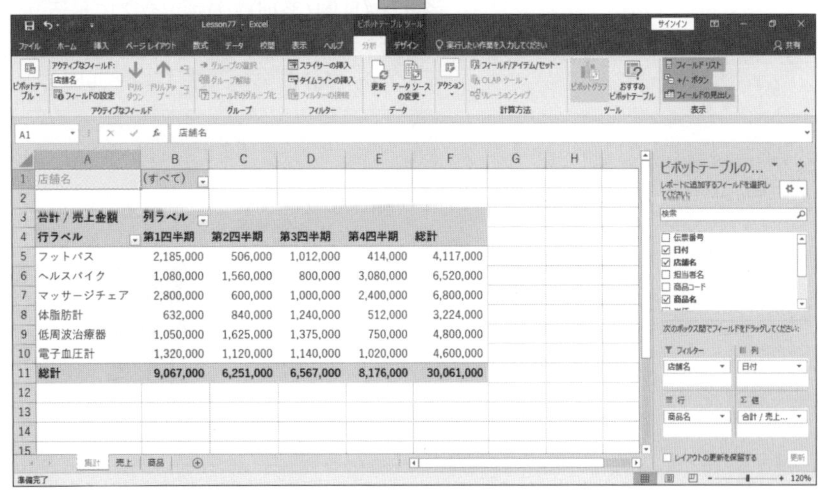

店舗名	(すべて)				
合計 / 売上金額	列ラベル				
行ラベル	第1四半期	第2四半期	第3四半期	第4四半期	総計
フットバス	2,185,000	506,000	1,012,000	414,000	4,117,000
ヘルスバイク	1,080,000	1,560,000	800,000	3,080,000	6,520,000
マッサージチェア	2,800,000	600,000	1,000,000	2,400,000	6,800,000
体脂肪計	632,000	840,000	1,240,000	512,000	3,224,000
低周波治療器	1,050,000	1,625,000	1,375,000	750,000	4,800,000
電子血圧計	1,320,000	1,120,000	1,140,000	1,020,000	4,600,000
総計	9,067,000	6,251,000	6,567,000	8,176,000	30,061,000

③**《グラフの挿入》**ダイアログボックスが表示されます。

④左側の一覧から**《縦棒》**を選択します。

⑤右側の一覧から**《積み上げ縦棒》**を選択します。

⑥**《OK》**をクリックします。

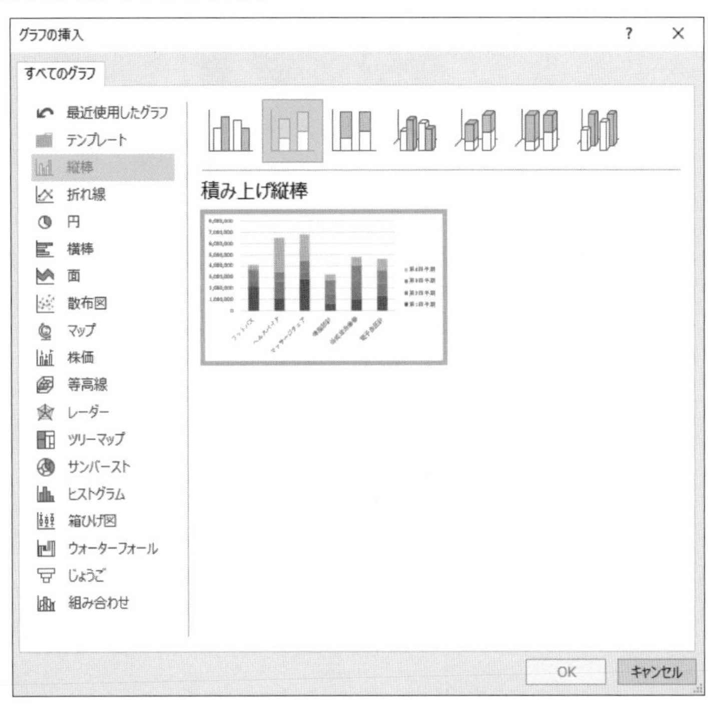

その他の方法

ピボットグラフの作成

2019　365

◆ピボットテーブルを選択→《挿入》タブ→《グラフ》グループの（ピボットグラフ）

⑦ピボットグラフが作成されます。

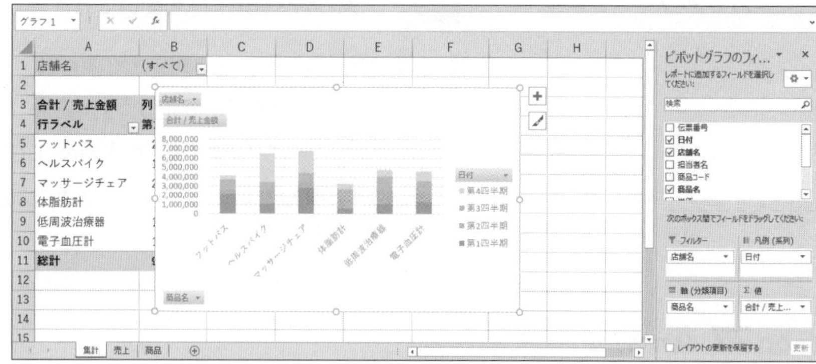

(2)

①ピボットグラフを選択します。

②**《ピボットグラフのフィールド》**作業ウィンドウの**《軸（分類項目）》**のボックスの**「商品名」**を**《凡例（系列）》**のボックスにドラッグします。

※作業ウィンドウが表示されていない場合は、《分析》タブ／《ピボットグラフ分析》タブ→《表示》グループの フィールドリスト （フィールドリスト）をクリックします。

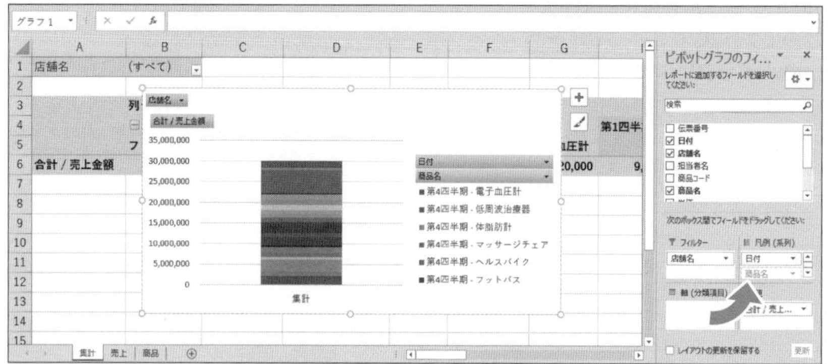

③**《凡例（系列）》**のボックスの**「日付」**を**《軸（分類項目）》**のボックスにドラッグします。

④軸（分類項目）エリアと凡例（系列）エリアが入れ替わります。

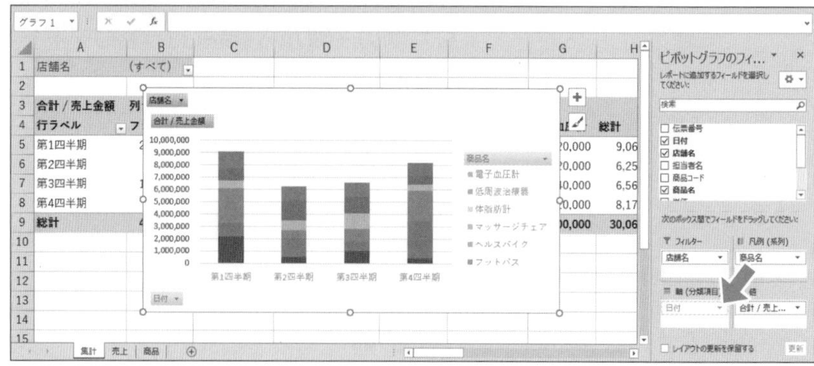

(3)

①ピボットグラフを選択します。

②**《ピボットグラフのフィールド》**作業ウィンドウの**「担当者名」**を**《凡例（系列）》**のボックスにドラッグします。

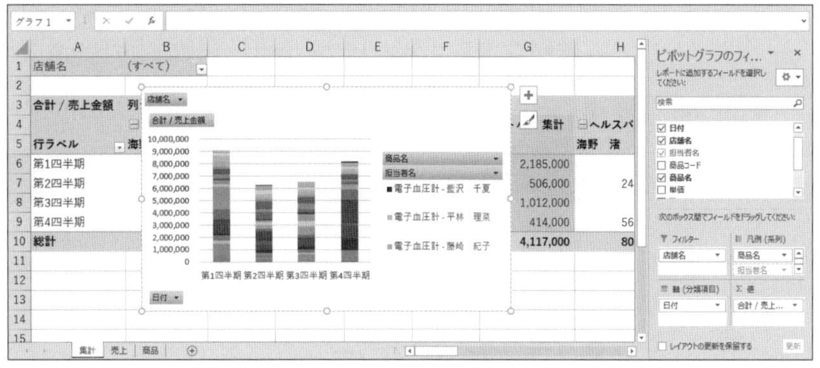

③**《凡例（系列）》**のボックスの**「商品名」**を**《ピボットグラフのフィールド》**作業ウィンドウ以外の場所にドラッグします。

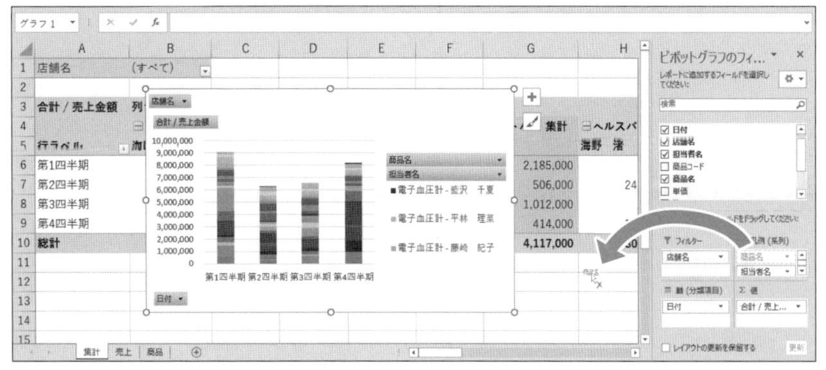

④凡例（系列）エリアが担当者名に変更されます。

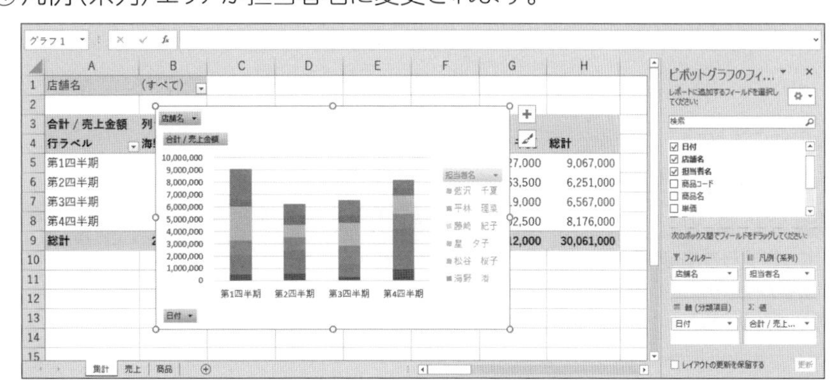

その他の方法

フィールドの削除

2019 365

◆《ピボットグラフのフィールド》作業ウィンドウのボックス内のフィールド名をクリック→《フィールドの削除》

Point

ピボットグラフの編集

ピボットグラフは、通常のグラフと同様に、書式を設定したりグラフの種類を変更したりできます。

Point

ピボットグラフの移動

作成したピボットグラフを、グラフシートや別のワークシートに移動できます。
ピボットグラフを移動する方法は、次のとおりです。

2019 365

●グラフシートに移動

◆ピボットグラフを選択→《デザイン》タブ→《場所》グループの（グラフの移動）→《◉新しいシート》

●別のワークシートに移動

◆ピボットグラフを選択→《デザイン》タブ→《場所》グループの（グラフの移動）→《◉オブジェクト》のからワークシート名を選択

4-3-2 ピボットグラフにスタイルを適用する

解説 ■ピボットグラフのスタイルの適用

ピボットテーブル同様に、ピボットグラフにも様々な種類のスタイルが用意されています。一覧から選択するだけで、ピボットグラフの見栄えを瞬時に整えることができます。

2019 365 ◆《デザイン》タブ→《グラフスタイル》グループのボタン

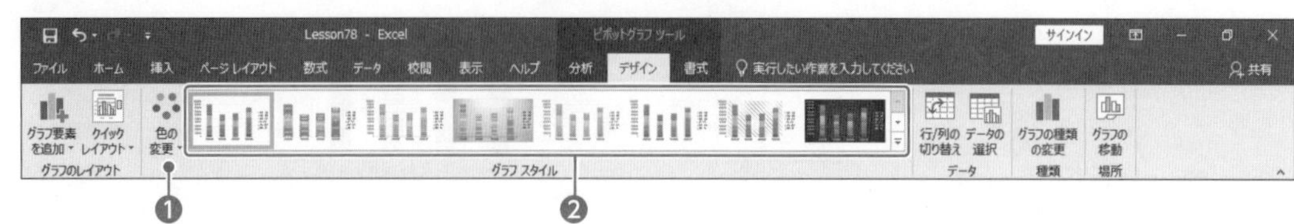

❶グラフクイックカラー

データ系列の配色を変更します。一覧に表示される配色は、ブックに設定されているテーマや配色によって異なります。

❷グラフスタイル

塗りつぶしの色や枠線の色、太さなどを組み合わせたスタイルを適用します。

Lesson 78

ブック「Lesson78」を開いておきましょう。

次の操作を行いましょう。

(1) ピボットグラフにスタイル「スタイル11」を適用してください。

(2) ピボットグラフに配色「モノクロパレット12」を適用してください。

Lesson 78 Answer

(1)

① ワークシート**「集計」**のピボットグラフを選択します。

②**《デザイン》**タブ→**《グラフスタイル》**グループの（その他）→**《スタイル11》**をクリックします。

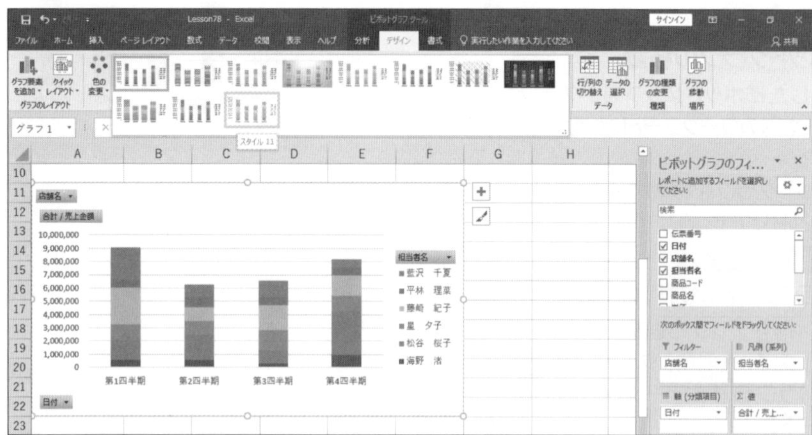

ピボットグラフのスタイルの適用

2019 365

◆ピボットグラフを選択→ショートカットツールの（グラフスタイル）→《スタイル》

③スタイルが適用されます。

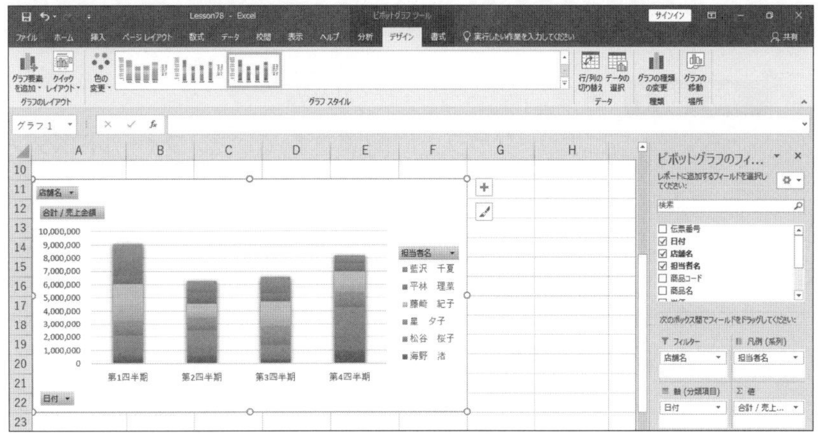

(2)

①ワークシート「**集計**」のピボットグラフを選択します。

②**《デザイン》**タブ→**《グラフスタイル》**グループの（グラフクイックカラー）→**《モノクロパレット12》**をクリックします。

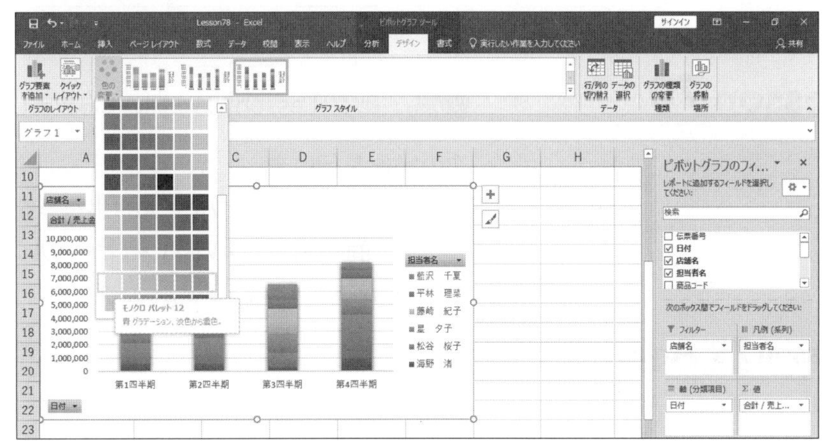

③データ系列の配色が変更されます。

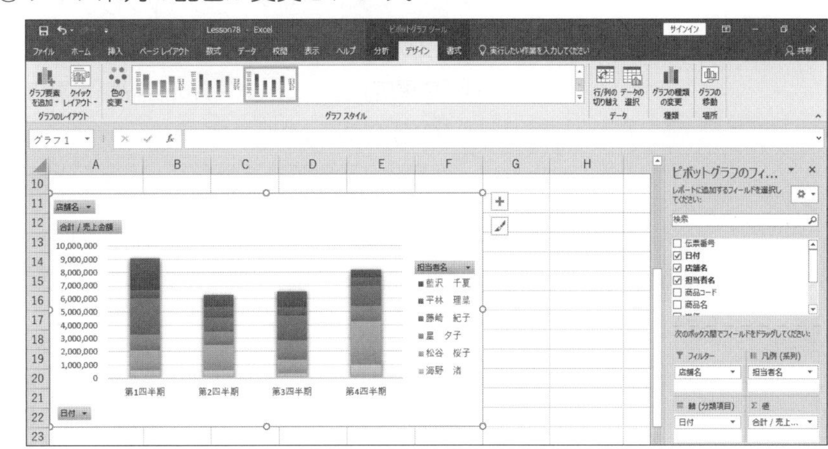

その他の方法

データ系列の配色の変更

2019 365

◆ピボットグラフを選択→ショートカットツールの（グラフスタイル）→《色》

Point

ピボットグラフのレイアウトの変更

2019 365

◆《デザイン》タブ→《グラフのレイアウト》グループの（クイックレイアウト）

4-3-3 既存のピボットグラフのオプションを操作する

 解 説

■集計データの絞り込み

ピボットグラフ上に配置されている**「フィールドボタン」**を使うと、もとになるデータベースからデータを絞り込むことができます。

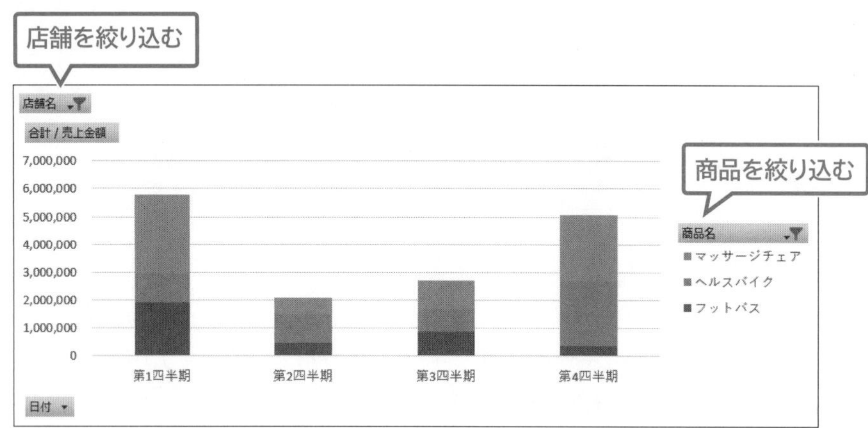

Lesson 79

 ブック「Lesson79」を開いておきましょう。

次の操作を行いましょう。

(1) ピボットグラフのフィールドボタンを使って、店舗名が「青山店」と「目黒店」、商品名が「フットバス」と「ヘルスバイク」と「マッサージチェア」のデータを表示してください。

Lesson 79 Answer

(1)

① ワークシート**「集計」**のピボットグラフを選択します。

② 店舗名 ▼ (店舗名)をクリックします。

③**《複数のアイテムを選択》**を☑にします。

④**「広尾店」**を☐にし、**「青山店」**と**「目黒店」**を☑にします。

⑤**《OK》**をクリックします。

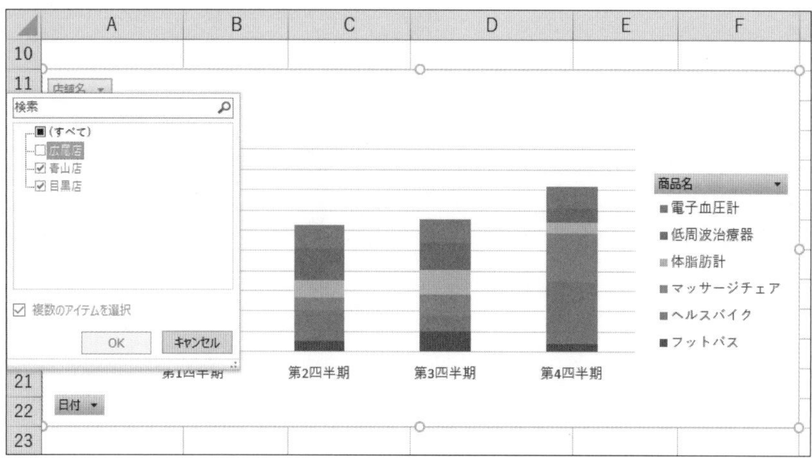

⑥**「青山店」**と**「目黒店」**のデータに絞り込まれて表示されます。
※フィールドボタンが 店舗名 に変わります。

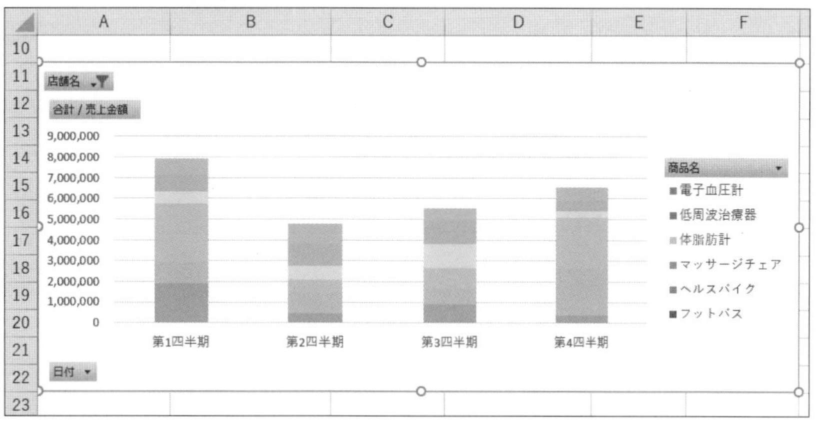

⑦ 商品名 （商品名）をクリックします。
⑧**「体脂肪計」「低周波治療器」「電子血圧計」**を□にし、**「フットバス」「ヘルスバイク」「マッサージチェア」**を☑にします。
⑨**《OK》**をクリックします。

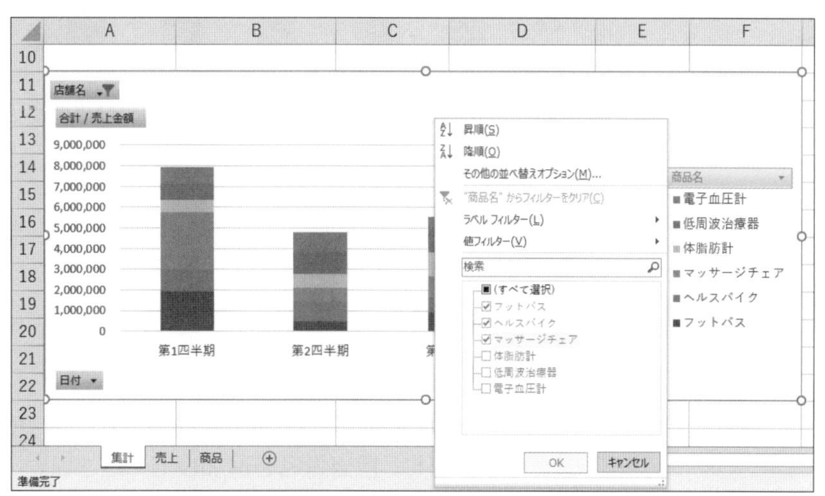

⑩**「フットバス」「ヘルスバイク」「マッサージチェア」**のデータに絞り込まれて表示されます。
※フィールドボタンが 商品名 に変わります。

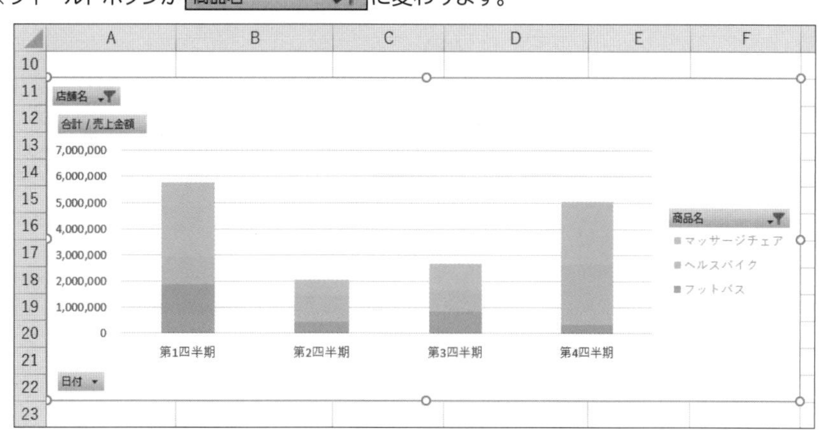

Point
フィールドボタンの絞り込みのクリア

フィールドボタンに設定されている条件をクリアする方法は、次のとおりです。

2019 365
◆凡例（系列）エリア／軸（分類項目）エリアのフィールドボタン→《"（フィールド名）"からフィルターをクリア》
※レポートフィルターエリアのフィールドボタンにクリアはありません。

Point
データの並べ替え

フィールドボタンを使うと、データを並べ替えることもできます。

Point
フィールドボタンの表示・非表示

2019
◆《分析》タブ→《表示/非表示》グループの（フィールドボタン）

365
◆《分析》タブ／《ピボットグラフ分析》タブ→《表示/非表示》グループの（フィールドボタン）

4-3-4 ピボットグラフを使ってドリルダウン分析する

解説

■ドリルダウン分析

ピボットテーブルやピボットグラフでデータの詳細を表示して分析することを**「ドリルダウン分析」**といいます。
軸（分類項目）エリアに複数のフィールドを配置すると、ピボットグラフの右下に、[+]（フィールド全体の展開）と[-]（フィールド全体の折りたたみ）が表示されます。
これらのボタンを使って、軸（分類項目）に表示する項目名を展開したり、折りたたんだりできます。

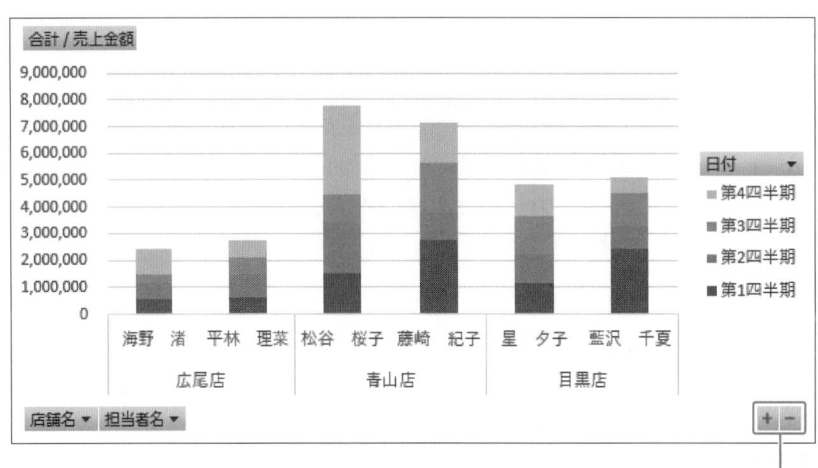

Lesson 80

ブック「Lesson80」を開いておきましょう。

次の操作を行いましょう。

(1) ワークシート「集計」のピボットグラフの軸（分類項目）エリアの店舗名の下層に、担当者名を追加してください。

(2) 軸（分類項目）エリアの担当者名を非表示にしてください。次に、再表示してください。

Lesson 80 Answer

(1)

① ワークシート**「集計」**のピボットグラフを選択します。

②**《ピボットグラフのフィールド》**作業ウィンドウの**「担当者名」**を**《軸（分類項目）》**のボックスの**「店舗名」**の下にドラッグします。

※ピボットグラフの右下に、[+]（フィールド全体の展開）と[-]（フィールド全体の折りたたみ）が表示されます。

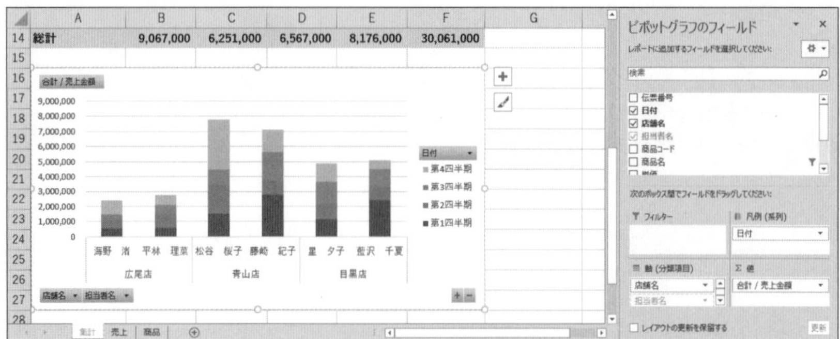

(2)

①ピボットグラフの右下の[－]（フィールド全体の折りたたみ）をクリックします。

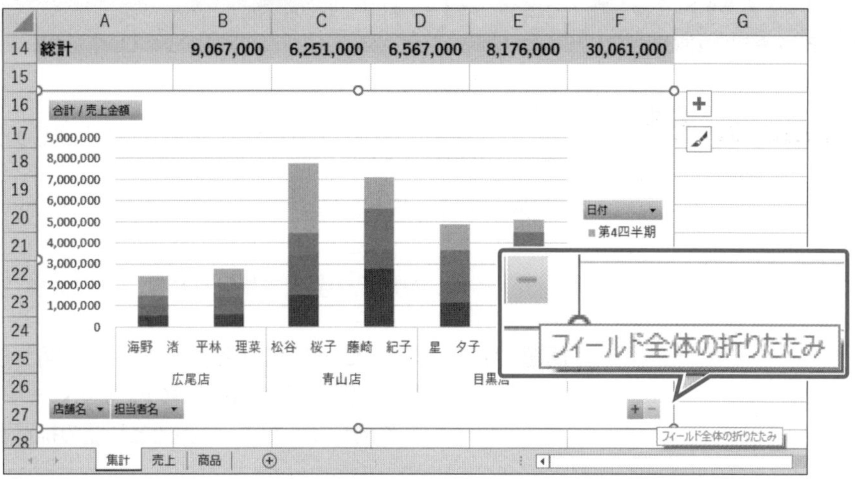

②軸（分類項目）エリアの担当者名が非表示になります。

③ピボットグラフの右下の[＋]（フィールド全体の展開）をクリックします。

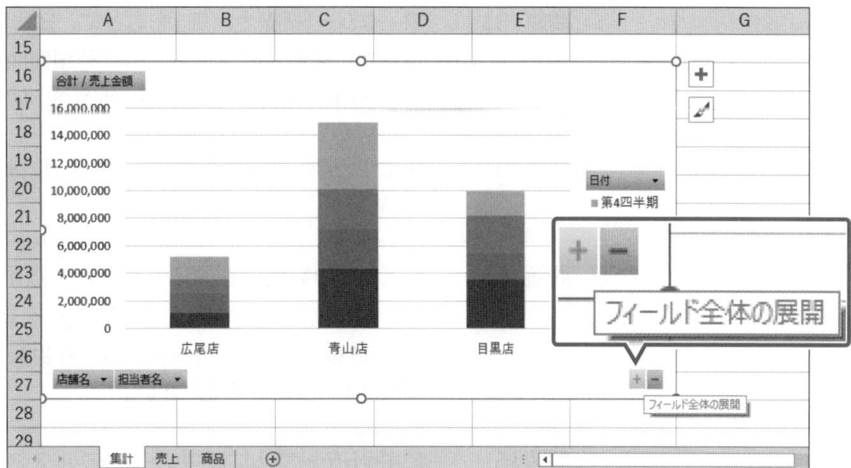

④軸（分類項目）エリアに担当者名が表示されます。

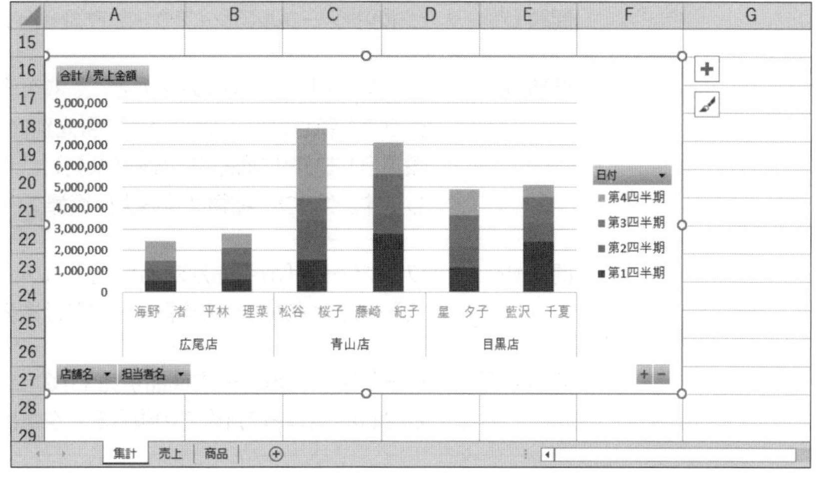

Exercise 確認問題

解答 ▶ P.229

Lesson 81

ブック「Lesson81」を開いておきましょう。

次の操作を行いましょう。

	飲料品の売上を集計したり、分析したりするブックを作成します。
問題（1）	ワークシート「売上推移」の第1四半期から第4四半期までの売上と利益の推移を集合縦棒グラフ、利益率の推移をマーカー付き折れ線グラフで表した2軸グラフを作成してください。売上と利益の推移を主軸、利益率の推移を第2軸にします。
問題（2）	グラフをセル範囲【B8：F20】に配置してください。次に、グラフタイトルを削除してください。
問題（3）	ワークシート「売上明細」をもとに、分類別、商品別の売上数を集計するピボットテーブルを新しいワークシート「分類別商品別売上」に作成してください。行ラベルエリアに分類名、その下層に商品名、値エリアに数量をそれぞれ配置します。
問題（4）	値エリアの数量の表示形式を「数値」に設定し、3桁区切りカンマを表示してください。
問題（5）	値エリアの数量の右側にもうひとつ数量を追加してください。次に、追加したフィールドの計算の種類を、総計に対する比率に変更してください。最後に、「合計 / 数量」のフィールド名を「数量合計」、「合計 / 数量2」のフィールド名を「数量構成比」に変更してください。
問題（6）	ピボットテーブルにピボットテーブルスタイル「薄い青,ピボットスタイル（中間）9」を適用してください。
問題（7）	ピボットテーブルのレイアウトをアウトライン形式に変更してください。
問題（8）	ワークシート「売上明細」をもとに、取引先別商品別の売上額を集計するピボットグラフを新しいワークシート「取引先別商品別売上」に作成してください。軸（分類項目）エリアに商品名、凡例（系列）エリアに取引先名、値エリアに売上額を配置します。グラフの種類は積み上げ縦棒グラフとします。
問題（9）	ワークシート「取引先別商品別売上」のピボットグラフにスライサーを追加して、「ビール」と「ワイン」の集計データだけを表示してください。
問題（10）	ワークシート「取引先別商品別売上」のピボットグラフにタイムラインを追加して、2021年1月から3月までの集計データだけを表示してください。
問題（11）	ワークシート「取引先別商品別売上」のピボットグラフに、スタイル「スタイル3」を適用してください。

MOS Excel 365&2019 Expert

確認問題　標準解答

Answer 確認問題 標準解答

▶ Lesson14

●完成図

	A	B	C	D	E	F	G	H	I
1		支店別月次集計							
2									
3			東北支店	東海支店	関西支店	中国支店	九州支店	合計	前年実績
4		1月	116,400	376,000	193,600	196,000	135,000	1,017,000	967,700
5		2月	244,000	459,400	291,100	340,000	144,000	1,478,500	1,318,900
6		3月	204,000	159,200	138,000	350,400	238,800	1,090,400	916,500
7		4月	325,200	268,400	310,400	119,000	292,800	1,315,800	1,154,500
8		5月	194,000	465,200	366,400	408,400	119,200	1,553,200	1,384,100
9		6月	212,500	394,100	213,900	207,000	266,400	1,293,900	1,219,900
10		7月	200,800	244,000	298,200	249,200	122,400	1,114,600	842,000
11		8月	267,000	375,000	213,000	186,000	208,800	1,249,800	970,000
12		9月	346,500	187,600	156,800	212,500	216,800	1,120,200	942,000
13		10月	243,200	245,600	180,000	291,600	341,600	1,302,000	1,184,800
14		11月	330,000	233,600	243,500	764,800	225,000	1,796,900	1,458,900
15		12月	127,500	180,000	376,500	434,500	323,200	1,441,700	1,416,900
16		合計	2,811,100	3,588,100	2,981,400	3,759,400	2,634,000	15,774,000	13,776,200

売上集計　売上明細　担当者マスター　商品マスター

	A	B	C	D	E
1		担当者マスター			
2					
3		支店コード	支店名	担当者氏名	
4		S101	東北支店	サトウ 佐藤	ショウジ 正二
5		S102	東海支店	ヒウラ 日浦	ノボル 晃
6		S103	関西支店	マキノ 牧野	セイリュウ 聖生
7		S104	中国支店	アベ 阿部	ダイチ 大地
8		S105	九州支店	セキ 関	サヤカ 沙也加

売上集計　売上明細　担当者マスター　商品マスター

	A	B	C	D
1		商品マスター		
2				
3		商品コード		単価
4		101	ar	¥38,800
5		102	ar	¥39,800
6		103	arrow F03	¥40,800
7		201	nnx F01	¥48,800
8		202	nnx F02	¥45,000
9		203	nnx F03	¥39,200
10		301	wakuwaku F01	¥42,500
11		302	wakuwaku F02	¥45,500
12		303	wakuwaku F03	¥48,500
13		401	grand F01	¥22,800
14		402	grand F02	¥23,800

富士太郎:
商品マスターを更新する場合は購買部に確認をとること

売上集計　売上明細　担当者マスター　商品マスター

問題(1)

①《ファイル》タブを選択します。

②《開く》→《参照》をクリックします。

③フォルダー「Lesson14」を開きます。

※《PC》→《ドキュメント》→フォルダー「MOS-Excel 365 2019-Expert(1)」→フォルダー「Lesson14」を選択します。

④一覧から「2019年売上」を選択します。

⑤《開く》をクリックします。

⑥《コンテンツの有効化》をクリックします。

⑦《表示》タブ→《ウィンドウ》グループの (整列)をクリックします。

⑧《左右に並べて表示》を◉にします。

⑨《OK》をクリックします。

⑩ブック「Lesson14」のワークシート「売上集計」のセル【I4】に「=」と入力します。

⑪ブック「2019年売上」のワークシート「売上集計」のセル【H4】を選択します。

⑫数式バーに「=[2019年売上.xlsm]売上集計!$H$4」と表示されていることを確認します。

⑬ F4 を3回押します。

※数式をコピーするため相対参照で指定します。

⑭数式バーに「=[2019年売上.xlsm]売上集計!H4」と表示されていることを確認します。

⑮ Enter を押します。

⑯セル【I4】を選択し、セル右下の■(フィルハンドル)をダブルクリックします。

問題(2)

①ワークシート「**売上集計**」のセル範囲【**C4:G15**】を選択します。

②《**校閲**》タブ→《**変更**》グループの 範囲の編集を許可 (範囲の編集を許可)をクリックします。

※お使いの環境によっては、グループ名の「変更」が「保護」と表示される場合があります。

③《**新規**》をクリックします。

④《**セル参照**》が「**=$C$4:$G$15**」になっていることを確認します。

⑤《**範囲パスワード**》に「**abc**」と入力します。

※入力したパスワードは「*」で表示されます。パスワードは大文字小文字が区別されます。

⑥《**OK**》をクリックします。

⑦《**パスワードをもう一度入力してください。**》に「**abc**」と入力します。

⑧《**OK**》をクリックします。

⑨《**シートの保護**》をクリックします。

⑩《**シートとロックされたセルの内容を保護する**》を☑にします。

⑪《**OK**》をクリックします。

問題(3)

①ブック「**2019年売上**」を選択します。

②《**開発**》タブ→《**コード**》グループの (Visual Basic)をクリックします。

※《開発》タブを表示しておきましょう。

③プロジェクトエクスプローラーの「**VBA Project(2019年売上.xlsm)**」の《**標準モジュール**》の「**Module1**」を選択します。

※表示されていない場合は、⊞をクリックします。

④《**ファイル**》→《**ファイルのエクスポート**》をクリックします。

⑤フォルダー「**MOS-Excel 365 2019-Expert(1)**」を開きます。

※《PC》→《ドキュメント》→「MOS-Excel 365 2019-Expert(1)」を選択します。

⑥《**ファイル名**》に「**売上上位**」と入力します。

⑦《**ファイルの種類**》が《**標準モジュール(*.bas)**》になっていることを確認します。

⑧《**保存**》をクリックします。

⑨プロジェクトエクスプローラーの「**VBA Project(Lesson14.xlsx)**」を選択します。

⑩《**ファイル**》→《**ファイルのインポート**》をクリックします。

⑪フォルダー「**MOS-Excel 365 2019-Expert(1)**」を開きます。

※《PC》→《ドキュメント》→「MOS-Excel 365 2019-Expert(1)」を選択します。

⑫一覧から「**売上上位.bas**」を選択します。

⑬《**開く**》をクリックします。

⑭《**Microsoft Visual Basic for Applications**》ウィンドウの × (閉じる)をクリックします。

※ブック「2019年売上」を閉じておきましょう。

※ブック「2019売上」からコピーしたマクロ「上位5件」と「リセット」が実行できることを確認しておきましょう。あらかじめシート「売上明細」の各ボタンには、マクロが登録されています。

※《開発》タブを非表示にしておきましょう。

問題(4)

①ワークシート「**担当者マスター**」のセル範囲【**D4:E8**】を選択します。

②《**ホーム**》タブ→《**フォント**》グループの (ふりがなの表示/非表示)をクリックします。

問題(5)

①ワークシート「**商品マスター**」のセル【**B3**】を選択します。

②《**校閲**》タブ→《**コメント**》グループの (コメントの挿入)をクリックします。

③コメントに、「**商品マスターを更新する場合は購買部に確認をとること**」と入力します。

④コメント以外の場所をクリックします。

問題(6)

①《**数式**》タブ→《**計算方法**》グループの (計算方法の設定)→《**手動**》をクリックします。

問題(7)

①《**校閲**》タブ→《**変更**》グループの (ブックの保護)をクリックします。

※お使いの環境によっては、グループ名の「変更」が「保護」と表示される場合があります。

②《**シート構成**》を☑にします。

③《**OK**》をクリックします。

問題(8)

①《**ファイル**》タブを選択します。

②《**オプション**》をクリックします。

③左側の一覧から《**保存**》を選択します。

④《**ブックの保存**》の《**次の間隔で自動回復用データを保存する**》を☑にし、「**15**」分ごとに設定します。

⑤《**OK**》をクリックします。

※マクロを含むブックを保存するには、マクロ有効ブックとして保存します。マクロ有効ブックとして保存する方法については、P.162を参照してください。

※自動保存の間隔を元に戻しておきましょう。初期の設定は「10」分です。

Answer 確認問題 標準解答

▶ Lesson28

●完成図

	A	B	C	D	E	F	G	H	I	J	K
1		贈答品売上一覧（東京店）									
2											
3		No.	受注日	商品番号	商品名（種別）	商品名	種別	単価	数量	売上金額	
4		20001	10/2(金)	2020	小鉢セット（食器）	小鉢セット	食器	5,000	70	350,000	
5		20002	10/8(木)	5040	フェイスタオル（タオル）	フェイスタオル	タオル	2,500	1,500	3,750,000	
6		20003	10/12(月)	3030	綿毛布（寝具）	綿毛布	寝具	15,000	25	375,000	
7		20005	10/12(月)	4020	洗たくセット（洗剤）	洗たくセット	洗剤	4,500	132	594,000	
8		20006	10/12(月)	4020	洗たくセット（洗剤）	洗たくセット	洗剤	4,500	190	855,000	
9		20007	10/13(火)	3010	シーツ（寝具）	シーツ	寝具	5,000	10	50,000	
10		20008	10/14(水)	5040	フェイスタオル（タオル）	フェイスタオル	タオル	2,500	300	750,000	
11		20009	10/18(日)	1070	海苔セット（食品）	海苔セット	食品	5,000	451	2,255,000	
12		20010	10/20(火)	2010	グラス5客セット（食器）	グラス5客セット	食器	25,000	20	500,000	
13		20011	10/20(火)	4010	石けんセット（洗剤）	石けんセット	洗剤	5,000	145	725,000	
14		20012	10/23(金)	1040	紅茶セット（食品）	紅茶セット	食品	5,000	150	750,000	
15		20013	10/24(土)	2050	ティーカップセット（食器）	ティーカップセット	食器	5,000	40	200,000	
16		20014	10/25(日)	5030	フェイスタオル（タオル）	フェイスタオル	タオル	1,500	1,200	1,800,000	
17		20015	10/26(月)	1010	かつおパックセット（食品）	かつおパックセット	食品	3,000	180	540,000	
18		20016	11/2(月)	5020	バスタオル（タオル）	バスタオル	タオル	5,000	58	290,000	
19		20017	11/2(月)	5030	フェイスタオル（タオル）	フェイスタオル	タオル	1,500	1,500	2,250,000	
20		20018	11/7(土)	4030	ボディソープセット（洗剤）	ボディソープセット	洗剤	3,500	132	462,000	
21		20019	11/7(土)	5010	ウォッシュタオル（タオル）	ウォッシュタオル	タオル	3,000	500	1,500,000	
22		20020	11/8(日)	2040	ワイングラス（食器）	ワイングラス	食器	50,000	70	3,500,000	
23		20021	11/9(月)	4020	洗たくセット（洗剤）	洗たくセット	洗剤	4,500	150	675,000	

売上　社員別売上　展示会日程

	A	B	C	D	E	F	G	H	I	J	K
1		社員別売上実績				単位：千円					
2											
3		社員番号	氏名	所属店	下期目標	下期実績					
34				全体の平均	17,045	18,502					
35				総計	375,000	407,045					
36											
37											

売上　社員別売上　展示会日程

	A	B	C	D	E	F	G	H	I	J	K
1		2021年用贈答品展示・相談会									
2											
3		日程	東京店	渋谷店	新宿店	横浜店		入力値			
4		2021/4/1(木)						○			
5		2021/4/8(木)	○ ×					×			
6		2021/4/15(木)									
7		2021/4/22(木)									
8		2021/4/29(木)									
9		2021/5/6(木)									
10		2021/5/13(木)									
11		2021/5/20(木)									
12		2021/5/27(木)									
13		2021/6/3(木)									
14		2021/6/10(木)									
15		2021/6/17(木)									
16		2021/6/24(木)									
17		2021/7/1(木)									
18											

売上　社員別売上　展示会日程

問題(1)

①ワークシート「**売上**」のセル【**B3**】を選択します。
※テーブル内のセルであれば、どこでもかまいません。
②《**デザイン**》タブ→《**ツール**》グループの［重複の削除］(重複の削除)をクリックします。
③《**先頭行をデータの見出しとして使用する**》を☑にします。
④「**受注日**」「**商品番号**」「**数量**」を☑にし、それ以外を☐にします。
⑤《**OK**》をクリックします。
⑥《**OK**》をクリックします。
※1件のレコードが削除されます。

問題(2)

①ワークシート「**売上**」のセル範囲【**C4:C76**】を選択します。
②《**ホーム**》タブ→《**数値**》グループの［表示形式］(表示形式)をクリックします。
③《**表示形式**》タブを選択します。
④《**分類**》の一覧から《**ユーザー定義**》を選択します。
⑤《**種類**》に「**m/d(aaa)**」と入力します。
⑥《**OK**》をクリックします。

問題(3)

①ワークシート「**売上**」のセル【**F4**】に「**小鉢セット**」と入力します。
②セル【**F4**】を選択します。
※表内のF列のセルであれば、どこでもかまいません。
③《**データ**》タブ→《**データツール**》グループの［フラッシュフィル］(フラッシュフィル)をクリックします。
④セル【**G4**】に「**食器**」と入力します。
⑤セル【**G4**】を選択します。
※表内のG列のセルであれば、どこでもかまいません。
⑥《**データ**》タブ→《**データツール**》グループの［フラッシュフィル］(フラッシュフィル)をクリックします。

問題(4)

①ワークシート「**売上**」を選択します。
②《**ホーム**》タブ→《**スタイル**》グループの［条件付き書式］(条件付き書式)→《**ルールの管理**》をクリックします。
③《**書式ルールの表示**》の［v］をクリックし、一覧から《**このワークシート**》を選択します。
④「**セルの値>=3000000**」を選択します。
※ポイントすると、ポップヒントに「セルの値>=3000000」と表示されます。
⑤［▲］(上へ移動)を2回クリックします。
※一番上に移動します。
⑥「**セルの値>=2000000**」を選択します。
⑦［▲］(上へ移動)をクリックします。
※上から二番目に移動します。
⑧《**OK**》をクリックします。

問題(5)

①ワークシート「**売上**」のセル範囲【**B4:J76**】を選択します。
②《**ホーム**》タブ→《**スタイル**》グループの［条件付き書式］(条件付き書式)→《**新しいルール**》をクリックします。
③《**ルールの種類を選択してください**》の一覧から《**数式を使用して、書式設定するセルを決定**》を選択します。
④《**次の数式を満たす場合に値を書式設定**》に「**=$I4>1000**」と入力します。
※ルールの基準となる数量は、常に同じ列を参照するように複合参照にします。
⑤《**書式**》をクリックします。
⑥《**フォント**》タブを選択します。
⑦《**色**》の［v］をクリックし、《**標準の色**》の《**濃い赤**》を選択します。
⑧《**OK**》をクリックします。
⑨《**OK**》をクリックします。

問題(6)

①ワークシート「**社員別売上**」のセル【**D3**】を選択します。
※表内のD列のセルであれば、どこでもかまいません。
②《**データ**》タブ→《**並べ替えとフィルター**》グループの［昇順］(昇順)をクリックします。
③所属店が昇順に並び替わります。
④セル【**D3**】が選択されていることを確認します。
※表内のセルであれば、どこでもかまいません。
⑤《**データ**》タブ→《**アウトライン**》グループの［小計］(小計)をクリックします。
⑥《**グループの基準**》の［v］をクリックし、一覧から「**所属店**」を選択します。
⑦《**集計の方法**》の［v］をクリックし、一覧から《**合計**》を選択します。
⑧《**集計するフィールド**》の「**下期目標**」と「**下期実績**」を☑にします。
⑨《**OK**》をクリックします。
⑩【**D3**】が選択されていることを確認します。
※表内のセルであれば、どこでもかまいません。
⑪《**データ**》タブ→《**アウトライン**》グループの［小計］(小計)をクリックします。
⑫《**グループの基準**》が「**所属店**」になっていることを確認します。
⑬《**集計の方法**》の［v］をクリックし、一覧から《**平均**》を選択します。
⑭《**集計するフィールド**》の「**下期目標**」と「**下期実績**」を☑にします。
⑮《**現在の小計をすべて置き換える**》を☐にします。
⑯《**OK**》をクリックします。

問題(7)

①ワークシート**「社員別売上」**の行番号の左上のアウトライン記号の［1］をクリックします。

問題(8)

①ワークシート**「展示会日程」**のセル範囲**【B4：B17】**を選択します。
②**《ホーム》**タブ→**《編集》**グループの［↓▾］(フィル)→**《連続データの作成》**をクリックします。
③**《範囲》**の**《列》**が◉になっていることを確認します。
④**《種類》**の**《日付》**を◉にします。
⑤**《増加単位》**の**《日》**を◉にします。
⑥**《増分値》**に**「7」**と入力します。
⑦**《OK》**をクリックします。

問題(9)

①ワークシート**「展示会日程」**のセル範囲**【C3：F3】**を選択します。
②**《ホーム》**タブ→**《数値》**グループの［↘］(表示形式)をクリックします。
③**《表示形式》**タブを選択します。
④**《分類》**の一覧から**《ユーザー定義》**を選択します。
⑤**《種類》**に**「@"店"」**と入力します。
⑥**《OK》**をクリックします。

問題(10)

①ワークシート**「展示会日程」**のセル範囲**【C4：F17】**を選択します。
②**《データ》**タブ→**《データツール》**グループの［データの入力規則］(データの入力規則)をクリックします。
③**《設定》**タブを選択します。
④**《入力値の種類》**の［∨］をクリックし、一覧から**《リスト》**を選択します。
⑤**《ドロップダウンリストから選択する》**を☑にします。
⑥**《元の値》**にカーソルを移動し、セル範囲**【H4：H5】**を選択します。
※《元の値》に「=$H$4：$H$5」と表示されます。
⑦**《OK》**をクリックします。

確認問題　標準解答

▶ Lesson62

●完成図

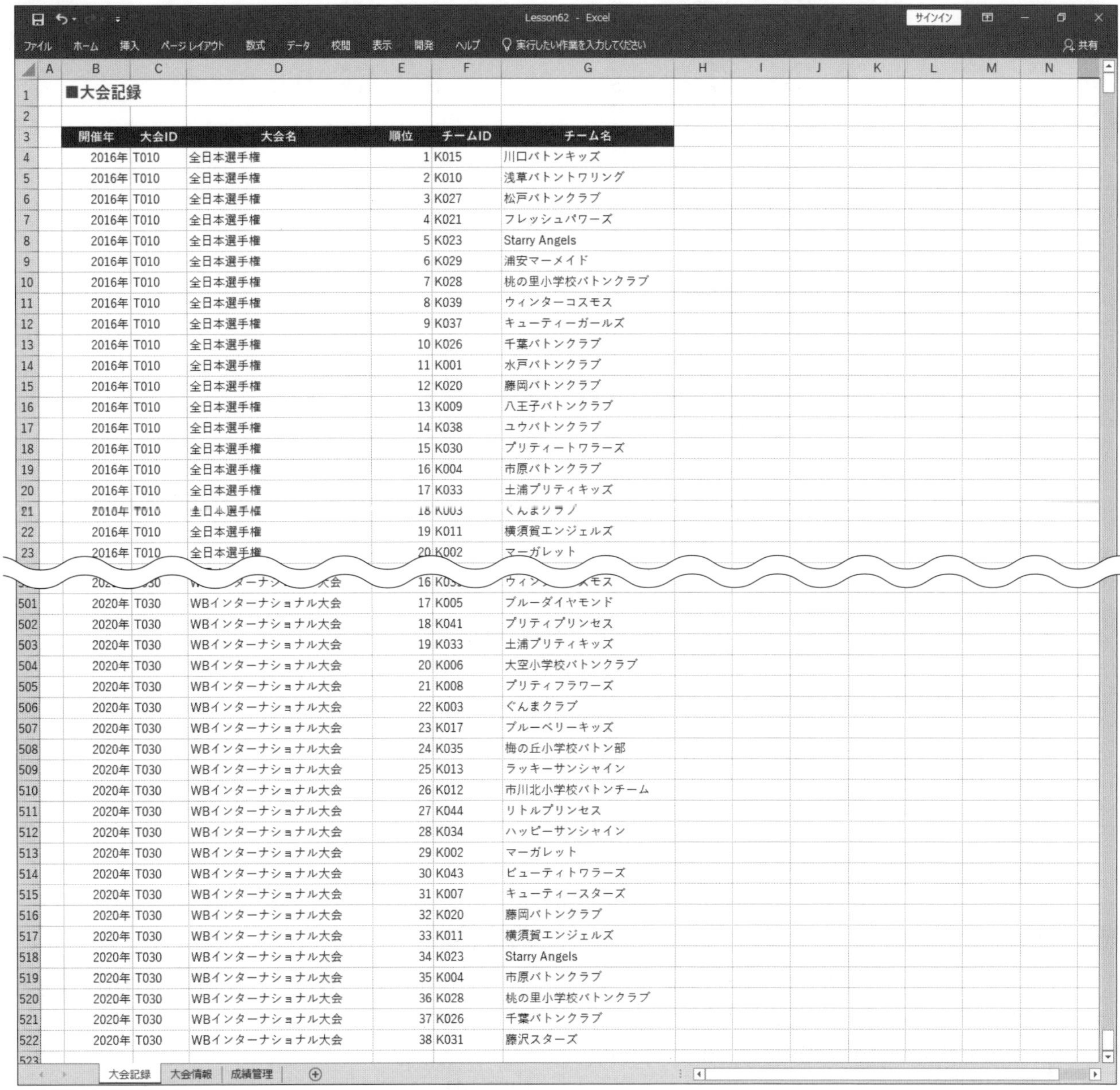

Lesson62 - Excel

■大会記録

	開催年	大会ID	大会名	順位	チームID	チーム名
4	2016年	T010	全日本選手権	1	K015	川口バトンキッズ
5	2016年	T010	全日本選手権	2	K010	浅草バトントワリング
6	2016年	T010	全日本選手権	3	K027	松戸バトンクラブ
7	2016年	T010	全日本選手権	4	K021	フレッシュパワーズ
8	2016年	T010	全日本選手権	5	K023	Starry Angels
9	2016年	T010	全日本選手権	6	K029	浦安マーメイド
10	2016年	T010	全日本選手権	7	K028	桃の里小学校バトンクラブ
11	2016年	T010	全日本選手権	8	K039	ウィンターコスモス
12	2016年	T010	全日本選手権	9	K037	キューティーガールズ
13	2016年	T010	全日本選手権	10	K026	千葉バトンクラブ
14	2016年	T010	全日本選手権	11	K001	水戸バトンクラブ
15	2016年	T010	全日本選手権	12	K020	藤岡バトンクラブ
16	2016年	T010	全日本選手権	13	K009	八王子バトンクラブ
17	2016年	T010	全日本選手権	14	K038	ユウバトンクラブ
18	2016年	T010	全日本選手権	15	K030	プリティートワラーズ
19	2016年	T010	全日本選手権	16	K004	市原バトンクラブ
20	2016年	T010	全日本選手権	17	K033	土浦プリティキッズ
21	2016年	T010	全日本選手権	18	K003	ぐんまクラブ
22	2016年	T010	全日本選手権	19	K011	横須賀エンジェルズ
23	2016年	T010	全日本選手権	20	K002	マーガレット
	202	030	W ターナシ 大会	16	K03	ウィン スモス
501	2020年	T030	WBインターナショナル大会	17	K005	ブルーダイヤモンド
502	2020年	T030	WBインターナショナル大会	18	K041	プリティプリンセス
503	2020年	T030	WBインターナショナル大会	19	K033	土浦プリティキッズ
504	2020年	T030	WBインターナショナル大会	20	K006	大空小学校バトンクラブ
505	2020年	T030	WBインターナショナル大会	21	K008	プリティフラワーズ
506	2020年	T030	WBインターナショナル大会	22	K003	ぐんまクラブ
507	2020年	T030	WBインターナショナル大会	23	K017	ブルーベリーキッズ
508	2020年	T030	WBインターナショナル大会	24	K035	梅の丘小学校バトン部
509	2020年	T030	WBインターナショナル大会	25	K013	ラッキーサンシャイン
510	2020年	T030	WBインターナショナル大会	26	K012	市川北小学校バトンチーム
511	2020年	T030	WBインターナショナル大会	27	K044	リトルプリンセス
512	2020年	T030	WBインターナショナル大会	28	K034	ハッピーサンシャイン
513	2020年	T030	WBインターナショナル大会	29	K002	マーガレット
514	2020年	T030	WBインターナショナル大会	30	K043	ビューティトワラーズ
515	2020年	T030	WBインターナショナル大会	31	K007	キューティースターズ
516	2020年	T030	WBインターナショナル大会	32	K020	藤岡バトンクラブ
517	2020年	T030	WBインターナショナル大会	33	K011	横須賀エンジェルズ
518	2020年	T030	WBインターナショナル大会	34	K023	Starry Angels
519	2020年	T030	WBインターナショナル大会	35	K004	市原バトンクラブ
520	2020年	T030	WBインターナショナル大会	36	K028	桃の里小学校バトンクラブ
521	2020年	T030	WBインターナショナル大会	37	K026	千葉バトンクラブ
522	2020年	T030	WBインターナショナル大会	38	K031	藤沢スターズ

大会記録　大会情報　成績管理

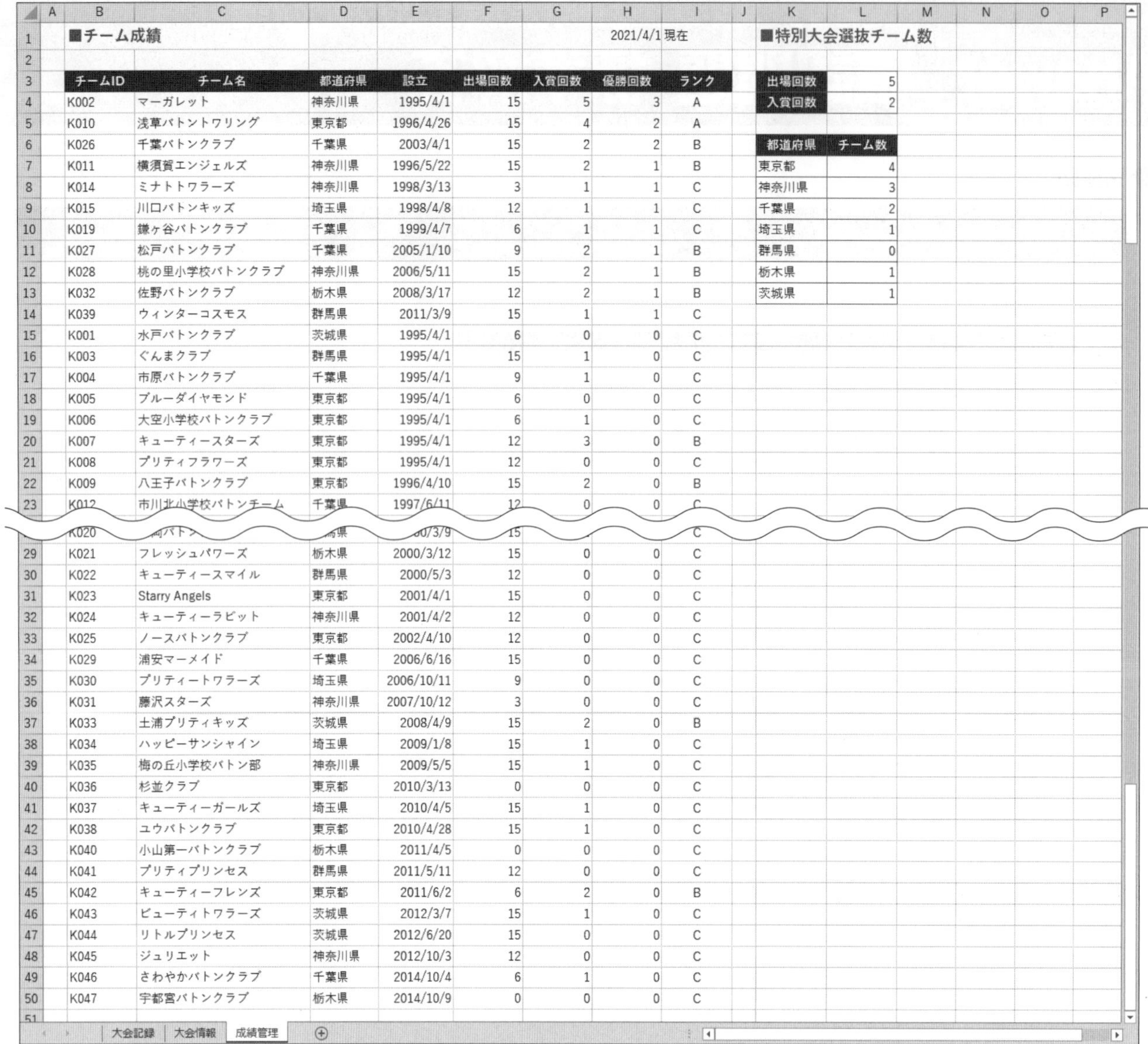

■チーム成績　　2021/4/1 現在

チームID	チーム名	都道府県	設立	出場回数	入賞回数	優勝回数	ランク
K002	マーガレット	神奈川県	1995/4/1	15	5	3	A
K010	浅草バトントワリング	東京都	1996/4/26	15	4	2	A
K026	千葉バトンクラブ	千葉県	2003/4/1	15	2	2	B
K011	横須賀エンジェルズ	神奈川県	1996/5/22	15	2	1	B
K014	ミナトトワラーズ	神奈川県	1998/3/13	3	1	1	C
K015	川口バトンキッズ	埼玉県	1998/4/8	12	1	1	C
K019	鎌ヶ谷バトンクラブ	千葉県	1999/4/7	6	1	1	C
K027	松戸バトンクラブ	千葉県	2005/1/10	9	2	1	B
K028	桃の里小学校バトンクラブ	神奈川県	2006/5/11	15	2	1	B
K032	佐野バトンクラブ	栃木県	2008/3/17	12	2	1	B
K039	ウィンターコスモス	群馬県	2011/3/9	15	1	1	C
K001	水戸バトンクラブ	茨城県	1995/4/1	6	0	0	C
K003	ぐんまクラブ	群馬県	1995/4/1	15	1	0	C
K004	市原バトンクラブ	千葉県	1995/4/1	9	1	0	C
K005	ブルーダイヤモンド	東京都	1995/4/1	6	0	0	C
K006	大空小学校バトンクラブ	東京都	1995/4/1	6	1	0	C
K007	キューティースターズ	東京都	1995/4/1	12	3	0	B
K008	プリティフラワーズ	東京都	1995/4/1	12	0	0	C
K009	八王子バトンクラブ	東京都	1996/4/10	15	2	0	B
K012	市川北小学校バトンチーム	千葉県	1997/6/11	12	0	0	C
K020	[illegible]	[illegible]	[illegible]	15			C
K021	フレッシュパワーズ	栃木県	2000/3/12	15	0	0	C
K022	キューティースマイル	群馬県	2000/5/3	12	0	0	C
K023	Starry Angels	東京都	2001/4/1	15	0	0	C
K024	キューティーラビット	神奈川県	2001/4/2	12	0	0	C
K025	ノースバトンクラブ	東京都	2002/4/10	12	0	0	C
K029	浦安マーメイド	千葉県	2006/6/16	15	0	0	C
K030	プリティートワラーズ	埼玉県	2006/10/11	9	0	0	C
K031	藤沢スターズ	神奈川県	2007/10/12	3	0	0	C
K033	土浦プリティキッズ	茨城県	2008/4/9	15	2	0	B
K034	ハッピーサンシャイン	埼玉県	2009/1/8	15	1	0	C
K035	梅の丘小学校バトン部	神奈川県	2009/5/5	15	1	0	C
K036	杉並クラブ	東京都	2010/3/13	0	0	0	C
K037	キューティーガールズ	埼玉県	2010/4/5	15	1	0	C
K038	ユウバトンクラブ	東京都	2010/4/28	15	1	0	C
K040	小山第一バトンクラブ	栃木県	2011/4/5	0	0	0	C
K041	プリティプリンセス	群馬県	2011/5/11	12	0	0	C
K042	キューティーフレンズ	東京都	2011/6/2	6	2	0	B
K043	ビューティトワラーズ	茨城県	2012/3/7	15	1	0	C
K044	リトルプリンセス	茨城県	2012/6/20	15	0	0	C
K045	ジュリエット	神奈川県	2012/10/3	12	0	0	C
K046	さわやかバトンクラブ	千葉県	2014/10/4	6	1	0	C
K047	宇都宮バトンクラブ	栃木県	2014/10/9	0	0	0	C

■特別大会選抜チーム数

出場回数	5
入賞回数	2

都道府県	チーム数
東京都	4
神奈川県	3
千葉県	2
埼玉県	1
群馬県	0
栃木県	1
茨城県	1

問題(1)

①ワークシート「**大会記録**」のセル【**D4**】に「**=HLOOKUP(C4,大会情報!$C$3:$E$4,2,FALSE)**」と入力します。

※数式をコピーするため、検索範囲は常に同じ範囲を参照するように絶対参照にします。

②セル【**D4**】を選択し、セル右下の■(フィルハンドル)をダブルクリックします。

問題(2)

①ワークシート「**大会記録**」のセル【**G4**】に「**=VLOOKUP(F4,成績管理!$B$4:$I$50,2,FALSE)**」と入力します。

※数式をコピーするため、検索範囲は常に同じ範囲を参照するように絶対参照にします。

②セル【**G2**】を選択し、セル右下の■(フィルハンドル)をダブルクリックします。

問題(3)

①ワークシート「**成績管理**」のセル【**H1**】に「**=TODAY()**」と入力します。

問題(4)

①ワークシート「**成績管理**」のセル【**F4**】に「**=COUNTIF(**」と入力します。

②《**数式**》タブ→《**定義された名前**》グループの[数式で使用](数式で使用)→《**チームID**》をクリックします。

※「チームID」と直接入力してもかまいません。

③「**=COUNTIF(チームID**」と表示されます。

④続けて「**,B4)**」と入力します。

⑤数式バーに「**=COUNTIF(チームID,B4)**」と表示されていることを確認します。

⑥[Enter]を押します。

⑦セル【**F4**】を選択し、セル右下の■(フィルハンドル)をダブルクリックします。

問題(5)

①ワークシート「**成績管理**」のセル【**G4**】に「**=COUNTIFS(**」と入力します。

②《**数式**》タブ→《**定義された名前**》グループの[数式で使用](数式で使用)→《**チームID**》をクリックします。

※「チームID」と直接入力してもかまいません。

③「**=COUNTIFS(チームID**」と表示されます。

④続けて「**,B4,**」と入力します。

⑤《**数式**》タブ→《**定義された名前**》グループの[数式で使用](数式で使用)→《**順位**》をクリックします。

※「順位」と直接入力してもかまいません。

⑥「**=COUNTIFS(チームID,B4,順位**」と表示されます。

⑦続けて「**,"<=3")**」と入力します。

⑧数式バーに「**=COUNTIFS(チームID,B4,順位,"<=3")**」と表示されていることを確認します。

⑨ Enter を押します。

⑩セル【**G4**】を選択し、セル右下の■(フィルハンドル)をダブルクリックします。

問題(6)

①ワークシート「**成績管理**」のセル【**I4**】に「**=IFS(G4>=4,"A",G4>=2,"B",TRUE,"C")**」と入力します。

②セル【**I4**】を選択し、セル右下の■(フィルハンドル)をダブルクリックします。

問題(7)

①ワークシート「**成績管理**」のセル【**L7**】に「**=COUNTIFS($D$4:$D$50,K7,$F$4:$F$50,">="&$L$3,$G$4:$G$50,">="&$L$4)**」と入力します。

※数式をコピーするため、検索範囲、出場回数、入賞回数は常に同じ範囲を参照するように絶対参照にします。

②セル【**L7**】を選択し、セル右下の■(フィルハンドル)をダブルクリックします。

問題(8)

①セル【**L7**】を選択します。

②《**数式**》タブ→《**ワークシート分析**》グループの[参照元のトレース](参照先のトレース)を2回クリックします。

③《**数式**》タブ《**ワークシート分析**》グループの[トレース矢印の削除](すべてのトレース矢印を削除)をクリックします。

問題(9)

①《**表示**》タブ→《**マクロ**》グループの[マクロ](マクロの表示)の[マクロ]→《**マクロの記録**》をクリックします。

②《**マクロ名**》に「**優勝回数**」と入力します。

③《**マクロの保存先**》の[v]をクリックし、一覧から《**作業中のブック**》を選択します。

④《**OK**》をクリックします。

⑤ワークシート「**成績管理**」のシート見出しを選択します。

⑥セル【**H3**】を選択します。

※表内のH列のセルであればどこでもかまいません。

⑦《**データ**》タブ→《**並べ替えとフィルター**》グループの[降順](降順)をクリックします。

⑧セル【**A1**】を選択します。

⑨《**表示**》タブ→《**マクロ**》グループの[マクロ](マクロの表示)の[マクロ]→《**記録終了**》をクリックします。

問題(10)

①《**表示**》タブ→《**マクロ**》グループの[マクロ](マクロの表示)をクリックします。

②《**マクロ名**》の一覧から「**優勝回数**」を選択します。

③《**編集**》をクリックします。

④「**Sub 優勝回数()**」を「**Sub 成績上位順()**」に修正します。

※「Sub」のあとの半角スペースを消さないようにしましょう。

⑤《**Microsoft Visual Basic for Applications**》ウィンドウの[×](閉じる)をクリックします。

Answer　確認問題　標準解答

▶ Lesson81

●完成図

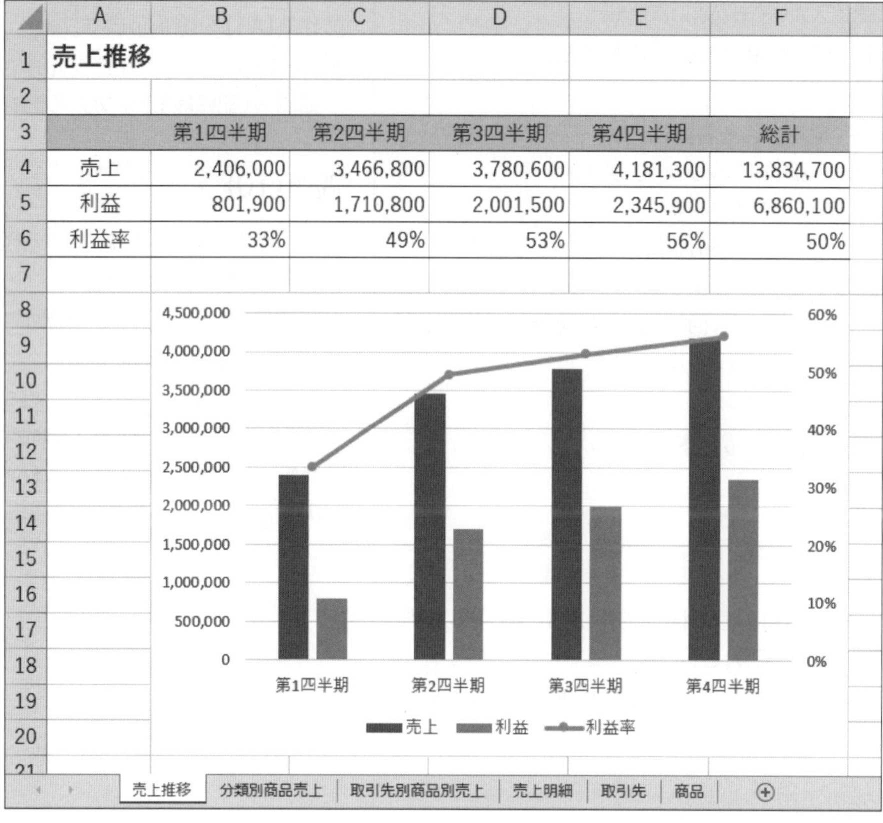

	A	B	C	D	E	F
1	売上推移					
2						
3		第1四半期	第2四半期	第3四半期	第4四半期	総計
4	売上	2,406,000	3,466,800	3,780,600	4,181,300	13,834,700
5	利益	801,900	1,710,800	2,001,500	2,345,900	6,860,100
6	利益率	33%	49%	53%	56%	50%

	A	B	C	D
1				
2				
3	分類名	商品名	数量合計	数量構成比
4	⊟ビール		2,069	38.22%
5		SAKURA BEER	582	10.75%
6		SAKURA レッドラベル	429	7.92%
7		クラシック　さくら	556	10.27%
8		季節限定　シクラメン	502	9.27%
9	⊟ワイン		2,144	39.60%
10		カサブランカ（白）	503	9.29%
11		スイトピー（赤）	550	10.16%
12		すずらん（白）	524	9.68%
13		薔薇（赤）	567	10.47%
14	⊟発泡酒		1,201	22.18%
15		MOMO	566	10.45%
16		マーガレット	635	11.73%
17	総計		5,414	100.00%

売上推移　分類別商品売上　取引先別商品別売上　売上明細　取引先　商品

	列ラベル								
合計 / 売上額									
行ラベル	Shop Hamada	Sweet Shop	イマイ商店	さいとうスーパー	ショップ トライアングル	加藤酒店	成田ストア	青山酒店	総計
SAKURA BEER	130680	63360	142560	154440	166320	67320	79200		803880
SAKURA レッドラベル	150480	39600	126720	138600	154440	75240	19800		704880
カサブランカ（白）	176400	940800	205800	1117200	499800	1058400	1411200	588000	5997600
クラシック　さくら	179200	46080	215040	179200	184320	220160	138240	204800	1367040
スイトピー（赤）	113400	189000	113400	151200	201600	365400	378000	201600	1713600
すずらん（白）	367080	255360		79800	670320	670320	718200	446880	3207960
季節限定　シクラメン	162360	170280	114840	43560	174240	87120	122760	71280	946440
薔薇（赤）	218400	739200	487200	470400	487200	319200	369600	638400	3729600
総計	1498000	2443680	1405560	2334400	2538240	2863160	3237000	2150960	18471000

問題(1)

①ワークシート「**売上推移**」のセル範囲【**A3:E6**】を選択します。

②《**挿入**》タブ→《**グラフ**》グループの（複合グラフの挿入）→《**ユーザー設定の複合グラフを作成する**》をクリックします。

③「**売上**」の《**グラフの種類**》のをクリックし、一覧から《**縦棒**》の《**集合縦棒**》を選択します。

④「**利益**」の《**グラフの種類**》のをクリックし、一覧から《**縦棒**》の《**集合縦棒**》を選択します。

⑤「**利益率**」の《**グラフの種類**》のをクリックし、一覧から《**折れ線**》の《**マーカー付き折れ線**》を選択します。

⑥「**利益率**」の《**第2軸**》を☑にします。

⑦《**OK**》をクリックします。

問題(2)

①グラフの枠線をポイントし、マウスポインターの形がに変わったら、ドラッグして移動します。（左上位置の目安：セル【**B8**】）

②グラフの右下の○（ハンドル）をポイントし、マウスポインターの形がに変わったら、ドラッグしてサイズを変更します。（右下位置の目安：セル【**F20**】）

③グラフタイトルを選択します。

④ Delete を押します。

問題(3)

①ワークシート「**売上明細**」のセル【**A3**】を選択します。

※表内のセルであれば、どこでもかまいません。

②《**挿入**》タブ→《**テーブル**》グループの（ピボットテーブル）をクリックします。

③《**テーブルまたは範囲を選択**》を◉にします。

④《**テーブル/範囲**》に「**売上明細!$A$3:$I$349**」と表示されていることを確認します。

⑤《**新規ワークシート**》を◉にします。

⑥《**OK**》をクリックします。

⑦《**ピボットテーブルのフィールド**》作業ウィンドウの「**分類名**」を《**行**》のボックスにドラッグします。

⑧「**商品名**」を《**行**》のボックスの「**分類名**」の下にドラッグします。

⑨「**数量**」を《**値**》のボックスにドラッグします。

⑩シート見出し「**Sheet1**」をダブルクリックします。

⑪「**Sheet1**」を「**分類別商品別売上**」に修正します。

問題(4)

①ワークシート「**分類別商品別売上**」のセル【**B3**】を選択します。
※値エリアのセルであれば、どこでもかまいません。
②《**分析**》タブ→《**アクティブなフィールド**》グループの フィールドの設定 (フィールドの設定)をクリックします。
③《**表示形式**》をクリックします。
④《**分類**》の一覧から《**数値**》を選択します。
⑤《**桁区切り(,)を使用する**》を ☑ にします。
⑥《**OK**》をクリックします。
⑦《**OK**》をクリックします。

問題(5)

①ワークシート「**分類別商品別売上**」のセル【**A3**】を選択します。
※ピボットテーブル内のセルであれば、どこでもかまいません。
②《**ピボットテーブルのフィールド**》作業ウィンドウの「**数量**」を《**値**》のボックスの《**合計 / 数量**》の下にドラッグします。
③セル【**C3**】を選択します。
※「合計 / 数量2」フィールドのセルであれば、どこでもかまいません。
④《**分析**》タブ→《**アクティブなフィールド**》グループの フィールドの設定 (フィールドの設定)をクリックします。
⑤《**計算の種類**》タブを選択します。
⑥《**計算の種類**》の ⌄ をクリックし、一覧から《**総計に対する比率**》を選択します。
⑦《**OK**》をクリックします。
⑧セル【**B3**】に「**数量合計**」と入力します。
⑨セル【**C3**】に「**数量構成比**」と入力します。

問題(6)

①ワークシート「**分類別商品別売上**」のセル【**A3**】を選択します。
※ピボットテーブル内のセルであれば、どこでもかまいません。
②《**デザイン**》タブ→《**ピボットテーブルスタイル**》グループの ▽ (その他)→《**中間**》の《**薄い青,ピボットスタイル(中間)9**》をクリックします。

問題(7)

①ワークシート「**分類別商品別売上**」のセル【**A3**】を選択します。
※ピボットテーブル内のセルであれば、どこでもかまいません。
②《**デザイン**》タブ→《**レイアウト**》グループの レポートのレイアウト (レポートのレイアウト)→《**アウトライン形式で表示**》をクリックします。

問題(8)

①ワークシート「**売上明細**」のセル【**A3**】を選択します。
※表内のセルであれば、どこでもかまいません。
②《**挿入**》タブ→《**グラフ**》グループの (ピボットグラフ)をクリックします。
③《**テーブルまたは範囲を選択**》を ◉ にします。
④《**テーブル/範囲**》に「**売上明細!$A$3:$I$349**」と表示されていることを確認します。
⑤《**新規ワークシート**》を ◉ にします。
⑥《**OK**》をクリックします。
⑦《**ピボットグラフのフィールド**》作業ウィンドウの「**商品名**」を《**軸(分類項目)**》のボックスにドラッグします。
⑧「**取引先名**」を《**凡例(系列)**》のボックスにドラッグします。
⑨「**売上額**」を《**値**》のボックスにドラッグします。
⑩ピボットグラフを選択します。
⑪《**デザイン**》タブ→《**種類**》グループの グラフの種類の変更 (グラフの種類の変更)をクリックします。
⑫左側の一覧から《**縦棒**》を選択します。
⑬右側の一覧から《**積み上げ縦棒**》を選択します。
⑭《**OK**》をクリックします。
⑮シート見出し「**Sheet2**」をダブルクリックします。
⑯「**Sheet2**」を「**取引先別商品別売上**」に修正します。
※グラフを移動しておきましょう。

問題(9)

①ワークシート「**取引先別商品別売上**」のピボットグラフを選択します。
②《**分析**》タブ→《**フィルター**》グループの スライサーの挿入 (スライサーの挿入)をクリックします。
③「**分類名**」を ☑ にします
④《**OK**》をクリックします。
⑤スライサーの「**ビール**」をクリックします。
⑥スライサーの (複数選択)をオンにします。
⑦スライサーの「**ワイン**」をクリックします。

問題(10)

①ワークシート「**取引先別商品別売上**」のピボットグラフを選択します。
②《**分析**》タブ→《**フィルター**》グループの タイムラインの挿入 (タイムラインの挿入)をクリックします。
③「**発注日**」を ☑ にします
④《**OK**》をクリックします。
⑤タイムラインの「**2021**」の「**1**」から「**3**」をドラッグします。

問題(11)

①ワークシート「**取引先別商品別売上**」のピボットグラフを選択します。
②《**デザイン**》タブ→《**グラフスタイル**》グループの《**スタイル3**》をクリックします。

MOS Excel 365&2019 Expert

模擬試験プログラムの使い方

1 模擬試験プログラムの起動方法

模擬試験プログラムを起動しましょう。

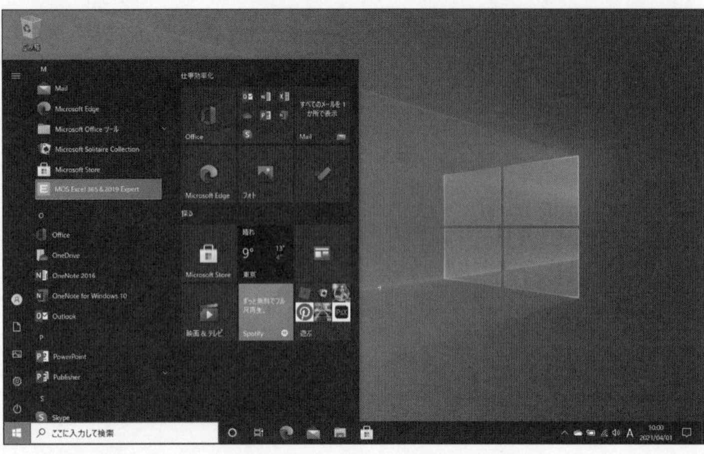

①すべてのアプリを終了します。

※アプリを起動していると、模擬試験プログラムが正しく動作しない場合があります。

②デスクトップを表示します。

③ (スタート)→**《MOS Excel 365&2019 Expert》**をクリックします。

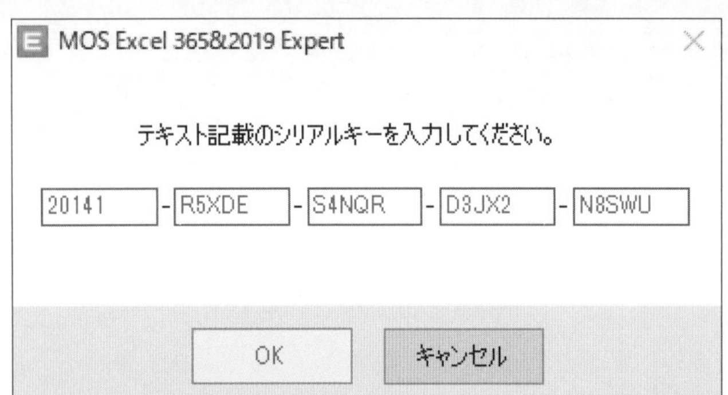

④**《テキスト記載のシリアルキーを入力してください。》**が表示されます。

⑤次のシリアルキーを半角で入力します。

20141-R5XDE-S4NQR-D3JX2-N8SWU

※シリアルキーは、模擬試験プログラムを初めて起動するときに、1回だけ入力します。

⑥**《OK》**をクリックします。

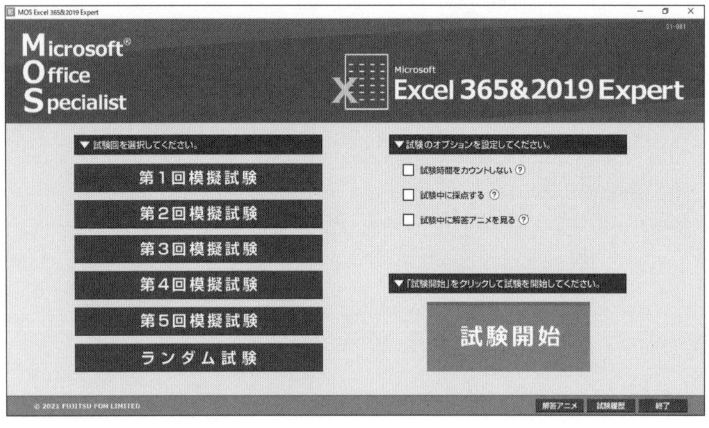

スタートメニューが表示されます。

ストアアプリをお使いの場合

ストアアプリをお使いの場合、P.248「5　ストアアプリをお使いの場合」を事前にご確認ください。

2 模擬試験プログラムの学習方法

模擬試験プログラムを使って、模擬試験を実施する流れを確認しましょう。

❶ スタートメニューで試験回とオプションを選択する

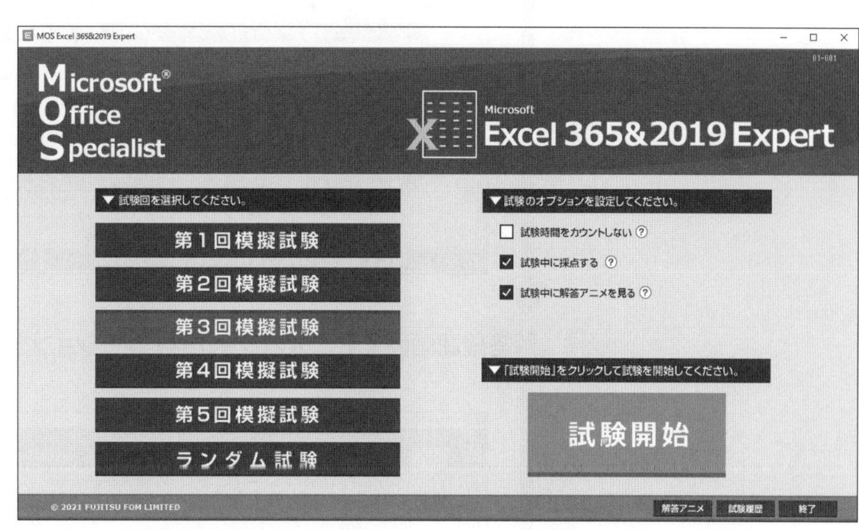

❷ 試験実施画面で問題に解答する

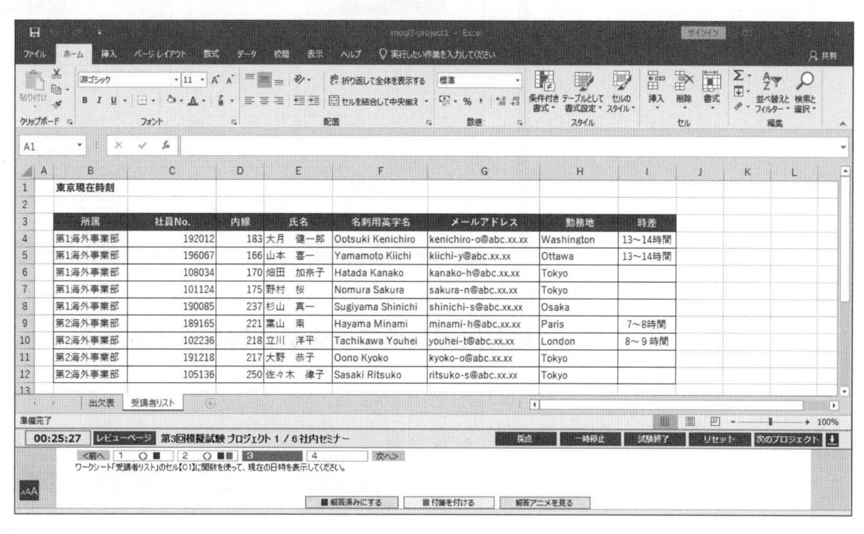

❸ 試験結果画面で採点結果や正答率を確認する

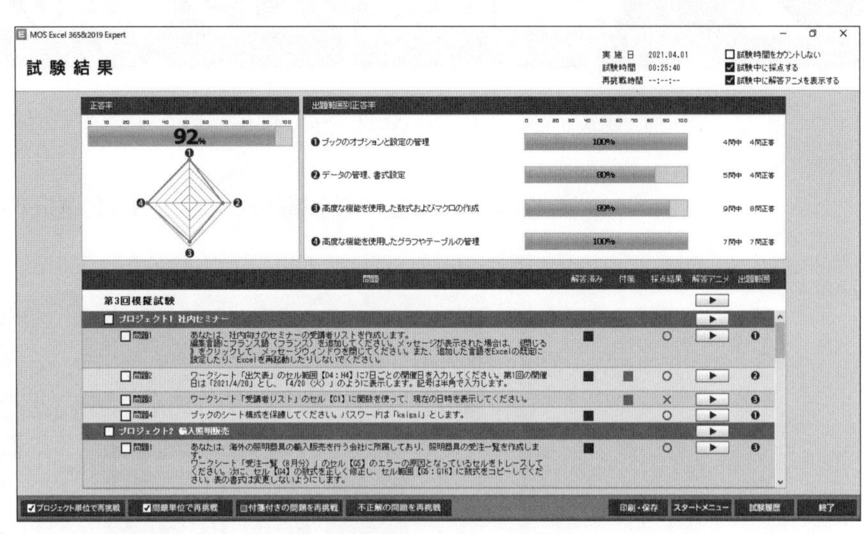

❹ 解答確認画面でアニメーションやナレーションを確認する

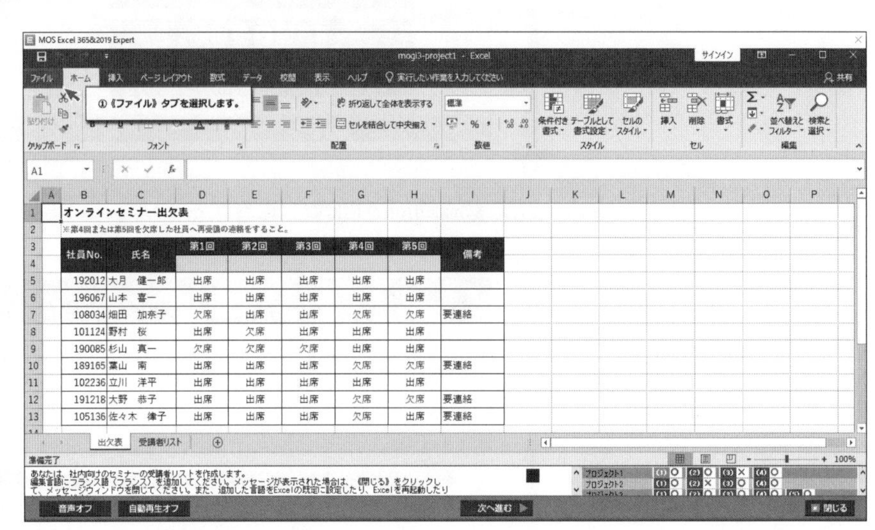

❺ 試験履歴画面で過去の正答率を確認する

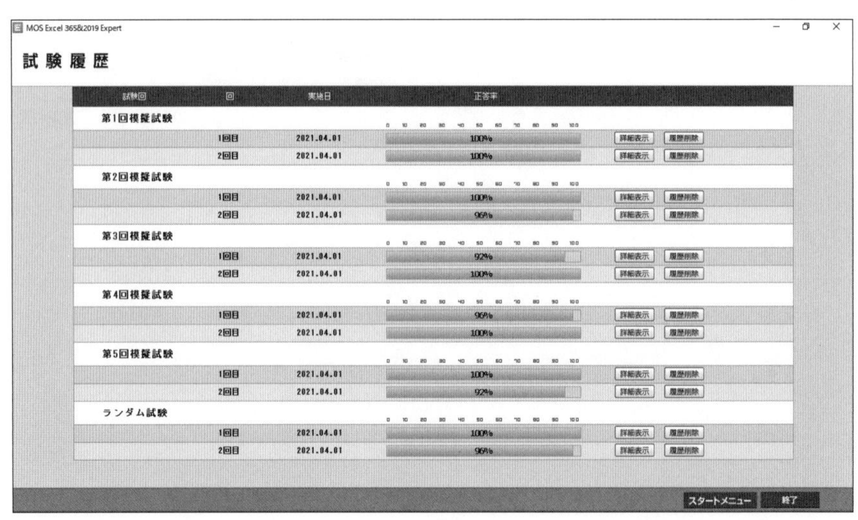

3 模擬試験プログラムの使い方

1 スタートメニュー

模擬試験プログラムを起動すると、スタートメニューが表示されます。
スタートメニューから実施する試験回を選択します。

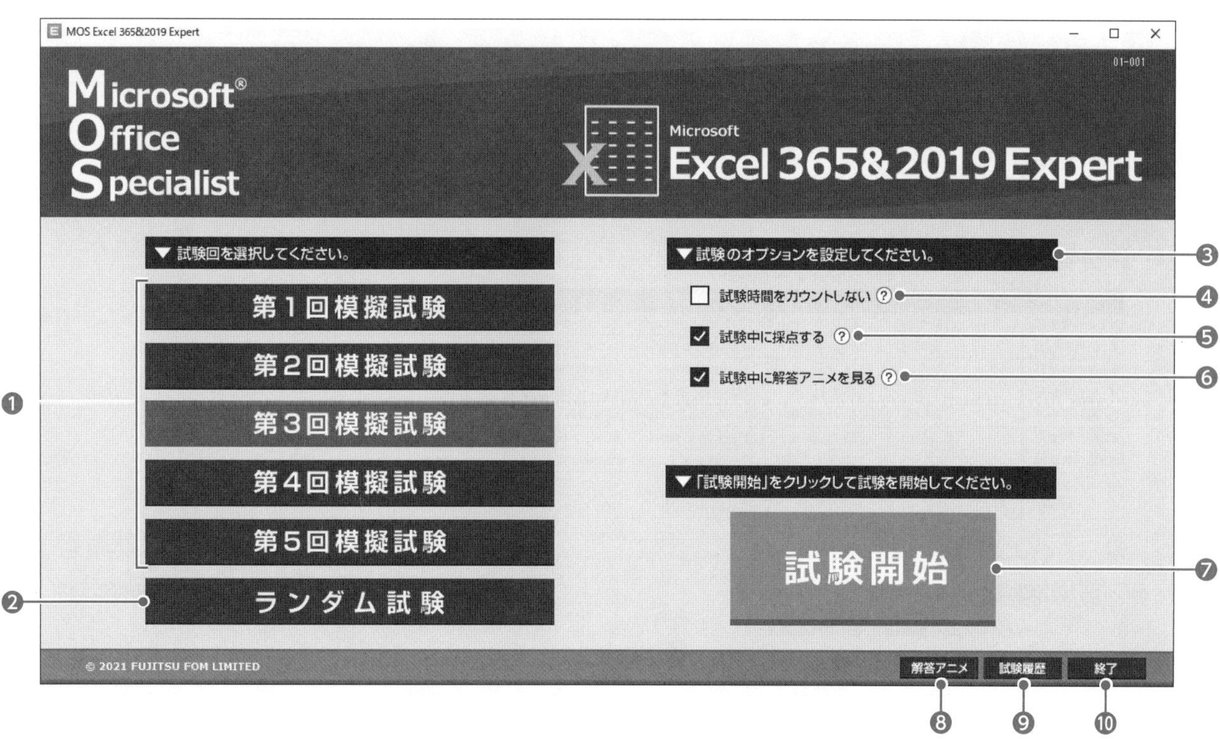

❶模擬試験

5回分の模擬試験から実施する試験を選択します。

❷ランダム試験

5回分の模擬試験のすべての問題の中からランダムに出題されます。

❸試験モードのオプション

試験モードのオプションを設定できます。?をポイントすると、説明が表示されます。

❹試験時間をカウントしない

☑にすると、試験時間をカウントしないで、試験を行うことができます。

❺試験中に採点する

☑にすると、試験中に問題ごとの採点結果を確認できます。

❻試験中に解答アニメを見る

☑にすると、試験中に標準解答のアニメーションとナレーションを確認できます。

❼試験開始

選択した試験回、設定したオプションで試験を開始します。

❽解答アニメ

選択した試験回の解答確認画面を表示します。

❾試験履歴

試験履歴画面を表示します。

❿終了

模擬試験プログラムを終了します。

2 試験実施画面

試験を開始すると、次のような画面が表示されます。

模擬試験プログラムの試験形式について

模擬試験プログラムの試験実施画面や試験形式は、FOM出版が独自に開発したもので、本試験とは異なります。
模擬試験プログラムはアップデートする場合があります。
※本書の最新情報について、P.11に記載されているFOM出版のホームページにアクセスして確認してください。

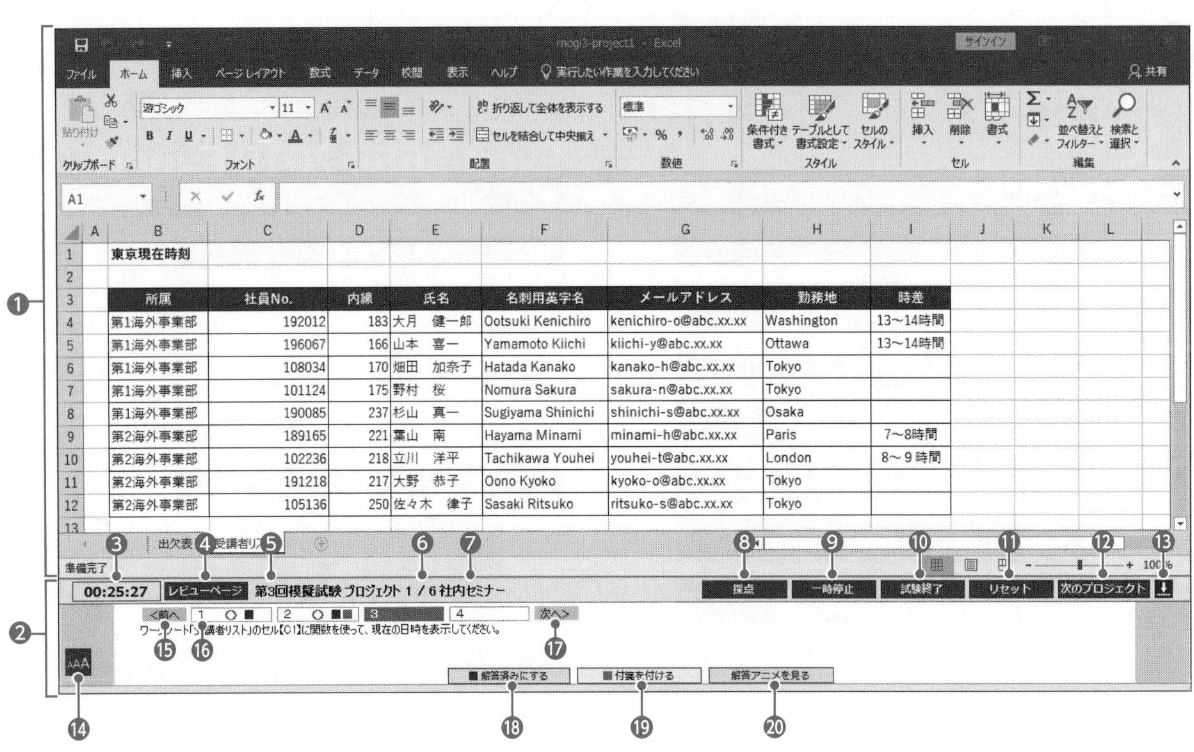

❶Excelウィンドウ

Excelが起動し、ファイルが開かれます。指示に従って、解答の操作を行います。

❷問題ウィンドウ

開かれているファイルの問題が表示されます。問題には、ファイルに対して行う具体的な指示が記述されています。1ファイルにつき、1～7個程度の問題が用意されています。

❸タイマー

試験の残り時間が表示されます。制限時間経過後は、マイナス(－)で表示されます。

※スタートメニューで《試験時間をカウントしない》を✓にしている場合、タイマーは表示されません。

❹レビューページ

レビューページを表示します。ボタンは、試験中、常に表示されます。レビューページから、別のプロジェクトの問題に切り替えることができます。

※レビューページについては、P.240を参照してください。

❺試験回

選択している模擬試験の試験回が表示されます。

❻表示中のプロジェクト番号/全体のプロジェクト数

現在、表示されているプロジェクトの番号と全体のプロジェクト数が表示されます。

「プロジェクト」とは、操作を行うファイルのことです。1回分の試験につき、5～10個程度のプロジェクトが用意されています。

❼プロジェクト名

現在、表示されているプロジェクト名が表示されます。

※ディスプレイの拡大率を「100%」より大きくしている場合、プロジェクト名がすべて表示されないことがあります。

❽採点

現在、表示されているプロジェクトの正誤を判定します。試験を終了することなく、採点結果を確認できます。

※スタートメニューで《試験中に採点する》を✓にしている場合、《採点》ボタンが表示されます。

❾一時停止

タイマーが一時的に停止します。

※一時停止すると、一時停止中のダイアログボックスが表示されます。《再開》をクリックすると、一時停止が解除されます。

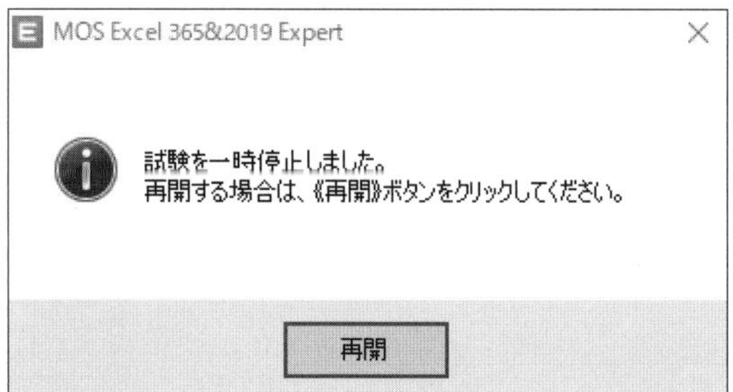

❿試験終了

試験を終了します。

※試験を終了すると、試験終了のダイアログボックスが表示されます。《採点して終了》をクリックすると、試験を採点して終了し、試験結果画面が表示されます。《採点せずに終了》をクリックすると、試験を採点せずに終了し、スタートメニューに戻ります。採点せずに終了した場合は、試験結果は試験履歴に残りません。

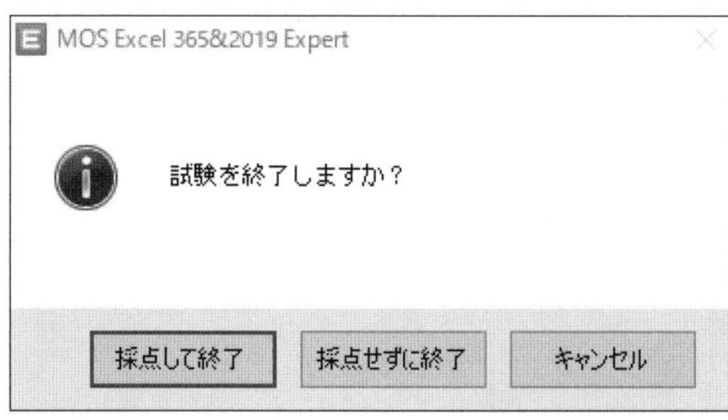

⓫リセット

現在、表示されているプロジェクトに対して行った操作をすべてクリアし、ファイルを初期の状態に戻します。プロジェクトは最初からやり直すことができますが、経過した試験時間を元に戻すことはできません。

⓬次のプロジェクト

次のプロジェクトに進み、新たなファイルと問題文が表示されます。

⓭

問題ウィンドウを折りたたんで、Excelウィンドウを大きく表示します。問題ウィンドウを折りたたむと、から に切り替わります。クリックすると、問題ウィンドウが元のサイズに戻ります。

⓮

問題文の文字サイズを調整するスケールが表示されます。－や＋をクリックするか、をドラッグすると、文字サイズが変更されます。文字サイズは5段階で調整できます。

※問題文の文字サイズは、Ctrl＋＋またはCtrl＋－でも変更できます。

⓯前へ

プロジェクト内の前の問題に切り替えます。

⓰問題番号

問題番号をクリックして、問題の表示を切り替えます。現在、表示されている問題番号はオレンジ色で表示されます。

⓱次へ

プロジェクト内の次の問題に切り替えます。

⓲解答済みにする

現在、選択している問題を解答済みにします。クリックすると、問題番号の横に濃い灰色のマークが表示されます。解答済みマークの有無は、採点に影響しません。

⓳付箋を付ける

現在、選択されている問題に付箋を付けます。クリックすると、問題番号の横に緑色のマークが表示されます。付箋マークの有無は、採点に影響しません。

⓴解答アニメを見る

現在、選択している問題の標準解答のアニメーションを再生します。

※スタートメニューで《試験中に解答アニメを見る》を✓にしている場合、《解答アニメを見る》ボタンが表示されます。

Point

試験終了

試験時間の50分が経過すると、次のようなメッセージが表示されます。
試験を続けるかどうかを選択します。

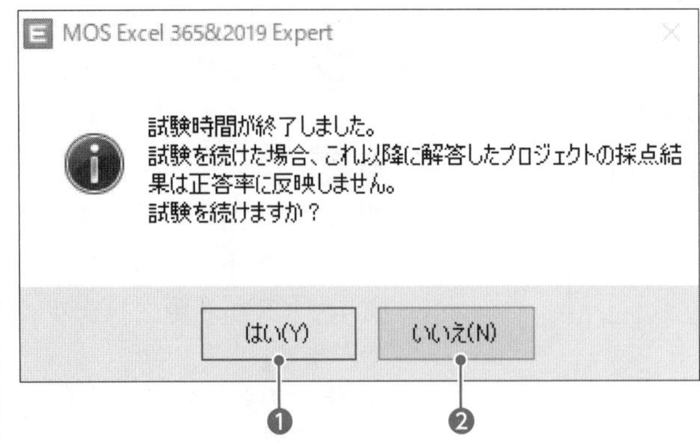

❶はい

試験時間を延長して、解答の操作を続けることができます。ただし、正答率に反映されるのは、時間内に解答したプロジェクトだけです。

❷いいえ

試験を終了します。

※《いいえ》をクリックする前に、開いているダイアログボックスを閉じてください。

Point

問題文の文字列のコピー

文字の入力が必要な問題の場合、問題文の文字に下線が表示されます。下線部分の文字をクリックすると、下線部分の文字列がクリップボードにコピーされるので、Excelウィンドウ内に貼り付けることができます。
問題文の文字列をコピーして解答すると、入力の手間や入力ミスを防ぐことができます。

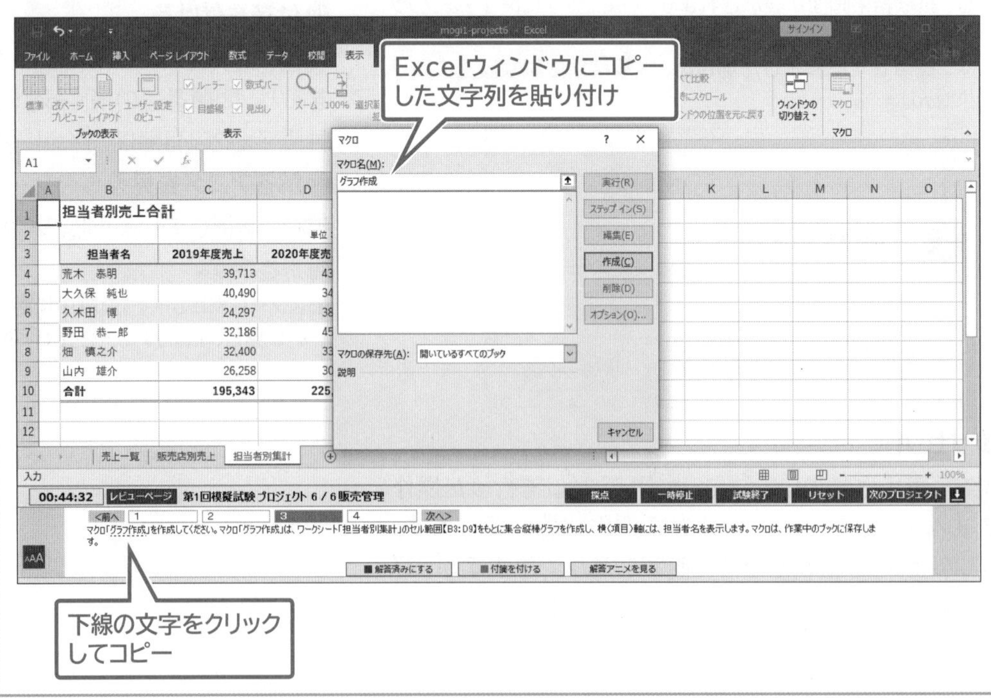

3 レビューページ

試験中に《**レビューページ**》のボタンをクリックすると、レビューページが表示されます。この画面で、付箋や解答済みのマークを一覧で確認できます。また、問題番号をクリックすると試験実施画面が表示され、解答の操作をやり直すこともできます。

❶問題

プロジェクト番号と問題番号、問題文の先頭の文章が表示されます。
問題番号をクリックすると、その問題の試験実施画面が表示され、解答の操作をやり直すことができます。

❷解答済み

試験中に解答済みにした問題に、濃い灰色のマークが表示されます。

❸付箋

試験中に付箋を付けた問題に、緑色のマークが表示されます。

❹タイマー

試験の残り時間が表示されます。制限時間経過後は、マイナス（－）で表示されます。
※スタートメニューで《試験時間をカウントしない》を✓にしている場合、タイマーは表示されません。

❺試験終了

試験を終了します。
※試験を終了すると、試験終了のダイアログボックスが表示されます。《採点して終了》をクリックすると、試験を採点して終了し、試験結果画面が表示されます。《採点せずに終了》をクリックすると、試験を採点せずに終了し、スタートメニューに戻ります。採点せずに終了した場合は、試験結果は試験履歴に残りません。

4 試験結果画面

試験を採点して終了すると、試験結果画面が表示されます。

> **模擬試験プログラムの採点方法について**
> 模擬試験プログラムの試験結果画面や採点方法は、FOM出版が独自に開発したもので、本試験とは異なります。採点の基準や配点は公開されていません。

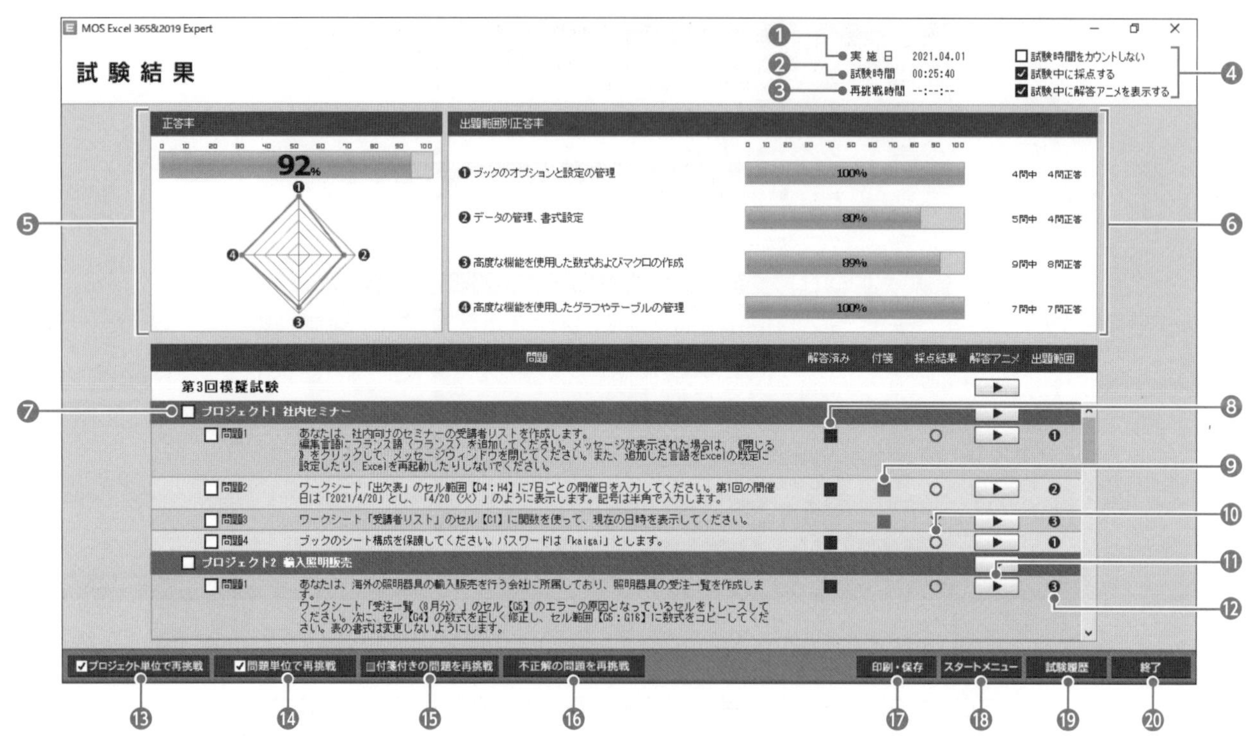

❶実施日

試験を実施した日付が表示されます。

❷試験時間

試験開始から試験終了までに要した時間が表示されます。

❸再挑戦時間

再挑戦に要した時間が表示されます。

❹試験モードのオプション

試験を実施するときに設定した試験モードのオプションが表示されます。

❺正答率

正答率が%で表示されます。

※試験時間を延長して解答した場合、時間内に解答したプロジェクトだけが正答率に反映されます。

❻出題範囲別正答率

出題範囲別の正答率が%で表示されます。

※試験時間を延長して解答した場合、時間内に解答したプロジェクトだけが正答率に反映されます。

❼チェックボックス

クリックすると、☑と□を切り替えることができます。

※プロジェクト番号の左側にあるチェックボックスをクリックすると、プロジェクト内のすべての問題のチェックボックスをまとめて切り替えることができます。

❽解答済み

試験中に解答済みにした問題に、濃い灰色のマークが表示されます。

❾付箋

試験中に付箋を付けた問題に、緑色のマークが表示されます。

❿採点結果

採点結果が表示されます。

採点は問題ごとに行われ、「○」または「×」で表示されます。

※試験時間を延長して解答した問題や再挑戦で解答した問題は、「○」や「×」が灰色で表示されます。

⑪解答アニメ

［▶］をクリックすると、解答確認画面が表示され、標準解答のアニメーションとナレーションが再生されます。

⑫出題範囲

出題された問題の出題範囲の番号が表示されます。

⑬プロジェクト単位で再挑戦

チェックボックスが☑になっているプロジェクト、またはチェックボックスが☑になっている問題を含むプロジェクトを再挑戦できる画面に切り替わります。

⑭問題単位で再挑戦

チェックボックスが☑になっている問題を再挑戦できる画面に切り替わります。

⑮付箋付きの問題を再挑戦

付箋が付いている問題を再挑戦できる画面に切り替わります。

⑯不正解の問題を再挑戦

《採点結果》が「○」になっていない問題を再挑戦できる画面に切り替わります。

⑰印刷・保存

試験結果レポートを印刷したり、PDFファイルとして保存したりできます。また、試験結果をCSVファイルで保存することもできます。

⑱スタートメニュー

スタートメニューに戻ります。

⑲試験履歴

試験履歴画面に切り替わります。

⑳終了

模擬試験プログラムを終了します。

Point

試験結果レポート

《印刷・保存》ボタンをクリックすると、次のようなダイアログボックスが表示されます。
試験結果レポートやCSVファイルに出力する名前を入力して、印刷するか、PDFファイルとして保存するか、CSVファイルとして保存するかを選択します。
※名前の入力は省略してもかまいません。

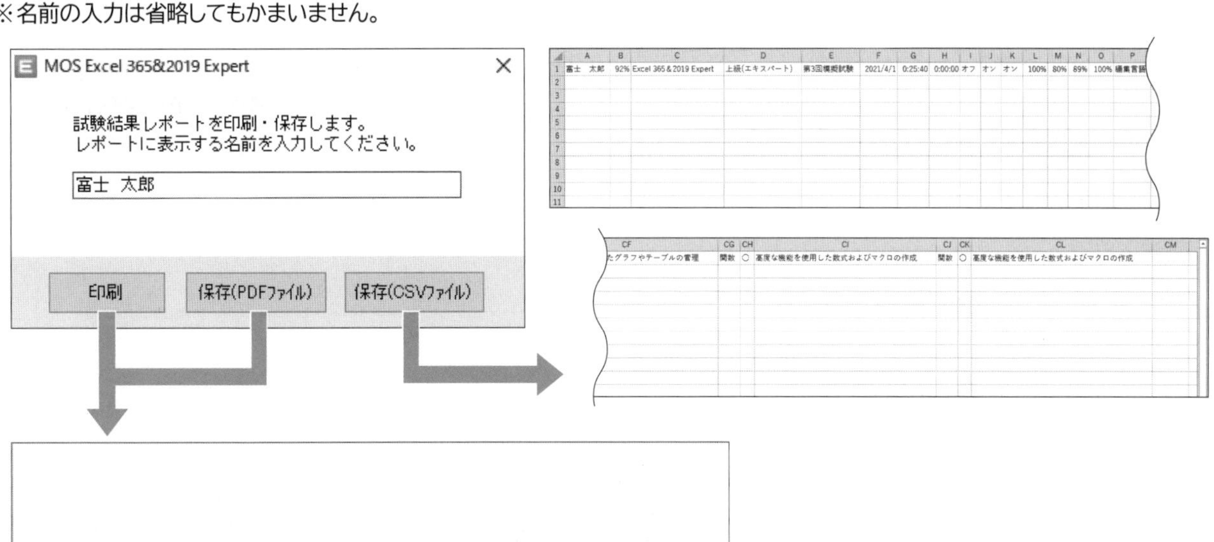

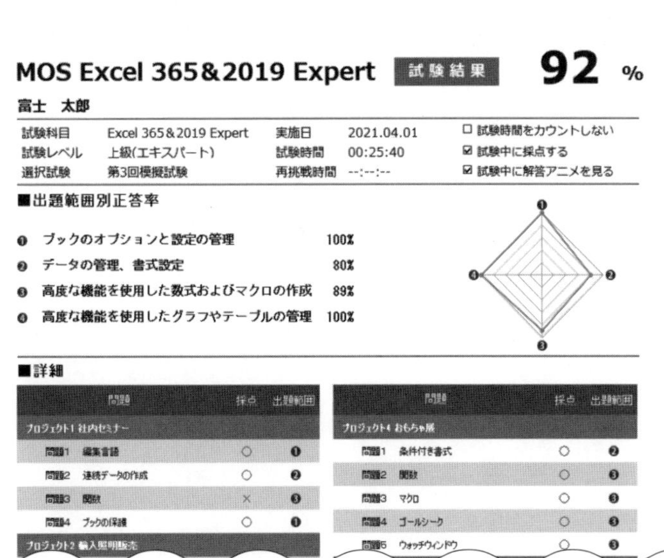

5　再挑戦画面

試験結果画面の**《プロジェクト単位で再挑戦》**、**《問題単位で再挑戦》**、**《付箋付きの問題を再挑戦》**、**《不正解の問題を再挑戦》**の各ボタンをクリックすると、問題に再挑戦できます。
この再挑戦画面では、試験実施前の初期の状態のファイルが表示されます。

1　プロジェクト単位で再挑戦

試験結果画面の**《プロジェクト単位で再挑戦》**のボタンをクリックすると、選択したプロジェクトに含まれるすべての問題に再挑戦できます。

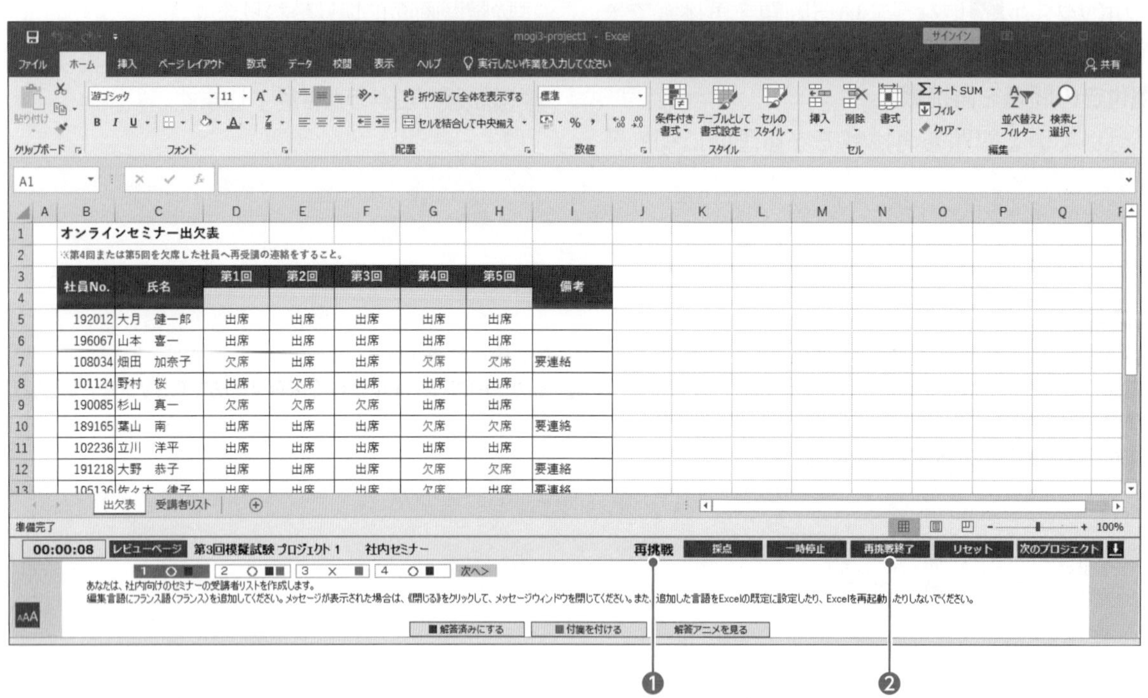

❶再挑戦

再挑戦モードの場合、**「再挑戦」**と表示されます。

❷再挑戦終了

再挑戦を終了します。

※再挑戦を終了すると、再挑戦終了のダイアログボックスが表示されます。《採点して終了》をクリックすると、試験を採点して終了し、試験結果画面に戻ります。《採点せずに終了》をクリックすると、試験を採点せずに終了し、試験結果画面に戻ります。採点せずに終了した場合は、試験結果は試験結果画面に反映されません。

2 問題単位で再挑戦

試験結果画面の**《問題単位で再挑戦》**、**《付箋付きの問題を再挑戦》**、**《不正解の問題を再挑戦》**の各ボタンをクリックすると、選択した問題に再挑戦できます。

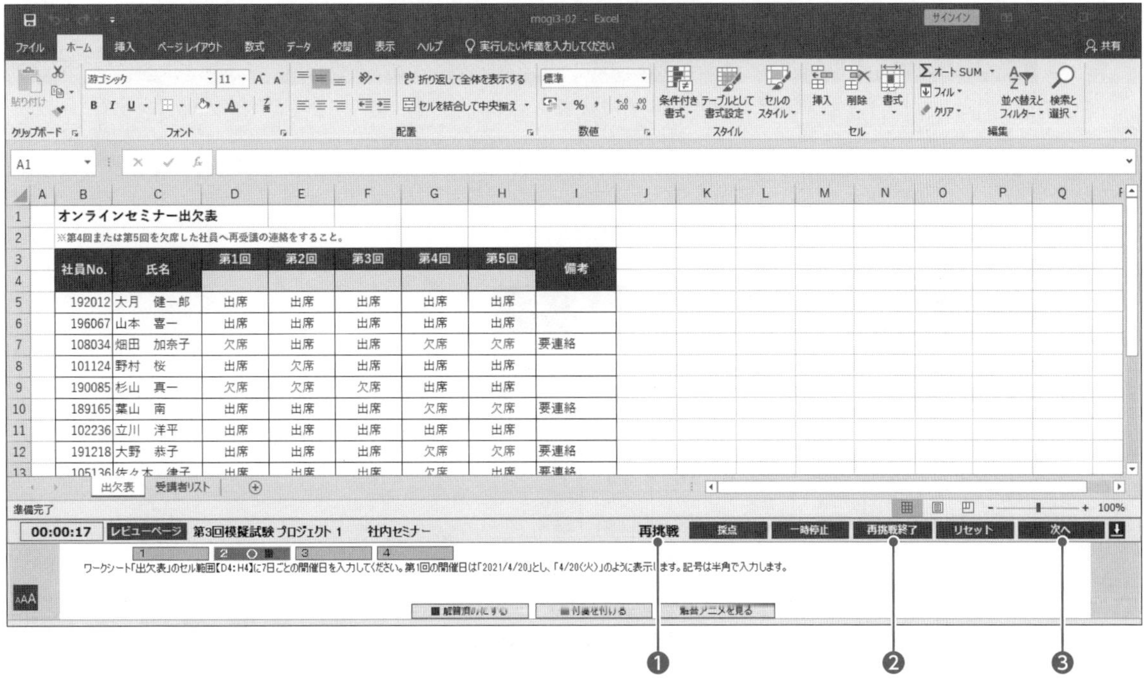

❶再挑戦

再挑戦モードの場合、**「再挑戦」**と表示されます。

❷再挑戦終了

再挑戦を終了します。

※再挑戦を終了すると、再挑戦終了のダイアログボックスが表示されます。《採点して終了》をクリックすると、試験を採点して終了し、試験結果画面に戻ります。《採点せずに終了》をクリックすると、試験を採点せずに終了し、試験結果画面に戻ります。採点せずに終了した場合は、試験結果は試験結果画面に反映されません。

❸次へ

次の問題に切り替えます。

Point

問題単位で再挑戦中のレビューページ

問題単位で再挑戦しているときにレビューページを表示すると、選択した問題以外は灰色で表示されます。

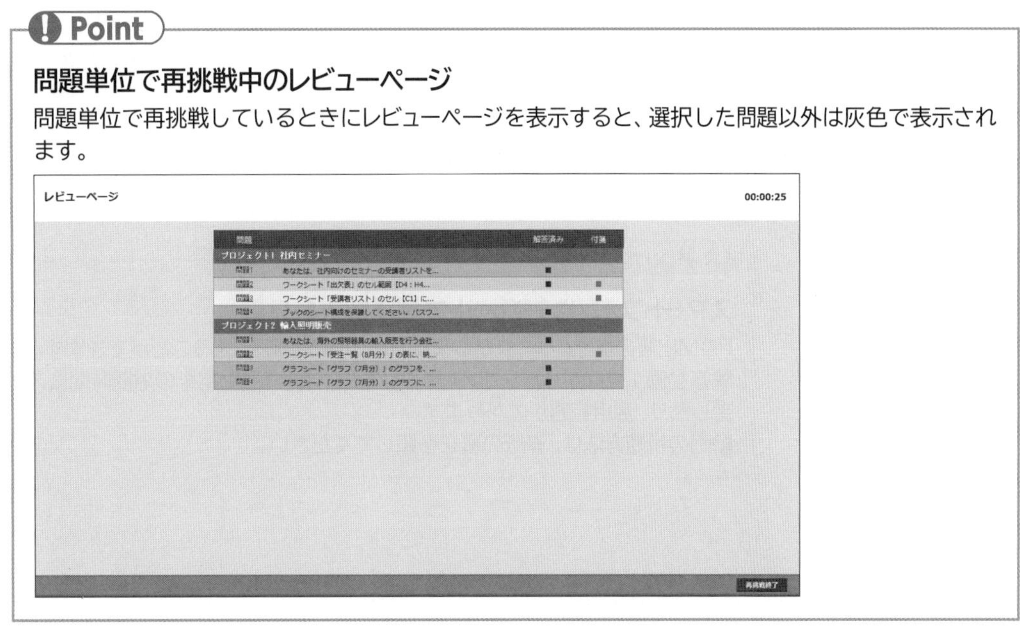

6 解答確認画面

解答確認画面では、標準解答をアニメーションとナレーションで確認できます。

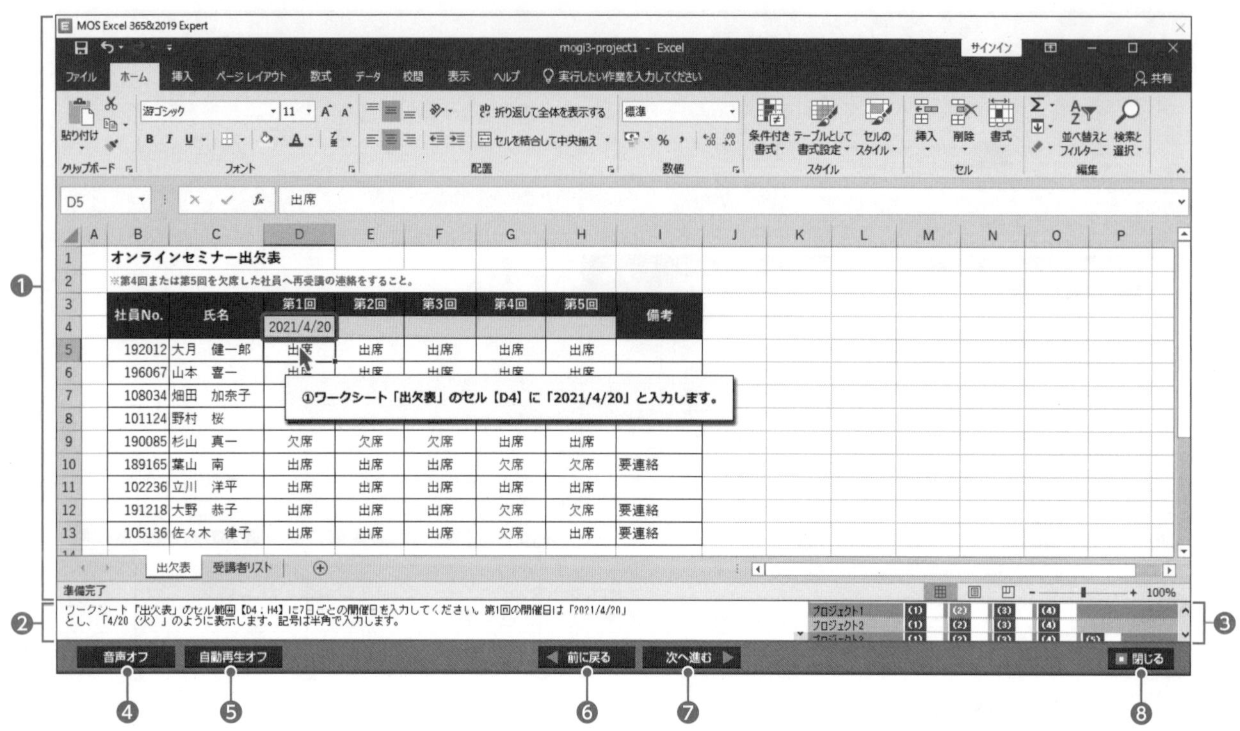

❶アニメーション

この領域にアニメーションが表示されます。

❷問題

再生中のアニメーションの問題が表示されます。

❸問題番号と採点結果

プロジェクトごとに問題番号と採点結果（「○」または「×」）が一覧で表示されます。問題番号をクリックすると、その問題の標準解答がアニメーションで再生されます。再生中の問題番号はオレンジ色で表示されます。

❹音声オフ

音声をオフにして、ナレーションを再生しないようにします。

※クリックするごとに、《音声オフ》と《音声オン》が切り替わります。

❺自動再生オフ

アニメーションの自動再生をオフにして、手動で切り替えるようにします。

※クリックするごとに、《自動再生オフ》と《自動再生オン》が切り替わります。

❻前に戻る

前の問題に戻って、再生します。

※［Back Space］や［←］で戻ることもできます。

❼次へ進む

次の問題に進んで、再生します。

※［Enter］や［→］で進むこともできます。

❽閉じる

解答確認画面を終了します。

Point

スマートフォンやタブレットで標準解答を見る

FOM出版のホームページから模擬試験の解答動画を見ることができます。スマートフォンやタブレットで解答動画を見ながらパソコンで操作したり、通学・通勤電車の隙間時間にスマートフォンで操作手順を復習したり、活用範囲が広がります。
動画の視聴方法は、表紙の裏を参照してください。

7 試験履歴画面

試験履歴画面では、過去の正答率を確認できます。

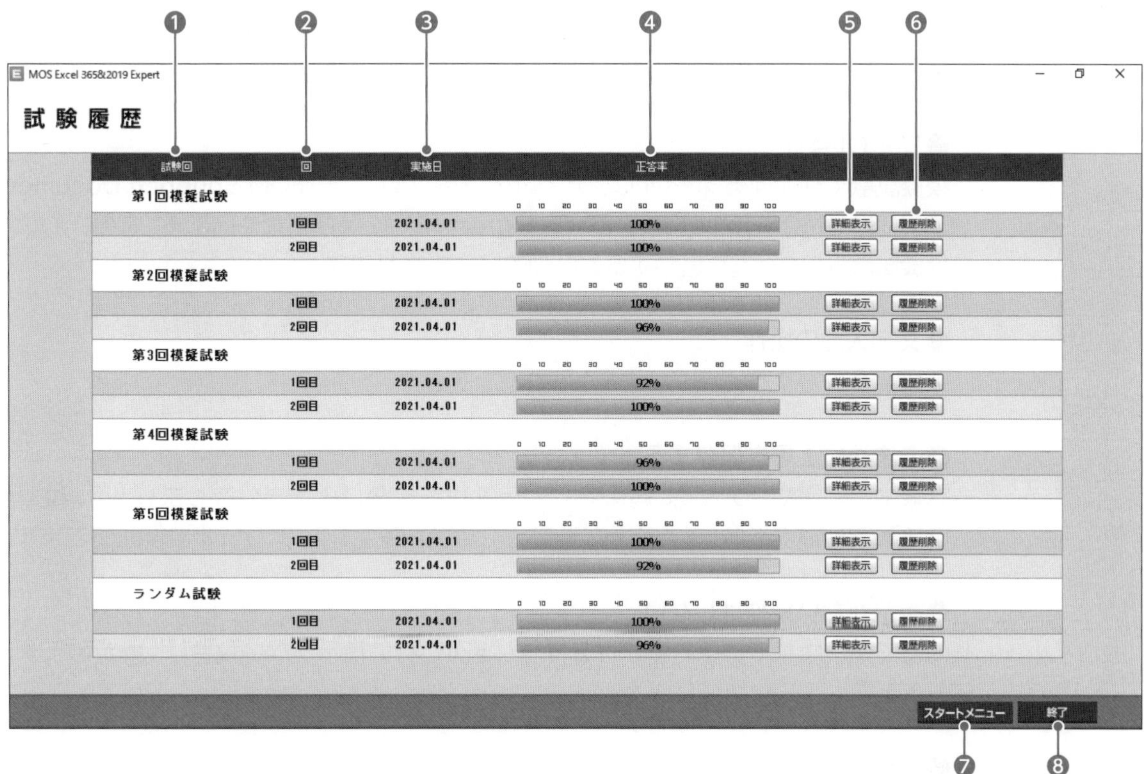

❶試験回

過去に実施した試験回が表示されます。

❷回数

試験を実施した回数が表示されます。試験履歴として記録されるのは、最も新しい10回分です。11回以上試験を実施した場合は、古いものから削除されます。

❸実施日

試験を実施した日付が表示されます。

❹正答率

過去に実施した試験の正答率が表示されます。

❺詳細表示

選択した回の試験結果画面に切り替わります。

❻履歴削除

選択した試験履歴を削除します。

❼スタートメニュー

スタートメニューに戻ります。

❽終了

模擬試験プログラムを終了します。

4 模擬試験プログラムの注意事項

模擬試験プログラムを使って学習する場合、次のような点に注意してください。
重要なので、学習の前に必ず読んでください。

●ファイル操作

模擬試験で使用するファイルは、デスクトップのフォルダー「**FOM Shuppan Documents**」のフォルダー「**MOS-Excel 365 2019-Expert(2)**」に保存されています。このフォルダーは、模擬試験プログラムを起動すると自動的に作成されます。

●文字入力の操作

英数字を入力するときは、半角で入力します。

●こまめに上書き保存する

試験中の停電やフリーズに備えて、ファイルはこまめに上書き保存しましょう。模擬試験プログラムを強制終了せざるをえなくなった場合、保存済みのファイルは復元できます。

●指示がない操作はしない

問題で指示されている内容だけを操作します。特に指示がない場合は、既定のままにしておきます。

●試験中の採点

問題の内容によっては、試験中に**《採点》**を押したあと、採点結果が表示されるまでに時間がかかる場合があります。採点は試験時間に含まれないため、試験結果が表示されるまで、しばらくお待ちください。

●ダイアログボックスは閉じて、試験を終了する

次の問題に切り替えたり、試験を終了したりする前に、必ずダイアログボックスを閉じてください。

●入力中のデータは確定して、試験を終了する

データを入力したら、必ず確定してください。確定せずに試験を終了すると、正しく動作しなくなる可能性があります。

●電源が落ちたら

停電などで、模擬試験中にパソコンの電源が落ちてしまった場合、電源を入れてから、模擬試験プログラムを再起動してください。再起動することによって、試験環境が復元され、途中から試験を再開できる状態になります。

●パソコンが動かなくなったら

模擬試験プログラムがフリーズして動かなくなってしまった場合は強制終了して、パソコンを再起動してください。その後、通常の手順で模擬試験プログラムを起動してください。試験環境が復元され、途中から試験を再開できる状態になります。
※強制終了については、P.300を参照してください。

●試験開始後、Windowsの設定を変更しない

模擬試験プログラムの起動中にWindowsの設定を変更しないでください。設定を変更すると、正しく動作しなくなる可能性があります。

5 ストアアプリをお使いの場合

Office 2019／Microsoft 365にはストアアプリとデスクトップアプリがあります。
※ (スタート)→《設定》→《アプリ》→《アプリと機能》をクリックし、一覧に《Microsoft Office Desktop Apps》と表示されている場合は、ストアアプリがインストールされています。

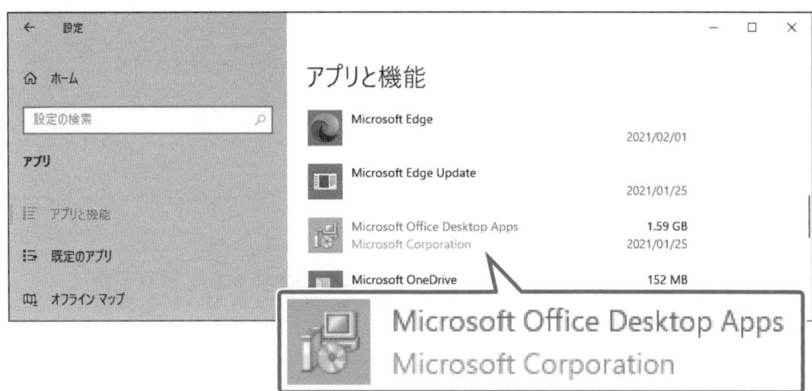

ストアアプリをお使いの場合、模擬試験プログラムで学習するにあたって、次の点にご注意ください。

1. 模擬試験プログラムの起動前に、Excelの設定が必要です。
2. 《開発》タブを使う問題が出題されますが、タブが自動的に表示されません。
3. 標準解答どおりの操作をしても、正しく採点されない問題があります。
4. 模擬試験プログラムの実施後に、Excelの設定を戻す必要があります。

1 模擬試験プログラムの起動前の設定

模擬試験プログラムを起動する前に、次の設定を行ってください。

① Excelを起動します。
② 《オプション》をクリックします。
③ 左側の一覧から《トラストセンター》を選択します。
④ 《トラストセンターの設定》をクリックします。
⑤ 左側の一覧から《マクロの設定》を選択します。
⑥ 《VBAプロジェクトオブジェクトモデルへのアクセスを信頼する》を☑にします。
⑦ 《OK》をクリックします。
⑧ 《OK》をクリックします。

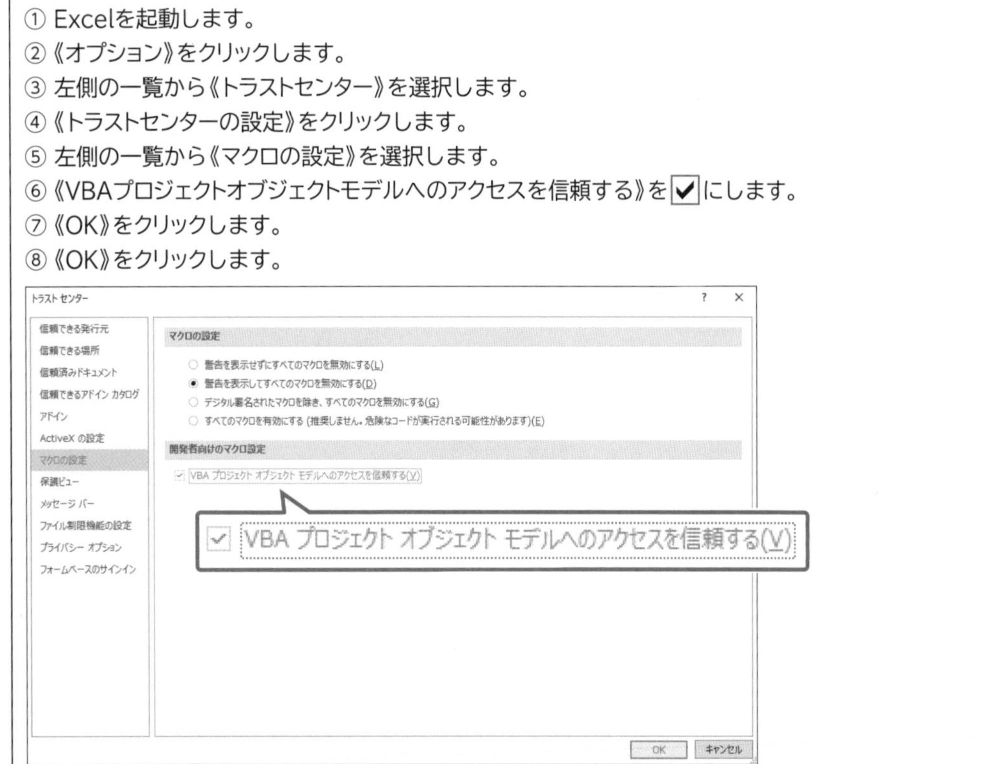

2 《開発》タブの表示

ストアアプリでは、次の問題で**《開発》**タブが自動的に表示されません。

第2回	プロジェクト3 問題(1)

解答時に、**《開発》**タブを表示してください。

① 《ファイル》タブを選択します。
② 《オプション》をクリックします。
③ 左側の一覧から《リボンのユーザー設定》を選択します。
④ 《リボンのユーザー設定》の ▾ をクリックし、一覧から《メインタブ》を選択します。
⑤ 《開発》を ☑ にします。
⑥ 《OK》をクリックします。

3 ストアアプリで採点できない問題

ストアアプリでは、次の問題を採点できません。テキストに記載されている標準解答および、解答アニメーションの操作手順と同様の操作をされている場合、採点が不正解でも正解とみなしてください。

第1回	プロジェクト1 問題(1)
第3回	プロジェクト5 問題(1)

4 模擬試験プログラムの実施後の設定

ストアアプリでは、次の問題で追加した編集言語が自動的に削除されません。そのため、再度、同じ模擬試験を実施すると、正解操作をしなくても正解と判定されてしまいます。

第1回	プロジェクト4 問題(6)
第3回	プロジェクト1 問題(1)

2回目以降の模擬試験を起動する前に、追加した編集言語を削除してください。

① Excelを起動します。
② 《オプション》をクリックします。
③ 左側の一覧から《言語》を選択します。
④ 《Officeの編集言語と校正機能》の一覧から削除する言語を選択します。
⑤ 《削除》をクリックします。
⑥ 《OK》をクリックします。
⑦ 《OK》をクリックします。

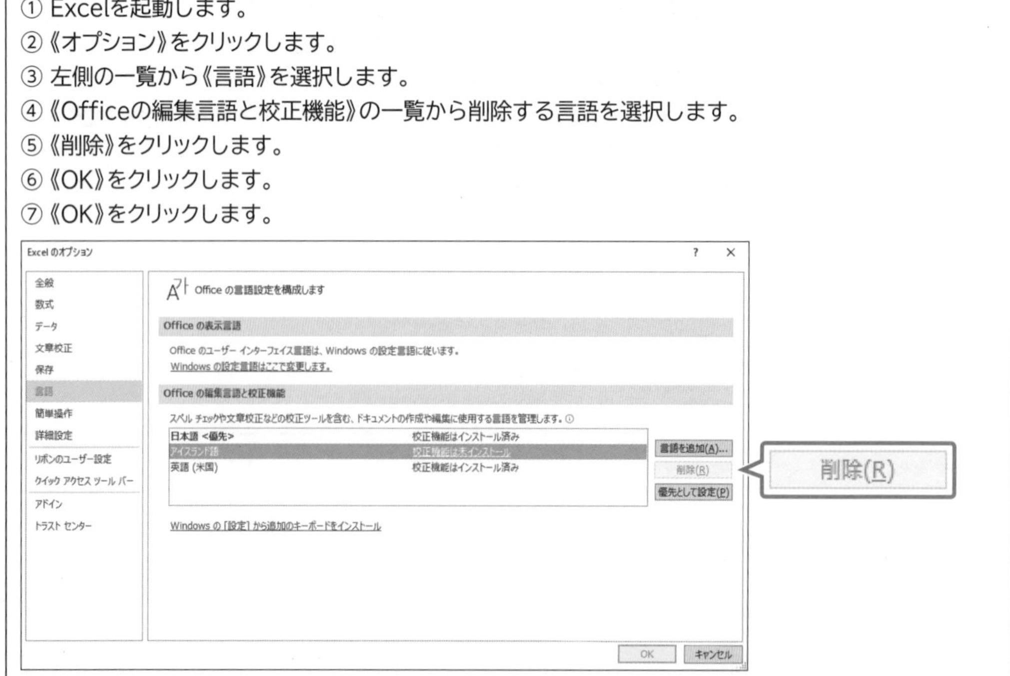

MOS Excel 365&2019 Expert

模擬試験

模擬試験プログラムを使わずに学習される方へ
模擬試験プログラムを使わずに学習される場合は、データファイルの場所を自分がセットアップした場所に読み替えてください。

第1回 模擬試験 問題

プロジェクト1

理解度チェック		
☑☑☑☑☑	問題(1)	あなたは、レンタカーの貸出情報の管理をします。 デジタル署名されたマクロだけが有効になるように設定してください。
☑☑☑☑☑	問題(2)	ワークシート「貸出明細」のセル【K4】に関数を使って、割引率を表示する数式を入力してください。割引率はセル範囲【O3:Q4】を参照し、予約日から利用開始日までの日数に応じた値を表示します。次に、セル範囲【K5:K144】に数式をコピーしてください。
☑☑☑☑☑	問題(3)	ワークシート「貸出明細」に設定されている黄緑の背景色のルールを、売上金額が70,000円以上の場合、該当するレコードに書式を設定するように変更してください。数値が変更されたら、書式が自動的に更新されるようにします。
☑☑☑☑☑	問題(4)	ワークシート「タイプ別集計」のピボットテーブルをもとに、タイプ別の売上高の割合を表す3-D円グラフを作成してください。
☑☑☑☑☑	問題(5)	ワークシート「2021年度目標」のセル【F10】が「25000」となるように、セル【F5】に最適な数値を表示してください。

プロジェクト2

理解度チェック		
☑☑☑☑☑	問題(1)	あなたは、カラオケ店の売上の管理をします。 ワークシート「会員一覧」のセル【F4】に関数を使って、ポイント還元率を表示する数式を入力してください。ポイント還元率はセル範囲【H4:I6】を参照し、会員区分に一致する値を表示します。次に、セル範囲【F5:F53】に数式をコピーしてください。
☑☑☑☑☑	問題(2)	ワークシート「利用履歴」の利用時間が4時間以上のレコードの背景色を黄色に設定してください。数値が変更されたら、書式が自動的に更新されるようにします。
☑☑☑☑☑	問題(3)	ワークシート「会員別集計」のピボットテーブルに、スライサーを追加して会員区分が「ブロンズ」の会員のデータだけを表示してください。
☑☑☑☑☑	問題(4)	グラフシート「売上グラフ」のグラフに、スタイル「スタイル8」、色「カラフルなパレット2」を適用してください。

プロジェクト3

理解度チェック

☑☑☑☑☑ 問題(1)　あなたは、2020年度の売上実績について分析します。
売上金額(千円)の推移を集合縦棒グラフ、受注個数(個)の推移を折れ線グラフで表した複合グラフを作成してください。売上金額(千円)は主軸、受注個数(個)は第2軸、横(項目)軸には月を表示し、グラフタイトルは「売上金額と受注個数」に設定します。

プロジェクト4

理解度チェック

☑☑☑☑☑ 問題(1)　あなたは、オーダーメイド家具の受注管理表を作成します。
ワークシート「受注明細」のセル【A1】のコメントを削除してください。

☑☑☑☑☑ 問題(2)　ワークシート「受注明細」の製作日数の列に、2色のカラースケールを設定してください。最小値は「ゴールド、アクセント4、白＋基本色60％」、最大値は「オレンジ」で表示します。数値が変更されたら、書式が自動的に更新されるようにします。

☑☑☑☑☑ 問題(3)　ワークシート「受注明細」の製作完了日の列に関数を使って、受注日の翌日から製作日数の経過後の日付を表示してください。土日および祝休日は製作日数から除外します。祝休日はワークシート「祝休日表」を参照します。

☑☑☑☑☑ 問題(4)　ワークシート「受注明細」のテーブルをもとに、ワークシート「商品区分別集計」のセル【A1】を開始位置としてピボットテーブルを作成してください。行ラベルエリアに商品区分、値エリアに左から数量と合計金額のそれぞれの合計を表示します。

☑☑☑☑☑ 問題(5)　ワークシート「ローンプラン」に関数を使って、毎月の返済額を表示してください。年利、貸付額、返済期間はセルを参照します。あらかじめ、セル範囲【C9：F12】には表示形式が設定されています。

☑☑☑☑☑ 問題(6)　編集言語にアイスランド語を追加してください。メッセージが表示された場合は、《閉じる》をクリックして、メッセージウィンドウを閉じてください。また、追加した言語をExcelの既定に設定したり、Excelを再起動したりしないでください。

プロジェクト5

理解度チェック

問題（1） あなたは、検定試験の実施結果の資料を作成します。
ワークシート「受験希望者」のグラフの種類を、じょうごグラフに変更してください。変更後、グラフにレイアウト「レイアウト1」を適用してください。

問題（2） ワークシート「受験者数」のセル【P6】に関数を使って、合格者4級の表の条件に一致する平均合格者数を表示してください。数式は、名前付き範囲「合格者4級」「地域区分」「試験回」を使用します。

問題（3） ワークシート「都道府県別分析」のグラフの項目軸に、地域区分と都道府県を表示してください。

問題（4） パスワードを知っているユーザーだけがワークシート「都道府県別集計」のセル範囲【C5：J51】を編集できるように、ワークシートを保護してください。セル範囲【C5：J51】を編集するためのパスワードは「123」とします。

問題（5） ワークシート「都道府県別集計」のセル【D52】、セル【F52】、セル【H52】、セル【J52】の合格者数をウォッチウィンドウに追加してください。次に、ワークシート「受験者数」のセル【K4】を「22」に修正してください。

プロジェクト6

理解度チェック

問題（1） あなたは、2020年度の売上を分析します。
ワークシート「売上一覧」の表に、担当者別に売上金額の小計と全体の総計を表示してください。また、並べ替えが必要な場合は、昇順で並べ替えてください。

問題（2） ワークシート「販売店別売上」のエラーが含まれるセルをチェックしてください。次に、エラーを修正してください。

問題（3） マクロ「グラフ作成」を作成してください。マクロ「グラフ作成」は、ワークシート「担当者別集計」のセル範囲【B3：D9】をもとに集合縦棒グラフを作成し、横（項目）軸には、担当者名を表示します。マクロは、作業中のブックに保存します。

問題（4） 計算方法を手動に設定してください。ただし、ブックの保存前に再計算を行うようにします。

第1回 模擬試験 標準解答

●プロジェクト1

問題(1)

①《**ファイル**》タブを選択します。
②《**オプション**》をクリックします。
※お使いの環境によっては《オプション》が表示されていない場合があります。その場合は《その他》→《オプション》をクリックします。
③左側の一覧から《**セキュリティセンター**》を選択します。
④《**セキュリティセンターの設定**》をクリックします。
⑤左側の一覧から《**マクロの設定**》を選択します。
⑥《**デジタル署名されたマクロを除き、すべてのマクロを無効にする**》を◉にします。
⑦《**OK**》をクリックします。
⑧《**OK**》をクリックします。

問題(2)

①ワークシート「**貸出明細**」のセル【**K4**】に「**=HLOOKUP(H4-B4,$O$3:$Q$4,2,TRUE)**」と入力します。
※数式をコピーするため、検索範囲は常に同じ範囲を参照するように絶対参照にします。
②セル【**K4**】を選択し、セル右下の■(フィルハンドル)をダブルクリックします。

問題(3)

①ワークシート「**貸出明細**」を選択します。
②《**ホーム**》タブ→《**スタイル**》グループの(条件付き書式)→《**ルールの管理**》をクリックします。
③《**書式ルールの表示**》のをクリックし、一覧から《**このワークシート**》を選択します。
④黄緑の背景色のルールを選択します。
⑤《**ルールの編集**》をクリックします。
⑥《**次の数式を満たす場合に値を書式設定**》に入力されている数式を「**=$L4>=70000**」に修正します。
⑦《**OK**》をクリックします。
⑧《**OK**》をクリックします。

問題(4)

①ワークシート「**タイプ別集計**」のセル【**A3**】を選択します。
※ピボットテーブル内のセルであれば、どこでもかまいません。
②《**分析**》タブ→《**ツール**》グループの(ピボットグラフ)をクリックします。
③左側の一覧から《**円**》を選択します。
④右側の一覧から《**3-D円**》を選択します。
⑤《**OK**》をクリックします。

問題(5)

①ワークシート「**2021年度目標**」を選択します。
②《**データ**》タブ→《**予測**》グループの(What-If分析)→《**ゴールシーク**》をクリックします。
③《**数式入力セル**》が反転表示されていることを確認します。
④セル【**F10**】を選択します。
※《数式入力セル》に「$F$10」と表示されます。
⑤問題文の文字列「**25000**」をクリックしてコピーします。
⑥《**目標値**》にカーソルを移動します。
⑦ Ctrl + V を押して文字列を貼り付けます。
※《目標値》に直接入力してもかまいません。
⑧《**変化させるセル**》にカーソルを移動します。
⑨セル【**F5**】を選択します。
※《変化させるセル》に「$F$5」と表示されます。
⑩《**OK**》をクリックします。
⑪《**OK**》をクリックします。

●プロジェクト2

問題(1)

①ワークシート「**会員一覧**」のセル【**F4**】に「**=VLOOKUP(E4,$H$4:$I$6,2,FALSE)**」と入力します。
※数式をコピーするため、検索範囲は常に同じ範囲を参照するように絶対参照にします。
②セル【**F4**】を選択し、セル右下の■(フィルハンドル)をダブルクリックします。

問題(2)

①ワークシート「**利用履歴**」のセル範囲【**A4:J207**】を選択します。
②《**ホーム**》タブ→《**スタイル**》グループの(条件付き書式)→《**新しいルール**》をクリックします。
③《**ルールの種類を選択してください**》の一覧から《**数式を使用して、書式設定するセルを決定**》を選択します。
④《**次の数式を満たす場合に値を書式設定**》に「**=$H4>=4**」と入力します。
※ルールの基準となるセル【H4】は、常に同じ列を参照するように複合参照にします。
⑤《**書式**》をクリックします。
⑥《**塗りつぶし**》タブを選択します。
⑦《**背景色**》の一覧から黄色(左から4番目、上から7番目)を選択します。
⑧《**OK**》をクリックします。
⑨《**OK**》をクリックします。

問題(3)

① ワークシート**「会員別集計」**のセル**【A3】**を選択します。
※ピボットテーブル内のセルであれば、どこでもかまいません。
② **《分析》**タブ→**《フィルター》**グループの［スライサーの挿入］（スライサーの挿入）をクリックします。
③ **「会員区分」**を☑にします。
④ **《OK》**をクリックします。
⑤ **「ブロンズ」**をクリックします。

問題(4)

① グラフシート**「売上グラフ」**のピボットグラフを選択します。
② **《デザイン》**タブ→**《グラフスタイル》**グループの［▼］（その他）→**《スタイル8》**をクリックします。
③ **《デザイン》**タブ→**《グラフスタイル》**グループの［色の変更］（グラフクイックカラー）→**《カラフル》**の**《カラフルなパレット2》**をクリックします。

●プロジェクト3

問題(1)

① ワークシート**「売上」**のセル範囲**【A3:G5】**を選択します。
② **《挿入》**タブ→**《グラフ》**グループの［複合グラフ］（複合グラフの挿入）→**《ユーザー設定の複合グラフを作成する》**をクリックします。
③ **「売上金額(千円)」**の**《グラフの種類》**の［∨］をクリックし、一覧から**《縦棒》**の**《集合縦棒》**を選択します。
④ **「受注個数(個)」**の**《グラフの種類》**の［∨］をクリックし、一覧から**《折れ線》**の**《折れ線》**を選択します。
⑤ **「受注個数(個)」**の**《第2軸》**を☑にします。
⑥ **《OK》**をクリックします。
⑦ 問題文の文字列**「売上金額と受注個数」**をクリックしてコピーします。
⑧ **《グラフタイトル》**を選択します。
⑨ **《グラフタイトル》**の文字列を選択します。
⑩ [Ctrl]＋[V]を押して文字列を貼り付けます。
※《グラフタイトル》に直接入力してもかまいません。
⑪ グラフタイトル以外の場所をクリックします。

●プロジェクト4

問題(1)

① ワークシート**「受注明細」**のセル**【A1】**を選択します。
② **《校閲》**タブ→**《コメント》**グループの**《コメントの削除》**をクリックします。

問題(2)

① ワークシート**「受注明細」**のセル範囲**【I4:I125】**を選択します。
② **《ホーム》**タブ→**《スタイル》**グループの［条件付き書式］（条件付き書式）→**《新しいルール》**をクリックします。
③ **《ルールの種類を選択してください》**の一覧から**《セルの値に基づいてすべてのセルを書式設定》**を選択します。
④ **《書式スタイル》**の［∨］をクリックし、一覧から**《2色スケール》**を選択します。
⑤ **《最小値》**の**《色》**の［∨］をクリックし、一覧から**《テーマの色》**の**《ゴールド、アクセント4、白+基本色60%》**を選択します。
⑥ **《最大値》**の**《色》**の［∨］をクリックし、一覧から**《標準の色》**の**《オレンジ》**を選択します。
⑦ **《OK》**をクリックします。

問題(3)

① ワークシート**「受注明細」**のセル**【J4】**に**「=WORKDAY([@受注日]+1,[@製作日数],祝休日表!$A$4:$A$20)」**と入力します。
※[@受注日]はセル【H4】、[@製作日数]はセル【I4】を選択して指定します。
※数式をコピーするため、祝休日表は常に同じ範囲を参照するように絶対参照にします。
※フィールド内の残りのセルにも自動的に数式が作成されます。

問題(4)

① ワークシート**「受注明細」**のセル**【A3】**を選択します。
※テーブル内のセルであれば、どこでもかまいません。
② **《挿入》**タブ→**《テーブル》**グループの［ピボットテーブル］（ピボットテーブル）をクリックします。
③ **《テーブルまたは範囲を選択》**を◉にします。
④ **《テーブル/範囲》**に**「受注明細」**と表示されていることを確認します。
⑤ **《既存のワークシート》**を◉にします。
⑥ **《場所》**にカーソルを移動します。
⑦ ワークシート**「商品区分別集計」**のセル**【A1】**を選択します。
※《場所》に「商品区分別集計!$A$1」と表示されます。
⑧ **《OK》**をクリックします。
⑨ **《ピボットテーブルのフィールド》**作業ウィンドウの**「商品区分」**を**《行》**のボックスにドラッグします。
⑩ **「数量」**を**《値》**のボックスにドラッグします。
⑪ **「合計金額」**を**《値》**のボックスの**《合計 / 数量》**の下にドラッグします。

問題(5)

① ワークシート**「ローンプラン」**のセル**【C9】**に**「=PMT($C$3/12,$A9,C$7,0,0)」**と入力します。
※数式をコピーするため、セル【C3】は常に同じセルを参照するように絶対参照、セル【A9】は常に同じ列を、セル【C7】は常に同じ行を参照するように複合参照にします。
② セル**【C9】**を選択し、セル右下の■(フィルハンドル)をダブルクリックします。
③ セル範囲**【C9:C12】**を選択し、セル範囲右下の■(フィルハンドル)をセル**【F12】**までドラッグします。

問題(6)

①《ファイル》タブを選択します。
②《オプション》をクリックします。
※お使いの環境によっては《オプション》が表示されていない場合があります。その場合は《その他》→《オプション》をクリックします。
③左側の一覧から《言語》を選択します。
④《編集言語の選択》の《[他の編集言語を追加]》の ▾ をクリックし、一覧から《アイスランド語》を選択します。
※お使いの環境によっては、《Officeの編集言語と校正機能》の《言語を追加》をクリックします。
⑤《追加》をクリックします。
⑥《OK》をクリックします。
⑦ × (閉じる)をクリックします。

●プロジェクト5

問題(1)

①ワークシート「受験希望者」のグラフを選択します。
②《デザイン》タブ→《種類》グループの (グラフの種類の変更)をクリックします。
③《すべてのグラフ》タブを選択します。
④左側の一覧から《じょうご》を選択します。
⑤《OK》をクリックします。
⑥《デザイン》タブ→《グラフのレイアウト》グループの (クイックレイアウト)→《レイアウト1》をクリックします。

問題(2)

①ワークシート「受験者数」のセル【P6】を選択します。
②「=AVERAGEIFS(」と入力します。
③《数式》タブ→《定義された名前》グループの 数式で使用 (数式で使用)→《合格者4級》をクリックします。
※「合格者4級」と直接入力してもかまいません。
④続けて「,」を入力します。
⑤《数式》タブ→《定義された名前》グループの 数式で使用 (数式で使用)→《地域区分》をクリックします。
※「地域区分」と直接入力してもかまいません。
⑥続けて「,P4,」を入力します。
⑦《数式》タブ→《定義された名前》グループの 数式で使用 (数式で使用)→《試験回》をクリックします。
※「試験回」と直接入力してもかまいません。
⑧続けて「,P5)」を入力します。
⑨数式バーに「=AVERAGEIFS(合格者4級,地域区分,P4,試験回,P5)」と表示されていることを確認します。
⑩ Enter を押します。

問題(3)

①ワークシート「都道府県別分析」のピボットグラフを選択します。
② + (フィールド全体の展開)をクリックします。

問題(4)

①ワークシート「都道府県別集計」のセル範囲【C5:J51】を選択します。
②《校閲》タブ→《変更》グループの 範囲の編集を許可 (範囲の編集を許可)をクリックします。
※お使いの環境によっては、グループ名の「変更」が「保護」と表示される場合があります。
③《新規》をクリックします。
④《セル参照》に「=$C$5:$J$51」と表示されていることを確認します。
⑤《範囲パスワード》に「123」と入力します。
※入力したパスワードは「*」で表示されます。
⑥《OK》をクリックします。
⑦《パスワードをもう一度入力してください。》に「123」と入力します。
⑧《OK》をクリックします。
⑨《範囲の編集の許可》ダイアログボックスの《シートの保護》をクリックします。
※《範囲の編集の許可》ダイアログボックスが非表示になる場合があります。非表示になった場合は、Excelのリボンをクリックしてアクティブウィンドウにしてください。
⑩《シートとロックされたセルの内容を保護する》を ✔ にします。
⑪《OK》をクリックします。

問題(5)

①《数式》タブ→《ワークシート分析》グループの (ウォッチウィンドウ)をクリックします。
②《ウォッチ式の追加》をクリックします。
③ワークシート「都道府県別集計」のセル【D52】を選択します。
④《値をウォッチするセル範囲を選択してください》に「=都道府県別集計!$D$52」と表示されます。
⑤《追加》をクリックします。
⑥同様に、セル【F52】、セル【H52】、セル【J52】をウォッチウィンドウに追加します。
⑦ワークシート「受験者数」のセル【K4】の「21」を「22」に修正します。

●プロジェクト6

問題(1)

①ワークシート「売上一覧」のセル【F3】を選択します。
※表内のF列であれば、どこでもかまいません。
※《セキュリティの警告》が表示されている場合は、《コンテンツの有効化》をクリックしておきましょう。
②《データ》タブ→《並べ替えとフィルター》グループの (昇順)をクリックします。
③セル範囲【B3:H500】を選択します。
④《データ》タブ→《アウトライン》グループの 小計 (小計)をクリックします。
⑤《グループの基準》の ▾ をクリックし、一覧から「担当者名」を選択します。

⑥《**集計の方法**》の をクリックし、一覧から《**合計**》を選択します。
⑦《**集計するフィールド**》の「**売上金額**」が ✔ になっていることを確認します。
⑧《**OK**》をクリックします。

問題(2)

① ワークシート「**販売店別売上**」を選択します。
②《**数式**》タブ→《**ワークシート分析**》グループの エラー チェック（エラーチェック）をクリックします。
③《**数式を上からコピーする**》をクリックします。
④《**OK**》をクリックします。

問題(3)

①《**表示**》タブ→《**マクロ**》グループの （マクロの表示）の マクロ →《**マクロの記録**》をクリックします。
② 問題文の文字列「**グラフ作成**」をクリックしてコピーします。
③《**マクロ名**》の文字列を選択します。
④ Ctrl ＋ V を押して文字列を貼り付けます。
※《マクロ名》に直接入力してもかまいません。
⑤《**マクロの保存先**》の をクリックし、一覧から《**作業中のブック**》を選択します。
⑥《**OK**》をクリックします。
⑦ ワークシート「**担当者別集計**」のシート見出しを選択します。
⑧ セル範囲【**B3：D9**】を選択します。
⑨《**挿入**》タブ→《**グラフ**》グループの （縦棒/横棒グラフの挿入）→《**2-D縦棒**》の （集合縦棒）をクリックします。
⑩《**表示**》タブ→《**マクロ**》グループの （マクロの表示）の マクロ →《**記録終了**》をクリックします。

問題(4)

①《**ファイル**》タブを選択します。
②《**オプション**》をクリックします。
※お使いの環境によっては《オプション》が表示されていない場合があります。その場合は《その他》→《オプション》をクリックします。
③ 左側の一覧から《**数式**》を選択します。
④《**計算方法の設定**》の《**手動**》を ◉ にします。
⑤《**ブックの保存前に再計算を行う**》を ✔ にします。
⑥《**OK**》をクリックします。

第1回 模擬試験

第2回 模擬試験 問題

プロジェクト1

理解度チェック

☑☑☑☑☑ 問題(1) あなたは、社員教育の受講者リストを作成します。
テーブルから「氏名」「所属」「受講開始日」「受講コース」が重複するレコードを削除してください。

プロジェクト2

理解度チェック

☑☑☑☑☑ 問題(1) あなたは、学内プログラム試験結果の表を作成します。
ブックのシート構成を保護してください。パスワードは「program」とします。

☑☑☑☑☑ 問題(2) ワークシート「試験結果」の合計が150点未満の場合は、太字、フォントの色「赤」で表示されるように設定してください。数値が変更されたら、書式が自動的に更新されるようにします。

☑☑☑☑☑ 問題(3) ワークシート「試験結果」のセル【K4】に関数を使って、合計が300以上であれば「優」、270以上であれば「良」、200以上であれば「可」、どれにも当てはまらなければ「追試」と表示してください。次に、セル範囲【K5:K48】に数式をコピーしてください。

☑☑☑☑☑ 問題(4) ワークシート「学部別」のセル【C4】に関数を使って、ワークシート「試験結果」をもとに、経済学部の学年別の受験者数を表示してください。次に、セル【D4】に数式をコピーしてください。
数式は、名前付き範囲「学籍番号」「学年」を使って作成します。経済学部のレコードは学籍番号の頭文字が「E」で始まります。

☑☑☑☑☑ 問題(5) ワークシート「日程」のセル範囲【B5:B12】に、オートフィル機能を使って日付を入力してください。試験はセル【B4】の日付から開始して、毎週木曜日に行われるものとします。

プロジェクト3

理解度チェック		
☑☑☑☑☑	問題(1)	あなたは、セミナー開催状況の情報について分析する資料を作成します。 デスクトップのフォルダー「FOM Shuppan Documents」のフォルダー「MOS-Excel 365 2019-Expert(2)」のモジュール「集計」を作業中のブックにコピーしてください。
☑☑☑☑☑	問題(2)	ワークシート「開催状況」の売上金額の下位8%が、フォントの色を標準の色の「赤」で表示されるように設定してください。数値が変更されたら、書式が自動的に更新されるようにします。
☑☑☑☑☑	問題(3)	ワークシート「開催日」のセル【C4】にWEEKDAY関数を使って、開催日の曜日番号を表す数値を表示してください。関数の種類は、月曜日を1とするものを使用します。次に、セル範囲【C5:C35】に数式をコピーしてください。
☑☑☑☑☑	問題(4)	ワークシート「コース別受講率」のセル【D5】に関数を使って、ワークシート「開催状況」をもとに、区分「日本料理」、地区「東京」の受講者数合計を表示してください。次に、セル範囲【D6:D8】に数式をコピーしてください。数式は、名前付き範囲「受講者数」「区分」「地区」を使って作成します。
☑☑☑☑☑	問題(5)	ワークシート「売上集計」のピボットテーブルをもとに、料理別の売上金額合計を表示するピボットグラフを作成してください。グラフの種類は「積み上げ縦棒」とします。

プロジェクト4

理解度チェック		
☑☑☑☑☑	問題(1)	あなたは、留学希望者向けの資料を作成します。 ワークシート「留学生」の生年月日の列が、「2021年4月1日」の場合「1-Apr-2021」となるように表示形式を設定してください。
☑☑☑☑☑	問題(2)	ワークシート「留学費」の表に関数を使って、借入金と毎月の返済金額に対する返済回数を表示してください。年利、毎月の返済金額、借入金、支払日はセルを参照します。あらかじめ、セル範囲【D9:G12】には表示形式が設定されています。
☑☑☑☑☑	問題(3)	ワークシート「クラス分け基準」のセル【D5】にINDEX関数を使って、クラスと科目に対応した必要最低点を表示してください。行と列の範囲内での位置は、セル【D3】とセル【D4】を参照します。
☑☑☑☑☑	問題(4)	15分ごとにブックが自動保存されるように設定してください。

プロジェクト5

理解度チェック

☑☑☑☑☑	問題(1)	あなたは、FOMヘルシーフード株式会社の社員で販売管理表を作成します。 文字列形式の数値、またはアポストロフィで始まる数値が入力されていても、エラーチェックしないように設定を変更してください。
☑☑☑☑☑	問題(2)	ワークシート「注文書」の数量の列に、最大20以下の整数が入力できるように入力規則を設定してください。それ以外のデータが入力された場合には、スタイル「注意」、タイトル「入力範囲」、エラーメッセージ「正しい範囲の整数を入力してください」を表示します。
☑☑☑☑☑	問題(3)	ワークシート「納品書」のセル【D9】、セル範囲【C14:C18】、セル範囲【G14:G18】以外は編集できないように、ワークシートを保護してください。
☑☑☑☑☑	問題(4)	ワークシート「顧客一覧」のセル【H4】の数式に関数を1つ追加して、都道府県が「東京都」または「神奈川県」のレコードの場合は「○」、そうでなければ「×」と表示してください。次に、セル範囲【H5:H40】に数式をコピーしてください。表の書式は変更しないようにします。
☑☑☑☑☑	問題(5)	ワークシート「返品件数」の表を使って、商品別のパレート図を作成してください。
☑☑☑☑☑	問題(6)	ワークシート「世田谷店」「横浜店」「さいたま店」の3つの表を統合し、ワークシート「下期集計」のセル【C4】を開始位置として、売上合計を求める表を作成してください。

プロジェクト6

理解度チェック

☑☑☑☑☑	問題(1)	あなたは、ショップの会員情報の管理表や販売売上表を作成します。 ワークシート「会員」の姓と名の列に、フラッシュフィル機能を使ってデータを入力してください。
☑☑☑☑☑	問題(2)	ワークシート「年齢別」の行ラベルエリアの「年齢」を、20歳ごとに表示してください。 先頭の値「20」、末尾の値「79」、単位「20」に設定します。
☑☑☑☑☑	問題(3)	ワークシート「次期目標」のピボットテーブルに、売上金額の1.3倍の金額を表示する集計フィールド「次期目標」を追加してください。
☑☑☑☑☑	問題(4)	ワークシート「月別」のグラフに、商品分類「スリム器具」と「ボディケア」のデータだけを表示してください。

第2回 模擬試験 標準解答

●プロジェクト1

問題(1)

① セル【B3】を選択します。
※テーブル内のセルであれば、どこでもかまいません。
②《デザイン》タブ→《ツール》グループの 重複の削除 (重複の削除)をクリックします。
③《先頭行をデータの見出しとして使用する》を☑にします。
④ すべての列が☑になっていることを確認します。
⑤《OK》をクリックします。
※1件のレコードが削除されます。
⑥《OK》をクリックします。

●プロジェクト2

問題(1)

①《校閲》タブ→《変更》グループの (ブックの保護)をクリックします。
※お使いの環境によっては、グループ名の「変更」が「保護」と表示される場合があります。
②《シート構成》を☑にします。
③ 問題文の文字列「program」をクリックしてコピーします。
④《パスワード》にカーソルを移動します。
⑤ Ctrl + V を押して文字列を貼り付けます。
※入力したパスワードは「*」で表示されます。
※《パスワード》に直接入力してもかまいません。
⑥《OK》をクリックします。
⑦《パスワードをもう一度入力してください。》にカーソルが表示されていることを確認します。
⑧ Ctrl + V を押して文字列を貼り付けます。
⑨《OK》をクリックします。

問題(2)

① ワークシート「試験結果」のセル範囲【J4:J48】を選択します。
②《ホーム》タブ→《スタイル》グループの (条件付き書式)→《新しいルール》をクリックします。
③《ルールの種類を選択してください》の一覧から《数式を使用して、書式設定するセルを決定》を選択します。
④《次の数式を満たす場合に値を書式設定》に「=J4<150」と入力します。
⑤《書式》をクリックします。
⑥《フォント》タブを選択します。
⑦《スタイル》の一覧から《太字》を選択します。
⑧《色》の ⌵ をクリックし、一覧から《標準の色》の《赤》を選択します。
⑨《OK》をクリックします。
⑩《OK》をクリックします。

問題(3)

① ワークシート「試験結果」のセル【K4】に「=IFS(J4>=300,"」と入力します。
② 問題文の文字列「優」をクリックしてコピーします。
③「=IFS(J4>=300,"」の後ろにカーソルを移動します。
④ Ctrl + V を押して文字列を貼り付けます。
※数式に直接入力してもかまいません。
⑤ 続けて「",J4>=270,"」と入力します。
⑥ 問題文の文字列「良」をクリックしてコピーします。
⑦「=IFS(J4>=300,"優",J4>=270,"」の後ろにカーソルを移動します。
⑧ Ctrl + V を押して文字列を貼り付けます。
⑨ 続けて「",J4>=200,"」と入力します。
⑩ 問題文の文字列「可」をクリックしてコピーします。
⑪「=IFS(J4>=300,"優",J4>=270,"良",J4>=200,"」の後ろにカーソルを移動します。
⑫ Ctrl + V を押して文字列を貼り付けます。
⑬ 続けて「",TRUE,"」と入力します。
⑭ 問題文の文字列「追試」をクリックしてコピーします。
⑮「=IFS(J4>=300,"優",J4>=270,"良",J4>=200,"可",TRUE,"」の後ろにカーソルを移動します。
⑯ Ctrl + V を押して文字列を貼り付けます。
⑰ 続けて「")」と入力します。
⑱ 数式バーに「=IFS(J4>=300,"優",J4>=270,"良",J4>=200,"可",TRUE,"追試")」と表示されていることを確認します。
⑲ Enter を押します。
⑳ セル【K4】を選択し、セル右下の■(フィルハンドル)をダブルクリックします。

問題(4)

① ワークシート「学部別」のセル【C4】に「=COUNTIFS(」と入力します。
②《数式》タブ→《定義された名前》グループの 数式で使用 (数式で使用)→《学籍番号》をクリックします。
※「学籍番号」と直接入力してもかまいません。
③ 続けて「,"E*",」と入力します。
④《数式》タブ→《定義された名前》グループの 数式で使用 (数式で使用)→《学年》をクリックします。
⑤ 続けて「,C3)」と入力します。
⑥ 数式バーに「=COUNTIFS(学籍番号,"E*",学年,C3)」と表示されていることを確認します。
⑦ Enter を押します。
⑧ セル【C4】を選択し、セル右下の■(フィルハンドル)をセル【D4】までドラッグします。

問題(5)

①ワークシート「**日程**」のセル範囲【**B4：B12**】を選択します。
②《**ホーム**》タブ→《**編集**》グループの（フィル）→《**連続データの作成**》をクリックします。
③《**範囲**》の《**列**》が◉になっていることを確認します。
④《**種類**》の《**日付**》を◉にします。
⑤《**増加単位**》の《**日**》を◉にします。
⑥《**増分値**》に「**7**」と入力します。
⑦《**OK**》をクリックします。

●プロジェクト3

問題(1)

①《**開発**》タブ→《**コード**》グループの（Visual Basic）をクリックします。
※《開発》タブが表示されていない場合は、《開発》タブを表示しておきましょう。表示する方法については、P.30を参照してください。
②《**ファイル**》→《**ファイルのインポート**》をクリックします。
③デスクトップのフォルダー「**FOM Shuppan Documents**」のフォルダー「**MOS-Excel 365 2019-Expert(2)**」を開きます。
④一覧から「**集計.bas**」を選択します。
⑤《**開く**》をクリックします。
⑥《**Microsoft Visual Basic for Applications**》ウィンドウの（閉じる）をクリックします。

問題(2)

①ワークシート「**開催状況**」のセル範囲【**J4：J54**】を選択します。
②《**ホーム**》タブ→《**スタイル**》グループの（条件付き書式）→《**新しいルール**》をクリックします。
③《**ルールの種類を選択してください**》の一覧から《**上位または下位に入る値だけを書式設定**》を選択します。
④《**次に入る値を書式設定**》のをクリックし、一覧から《**下位**》を選択します。
⑤右のボックスに「**8**」と入力します。
⑥《**%(選択範囲に占める割合)**》を☑にします。
⑦《**書式**》をクリックします。
⑧《**フォント**》タブを選択します。
⑨《**色**》のをクリックし、一覧から《**標準の色**》の《**赤**》を選択します。
⑩《**OK**》をクリックします。
⑪《**OK**》をクリックします。

問題(3)

①ワークシート「**開催日**」のセル【**C4**】に「**=WEEKDAY(B4,2)**」と入力します。
②セル【**C4**】を選択し、セル右下の■（フィルハンドル）をダブルクリックします。

問題(4)

①ワークシート「**コース別受講率**」のセル【**D5**】に「**=SUMIFS(**」と入力します。
②《**数式**》タブ→《**定義された名前**》グループの（数式で使用）→《**受講者数**》をクリックします。
※「受講者数」と直接入力してもかまいません。
③続けて「**,**」を入力します。
④《**数式**》タブ→《**定義された名前**》グループの（数式で使用）→《**区分**》をクリックします。
※「区分」と直接入力してもかまいません。
⑤続けて「**,$B$3,**」と入力します。
※数式をコピーするため、セル【B3】は常に同じセルを参照するように絶対参照にします。
⑥《**数式**》タブ→《**定義された名前**》グループの（数式で使用）→《**地区**》をクリックします。
※「地区」と直接入力してもかまいません。
⑦続けて「**,B5)**」と入力します。
⑧数式バーに「**=SUMIFS(受講者数,区分,$B$3,地区,B5)**」と表示されていることを確認します。
⑨[Enter]を押します。
⑩セル【**D5**】を選択し、セル右下の■（フィルハンドル）をダブルクリックします。

問題(5)

①ワークシート「**売上集計**」のセル【**A3**】を選択します。
※ピボットテーブル内のセルであれば、どこでもかまいません。
②《**分析**》タブ→《**ツール**》グループの（ピボットグラフ）をクリックします。
③左側の一覧から《**縦棒**》を選択します。
④右側の一覧から《**積み上げ縦棒**》を選択します。
⑤《**OK**》をクリックします。

●プロジェクト4

問題(1)

①ワークシート「**留学生**」のセル範囲【**E4：E48**】を選択します。
②《**ホーム**》タブ→《**数値**》グループの（表示形式）をクリックします。
③《**表示形式**》タブを選択します。
④《**分類**》の一覧から《**ユーザー定義**》を選択します。
⑤《**種類**》に「**d-mmm-yyyy**」と入力します。
⑥《**OK**》をクリックします。

問題(2)

①ワークシート「**留学費**」のセル【**D9**】に「**=NPER($D$3/12,D$7,$B9,0,$D$4)**」と入力します。
※数式をコピーするため、セル【D3】とセル【D4】は常に同じセルを参照するように絶対参照、セル【D7】は常に同じ行を、セル【B9】は常に同じ列を参照するように複合参照にします。

②セル【D9】を選択し、セル右下の■（フィルハンドル）をダブルクリックします。

③セル範囲【D9：D12】を選択し、セル範囲右下の■（フィルハンドル）をセル【G12】までドラッグします。

問題(3)

①ワークシート「**クラス分け基準**」のセル【D5】に、「=INDEX(C8:F11,D3,D4)」と入力します。

問題(4)

①《**ファイル**》タブを選択します。

②《**オプション**》をクリックします。

※お使いの環境によっては《オプション》が表示されていない場合があります。その場合は《その他》→《オプション》をクリックします。

③左側の一覧から《**保存**》を選択します。

④《**ブックの保存**》の《**次の間隔で自動回復用データを保存する**》を☑にし、「**15**」分ごとに設定します。

⑤《**OK**》をクリックします。

●プロジェクト5

問題(1)

①《**ファイル**》タブを選択します。

②《**オプション**》をクリックします。

※お使いの環境によっては《オプション》が表示されていない場合があります。その場合は《その他》→《オプション》をクリックします。

③左側の一覧から《**数式**》を選択します。

④《**エラーチェックルール**》の《**文字列形式の数値、またはアポストロフィで始まる数値**》を☐にします。

⑤《**OK**》をクリックします。

問題(2)

①ワークシート「**注文書**」のセル範囲【G12：G16】を選択します。

②《**データ**》タブ→《**データツール**》グループの［データの入力規則］（データの入力規則）をクリックします。

③《**設定**》タブを選択します。

④《**入力値の種類**》の［∨］をクリックし、一覧から《**整数**》を選択します。

⑤《**データ**》の［∨］をクリックし、一覧から《**次の値以下**》を選択します。

⑥《**最大値**》に「**20**」と入力します。

⑦《**エラーメッセージ**》タブを選択します。

⑧《**無効なデータが入力されたらエラーメッセージを表示する**》を☑にします。

⑨《**スタイル**》の［∨］をクリックし、一覧から《**注意**》を選択します。

⑩問題文の文字列「**入力範囲**」をクリックしてコピーします。

⑪《**タイトル**》にカーソルを移動します。

⑫［Ctrl］+［V］を押して文字列を貼り付けます。

※《タイトル》に直接入力してもかまいません。

⑬問題文の文字列「**正しい範囲の整数を入力してください**」をクリックしてコピーします。

⑭《**エラーメッセージ**》にカーソルを移動します。

⑮［Ctrl］+［V］を押して文字列を貼り付けます。

※《エラーメッセージ》に直接入力してもかまいません。

⑯《**OK**》をクリックします。

問題(3)

①ワークシート「**納品書**」のセル【D9】を選択します。

②［Ctrl］を押しながら、セル範囲【C14：C18】とセル範囲【G14：G18】を選択します。

③《**ホーム**》タブ→《**セル**》グループの［書式］（書式）→《**セルのロック**》をクリックします。

※コマンド名の左のボタンに枠が付いていない状態にします。

④《**校閲**》タブ→《**変更**》グループの［シートの保護］（シートの保護）をクリックします。

※お使いの環境によっては、グループ名の「変更」が「保護」と表示される場合があります。

⑤《**シートとロックされたセルの内容を保護する**》を☑にします。

⑥《**OK**》をクリックします。

問題(4)

①ワークシート「**顧客一覧**」のセル【H4】を選択します。

②「**=IF(OR(E4="東京都",E4="神奈川県"),"**」と修正します。

③問題文の文字列「**○**」をクリックしてコピーします。

④「**=IF(OR(E4="東京都",E4="神奈川県"),"**」の後ろにカーソルを移動します。

⑤［Ctrl］+［V］を押して文字列を貼り付けます。

※数式に直接入力してもかまいません。

⑥続けて「**","**」と入力します。

⑦問題文の文字列「**×**」をクリックしてコピーします。

⑧「**=IF(OR(E4="東京都",E4="神奈川県"),"○","**」の後ろにカーソルを移動します。

⑨［Ctrl］+［V］を押して文字列を貼り付けます。

⑩続けて「**")**」と入力します。

⑪数式バーに、「**=IF(OR(E4="東京都",E4="神奈川県"),"○","×")**」と表示されていることを確認します。

⑫［Enter］を押します。

⑬セル【H4】を選択し、セル右下の■（フィルハンドル）をダブルクリックします。

⑭［オートフィルオプション］（オートフィルオプション）をクリックします。

⑮《**書式なしコピー(フィル)**》をクリックします。

問題(5)

①ワークシート「**返品件数**」のセル範囲【B3：C8】を選択します。

②［Ctrl］を押しながら、セル範囲【E3：E8】を選択します。

③《**挿入**》タブ→《**グラフ**》グループの［統計グラフの挿入］（統計グラフの挿入）→《**ヒストグラム**》の《**パレート図**》をクリックします。

問題(6)

① ワークシート**「下期集計」**のセル**【C4】**を選択します。
②**《データ》**タブ→**《データツール》**グループの[統合](統合)をクリックします。
③**《集計の方法》**の[v]をクリックし、一覧から**《合計》**を選択します。
④**《統合元範囲》**にカーソルを移動します。
⑤ ワークシート**「世田谷店」**のセル範囲**【C4:D7】**を選択します。
⑥**《統合元範囲》**に**「世田谷店!$C$4:$D$7」**と表示されていることを確認します。
⑦**《追加》**をクリックします。
⑧ ワークシート**「横浜店」**のシート見出しを選択します。
⑨**《統合元範囲》**に**「横浜店!$C$4:$D$7」**と表示されていることを確認します。
⑩**《追加》**をクリックします。
⑪ ワークシート**「さいたま店」**のシート見出しを選択します。
⑫**《統合元範囲》**に**「さいたま店!$C$4:$D$7」**と表示されていることを確認します。
⑬**《追加》**をクリックします。
⑭**《上端行》**と**《左端列》**を[ ]にします。
⑮**《OK》**をクリックします。

●プロジェクト6

問題(1)

① ワークシート**「会員」**のセル**【D4】**を選択します。
②**《データ》**タブ→**《データツール》**グループの[フラッシュフィル](フラッシュフィル)をクリックします。
③ 同様に、名の列を入力します。

問題(2)

① ワークシート**「年齢別」**のセル**【A5】**を選択します。
※行ラベルエリアのセルであれば、どこでもかまいません。
②**《分析》**タブ→**《グループ》**グループの[フィールドのグループ化](フィールドのグループ化)をクリックします。
③**《先頭の値》**に**「20」**と入力します。
④**《末尾の値》**に**「79」**と入力します。
⑤**《単位》**に**「20」**と入力します。
⑥**《OK》**をクリックします。

問題(3)

① ワークシート**「次期目標」**のセル**【A3】**を選択します。
※ピボットテーブル内のセルであれば、どこでもかまいません。
②**《分析》**タブ→**《計算方法》**グループの[フィールド/アイテム/セット](フィールド/アイテム/セット)→**《集計フィールド》**をクリックします。
③**《フィールド》**の一覧から**「売上金額」**を選択します。
④**《フィールドの挿入》**をクリックします。
⑤**《数式》**に**「=売上金額」**とカーソルが表示されます。
⑥ 続けて**「*1.3」**と入力します。
⑦**《追加》**をクリックします。
⑧**《OK》**をクリックします。
⑨ セル**【C3】**を選択します。
⑩**《分析》**タブ→**《アクティブなフィールド》**グループの[フィールドの設定](フィールドの設定)をクリックします。
⑪ 問題文の文字列**「次期目標」**をクリックしてコピーします。
⑫**《名前の指定》**の文字列を選択します。
⑬[Ctrl]+[V]を押して文字列を貼り付けます。
※《名前の指定》に直接入力してもかまいません。
⑭**《OK》**をクリックします。

問題(4)

① ワークシート**「月別」**のピボットグラフを選択します。
②[商品分類](商品分類)をクリックします。
③**「ダイエット食品」**と**「フェイスケア」**を[ ]にし、**「スリム器具」**と**「ボディケア」**を[✓]にします。
④**《OK》**をクリックします。

模擬試験プログラムの使い方
第1回模擬試験
第2回模擬試験
第3回模擬試験
第4回模擬試験
第5回模擬試験

第3回 模擬試験 問題

プロジェクト1

理解度チェック		
☑☑☑☑☑	問題（1）	あなたは、社内向けのセミナーの受講者リストを作成します。 編集言語にフランス語（フランス）を追加してください。メッセージが表示された場合は、《閉じる》をクリックして、メッセージウィンドウを閉じてください。また、追加した言語をExcelの既定に設定したり、Excelを再起動したりしないでください。
☑☑☑☑☑	問題（2）	ワークシート「出欠表」のセル範囲【D4：H4】に7日ごとの開催日を入力してください。第1回の開催日は「2021/4/20」とし、「4/20（火）」のように表示します。記号は半角で入力します。
☑☑☑☑☑	問題（3）	ワークシート「受講者リスト」のセル【C1】に関数を使って、現在の日時を表示してください。
☑☑☑☑☑	問題（4）	ブックのシート構成を保護してください。パスワードは「kaigai」とします。

プロジェクト2

理解度チェック		
☑☑☑☑☑	問題（1）	あなたは、海外の照明器具の輸入販売を行う会社に所属しており、照明器具の受注一覧を作成します。 ワークシート「受注一覧（8月分）」のセル【G5】のエラーの原因となっているセルをトレースしてください。次に、セル【G4】の数式を正しく修正し、セル範囲【G5：G16】に数式をコピーしてください。表の書式は変更しないようにします。
☑☑☑☑☑	問題（2）	ワークシート「受注一覧（8月分）」の表に、納入日が受注日より20日以上先のレコードの背景色が、パターンの色「赤」、パターンの種類「実線 左下がり斜線 縞」で表示されるように設定してください。日付が変更されたら、書式が自動的に更新されるようにします。
☑☑☑☑☑	問題（3）	グラフシート「グラフ（7月分）」のグラフを、「テーブルスタンド」「デスクスタンド」「フロアスタンド」だけが表示されているグラフに変更してください。
☑☑☑☑☑	問題（4）	グラフシート「グラフ（7月分）」のグラフに、レイアウト「レイアウト4」、色「モノクロパレット7」を適用してください。

プロジェクト3

理解度チェック

☑☑☑☑☑	問題(1)	あなたは、新刊書籍の売上分析表を作成します。 ワークシート「集計」のピボットテーブルの列の総計だけを非表示にしてください。
☑☑☑☑☑	問題(2)	ワークシート「集計」のピボットテーブルの「支店」の上層に、「分類」を追加してください。
☑☑☑☑☑	問題(3)	スライサーを使って、ワークシート「タイトル別」のピボットテーブルに「関西」と「北陸」の支店のデータだけを表示してください。
☑☑☑☑☑	問題(4)	ワークシート「新刊売上」の商品コードの列が、ドロップダウンリストから選択できるように入力規則を設定してください。ドロップダウンリストには、ワークシート「新刊一覧」の商品コードを表示します。
☑☑☑☑☑	問題(5)	計算方法をデータテーブル以外は自動で計算されるように設定してください。

プロジェクト4

理解度チェック

☑☑☑☑☑	問題(1)	あなたは、夏休み期間の世界のおもちゃ展における売上状況を分析します。 ワークシート「夏休み期間」のテーブルに設定されている「売上合計が平均より上のセルに濃い赤の文字、明るい赤の背景を設定する」というルールを、「売上合計が上位5件のセルに濃い赤の文字、明るい赤の背景を設定する」というルールに変更してください。
☑☑☑☑☑	問題(2)	ワークシート「夏休み期間」の評価の列に関数を使って、営業評価の表を検索して売上合計に対応する評価を表示してください。
☑☑☑☑☑	問題(3)	マクロ「料金順」を削除してください。
☑☑☑☑☑	問題(4)	ワークシート「試算表」の新料金試算表の年間合計が「28000000」となるように、セル【H5】に中・高校生の新料金として最適な数値を表示してください。
☑☑☑☑☑	問題(5)	ワークシート「分析」のセル範囲【E4：E6】をウォッチウィンドウに追加してください。

プロジェクト5

理解度チェック

☑☑☑☑☑	問題(1)	あなたは、海外向けに日本食材を販売する会社に所属しており、上期売上表を作成します。 警告を表示せずにすべてのマクロが無効になるように設定してください。
☑☑☑☑☑	問題(2)	ワークシート「売上」の数量の列に3色のフラグのアイコンを設定してください。数量が100以上のセルは緑のフラグ、50以上のセルは黄色のフラグ、それ以外のセルは赤のフラグを表示します。数値が変更されたら、書式が自動的に更新されるようにします。
☑☑☑☑☑	問題(3)	ワークシート「売上」の割引率の列にINDEX関数とMATCH関数を使って、ワークシート「割引率」の取引ランクと数量に対応する割引率を表示してください。数式は、名前付き範囲「割引率」「取引ランク」「注文数」を使って作成します。
☑☑☑☑☑	問題(4)	ワークシート「売上分析」のピボットテーブルのレイアウトを表形式に変更してください。
☑☑☑☑☑	問題(5)	ワークシート「売上推移グラフ」の販売数の推移をマーカー付き折れ線グラフ、売上金額の推移を面グラフで表した複合グラフを作成してください。グラフタイトルは「上期販売状況」に設定します。
☑☑☑☑☑	問題(6)	ワークシート「顧客」の贈答品の列に関数を使って、取引ランクが「A」の場合は「壁掛カレンダー」、「B」の場合は「卓上カレンダー」、それ以外は既定値として「なし」と表示してください。

プロジェクト6

理解度チェック

☑☑☑☑☑	問題(1)	あなたは、車のローンの返済表を作成します。 セル【C12】に関数を使って、借入金と毎月の返済金額に対するローンの支払い回数を表示する数式を入力してください。年利、毎月の返済額、借入金はセルを参照します。あらかじめ、セル【C12】には表示形式が設定されています。

第3回 模擬試験 標準解答

●プロジェクト1

問題(1)

①《ファイル》タブを選択します。
②《オプション》をクリックします。
※お使いの環境によっては《オプション》が表示されていない場合があります。その場合は《その他》→《オプション》をクリックします。
③左側の一覧から《言語》を選択します。
④《編集言語の選択》の《[他の編集言語を追加]》の ▾ をクリックし、一覧から《フランス語(フランス)》を選択します。
※お使いの環境によっては、《Officeの編集言語と校正機能》の《言語を追加》をクリックします。
⑤《追加》をクリックします。
⑥《OK》をクリックします。
⑦ × (閉じる)をクリックします。

問題(2)

①ワークシート「出欠表」のセル【D4】に「2021/4/20」と入力します。
②セル範囲【D4:H4】を選択します。
③《ホーム》タブ→《編集》グループの (フィル)→《連続データの作成》をクリックします。
④《範囲》の《行》が ◉ になっていることを確認します。
⑤《種類》の《日付》を ◉ にします。
⑥《増加単位》の《日》を ◉ にします。
⑦《増分値》に「7」と入力します。
⑧《OK》をクリックします。
⑨《ホーム》タブ→《数値》グループの (表示形式)をクリックします。
⑩《表示形式》タブを選択します。
⑪《分類》の一覧から《ユーザー定義》を選択します。
⑫《種類》に「m/d(aaa)」と入力します。
⑬《OK》をクリックします。

問題(3)

①ワークシート「受講者リスト」のセル【C1】に「=NOW()」と入力します。

問題(4)

①《校閲》タブ→《変更》グループの (ブックの保護)をクリックします。
※お使いの環境によっては、グループ名の「変更」が「保護」と表示される場合があります。
②《シート構成》を ✔ にします。
③問題文の文字列「kaigai」をクリックしてコピーします。
④《パスワード》にカーソルを移動します。
⑤ Ctrl + V を押して文字列を貼り付けます。
※入力したパスワードは「*」で表示されます。
※《パスワード》に直接入力してもかまいません。
⑥《OK》をクリックします。
⑦《パスワードをもう一度入力してください。》にカーソルが表示されていることを確認します。
⑧ Ctrl + V を押して文字列を貼り付けます。
⑨《OK》をクリックします。

●プロジェクト2

問題(1)

①ワークシート「受注一覧(8月分)」のセル【G5】を選択します。
②《数式》タブ→《ワークシート分析》グループの エラー チェック (エラーチェック)の ▾ →《エラーのトレース》をクリックします。
③セル【G5】からトレース矢印が表示されていることを確認します。
④セル【G4】の数式を「=F4*$I$2」に修正します。
※数式をコピーするため、セル【I2】は常に同じセルを参照するように絶対参照にします。
⑤セル【G4】を選択し、セル右下の■(フィルハンドル)をダブルクリックします。
⑥ (オートフィルオプション)をクリックします。
⑦《書式なしコピー(フィル)》をクリックします。

問題(2)

①ワークシート「受注一覧(8月分)」のセル範囲【A4:J16】を選択します。
②《ホーム》タブ→《スタイル》グループの (条件付き書式)→《新しいルール》をクリックします。
③《ルールの種類を選択してください》の一覧から、《数式を使用して、書式設定するセルを決定》を選択します。
④《次の数式を満たす場合に値を書式設定》に「=$J4-$B4>=20」と入力します。
⑤《書式》をクリックします。
⑥《塗りつぶし》タブを選択します。
⑦《パターンの色》の ▾ をクリックし、一覧から《標準の色》の《赤》を選択します。
⑧《パターンの種類》の ▾ をクリックし、一覧から《実線 左下がり斜線 縞》を選択します。
⑨《OK》をクリックします。
⑩《OK》をクリックします。

問題(3)

① グラフシート「**グラフ(7月分)**」のピボットグラフを選択します。
② 受注品名 ▼ (受注品名)をクリックします。
③《**(すべて選択)**》を□にし、「**テーブルスタンド**」「**デスクスタンド**」「**フロアスタンド**」を☑にします。
④《**OK**》をクリックします。

問題(4)

① グラフシート「**グラフ(7月分)**」のピボットグラフを選択します。
②《**デザイン**》タブ→《**グラフのレイアウト**》グループの (クイックレイアウト)→《**レイアウト4**》をクリックします。
③《**デザイン**》タブ→《**グラフスタイル**》グループの (グラフクイックカラー)→《**モノクロ**》の《**モノクロパレット7**》をクリックします。

●プロジェクト3

問題(1)

① ワークシート「**集計**」のセル【**A3**】を選択します。
※ピボットテーブル内のセルであれば、どこでもかまいません。
②《**デザイン**》タブ→《**レイアウト**》グループの (総計)→《**行のみ集計を行う**》をクリックします。

問題(2)

① ワークシート「**集計**」のセル【**A3**】を選択します。
※ピボットテーブル内のセルであれば、どこでもかまいません。
②《**ピボットテーブルのフィールド**》作業ウィンドウの「**分類**」を、《**行**》のボックスの「**支店**」の上にドラッグします。

問題(3)

① ワークシート「**タイトル別**」のセル【**A1**】を選択します。
※ピボットテーブル内のセルであれば、どこでもかまいません。
②《**分析**》タブ→《**フィルター**》グループの スライサーの挿入 (スライサーの挿入)をクリックします。
③「**支店**」を☑にします
④《**OK**》をクリックします。
⑤「**関西**」をクリックします。
⑥ (複数選択)をクリックします。
⑦「**北陸**」をクリックします。

問題(4)

① ワークシート「**新刊売上**」のセル範囲【**C4:C121**】を選択します。
②《**データ**》タブ→《**データツール**》グループの データの入力規則 (データの入力規則)をクリックします。
③《**設定**》タブを選択します。
④《**入力値の種類**》の ⌄ をクリックし、一覧から《**リスト**》を選択します。
⑤《**ドロップダウンリストから選択する**》を☑にします。
⑥《**元の値**》にカーソルを移動します。
⑦ ワークシート「**新刊一覧**」のセル範囲【**A4:A15**】を選択します。
※《元の値》に「=新刊一覧!$A$4:$A$15」と表示されます。
⑧《**OK**》をクリックします。

問題(5)

①《**数式**》タブ→《**計算方法**》グループの (計算方法の設定)→《**データテーブル以外自動**》をクリックします。

●プロジェクト4

問題(1)

① ワークシート「**夏休み期間**」のセル【**B3**】を選択します。
※テーブル内のセルであれば、どこでもかまいません。
※《セキュリティの警告》が表示されている場合は、《コンテンツの有効化》をクリックしておきましょう。
②《**ホーム**》タブ→《**スタイル**》グループの (条件付き書式)→《**ルールの管理**》をクリックします。
③《**書式ルールの表示**》に《**このテーブル**》と表示されていることを確認します。
④ 一覧から《**平均より上**》を選択します。
⑤《**ルールの編集**》をクリックします。
⑥《**ルールの種類を選択してください**》の一覧から《**上位または下位に入る値だけを書式設定**》を選択します。
⑦《**次に入る値を書式設定**》の ⌄ をクリックし、一覧から《**上位**》を選択します。
⑧ 右のボックスに「**5**」と入力します。
⑨《**OK**》をクリックします。
⑩《**OK**》をクリックします。

問題(2)

① ワークシート「**夏休み期間**」のセル【**J4**】に「**=VLOOKUP([@売上合計],$L$4:$M$7,2,TRUE)**」と入力します。
※「[@売上合計]」は、セル【I4】を選択して指定します。
※数式をコピーするため、検索範囲は常に同じ範囲を参照するように絶対参照にします。
※フィールド内の残りのセルにも自動的に数式が作成されます。

問題(3)

①《**表示**》タブ→《**マクロ**》グループの (マクロの表示)をクリックします。
②《**マクロ名**》の一覧から「**料金順**」を選択します。
③《**削除**》をクリックします。
④《**はい**》をクリックします。

問題(4)

①ワークシート「**試算表**」を選択します。
②《**データ**》タブ→《**予測**》グループの（What-If分析）→《**ゴールシーク**》をクリックします。
③《**数式入力セル**》が反転表示されていることを確認します。
④セル【**J7**】を選択します。
※《数式入力セル》が「$J$7」になります。
⑤問題文の文字列「**28000000**」をクリックしてコピーします。
⑥《**目標値**》にカーソルを移動します。
⑦ Ctrl + V を押して文字列を貼り付けます。
※《目標値》に直接入力してもかまいません。
⑧《**変化させるセル**》にカーソルを移動します。
⑨セル【**H5**】を選択します。
※《変化させるセル》が「$H$5」になります。
⑩《**OK**》をクリックします。
⑪《**OK**》をクリックします。

問題(5)

①《**数式**》タブ→《**ワークシート分析**》グループの（ウォッチウィンドウ）をクリックします。
②《**ウォッチ式の追加**》をクリックします。
③ワークシート「**分析**」のセル範囲【**E4:E6**】を選択します。
④《**値をウォッチするセル範囲を選択してください**》に「**=分析!$E$4:$E$6**」と表示されていることを確認します。
⑤《**追加**》をクリックします。

●プロジェクト5

問題(1)

①《**ファイル**》タブを選択します。
②《**オプション**》をクリックします。
※お使いの環境によっては《オプション》が表示されていない場合があります。その場合は《その他》→《オプション》をクリックします。
③左側の一覧から《**セキュリティセンター**》を選択します。
④《**セキュリティセンターの設定**》をクリックします。
⑤左側の一覧から《**マクロの設定**》を選択します。
⑥《**警告を表示せずにすべてのマクロを無効にする**》を◉にします。
⑦《**OK**》をクリックします。
⑧《**OK**》をクリックします。

問題(2)

①ワークシート「**売上**」のセル範囲【**H4:H258**】を選択します。
②《**ホーム**》タブ→《**スタイル**》グループの（条件付き書式）→《**アイコンセット**》→《**インジケーター**》の《**3つのフラグ**》をクリックします。
③《**ホーム**》タブ→《**スタイル**》グループの（条件付き書式）→《**ルールの管理**》をクリックします。
④一覧から《**アイコンセット**》を選択します。
⑤《**ルールの編集**》をクリックします。
⑥緑のフラグの右のボックスが《**>=**》になっていることを確認します。
⑦緑のフラグの《**種類**》の ⌄ をクリックし、一覧から《**数値**》を選択します。
⑧緑のフラグの《**値**》に「**100**」と入力します。
⑨黄色のフラグの右のボックスが《**>=**》になっていることを確認します。
⑩黄色のフラグの《**種類**》の ⌄ をクリックし、一覧から《**数値**》を選択します。
⑪黄色のフラグの《**値**》に「**50**」と入力します。
⑫《**OK**》をクリックします。
⑬《**OK**》をクリックします。

問題(3)

①ワークシート「**売上**」のセル【**J4**】に「**=INDEX(**」と入力します。
②《**数式**》タブ→《**定義された名前**》グループの 数式で使用 （数式で使用）→《**割引率**》をクリックします。
※「割引率」と入力してもかまいません。
③続けて「**,MATCH([@取引ランク],**」と入力します。
※「[@取引ランク]」は、セル【D4】を選択して指定します。
④《**数式**》タブ→《**定義された名前**》グループの 数式で使用 （数式で使用）→《**取引ランク**》をクリックします。
※「取引ランク」と入力してもかまいません。
⑤続けて「**),MATCH([@数量],**」と入力します。
※「[@数量]」は、セル【H4】を選択して指定します。
⑥《**数式**》タブ→《**定義された名前**》グループの 数式で使用 （数式で使用）→《**注文数**》をクリックします。
※「注文数」と入力してもかまいません。
⑦続けて「**))**」と入力します。
⑧数式バーに「**=INDEX(割引率,MATCH([@取引ランク],取引ランク),MATCH([@数量],注文数))**」と表示されていることを確認します。
⑨ Enter を押します。
※フィールド内の残りのセルにも、自動的に数式が作成されます。

問題(4)

①ワークシート「**売上分析**」のセル【**A3**】を選択します。
※ピボットテーブル内のセルであれば、どこでもかまいません。
②《**デザイン**》タブ→《**レイアウト**》グループの（レポートのレイアウト）→《**表形式で表示**》をクリックします。

問題(5)

①ワークシート「**売上推移グラフ**」のセル範囲【**A3:C9**】を選択します。
②《**挿入**》タブ→《**グラフ**》グループの（複合グラフの挿入）→《**ユーザー設定の複合グラフを作成する**》をクリックします。

③「**販売数**」の《**グラフの種類**》の[v]をクリックし、一覧から《**折れ線**》の《**マーカー付き折れ線**》を選択します。
④「**売上金額**」の《**グラフの種類**》の[v]をクリックし、一覧から《**面**》の《**面**》を選択します。
⑤《**OK**》をクリックします。
⑥ 問題文の文字列「**上期販売状況**」をクリックしてコピーします。
⑦ グラフタイトルを選択します。
⑧ グラフタイトルの文字列を選択します。
⑨ [Ctrl]+[V]を押して文字列を貼り付けます。
※《グラフタイトル》に直接入力してもかまいません。
⑩ グラフタイトル以外の場所をクリックします。

問題(6)

① ワークシート「**顧客**」のセル【**D4**】に「**=SWITCH([@取引ランク],"**」と入力します。
※「[@取引ランク]」は、セル【C4】を選択して指定します。
② 問題文の文字列「**A**」をクリックしてコピーします。
③「**=SWITCH([@取引ランク],"**」の後ろにカーソルを移動します。
④ [Ctrl]+[V]を押して文字列を貼り付けます。
※数式に直接入力してもかまいません。
⑤ 続けて「**","**」と入力します。
⑥ 問題文の文字列「**壁掛カレンダー**」をクリックしてコピーします。
⑦「**=SWITCH([@取引ランク],"A","**」の後ろにカーソルを移動します。
⑧ [Ctrl]+[V]を押して文字列を貼り付けます。
⑨ 続けて「**","**」と入力します。
⑩ 同様に、「**B**」を貼り付け、「**","**」を入力します。
⑪ 同様に、「**卓上カレンダー**」を貼り付け、「**","**」を入力します。
⑫ 同様に、「**なし**」を貼り付けます。
⑬ 続けて「**")**」と入力します。
⑭ 数式バーに「**=SWITCH([@取引ランク],"A","壁掛カレンダー","B","卓上カレンダー","なし")**」と表示されていることを確認します。
⑮ [Enter]を押します。
※フィールド内の残りのセルにも、自動的に数式が作成されます。

●プロジェクト6

問題(1)

① セル【**C12**】に「**=NPER(C10/12,C11,C9,0)**」と入力します。

第3回 模擬試験

第4回　模擬試験 問題

プロジェクト1

理解度チェック

☑☑☑☑☑	問題 (1)	あなたは、2018年度から2020年度の売上実績を集計します。 ブックの保護を解除し、ワークシート「2018下期」をワークシート「2018上期」の右側に移動してください。
☑☑☑☑☑	問題 (2)	ワークシート「2020下期」の各月の売上実績のセルに、売上実績が前年の同月より1割以上減少している場合は、背景色のパターンの色「薄い青」、パターンの種類「左下がり斜線 格子」で表示されるように設定してください。数値が変更されたら、書式が自動的に更新されるようにします。
☑☑☑☑☑	問題 (3)	ワークシート「2020実績合計」の実績規模の列に関数を使って、年間実績が「30000」以上であれば「AA」、「15000」以上であれば「A」を表示し、どれにも該当しない場合は空白にしてください。使用する関数はひとつとします。
☑☑☑☑☑	問題 (4)	ワークシート「2018実績合計」「2019実績合計」「2020実績合計」の3つの表を統合し、ワークシート「過去3年売上平均」のセル【B4】を開始位置として、売上実績の平均値を求める表を作成してください。

プロジェクト2

理解度チェック

☑☑☑☑☑	問題 (1)	あなたは、製品の検査のデータを分析します。 各工場の検査データをもとに、製品の重さのばらつきを表す箱ひげ図を作成してください。

プロジェクト3

理解度チェック

問題(1)　あなたは、レジャー施設の売上データを作成します。
ワークシート「利用履歴」のセル【L8】の数式が直接参照しているセルをトレース矢印で確認してください。セルが参照できたらトレース矢印は削除します。次に、数式を正しく修正し、セル【L10】までコピーしてください。

問題(2)　ワークシート「会員種別集計」のピボットテーブルの税込代金合計フィールドの左側に、税込代金を追加して、税込代金の平均を表示してください。追加したフィールドは、桁区切りカンマを表示し、小数点以下は表示しないようにします。既存のフィールドは変更しないようにします。

問題(3)　ワークシート「利用区分別集計」のピボットテーブルの列ラベルエリアの日付を、月単位だけでグループ化してください。

問題(4)　ワークシート「メンテナンス予定表」のセル【D4】に、WORKDAY関数を使って、休止日から工期日数が経過した日付を表示する数式を入力してください。工期日数は、土日と休日を除くものとし、休日は名前付き範囲「休業日」を参照します。次に、セル範囲【D5：D7】に数式をコピーしてください。

問題(5)　ワークシート「会員名簿」を保護してください。ただし、オートフィルターは使用できるようにします。保護を解除するためのパスワードは「123」とします。

プロジェクト4

理解度チェック

問題(1)　あなたは、百貨店のギフトセットの売上を集計します。
ワークシート「売上データ」の売上一覧表に設定されている条件付き書式のルールの優先順位を変更してください。優先順位は、数量が「40以上の場合は背景色を最も濃い緑に設定」、「30以上の場合は背景色を緑に設定」、「20以上の場合は背景色を最も薄い緑に設定」の順にします。

問題(2)　ワークシート「売上データ」のセル【N4】に関数を使って、日本橋店の分類コード「A」の売上金額の最高額を表示してください。数式の条件は、セル【L4】とセル【M4】を参照し、名前付き範囲「売上金額」「店舗名」「分類コード」を使って作成します。

問題(3)　ワークシート「集計グラフ」のピボットテーブル内のセルをダブルクリックしても、詳細が表示されないように設定してください。さらに、ファイルを開くときにピボットテーブルのデータが更新されるように設定します。

問題(4)　ワークシート「集計グラフ」のグラフの項目軸の商品コードが、分類名別に表示されるように変更してください。次に、池袋店のデータだけを表示してください。

問題(5)　パスワードを知っているユーザーだけがワークシート「商品マスタ」の価格の列を編集できるように設定してください。セル範囲を編集するためのパスワードは「123」とします。ワークシートは保護しないようにします。

問題(6)　ワークシート「前年度商品マスタ（参考）」のセル【A3】を基準にフィルターを解除し、セル【B3】を基準に商品コードの昇順に並べ替えるマクロ「マスタリセット」を作成してください。マクロは作業中のブックに保存します。

プロジェクト5

理解度チェック

☑☑☑☑☑	問題(1)	あなたは、不動産会社に勤務しており、マンション販売用の資料を作成します。 オートフィル機能を使って、ワークシート「新着物件一覧」の管理番号の列に10ずつ増加する連続データを入力してください。
☑☑☑☑☑	問題(2)	ワークシート「新着物件一覧」のセル【K2】に関数を使って、検索条件の最寄駅と間取りに一致する物件の平均価格を表示してください。検索条件の最寄駅はセル【G2】、間取りはセル【I2】を参照します。
☑☑☑☑☑	問題(3)	ワークシート「問い合わせ件数」の表に、アウトラインを自動で作成してください。
☑☑☑☑☑	問題(4)	ワークシート「ローン返済プラン」の8行目に関数を使って、月々の支払額を表示してください。年利、借入額、返済期間はセルを参照します。
☑☑☑☑☑	問題(5)	計算方法を手動に設定してください。

プロジェクト6

理解度チェック

☑☑☑☑☑	問題(1)	あなたは、レンタカーの利用データをもとに利用時間や料金を集計します。 ワークシート「集計」の利用回数集計の表に関数を使って、車種ごとの各月の利用回数を表示してください。利用回数はワークシート「利用明細」を参照します。また、各月は5行目と6行目に入力されている条件式と、名前付き範囲「車種」「利用年月日」を使います。
☑☑☑☑☑	問題(2)	ワークシート「集計グラフ」のグラフの項目軸の表示を、車種、利用区分、月に変更してください。
☑☑☑☑☑	問題(3)	ワークシート「売上分析」のピボットテーブルの値エリアの「売上合計」の右側に、利用料金を追加してください。次に、追加したフィールドのフィールド名を「売上構成比」、計算の種類を「列集計に対する比率」に変更してください。
☑☑☑☑☑	問題(4)	ワークシート「店舗一覧」の担当の列の名前に、フリガナを表示してください。

第4回 模擬試験 標準解答

●プロジェクト1

問題(1)

①《校閲》タブ→《変更》グループの（ブックの保護）をクリックします。
※お使いの環境によっては、グループ名の「変更」が「保護」と表示される場合があります。
②ワークシート「2018下期」のシート見出しをワークシート「2018上期」のシート見出しの右側にドラッグします。

問題(2)

①ワークシート「2020下期」のセル範囲【C4:H12】を選択します。
②《ホーム》タブ→《スタイル》グループの（条件付き書式）→《新しいルール》をクリックします。
③《ルールの種類を選択してください》の一覧から《数式を使用して、書式設定するセルを決定》を選択します。
④《次の数式を満たす場合に値を書式設定》に「=C4<=」と入力します。
⑤ワークシート「2019下期」のセル【C4】を選択します。
⑥F4を3回押します。
⑦続けて「*0.9」と入力します。
⑧《次の数式を満たす場合に値を書式設定》に「=C4<='2019下期'!C4*0.9」と表示されていることを確認します。
⑨《書式》をクリックします。
⑩《塗りつぶし》タブを選択します。
⑪《パターンの色》のをクリックし、一覧から《標準の色》の《薄い青》を選択します。
⑫《パターンの種類》のをクリックし、一覧から《左下がり斜線 格子》を選択します。
⑬《OK》をクリックします。
⑭《OK》をクリックします。

問題(3)

①ワークシート「2020実績合計」のセル【F4】に「=IFS([@年間実績]>=」と入力します。
※「[@年間実績]」は、セル【E4】を選択して指定します。
②問題文の文字列「30000」をクリックしてコピーします。
③「=IFS([@年間実績]>=」の後ろにカーソルを移動します。
④Ctrl+Vを押して文字列を貼り付けます。
※数式に直接入力してもかまいません。
⑤続けて「,"」と入力します。
⑥問題文の文字列「AA」をクリックしてコピーします。
⑦「=IFS([@年間実績]>=30000,"」の後ろにカーソルを移動します。
⑧Ctrl+Vを押して文字列を貼り付けます。
⑨続けて「",」と入力します。
⑩同様に、続けて「[@年間実績]>=15000,"A",」と入力します。
⑪続けて「TRUE,"")」と入力します。
⑫数式バーに「=IFS([@年間実績]>=30000,"AA",[@年間実績]>=15000,"A",TRUE,"")」と表示されていることを確認します。
⑬Enterを押します。
※フィールド内の残りのセルにも、自動的に数式が作成されます。

問題(4)

①ワークシート「過去3年売上平均」のセル【B4】を選択します。
②《データ》タブ→《データツール》グループの 統合 （統合）をクリックします。
③《集計の方法》のをクリックし、一覧から《平均》を選択します。
④《統合元範囲》にカーソルを移動します。
⑤ワークシート「2018実績合計」のセル範囲【B4:E13】を選択します。
⑥《統合元範囲》に「'2018実績合計'!$B$4:$E$13」と表示されていることを確認します。
⑦《追加》をクリックします。
⑧ワークシート「2019実績合計」のセル範囲【B3:E12】を選択します。
⑨《統合元範囲》に「'2019実績合計'!$B$3:$E$12」と表示されていることを確認します。
⑩《追加》をクリックします。
⑪ワークシート「2020実績合計」のシート見出しを選択します。
⑫《統合元範囲》に「'2020実績合計'!$B$3:$E$12」と表示されていることを確認します。
⑬《追加》をクリックします。
⑭《上端行》と《左端列》を✔にします。
⑮《OK》をクリックします。

●プロジェクト2

問題(1)

①セル範囲【A3:D83】を選択します。
②《挿入》タブ→《グラフ》グループの（統計グラフの挿入）→《箱ひげ図》の《箱ひげ図》をクリックします。

●プロジェクト3

問題(1)

①ワークシート「利用履歴」のセル【L8】を選択します。
②《数式》タブ→《ワークシート分析》グループの 参照元のトレース （参照元のトレース）をクリックします。

③《数式》タブ→《ワークシート分析》グループの トレース矢印の削除(すべてのトレース矢印を削除)をクリックします。

④セル【L7】の数式を「=AVERAGEIFS(利用代金,利用区分,K7,会員種別,$K$6)」に修正します。

⑤セル【L7】を選択し、セル右下の■(フィルハンドル)をダブルクリックします。

問題(2)

①ワークシート「会員種別集計」のセル【A1】を選択します。

※ピボットテーブル内のセルであれば、どこでもかまいません。

②《ピボットテーブルのフィールド》作業ウィンドウの「税込代金」を《値》のボックスの《合計 / 税込代金》の上にドラッグします。

③セル【B3】を選択します。

※「合計 / 税込代金2」のフィールドであれば、どこでもかまいません。

④《分析》タブ→《アクティブなフィールド》グループの フィールドの設定(フィールドの設定)をクリックします。

⑤《集計方法》タブを選択します。

⑥《選択したフィールドのデータ》の一覧から《平均》を選択します。

⑦《表示形式》をクリックします。

⑧《分類》の一覧から《数値》を選択します。

⑨《桁区切り(,)を使用する》を☑にします。

⑩《小数点以下の桁数》が「0」になっていることを確認します。

⑪《OK》をクリックします。

⑫《OK》をクリックします。

問題(3)

①ワークシート「利用区分別集計」のセル【B4】を選択します。

※列ラベルエリアのセルであれば、どこでもかまいません。

②《分析》タブ→《グループ》グループの フィールドのグループ化(フィールドのグループ化)をクリックします。

③《単位》の《日》をクリックして、選択を解除します。

④《単位》の《月》をクリックします。

⑤《OK》をクリックします。

問題(4)

①ワークシート「メンテナンス予定表」のセル【D4】に「=WORKDAY(B4,C4,」と入力します。

②《数式》タブ→《定義された名前》グループの 数式で使用(数式で使用)→《休業日》をクリックします。

③続けて「)」を入力します。

④数式バーに「=WORKDAY(B4,C4,休業日)」と表示されていることを確認します。

⑤ Enter を押します。

⑥セル【D4】を選択し、セル右下の■(フィルハンドル)をダブルクリックします。

問題(5)

①ワークシート「会員名簿」を選択します。

②《校閲》タブ→《変更》グループの シートの保護(シートの保護)をクリックします。

※お使いの環境によっては、グループ名の「変更」が「保護」と表示される場合があります。

③《シートの保護を解除するためのパスワード》に「123」と入力します。

※入力したパスワードは「*」で表示されます。

④《シートとロックされたセルの内容を保護する》を☑にします。

⑤《このシートのすべてのユーザーに許可する操作》の一覧から《オートフィルターの使用》を☑にします。

⑥《OK》をクリックします。

⑦《パスワードをもう一度入力してください。》に「123」と入力します。

⑧《OK》をクリックします。

●プロジェクト4

問題(1)

①ワークシート「売上データ」を選択します。

※《セキュリティの警告》が表示されている場合は、《コンテンツの有効化》をクリックしておきましょう。

②《ホーム》タブ→《スタイル》グループの 条件付き書式(条件付き書式)→《ルールの管理》をクリックします。

③《書式ルールの表示》の ⌄ をクリックし、一覧から《このワークシート》を選択します。

④一覧の一番下の「数式:=$I4>=40」を選択します。

※ポイントするとルールが表示されます。

⑤ ▲ (上へ移動)を2回クリックし、一番上に移動します。

⑥一覧の一番下の「数式:=$I4>=30」を選択します。

⑦ ▲ (上へ移動)をクリックし、上から二番目に移動します。

⑧《OK》をクリックします。

問題(2)

①ワークシート「売上データ」のセル【N4】に「=MAXIFS(」と入力します。

②《数式》タブ→《定義された名前》グループの 数式で使用(数式で使用)→《売上金額》をクリックします。

③続けて「,」を入力します。

④《数式》タブ→《定義された名前》グループの 数式で使用(数式で使用)→《店舗名》をクリックします。

⑤続けて「,L4,」と入力します。

⑥《数式》タブ→《定義された名前》グループの 数式で使用(数式で使用)→《分類コード》をクリックします。

⑦続けて「,M4)」と入力します。

⑧数式バーに「=MAXIFS(売上金額,店舗名,L4,分類コード,M4)」と表示されていることを確認します。

⑨ Enter を押します。

問題(3)

① ワークシート「**集計グラフ**」のセル【**A1**】を選択します。
※ピボットテーブル内のセルであれば、どこでもかまいません。

② 《**分析**》タブ→《**ピボットテーブル**》グループの オプション (ピボットテーブルオプション)をクリックします。
※《ピボットテーブル》グループが (ピボットテーブル)で表示されている場合は、 (ピボットテーブル)をクリックすると、《ピボットテーブル》グループのボタンが表示されます。

③ 《**データ**》タブを選択します。

④ 《**詳細を表示可能にする**》を □ にします。

⑤ 《**ファイルを開くときにデータを更新する**》を ☑ にします。

⑥ 《**OK**》をクリックします。

問題(4)

① ワークシート「**集計グラフ**」のピボットグラフを選択します。

② 《**ピボットグラフのフィールド**》作業ウィンドウの「**分類名**」を《**軸(分類項目)**》のボックスの「**商品コード**」の上にドラッグします。

③ ピボットグラフの 店舗名 ▾ (店舗名)をクリックします。

④ 「**池袋店**」をクリックします。

⑤ 《**OK**》をクリックします。

問題(5)

① ワークシート「**商品マスタ**」のセル範囲【**E4:E12**】を選択します。

② 《**校閲**》タブ→《**変更**》グループの 範囲の編集を許可 (範囲の編集を許可)をクリックします。
※お使いの環境によっては、グループ名の「変更」が「保護」と表示される場合があります。

③ 《**新規**》をクリックします。

④ 《**セル参照**》が「**=$E$4:$E$12**」になっていることを確認します。

⑤ 《**範囲パスワード**》に「**123**」と入力します。
※入力したパスワードは「*」で表示されます。

⑥ 《**OK**》をクリックします。

⑦ 《**パスワードをもう一度入力してください。**》に「**123**」と入力します。

⑧ 《**OK**》をクリックします。

⑨ 《**範囲の編集の許可**》ダイアログボックスの《**OK**》をクリックします。
※《範囲の編集の許可》ダイアログボックスが非表示になる場合があります。非表示になった場合は、Excelのリボンをクリックしてアクティブウィンドウにしてください。

問題(6)

① 《**表示**》タブ→《**マクロ**》グループの (マクロの表示)の マクロ →《**マクロの記録**》をクリックします。

② 問題文の文字列「**マスタリセット**」をクリックしてコピーします。

③ 《**マクロ名**》の文字列を選択します。

④ Ctrl + V を押して文字列を貼り付けます。
※《マクロ名》に直接入力してもかまいません。

⑤ 《**マクロの保存先**》の ⌄ をクリックし、一覧から《**作業中のブック**》を選択します。

⑥ 《**OK**》をクリックします。

⑦ ワークシート「**前年度商品マスタ(参考)**」のシート見出しを選択します。

⑧ セル【**A3**】を選択します。

⑨ 《**データ**》タブ→《**並べ替えとフィルター**》グループの (フィルター)をクリックします。

⑩ セル【**B3**】を選択します。

⑪ 《**データ**》タブ→《**並べ替えとフィルター**》グループの (昇順)をクリックします。

⑫ 《**表示**》タブ→《**マクロ**》グループの (マクロの表示)の マクロ →《**記録終了**》をクリックします。

●プロジェクト5

問題(1)

① ワークシート「**新着物件一覧**」のセル【**A6**】に「**10020**」と入力します。

② セル範囲【**A5:A6**】を選択し、セル範囲右下の■(フィルハンドル)をダブルクリックします。

問題(2)

① ワークシート「**新着物件一覧**」のセル【**K2**】に「**=AVERAGEIFS(価格,最寄駅,G2,間取り,I2)**」と入力します。
※「価格」はセル範囲【G5:G59】、「最寄駅」はセル範囲【E5:E59】、「間取り」はセル範囲【H5:H59】を選択して指定します。

問題(3)

① ワークシート「**問い合わせ件数**」のセル【**A3**】を選択します。
※表内のセルであれば、どこでもかまいません。

② 《**データ**》タブ→《**アウトライン**》グループの グループ化 ▾ (グループ化)の ▾ →《**アウトラインの自動作成**》をクリックします。

問題(4)

① ワークシート「**ローン返済プラン**」のセル【**C8**】に「**=PMT($C$3/12,C7*12,$C$4)**」と入力します。
※数式をコピーするため、セル【C3】とセル【C4】は常に同じセルを参照するように絶対参照にします。

② セル【**C8**】を選択し、セル右下の■(フィルハンドル)をセル【**G8**】までドラッグします。

問題(5)

① 《**数式**》タブ→《**計算方法**》グループの (計算方法の設定)→《**手動**》をクリックします。

●プロジェクト6

問題(1)

① ワークシート「**集計**」のセル【**C7**】に「**=COUNTIFS(**」と入力します。
② 《**数式**》タブ→《**定義された名前**》グループの 数式で使用 (数式で使用)→《**車種**》をクリックします。
※「車種」と直接入力してもかまいません。
③ 続けて「**,**」を入力します。
④ セル【**B7**】を選択します。
⑤ F4 を3回押します。
※数式をコピーするため、セル【B7】は常に同じ列を参照するように複合参照にします。
⑥ 続けて「**,**」を入力します。
⑦ 《**数式**》タブ→《**定義された名前**》グループの 数式で使用 (数式で使用)→《**利用年月日**》をクリックします。
※「利用年月日」と直接入力してもかまいません。
⑧ 続けて「**,**」を入力します。
⑨ セル【**C5**】を選択します。
⑩ F4 を2回押します。
※数式をコピーするため、セル【C5】は常に同じ行を参照するように複合参照にします。
⑪ 続けて「**,**」を入力します。
⑫ 《**数式**》タブ→《**定義された名前**》グループの 数式で使用 (数式で使用)→《**利用年月日**》をクリックします。
⑬ 続けて「**,**」を入力します。
⑭ セル【**C6**】を選択します。
⑮ F4 を2回押します。
※数式をコピーするため、セル【C6】は常に同じ行を参照するように複合参照にします
⑯ 続けて「**)**」を入力します。
⑰ 数式バーに「**=COUNTIFS(車種,$B7,利用年月日,C$5,利用年月日,C$6)**」と表示されていることを確認します。
⑱ Enter を押します。
⑲ セル【**C7**】を選択し、セル右下の■(フィルハンドル)をダブルクリックします。
⑳ セル範囲【**C7:C11**】を選択し、セル範囲右下の■(フィルハンドル)をセル【**E11**】までドラッグします。

問題(2)

① ワークシート「**集計グラフ**」のピボットグラフを選択します。
② + (フィールド全体の展開)を2回クリックします。

問題(3)

① ワークシート「**売上分析**」のセル【**A3**】を選択します。
※ピボットテーブル内のセルであれば、どこでもかまいません。
② 《**ピボットテーブルのフィールド**》作業ウィンドウの「**利用料金**」を《**値**》のボックスの《**売上合計**》の下にドラッグします。
③ セル【**C3**】を選択します。
※「合計 / 利用料金」フィールドのセルであれば、どこでもかまいません。
④ 《**分析**》タブ→《**アクティブなフィールド**》グループの フィールドの設定 (フィールドの設定)をクリックします。
⑤ 問題文の文字列「**売上構成比**」をクリックしてコピーします。
⑥ 《**名前の指定**》の文字列を選択します。
⑦ Ctrl + V を押して文字列を貼り付けます。
※《名前の指定》に直接入力してもかまいません。
⑧ 《**計算の種類**》タブを選択します。
⑨ 《**計算の種類**》の ˅ をクリックし、一覧から《**列集計に対する比率**》を選択します。
⑩ 《**OK**》をクリックします。

問題(4)

① ワークシート「**店舗一覧**」のセル範囲【**G4:G5**】を選択します。
② 《**ホーム**》タブ→《**フォント**》グループの (ふりがなの表示/非表示)をクリックします。

第5回 模擬試験 問題

プロジェクト1

理解度チェック

問題（1） あなたは、店舗ごとの売上と出店計画の資料を作成します。
ワークシート「売上」のセル【D4】に入力されているコメントを編集して、末尾に続けて「今週中」と入力してください。

問題（2） ワークシート「店舗リスト」の営業年数の列に2種類の関数を使って、開業日から本日までの経過年数を表示してください。経過年数は、開業日と本日の年をもとに計算します。

問題（3） ワークシート「店舗リスト」のテーブルから、重複するレコードを削除してください。

問題（4） ワークシート「新規出店計画」のセル【C10】に関数を使って、5年間の収入見込みが投資金額より大きければ「検討」、そうでなければ「見送り」と表示してください。次に、セル範囲【D10：E10】に数式をコピーしてください。

プロジェクト2

理解度チェック

問題（1） あなたは、オーディオ製品の売上データを管理します。
ワークシート「売上5月」の表に、店舗名ごとの粗利の平均と、全体の粗利の平均を粗利の列に集計行として表示してください。

問題（2） ワークシート「売上4月」の売上金額の列の最高額のセルに、黄色の背景色を設定してください。数値が変更されたら、書式が自動的に更新されるようにします。

問題（3） ワークシート「商品別集計」のピボットテーブルをもとに、商品別の売上金額の平均と売上数量の平均を表示するピボットグラフを作成してください。グラフはワークシート「商品別集計」に作成し、売上金額は集合縦棒グラフ、売上数量は第2軸で読み取る折れ線グラフとします。

問題（4） ワークシート「店舗別集計」のピボットテーブルの商品名のグループ集計の下に、空白行を挿入してください。次に、行の総計だけを非表示にしてください。

プロジェクト3

理解度チェック

☑☑☑☑☑ 問題(1) あなたは、2020年度の決算報告書を作成します。
表のデータをもとに、収支の増減を表すウォーターフォール図を作成してください。純利益は「合計」として設定します。

プロジェクト4

理解度チェック

☑☑☑☑☑ 問題(1) あなたは、カルチャースクールの売上と受講者アンケートの結果についてまとめます。
ワークシート「前期」のセル範囲【E4:E23】に設定されている範囲の編集を変更し、ワークシートを保護してください。セル範囲を編集するためのパスワードとワークシートの保護を解除するためのパスワードはどちらも「123」に設定します。

☑☑☑☑☑ 問題(2) ワークシート「後期」のセル【J7】に関数を使って、【評価基準】の表を検索して前期比に対応する評価を表示してください。関数はIF関数、IFS関数以外とします。次に、セル範囲【J8:J26】に数式をコピーしてください。

☑☑☑☑☑ 問題(3) ワークシート「アンケート集計」のピボットテーブルの「年齢」を削除してください。

☑☑☑☑☑ 問題(4) ワークシート「満足度グラフ」のピボットテーブルをもとに、満足度回答ごとの回答者数を表示するピボットグラフを作成してください。グラフはワークシート「満足度グラフ」に作成し、グラフの種類は「積み上げ縦棒」、軸(分類項目)に満足度を配置します。次に、ピボットグラフにスタイル「スタイル10」を適用してください。

☑☑☑☑☑ 問題(5) ワークシート「受講者アンケート」のエラーが含まれるセルをチェックしてください。次に、エラーを修正してください。

プロジェクト5

理解度チェック

☑☑☑☑☑ 問題(1) あなたは、工場で生産する製品の仕入と出荷の管理表を作成します。
ワークシート「仕入個数」の部品Aの単価の列に設定されている条件付き書式を変更してください。数量が280以上のセルは緑の信号、250以上のセルは黄色の信号、それ以外のセルは赤の信号を表示します。

☑☑☑☑☑ 問題(2) ワークシート「仕入個数」のセル【J7】に関数を使って、部品Aの表の条件に一致する平均仕入金額を表示してください。数式は、名前付き範囲「仕入金額A」「単価A」「仕入個数A」を使用します。

☑☑☑☑☑ 問題(3) ワークシート「出荷個数」の表内の工場名の表示形式を変更し、「東北工場」となるように設定してください。

☑☑☑☑☑ 問題(4) ワークシート「輸送コスト」の輸送個数を変化させる2つのシナリオを登録してください。1つ目はシナリオ名「1」、佐藤運送「300」、高橋通運「0」、ダイワ「200」とし、2つ目はシナリオ名「2」、佐藤運送「0」、高橋通運「300」、ダイワ「200」とします。次に、登録したシナリオ「1」を表示してください。

☑☑☑☑☑ 問題(5) 5分ごとにブックが自動保存されるように設定してください。

プロジェクト6

理解度チェック

☑☑☑☑☑ 問題(1) あなたは、生活雑貨の売上を分析します。
ワークシート「売上一覧」の店舗番号の列のセルを選択すると、日本語入力モードが自動的にオフ(英語モード)になるように入力規則を設定してください。

☑☑☑☑☑ 問題(2) ワークシート「地区別集計」の列ラベルエリアの日付を、月単位と四半期単位だけでグループ化してください。

☑☑☑☑☑ 問題(3) ワークシート「売上一覧」のセル【K4】の値を「10」に変更してください。次に、ワークシート「地区別集計」のピボットテーブルを更新してください。

☑☑☑☑☑ 問題(4) ワークシート「商品別集計」のピボットテーブルに、タイムラインを使って2021年6月～2021年7月のデータを表示してください。

☑☑☑☑☑ 問題(5) ワークシート「関東地区」のセル【C8】に論理関数を使って、該当の商品を売り上げていない店舗がひとつでもあればTRUE、なければFALSEを表示する数式を入力してください。使用する関数はひとつとします。次に、セル範囲【D8:F8】に数式をコピーしてください。

☑☑☑☑☑ 問題(6) ワークシート「店舗」のセル【C12】のふりがなを、配置「均等割り付け」、フォントサイズ「8pt」に設定してください。

第5回 模擬試験 標準解答

●プロジェクト1

問題(1)

①ワークシート**「売上」**のセル**【D4】**を右クリックします。
②**《コメントの編集》**をクリックします。
③問題文の文字列**「今週中」**をクリックしてコピーします。
④コメントの末尾にカーソルを移動します。
⑤Ctrl＋Vを押して文字列を貼り付けます。
※コメントに直接入力してもかまいません。
⑥コメント以外の場所をクリックします。

問題(2)

①ワークシート**「店舗リスト」**のセル**【F4】**に**「=YEAR(TODAY())-YEAR([@開業日])」**と入力します。
※「[@開業日]」は、セル【C4】を選択して指定します。
※フィールド内の残りのセルにも、自動的に数式が作成されます。

問題(3)

①ワークシート**「店舗リスト」**のセル**【A3】**を選択します。
※テーブル内のセルであれば、どこでもかまいません。
②**《デザイン》**タブ→**《ツール》**グループの重複の削除(重複の削除)をクリックします。
③**《先頭行をデータの見出しとして使用する》**を☑にします。
④すべての列が☑になっていることを確認します。
⑤**《OK》**をクリックします。
※1件のレコードが削除されます。
⑥**《OK》**をクリックします。

問題(4)

①ワークシート**「新規出店計画」**のセル**【C10】**に**「=IF(SUM(C5:C9)>C4,"」**と入力します。
②問題文の文字列**「検討」**をクリックしてコピーします。
③**「=IF(SUM(C5:C9)>C4,"」**の後ろにカーソルを移動します。
④Ctrl＋Vを押して文字列を貼り付けます。
※数式に直接入力してもかまいません。
⑤続けて**「","」**と入力します。
⑥同様に、数式に**「見送り」**を貼り付けます。
⑦続けて**「")」**と入力します。
⑧数式バーに、**「=IF(SUM(C5:C9)>C4,"検討","見送り")」**と表示されていることを確認します。
⑨Enterを押します。
⑩セル**【C10】**を選択し、セル右下の■(フィルハンドル)をセル**【E10】**までドラッグします。

●プロジェクト2

問題(1)

①ワークシート**「売上5月」**のセル**【A3】**を選択します。
※表内のセルであれば、どこでもかまいません。
②**《データ》**タブ→**《アウトライン》**グループの小計(小計)をクリックします。
③**《グループの基準》**の⌄をクリックし、一覧から**「店舗名」**を選択します。
④**《集計の方法》**の⌄をクリックし、一覧から**《平均》**を選択します。
⑤**《集計するフィールド》**の**「粗利」**が☑になっていることを確認します。
⑥**《OK》**をクリックします。

問題(2)

①ワークシート**「売上4月」**のセル範囲**【I4:I100】**を選択します。
②**《ホーム》**タブ→**《スタイル》**グループの条件付き書式(条件付き書式)→**《新しいルール》**をクリックします。
③**《ルールの種類を選択してください》**の一覧から**《上位または下位に入る値だけを書式設定》**を選択します。
④**《次に入る値を書式設定》**の⌄をクリックし、一覧から**《上位》**を選択します。
⑤右のボックスに**「1」**と入力します。
⑥**《書式》**をクリックします。
⑦**《塗りつぶし》**タブを選択します。
⑧**《背景色》**の一覧から黄色(左から4番目、上から7番目)を選択します。
⑨**《OK》**をクリックします。
⑩**《OK》**をクリックします。

問題(3)

①ワークシート**「商品別集計」**のセル**【A3】**を選択します。
※ピボットテーブル内のセルであれば、どこでもかまいません。
②**《分析》**タブ→**《ツール》**グループのピボットグラフ(ピボットグラフ)をクリックします。
③左側の一覧から**《組み合わせ》**を選択します。
④**《平均 / 売上金額》**の**《グラフの種類》**の⌄をクリックし、一覧から**《縦棒》**の**《集合縦棒》**を選択します。
⑤**《平均 / 売上数量》**の**《グラフの種類》**の⌄をクリックし、一覧から**《折れ線》**の**《折れ線》**を選択します。
⑥**《平均 / 売上数量》**の**《第2軸》**を☑にします。
⑦**《OK》**をクリックします。

問題(4)

① ワークシート「**店舗別集計**」のセル【**A3**】を選択します。
※ピボットテーブル内のセルであれば、どこでもかまいません。
②《**デザイン**》タブ→《**レイアウト**》グループの(空白行)→《**各アイテムの後ろに空行を入れる**》をクリックします。
③《**デザイン**》タブ→《**レイアウト**》グループの(総計)→《**列のみ集計を行う**》をクリックします。

●プロジェクト3

問題(1)

① ワークシート「**2020年度決算**」のセル範囲【**B3:C12**】を選択します。
②《**挿入**》タブ→《**グラフ**》グループの(ウォーターフォール図、じょうごグラフ、株価チャート、等高線グラフ、レーダーチャートの挿入)→《**ウォーターフォール**》の《**ウォーターフォール**》をクリックします。
③ データ系列を選択します。
※どの系列でもかまいません。
④ 純利益のデータ系列を選択します。
※純利益のデータ系列だけが選択されます。
⑤ 純利益のデータ系列を右クリックします。
⑥《**合計として設定**》をクリックします。
⑦ グラフ以外の場所をクリックします。

●プロジェクト4

問題(1)

① ワークシート「**前期**」を選択します。
②《**校閲**》タブ→《**変更**》グループの 範囲の編集を許可 (範囲の編集を許可)をクリックします。
※お使いの環境によっては、グループ名の「変更」が「保護」と表示される場合があります。
③ タイトル「**範囲1**」のセルの参照に「**$E$4:$E$23**」と表示されていることを確認します。
④「**範囲1**」を選択します。
⑤《**変更**》をクリックします。
⑥《**範囲パスワード**》に「**123**」と入力します。
※入力したパスワードは「*」で表示されます。
⑦《**OK**》をクリックします。
⑧《**パスワードをもう一度入力してください。**》に「**123**」と入力します。
⑨《**OK**》をクリックします。
⑩《**範囲の編集の許可**》ダイアログボックスの《**シートの保護**》をクリックします。
※《範囲の編集の許可》ダイアログボックスが非表示になる場合があります。非表示になった場合は、Excelのリボンをクリックしてアクティブウィンドウにしてください。
⑪《**シートの保護を解除するためのパスワード**》に「**123**」と入力します。
⑫《**OK**》をクリックします。
⑬《**パスワードをもう一度入力してください。**》に「**123**」と入力します。
⑭《**OK**》をクリックします。

問題(2)

① ワークシート「**後期**」のセル【**J7**】に「**=HLOOKUP(I7,$H$3:$K$4,2,TRUE)**」と入力します。
※数式をコピーするため、セル範囲【H3:K4】は常に同じ範囲を参照するように絶対参照にします。
② セル【**J7**】を選択し、セル右下の■(フィルハンドル)をダブルクリックします。

問題(3)

① ワークシート「**アンケート集計**」のセル【**A3**】を選択します。
※ピボットテーブル内のセルであれば、どこでもかまいません。
②《**ピボットテーブルのフィールド**》作業ウィンドウの《**行**》のボックスの「**年齢**」を、作業ウィンドウの外側にドラッグします。

問題(4)

① ワークシート「**満足度グラフ**」のセル【**A3**】を選択します。
※ピボットテーブル内のセルであれば、どこでもかまいません。
②《**分析**》タブ→《**ツール**》グループの(ピボットグラフ)をクリックします。
③ 左側の一覧から《**縦棒**》を選択します。
④ 右側の一覧から《**積み上げ縦棒**》を選択します。
⑤《**OK**》をクリックします。
⑥《**デザイン**》タブ→《**グラフスタイル**》グループの(その他)→《**スタイル10**》をクリックします。

問題(5)

① ワークシート「**受講者アンケート**」を選択します。
②《**数式**》タブ→《**ワークシート分析**》グループの エラー チェック (エラーチェック)をクリックします。
③《**数式を上からコピーする**》をクリックします。
④《**OK**》をクリックします。

●プロジェクト5

問題(1)

① ワークシート「**仕入個数**」のセル範囲【**B5:B28**】を選択します。
②《**ホーム**》タブ→《**スタイル**》グループの(条件付き書式)→《**ルールの管理**》をクリックします。
③ 一覧から《**アイコンセット**》を選択します。
④《**ルールの編集**》をクリックします。
⑤《**アイコンの順序を逆にする**》をクリックします。
⑥《**OK**》をクリックします。
⑦《**OK**》をクリックします。

問題(2)

① ワークシート「**仕入個数**」のセル【**J7**】を選択します。
② 「**=AVERAGEIFS(**」と入力します。
③ 《**数式**》タブ→《**定義された名前**》グループの［数式で使用］(数式で使用)→《**仕入金額A**》をクリックします。
※「仕入金額A」と直接入力してもかまいません。
④ 続けて「**,**」を入力します。
⑤ 《**数式**》タブ→《**定義された名前**》グループの［数式で使用］(数式で使用)→《**単価A**》をクリックします。
※「単価A」と直接入力してもかまいません。
⑥ 続けて「**,J5,**」と入力します。
⑦ 《**数式**》タブ→《**定義された名前**》グループの［数式で使用］(数式で使用)→《**仕入個数A**》をクリックします。
※「仕入個数A」と直接入力してもかまいません。
⑧ 続けて「**,J6)**」と入力します。
⑨ 数式バーに「**=AVERAGEIFS(仕入金額A,単価A,J5,仕入個数A,J6)**」と表示されていることを確認します。
⑩ [Enter]を押します。

問題(3)

① ワークシート「**出荷個数**」のセル範囲【**A4:A8**】を選択します。
② 《**ホーム**》タブ→《**数値**》グループの［↘］(表示形式)をクリックします。
③ 《**表示形式**》タブを選択します。
④ 《**分類**》の一覧から《**ユーザー定義**》を選択します。
⑤ 《**種類**》に「**@"**」と入力します。
⑥ 問題文の文字列「**工場**」をクリックしてコピーします。
⑦ 《**種類**》の「**@"**」の後ろにカーソルを移動します。
⑧ [Ctrl]+[V]を押して文字列を貼り付けます。
※《種類》に直接入力してもかまいません。
⑨ 続けて「**"**」を入力します。
⑩ 《**種類**》に「**@"工場"**」と表示されていることを確認します。
⑪ 《**OK**》をクリックします。

問題(4)

① ワークシート「**輸送コスト**」を選択します。
② 《**データ**》タブ→《**予測**》グループの［What-If分析］(What-If分析)→《**シナリオの登録と管理**》をクリックします。
③ 《**追加**》をクリックします。
④ 《**シナリオ名**》に「**1**」を入力します。
⑤ 《**変化させるセル**》にカーソルを移動します。
⑥ セル範囲【**C4:C6**】を選択します。
※《変化させるセル》が「$C$4:$C$6」になります。
⑦ 《**シナリオの編集**》ダイアログボックスの《**OK**》をクリックします。
※《シナリオの編集》ダイアログボックスが非表示になる場合があります。非表示になった場合は、Excelのリボンをクリックしてアクティブウィンドウにしてください。
⑧ 《**シナリオの値**》ダイアログボックスの《**1**》に「**300**」、《**2**》に「**0**」、《**3**》に「**200**」と入力します。
⑨ 《**追加**》をクリックします。
⑩ 《**シナリオ名**》に「**2**」を入力します。
⑪ 《**変化させるセル**》が「**C4:C6**」になっていることを確認します。
⑫ 《**シナリオの追加**》ダイアログボックスの《**OK**》をクリックします。
⑬ 《**シナリオの値**》ダイアログボックスの《**1**》に「**0**」、《**2**》に「**300**」、《**3**》に「**200**」と入力します。
※《シナリオの値》ダイアログボックスが非表示になる場合があります。非表示になった場合は、Excelのリボンをクリックしてアクティブウィンドウにしてください。
⑭ 《**OK**》をクリックします。
⑮ 《**シナリオ**》の一覧から「**1**」を選択します。
⑯ 《**表示**》をクリックします。
⑰ 《**閉じる**》をクリックします。

問題(5)

① 《**ファイル**》タブを選択します。
② 《**オプション**》をクリックします。
※お使いの環境によっては《オプション》が表示されていない場合があります。その場合は《その他》→《オプション》をクリックします。
③ 左側の一覧から《**保存**》を選択します。
④ 《**ブックの保存**》の《**次の間隔で自動回復用データを保存する**》を☑にし、「**5**」分ごとに設定します。
⑤ 《**OK**》をクリックします。

●プロジェクト6

問題(1)

① ワークシート「**売上一覧**」のセル範囲【**D4:D500**】を選択します。
② 《**データ**》タブ→《**データツール**》グループの［データの入力規則］(データの入力規則)をクリックします。
③ 《**日本語入力**》タブを選択します。
④ 《**日本語入力**》の［∨］をクリックし、一覧から《**オフ(英語モード)**》を選択します。
⑤ 《**OK**》をクリックします。

問題(2)

① ワークシート「**地区別集計**」のセル【**B4**】を選択します。
※列ラベルエリアのセルであれば、どこでもかまいません。
② 《**分析**》タブ→《**グループ**》グループの［フィールドのグループ化］(フィールドのグループ化)をクリックします。
③ 《**単位**》の《**日**》をクリックして、選択を解除します。
④ 《**単位**》の《**月**》が選択されていることを確認します。
⑤ 《**単位**》の《**四半期**》をクリックします。
⑥ 《**OK**》をクリックします。

問題(3)

①ワークシート「**売上一覧**」のセル【**K4**】を「**10**」に修正します。
②ワークシート「**地区別集計**」のセル【**A3**】を選択します。
※ピボットテーブル内のセルであれば、どこでもかまいません。
③《**分析**》タブ→《**データ**》グループの（更新）をクリックします。

問題(4)

①ワークシート「**商品別集計**」のセル【**A3**】を選択します。
※ピボットテーブル内のセルであれば、どこでもかまいません。
②《**分析**》タブ→《**フィルター**》グループの タイムラインの挿入（タイムラインの挿入）をクリックします。
③「**注文日**」を✔にします。
④《**OK**》をクリックします。
⑤2021年の6月から7月のバーをドラッグします。

問題(5)

①ワークシート「**関東地区**」のセル【**C8**】に「**=OR(C5=0,C6=0,C7=0)**」と入力します。
②セル【**C8**】を選択し、セル右下の■（フィルハンドル）をセル【**F8**】までドラッグします。

問題(6)

①ワークシート「**店舗**」のセル【**C12**】を選択します。
②《**ホーム**》タブ→《**フォント**》グループの（ふりがなの表示/非表示）の→《**ふりがなの設定**》をクリックします。
③《**ふりがな**》タブを選択します。
④《**配置**》の《**均等割り付け**》を◉にします。
⑤《**フォント**》タブを選択します。
⑥《**サイズ**》の一覧から「**8**」を選択します。
⑦《**OK**》をクリックします。

MOS Excel 365&2019 Expert

MOS 365&2019 攻略ポイント

1 MOS 365&2019の試験形式

Excelの機能や操作方法をマスターするだけでなく、試験そのものについても理解を深めておきましょう。

1 マルチプロジェクト形式とは

MOS 365&2019は、**「マルチプロジェクト形式」**という試験形式で実施されます。
このマルチプロジェクト形式を図解で表現すると、次のようになります。

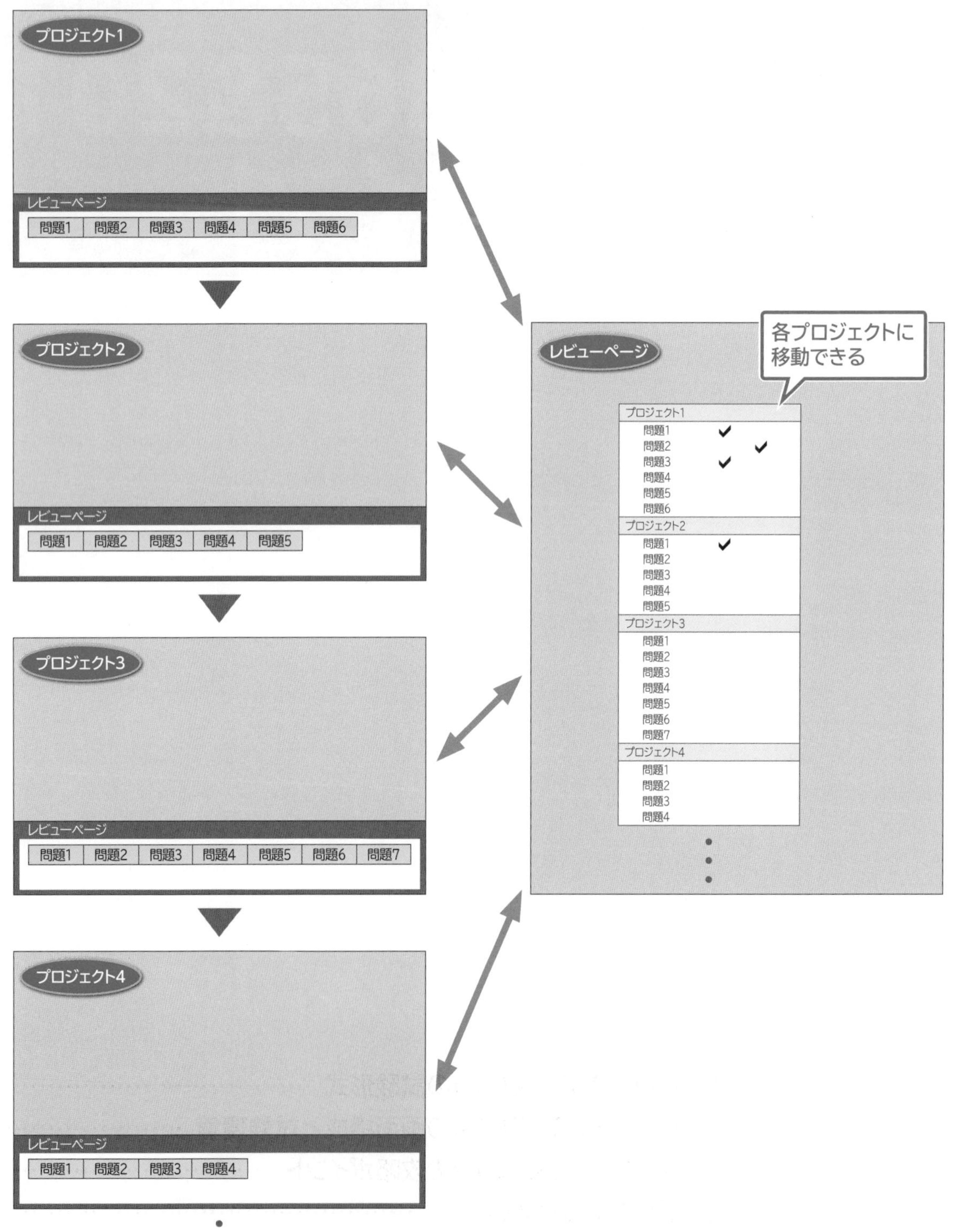

■プロジェクト

「マルチプロジェクト」の**「マルチ」**は“複数”という意味で、**「プロジェクト」**は“操作すべきファイル”を指しています。マルチプロジェクトは、言い換えると、“操作すべき複数のファイル”となります。
複数のファイルを操作して、すべて完成させていく試験、それがMOS 365&2019の試験形式です。
1回の試験で出題されるプロジェクト数、つまりファイル数は、5～10個程度です。各プロジェクトはそれぞれ独立しており、1つ目のプロジェクトで行った操作が、2つ目以降のプロジェクトに影響することはありません。

「プロジェクト=ファイル」
と考えると、いいんだね！

また、1つのプロジェクトには、1～7個程度の問題（タスク）が用意されています。問題には、ファイルに対してどのような操作を行うのか、具体的な指示が記述されています。

■レビューページ

すべてのプロジェクトから、**「レビューページ」**と呼ばれるプロジェクトの一覧に移動できます。レビューページから、未解答の問題や見直したい問題に戻ることができます。

レビューページから
見直しができるんだね！

2　MOS 365&2019の画面構成と試験環境

本試験の画面構成や試験環境について、あらかじめ不安や疑問を解消しておきましょう。

1　本試験の画面構成を確認しよう

MOS 365&2019の試験画面については、模擬試験プログラムと異なる部分をあらかじめ確認しましょう。
本試験は、次のような画面で行われます。

（株式会社オデッセイコミュニケーションズ提供）

❶アプリケーションウィンドウ

本試験では、アプリケーションウィンドウのサイズ変更や移動が可能です。
※模擬試験プログラムでは、サイズ変更や移動ができません。

❷試験パネル

本試験では、試験パネルのサイズ変更や移動が可能です。
※模擬試験プログラムでは、サイズ変更や移動ができません。

❸⚙

試験パネルの文字のサイズの変更や、電卓を表示できます。
※文字のサイズは、キーボードからも変更できます。
※模擬試験プログラムでは電卓を表示できません。

❹レビューページ

レビューページに移動できます。

※レビューページに移動する前に確認のメッセージが表示されます。

❺次のプロジェクト

次のプロジェクトに移動できます。

※次のプロジェクトに移動する前に確認のメッセージが表示されます。

❻

試験パネルを最小化します。

❼

アプリケーションウィンドウや試験パネルをサイズ変更したり移動したりした場合に、ウィンドウの配置を元に戻します。

※模擬試験プログラムには、この機能がありません。

❽解答済みにする

解答済みの問題にマークを付けることができます。レビューページで、マークの有無を確認できます。

❾あとで見直す

わからない問題や解答に自信がない問題に、マークを付けることができます。レビューページで、マークの有無を確認できるので、見直す際の目印になります。

※模擬試験プログラムでは、「付箋を付ける」がこの機能に相当します。

❿試験後にコメントする

コメントを残したい問題に、マークを付けることができます。試験中に気になる問題があれば、マークを付けておき、試験後にその問題に対するコメントを入力できます。試験主幹元のMicrosoftにコメントが配信されます。

※模擬試験プログラムには、この機能がありません。

本試験の画面について

本試験の画面は、試験システムの変更などで、予告なく変更される可能性があります。本試験を開始すると、問題が出題される前に試験に関する注意事項（チュートリアル）が表示されます。注意事項には、試験画面の操作方法や諸注意などが記載されているので、よく読んで不明な点があれば試験会場の試験官に確認しましょう。本試験の最新情報については、MOS公式サイト（https://mos.odyssey-com.co.jp/）をご確認ください。

2 本試験の実施環境を確認しよう

普段使い慣れている自分のパソコン環境と、試験のパソコン環境がどれくらい違うのか、あらかじめ確認しておきましょう。

●コンピューター

本試験では、原則的にデスクトップ型のパソコンが使われます。ノートブック型のパソコンは使われないので、普段ノートブック型を使っている人は注意が必要です。デスクトップ型とノートブック型では、矢印キーや【Delete】など一部のキーの配列が異なるので、慣れていないと使いにくいと感じるかもしれません。普段から本試験と同じ型のキーボードで練習するとよいでしょう。

●キーボード

本試験では、**「109型」**または**「106型」**のキーボードが使われます。自分のキーボードと比べて確認しておきましょう。

109型キーボード

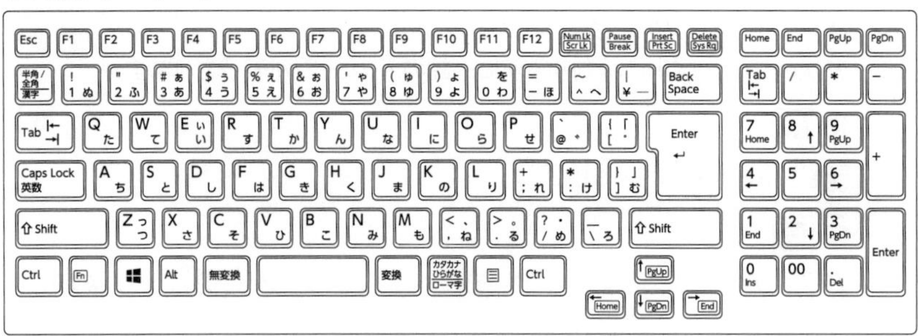

※「106型キーボード」には、⊞と▤のキーがありません。

●ディスプレイ

本試験では、17インチ以上のディスプレイ、**「1280×1024ピクセル」**以上の画面解像度が使われます。
画面解像度によって変わるのは、リボン内のボタンのサイズや配置です。例えば、**「1024×768ピクセル」**と**「1920×1200ピクセル」**で比較すると、次のようにボタンのサイズや配置が異なります。

1024×768ピクセル

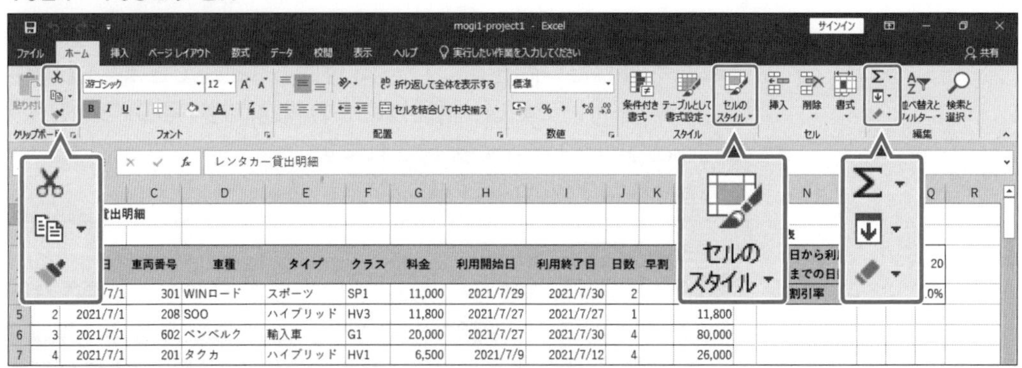

1920×1080ピクセル

自分のパソコンと試験会場のパソコンの画面解像度が異なっても、ボタンの配置に大きな変わりはありません。ボタンのサイズが変わっても対処できるように、ボタンの大体の配置を覚えておくようにしましょう。

●日本語入力システム

本試験の日本語入力システムは、**「Microsoft IME」**が使われます。Windowsには、Microsoft IMEが標準で搭載されているため、多くの人が意識せずにMicrosoft IMEを使い、その入力方法に慣れているはずです。しかし、ATOKなどその他の日本語入力システムを使っている人は、入力方法が異なるので注意が必要です。普段から本試験と同じ日本語入力システムで練習するとよいでしょう。

3 MOS 365&2019の攻略ポイント

本試験に取り組む際に、どうすれば効果的に解答できるのか、どうすればうっかりミスをなくすことができるのかなど、気を付けたいポイントを確認しましょう。

1 全体のプロジェクト数と問題数を確認しよう

試験が始まったら、まず、全体のプロジェクト数と問題数を確認しましょう。
出題されるプロジェクト数は5～10個程度で、試験パターンによって変わります。また、レビューページを表示すると、プロジェクト内の問題数も確認できます。

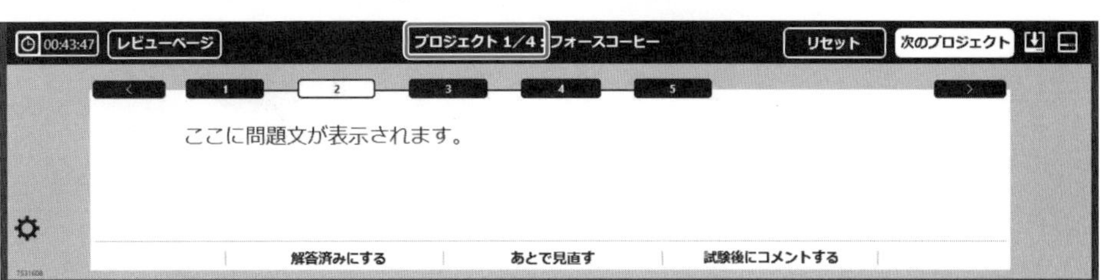

2 時間配分を考えよう

全体のプロジェクト数を確認したら、適切な時間配分を考えましょう。
タイマーにときどき目をやり、進み具合と残り時間を確認しながら進めましょう。

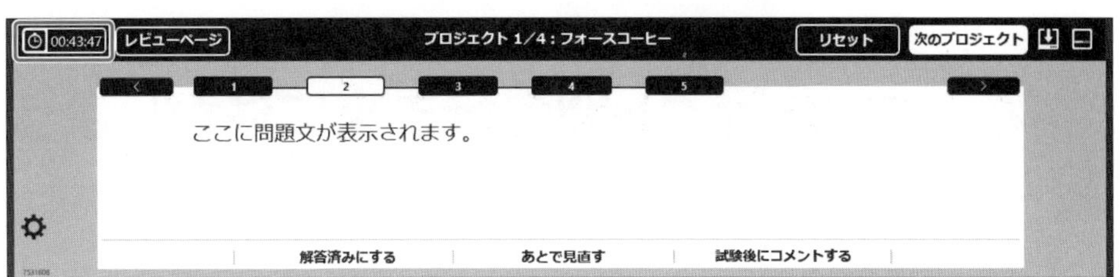

終盤の問題で焦らないために、40分前後ですべての問題に解答できるようにトレーニングしておくとよいでしょう。残った時間を見直しに充てるようにすると、気持ちが楽になります。

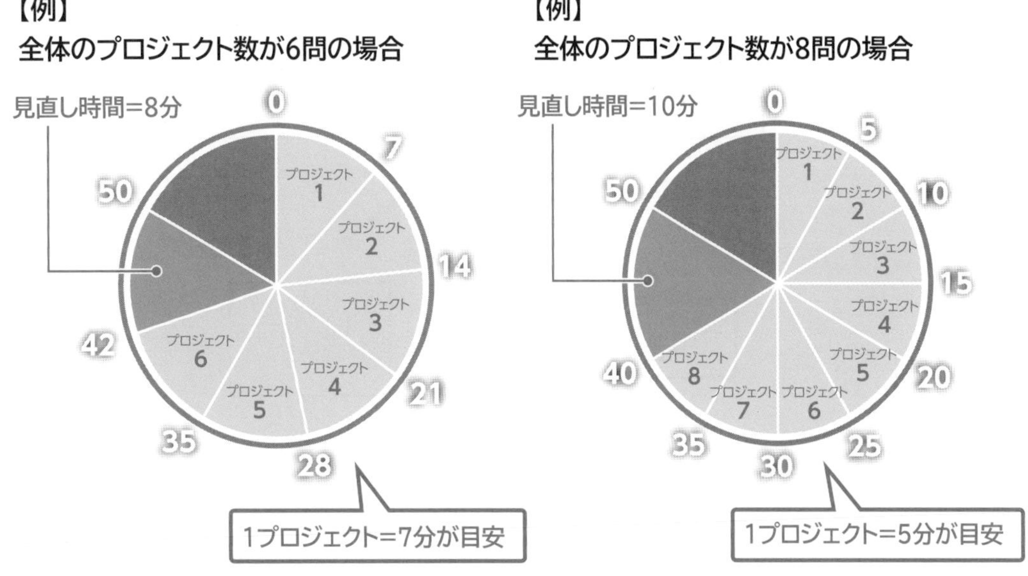

3 問題文をよく読もう

問題文をよく読み、指示されている操作だけを行います。
操作に精通していると過信している人は、問題文をよく読まずに先走ったり、指示されている以上の操作までしてしまったり、という過ちをおかしがちです。指示されていない余分な操作をしてはいけません。
また、コマンド名が明示されていない問題も出題されます。問題文をしっかり読んでどのコマンドを使うのか判断しましょう。
問題文の一部には下線の付いた文字列があります。この文字列はコピーすることができるので、入力が必要な問題では、積極的に利用するとよいでしょう。文字の入力ミスを防ぐことができるので、効率よく解答することができます。

4 プロジェクト間の行き来に注意しよう

問題ウィンドウには**《レビューページ》**のボタンがあり、クリックするとレビューページに移動できます。
例えば、**「プロジェクト1」**から**「プロジェクト2」**に移動した後に、**「プロジェクト1」**での操作ミスに気付いたときなどレビューページを使って**「プロジェクト1」**に戻り、操作をやり直すことが可能です。レビューページから前のプロジェクトに戻った場合、自分の解答済みのファイルが保持されています。

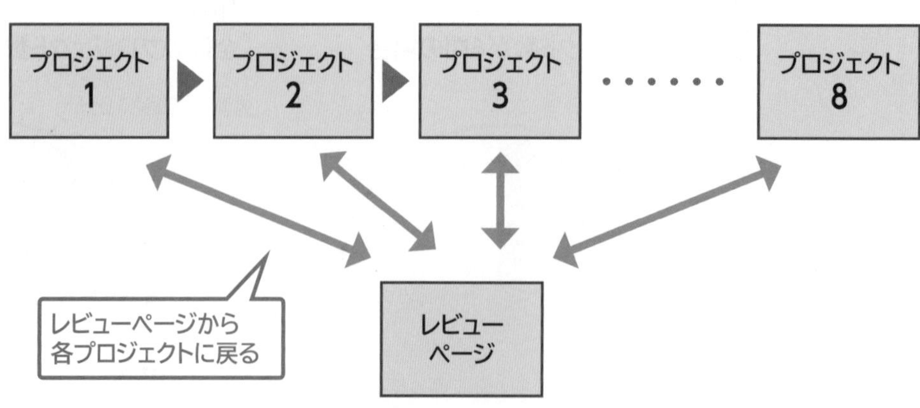

5 わかる問題から解答しよう

試験の最後にも、レビューページが表示されます。レビューページから各プロジェクトに戻ることができるので、わからない問題にはあとから取り組むようにしましょう。前半でわからない問題に時間をかけ過ぎると、後半で時間不足に陥ってしまいます。時間がなくなると、焦ってしまい、冷静に考えれば解ける問題にも対処できなくなります。わかる問題を一通り解いて確実に得点を積み上げましょう。
解答できなかった問題には**《あとで見直す》**のマークを付けておき、見直す際の目印にしましょう。

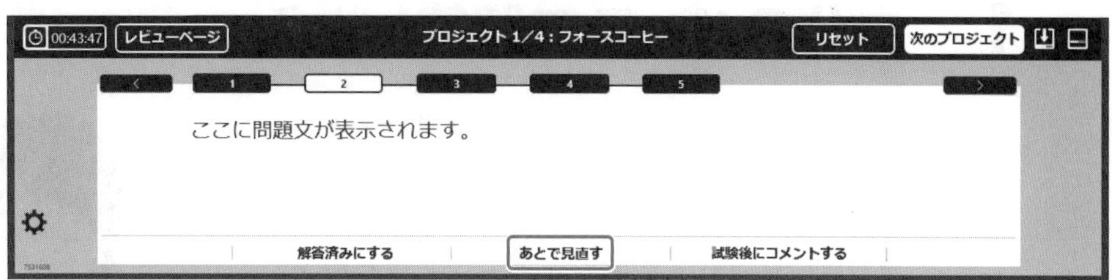

6 リセットに注意しよう

《リセット》をクリックすると、現在表示されているプロジェクトのファイルが初期状態に戻ります。プロジェクトに対して行ったすべての操作がクリアされるので、注意しましょう。
例えば、問題1と問題2を解答し、問題3で操作ミスをしてリセットすると、問題1や問題2の結果もクリアされます。問題1や問題2の結果を残しておきたい場合には、リセットしてはいけません。
直前の操作を取り消したい場合には、Excelの (元に戻す)を使うとよいでしょう。ただし、元に戻らない機能もあるので、頼りすぎるのは禁物です。

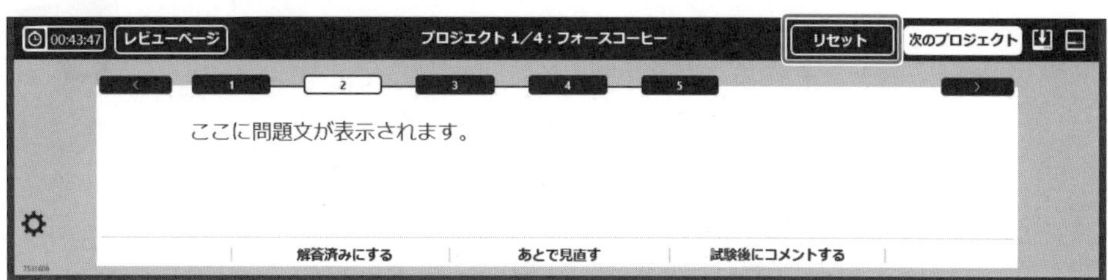

7 関数は引数まで覚えておこう

エキスパートレベルの試験では、出題範囲に論理関数、検索関数、日付・時刻関数、財務関数など多くの関数が含まれます。関数は、利用する目的と使い方を理解し、引数まで含めてしっかり覚えておきましょう。
PMT関数、NPER関数などの財務関数、VLOOKUP関数やHLOOKUP関数などの検索関数、WORKDAY関数やWEEKDAY関数などの日付・時刻関数は、引数が紛らわしく混乱を招きがちです。それぞれの違いを確認し、使い分けできるようになっておきましょう。

4　試験当日の心構え

本試験で緊張したり焦ったりして、本来の実力が発揮できなかった、という話がときどき聞かれます。本試験ではシーンと静まり返った会場に、キーボードをたたく音だけが響き渡り、思った以上に緊張したり焦ったりするものです。ここでは、試験当日に落ち着いて試験に臨むための心構えを解説します。

1　自分のペースで解答しよう

試験会場にはほかの受験者もいますが、他人は気にせず自分のペースで解答しましょう。
受験者の中にはキー入力がとても速い人、早々に試験を終えて退出する人など様々な人がいますが、他人のスピードで焦ることはありません。30分で試験を終了しても、50分で試験を終了しても採点結果に差はありません。自分のペースを大切にして、試験時間50分を上手に使いましょう。

2　試験日に合わせて体調を整えよう

試験日の体調には、くれぐれも注意しましょう。体の調子が悪くて受験できなかったり、体調不良のまま受験しなければならなかったりすると、それまでの努力が水の泡になってしまいます。試験を受け直すとしても、費用が再度発生してしまいます。試験に向けて無理をせず、計画的に学習を進めましょう。また、前日には十分な睡眠を取り、当日は食事も十分に摂りましょう。

3　早めに試験会場に行こう

事前に試験会場までの行き方や所要時間は調べておき、試験当日に焦ることのないようにしましょう。
受付時間を過ぎると入室禁止になるので、ギリギリの行動はよくありません。早めに試験会場に行って、受付の待合室でテキストを復習するくらいの時間的な余裕をみて行動しましょう。

MOS Excel 365&2019 Expert

困ったときには

困ったときには

最新のQ&A情報について

最新のQ＆A情報については、FOM出版のホームページから「QAサポート」→「よくあるご質問」をご確認ください。
※FOM出版のホームページへのアクセスについては、P.11を参照してください。

Q&A　模擬試験プログラムのアップデート

1

本試験の画面が変更された場合やWindowsがアップデートされた場合などに、模擬試験プログラムの内容は変更されますか？

模擬試験プログラムはアップデートする可能性があります。最新情報については、FOM出版のホームページをご確認ください。
※FOM出版のホームページへのアクセスについては、P.11を参照してください。

Q&A　模擬試験プログラム起動時のメッセージと対処方法

2

模擬試験を開始しようとすると、メッセージが表示され、模擬試験プログラムが起動しません。どうしたらいいですか？

各メッセージと対処方法は次のとおりです。

メッセージ	対処方法
Accessが起動している場合、模擬試験を起動できません。 Accessを終了してから模擬試験プログラムを起動してください。	模擬試験プログラムを終了して、Accessを終了してください。 Accessが起動している場合、模擬試験プログラムを起動できません。
Adobe Readerが起動している場合、模擬試験を起動できません。 Adobe Readerを終了してから模擬試験プログラムを起動してください。	模擬試験プログラムを終了して、Adobe Readerを終了してください。Adobe Readerが起動している場合、模擬試験プログラムを起動できません。
Excelが起動している場合、模擬試験を起動できません。 Excelを終了してから模擬試験プログラムを起動してください。	模擬試験プログラムを終了して、Excelを終了してください。Excelが起動している場合、模擬試験プログラムを起動できません。
OneDriveと同期していると、模擬試験プログラムが正常に動作しない可能性があります。 OneDriveの同期を一時停止してから模擬試験プログラムを起動してください。	デスクトップとOneDriveが同期している状態で、模擬試験プログラムを起動しようとすると、このメッセージが表示されます。OneDriveの同期を一時停止してから模擬試験プログラムを起動してください。 ※OneDriveとの同期を停止する方法については、Q&A19を参照してください。
PowerPointが起動している場合、模擬試験を起動できません。 PowerPointを終了してから模擬試験プログラムを起動してください。	模擬試験プログラムを終了して、PowerPointを終了してください。PowerPointが起動している場合、模擬試験プログラムを起動できません。

メッセージ	対処方法
Wordが起動している場合、模擬試験を起動できません。 Wordを終了してから模擬試験プログラムを起動してください。	模擬試験プログラムを終了して、Wordを終了してください。 Wordが起動している場合、模擬試験プログラムを起動できません。
XPSビューアーが起動している場合、模擬試験を起動できません。 XPSビューアーを終了してから模擬試験プログラムを起動してください。	模擬試験プログラムを終了して、XPSビューアーを終了してください。 XPSビューアーが起動している場合、模擬試験プログラムを起動できません。
ディスプレイの解像度が動作保障環境（1280×768px）より小さいためプログラムを起動できません。 ディスプレイの解像度を変更してから模擬試験プログラムを起動してください。	模擬試験プログラムを終了して、画面の解像度を「1280×768ピクセル」以上に設定してください。 ※画面の解像度を変更する方法については、Q&A15を参照してください。
テキスト記載のシリアルキーを入力してください。	模擬試験プログラムを初めて起動する場合に、このメッセージが表示されます。2回目以降に起動する際には表示されません。 ※模擬試験プログラムの起動については、P.233を参照してください。
パソコンにExcel 2019またはMicrosoft 365がインストールされていないため、模擬試験を開始できません。プログラムを一旦終了して、Excel 2019またはMicrosoft 365をパソコンにインストールしてください。	模擬試験プログラムを終了して、Excel 2019／Microsoft 365をインストールしてください。 模擬試験を行うためには、Excel 2019／Microsoft 365がパソコンにインストールされている必要があります。Excel 2013などのほかのバージョンのExcelでは模擬試験を行うことはできません。 また、Office 2019／Microsoft 365のライセンス認証を済ませておく必要があります。 ※Excel 2019／Microsoft 365がインストールされていないパソコンでも模擬試験プログラムの標準解答のアニメーションとナレーションは確認できます。
他のアプリケーションソフトが起動しています。 模擬試験プログラムを起動できますが、正常に動作しない可能性があります。 このまま処理を続けますか？	任意のアプリケーションが起動している状態で、模擬試験プログラムを起動しようとすると、このメッセージが表示されます。また、セキュリティソフトなどの監視プログラムが常に動作している状態でも、このメッセージが表示されることがあります。 《はい》をクリックすると、アプリケーション起動中でも模擬試験プログラムを起動できます。ただし、その場合には模擬試験プログラムが正しく動作しない可能性がありますので、ご注意ください。 《いいえ》をクリックして、アプリケーションをすべて終了してから、模擬試験プログラムを起動することを推奨します。
保持していたシリアルキーが異なります。再入力してください。	初めて模擬試験プログラムを起動したときと、現在のネットワーク環境が異なる場合に表示される可能性があります。シリアルキーを再入力してください。 ※再入力しても起動しない場合は、シリアルキーを削除してください。シリアルキーの削除については、Q&A13を参照してください。
模擬試験プログラムは、すでに起動しています。模擬試験プログラムが起動していないか、または別のユーザーがサインインして模擬試験プログラムを起動していないかを確認してください。	すでに模擬試験プログラムを起動している場合に、このメッセージが表示されます。模擬試験プログラムが起動していないか、または別のユーザーがサインインして模擬試験プログラムを起動していないかを確認してください。1台のパソコンで同時に複数の模擬試験プログラムを起動することはできません。

※メッセージは五十音順に記載しています。

Q&A　模擬試験実施中のトラブル

3　**模擬試験中にダイアログボックスを表示すると、問題ウィンドウのボタンや問題文が隠れて見えなくなります。どうしたらいいですか？**

画面の解像度によって、問題ウィンドウのボタンや問題文が見えなくなる場合があります。ダイアログボックスのサイズや位置を変更して調整してください。

4　**模擬試験の解答確認画面で音声が聞こえません。どうしたらいいですか？**

次の内容を確認してください。

●音声ボタンがオフになっていませんか？
解答確認画面の表示が**《音声オン》**になっている場合は、クリックして**《音声オフ》**にします。

●音量がミュートになっていませんか？
タスクバーの音量を確認し、ミュートになっていないか確認します。

●スピーカーまたはヘッドホンが正しく接続されていますか？
音声を聞くには、スピーカーまたはヘッドホンが必要です。接続や電源を確認します。

5　**標準解答どおりに操作しても正解にならない箇所があります。なぜですか？**

模擬試験プログラムの動作確認は、2021年2月現在のExcel 2019（16.0.10369.20032）またはMicrosoft 365（16.0.13231.20110）に基づいて行っています。自動アップデートによってExcel 2019／Microsoft 365の機能が更新された場合には、模擬試験プログラムの採点が正しく行われない可能性があります。あらかじめご了承ください。

Officeのビルド番号は、次の手順で確認します。

① Excelを起動し、ブックを表示します。
② 《ファイル》タブを選択します。
③ 《アカウント》をクリックします。
④ 《Excelのバージョン情報》をクリックします。
⑤ 1行目の「Microsoft Excel MSO」の後ろに続くカッコ内の数字を確認します。

※本書の最新情報については、P.11に記載されているFOM出版のホームページにアクセスして確認してください。

6　**模擬試験中にダイアログボックスが非表示になり操作できなくなりました。どうしたらいいですか？**

以下の問題において、操作中にExcel以外のウィンドウをアクティブにすると、操作中のダイアログボックスがExcelウィンドウの後ろに回りこんで、非表示になってしまうことがあります。このような場合は、Excelのリボンをクリックするとダイアログボックスが前面に表示され、操作できる状態になります。

回	問題	内容
第1回	プロジェクト5 問題（4）	範囲の編集の許可に関する問題
第4回	プロジェクト4 問題（5）	範囲の編集の許可に関する問題
第5回	プロジェクト4 問題（1）	範囲の編集の許可に関する問題
	プロジェクト5 問題（4）	シナリオの登録と管理に関する問題

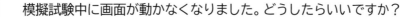

7 模擬試験中に画面が動かなくなりました。どうしたらいいですか？

模擬試験プログラムとExcelを次の手順で強制終了します。

① Ctrl ＋ Alt ＋ Delete を押します。
②《タスクマネージャー》をクリックします。
③《詳細》をクリックします。
④ 一覧から《MOS Excel 365&2019 Expert》を選択します。
⑤《タスクの終了》をクリックします。
⑥ 一覧から《Microsoft Excel》を選択します。
⑦《タスクの終了》をクリックします。

強制終了後、模擬試験プログラムを再起動すると、次のようなメッセージが表示されます。**《復元して起動》**をクリックすると、ファイルを最後に上書き保存したときの状態から試験を再開できます。また、試験の残り時間は、強制終了した時点からカウントが再開されます。

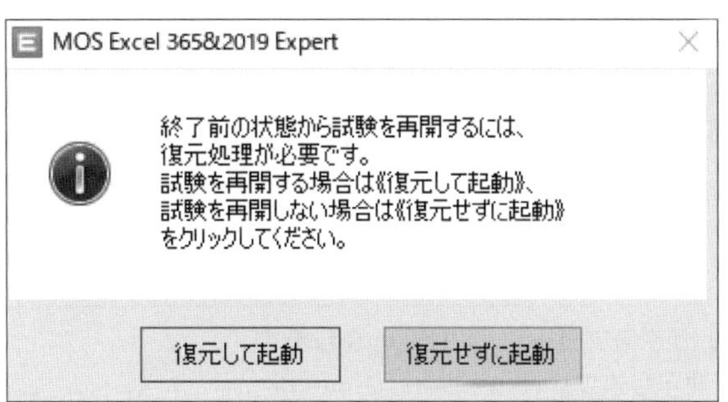

8 模擬試験プログラムを強制終了したら、デスクトップにフォルダー「FOM Shuppan Documents」が作成されていました。このフォルダーは何ですか？

模擬試験プログラムを起動すると、デスクトップに**「FOM Shuppan Documents」**というフォルダーが作成されます。模擬試験実行中は、そのフォルダーにファイルを保存したり、そのフォルダーからファイルを挿入したりします。模擬試験プログラムを終了すると、自動的にそのフォルダーも削除されますが、終了時にトラブルがあった場合や強制終了した場合などに、フォルダーを削除する処理が行われないことがあります。
このような場合は、模擬試験プログラムを一旦起動してから再度終了してください。

9 数式を入力する問題で、数式を入力したら、数式の残像が表示されました。どうしたらいいですか？

数式は入力されている状態ですので、そのまま進めていただいてかまいません。レビューページから戻って、正しく表示されていることを確認してください。

※《採点》または《リセット》をクリックして、プロジェクトを再表示すると正しく表示されます。ただし、《リセット》をクリックすると、プロジェクトのすべての問題の操作が初期化されてしまうので注意してください。

Q&A 模擬試験プログラムのアンインストール

10 模擬試験プログラムをアンインストールするには、どうしたらいいですか？

模擬試験プログラムは、次の手順でアンインストールします。

①（スタート）をクリックします。
②（設定）をクリックします。
③《アプリ》をクリックします。
④ 左側の一覧から《アプリと機能》を選択します。
⑤ 一覧から《MOS Excel 365&2019 Expert》を選択します。
⑥《アンインストール》をクリックします。
⑦ メッセージに従って操作します。

模擬試験プログラムをインストールすると、プログラム以外に次のファイルも作成されます。これらのファイルは模擬試験プログラムをアンインストールしても削除されないため、手動で削除します。

その他のファイル	参照Q&A
「出題範囲1」から「出題範囲4」までの各Lessonで使用するデータファイル	11
模擬試験のデータファイル	11
模擬試験の履歴	12
シリアルキー	13

Q&A ファイルの削除

11 「出題範囲1」から「出題範囲4」の各Lessonで使用したファイルと、模擬試験のデータファイルを削除するにはどうしたらいいですか？

次の手順で削除します。

① タスクバーの（エクスプローラー）をクリックします。
②《ドキュメント》を表示します。
※CD-ROMのインストール時にデータファイルの保存先を変更した場合は、その場所を表示します。
③ フォルダー「MOS-Excel 365 2019-Expert（1）」を右クリックします。
④《削除》をクリックします。
⑤ フォルダー「MOS-Excel 365 2019-Expert（2）」を右クリックします。
⑥《削除》をクリックします。

12 模擬試験の履歴を削除するにはどうしたらいいですか？

パソコンに保存されている模擬試験の履歴は、次の手順で削除します。
模擬試験の履歴を管理しているフォルダーは、隠しフォルダーになっています。削除する前に隠しフォルダーを表示しておく必要があります。

① タスクバーの（エクスプローラー）をクリックします。
②《表示》タブ→《表示/非表示》グループの《隠しファイル》を✓にします。
③《PC》をクリックします。
④《ローカルディスク（C:）》をダブルクリックします。
⑤《ユーザー》をダブルクリックします。
⑥ ユーザー名のフォルダーをダブルクリックします。
⑦《AppData》をダブルクリックします。
⑧《Roaming》をダブルクリックします。
⑨《FOM Shuppan History》をダブルクリックします。
⑩ フォルダー「MOS-Excel365&2019 Expert」を右クリックします。
⑪《削除》をクリックします。

※フォルダーを削除したあと、隠しフォルダーの表示を元の設定に戻しておきましょう。

13 模擬試験プログラムのシリアルキーを削除するにはどうしたらいいですか？

パソコンに保存されている模擬試験プログラムのシリアルキーは、次の手順で削除します。
模擬試験プログラムのシリアルキーを管理しているファイルは、隠しファイルになっています。削除する前に隠しファイルを表示しておく必要があります。

① タスクバーの■（エクスプローラー）をクリックします。
②《表示》タブ→《表示/非表示》グループの《隠しファイル》を☑にします。
③《PC》をクリックします。
④《ローカルディスク（C:）》をダブルクリックします。
⑤《ProgramData》をダブルクリックします。
⑥《FOM Shuppan Auth》をダブルクリックします。
⑦ フォルダー「MOS-Excel365&2019 Expert」を右クリックします。
⑧《削除》をクリックします。

※ファイルを削除したあと、隠しファイルの表示を元の設定に戻しておきましょう。

Q&A パソコンの環境について

14 Office 2019／Microsoft 365を使っていますが、本書に記載されている操作手順のとおりに操作できない箇所や画面の表示が異なる箇所があります。なぜですか？

Office 2019やMicrosoft 365は自動アップデートによって、定期的に不具合が修正され、機能が向上する仕様となっています。そのため、アップデート後に、コマンドの名称が変更されたり、リボンに新しいボタンが追加されたりといった現象が発生する可能性があります。
本書に記載されている操作方法や模擬試験プログラムの動作確認は、2021年2月現在のExcel 2019（16.0.10369.20032）またはMicrosoft 365（16.0.13231.20110）に基づいて行っています。自動アップデートによってExcelの機能が更新された場合には、本書の記載のとおりにならない、模擬試験プログラムの採点が正しく行われないなどの不整合が生じる可能性があります。あらかじめご了承ください。
※Officeのビルド番号の確認については、Q&A5を参照してください。

15 画面の解像度はどうやって変更したらいいですか？

画面の解像度は、次の手順で変更します。

① デスクトップを右クリックします。
②《ディスプレイ設定》をクリックします。
③ 左側の一覧から《ディスプレイ》を選択します。
④《ディスプレイの解像度》の⌵をクリックし、一覧から選択します。

16 パソコンがインターネットに接続されていません。このテキストを使って学習するのに何か支障がありますか？

パソコンがインターネットに接続されていない場合は、次の実習ができません。

Lesson66	マップグラフの作成に関する問題

17 パソコンにインストールされているOfficeが2019／Microsoft 365ではありません。他のバージョンのOfficeでも学習できますか？

他のバージョンのOfficeでは学習することはできません。
※模擬試験プログラムの標準解答のアニメーションとナレーションは確認できます。

18 パソコンに複数のバージョンのOfficeがインストールされています。模擬試験プログラムを使って学習するのに何か支障がありますか？

複数のバージョンのOfficeが同じパソコンにインストールされている環境では、模擬試験プログラムが正しく動作しない場合があります。Office 2019／Microsft 365以外のOfficeをアンインストールしてOffice 2019／Microsoft 365だけの環境にして模擬試験プログラムをご利用ください。

19 OneDriveの同期を一時停止するにはどうしたらいいですか？

OneDriveの同期を一時停止するには、次の手順で操作します。

① タスクバーの (OneDrive)をクリックします。
②《ヘルプと設定》→《同期の一時停止》をクリックします。
③ 一覧から停止する時間を選択します。

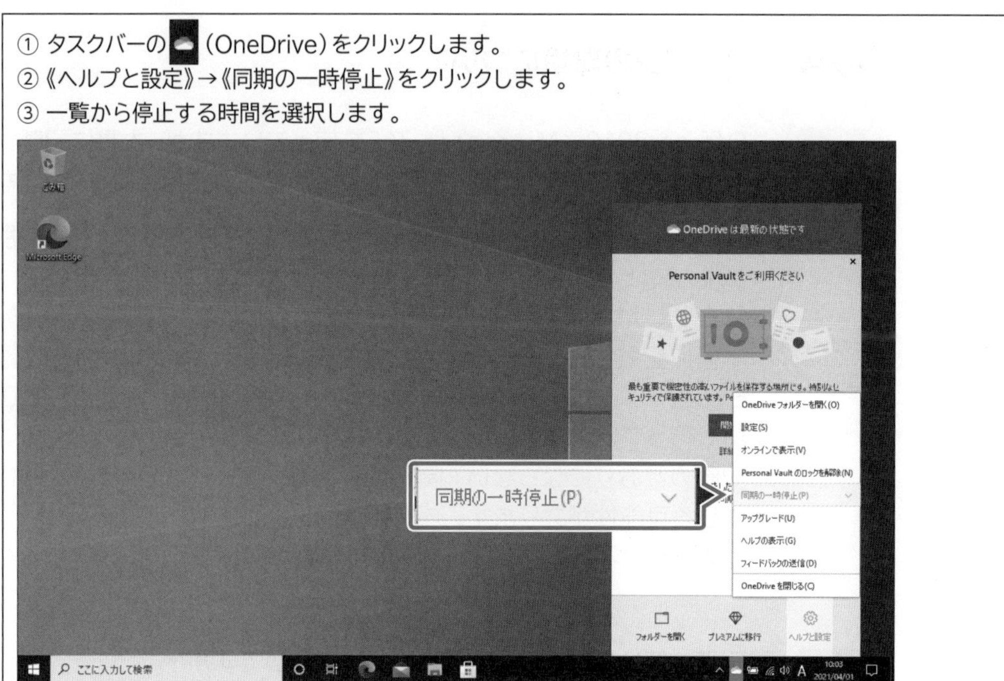

MOS Excel 365&2019 Expert

索引

Index 索引

記号・数字

A

C

D

H

I

M

N

O

P

R

S

T

V

W

Y

あ

い

う

え

お

か

き

く

け

こ

さ

し

す

せ

そ

た

ち

つ

て

と

な

に

ね

は

ひ

ふ

へ

■CD-ROM使用許諾契約について

本書に添付されているCD-ROMをパソコンにセットアップする際、契約内容に関する次の画面が表示されます。お客様が同意される場合のみ本CD-ROMを使用することができます。よくお読みいただき、ご了承のうえ、お使いください。

使用許諾契約

この使用許諾契約(以下「本契約」とします)は、富士通エフ・オー・エム株式会社(以下「弊社」とします)とお客様との本製品の使用権許諾です。本契約の条項に同意されない場合、お客様は、本製品をご使用になることはできません。

1.(定義)
「本製品」とは、このCD-ROMに記憶されたコンピューター・プログラムおよび問題等のデータのすべてを含みます。

2.(使用許諾)
お客様は、本製品を同時に一台のコンピューター上でご使用になれます。

3.(著作権)
本製品の著作権は弊社及びその他著作権者に帰属し、著作権法その他の法律により保護されています。お客様は、本契約に定める以外の方法で本製品を使用することはできません。

4.(禁止事項)
本製品について、次の事項を禁止します。
①本製品の全部または一部を、第三者に譲渡、貸与および再使用許諾すること。
②本製品に表示されている著作権その他権利者の表示を削除したり、変更を加えたりすること。
③プログラムを改造またはリバースエンジニアリングすること。
④本製品を日本の輸出規制の対象である国に輸出すること。

5.(契約の解除および損害賠償)
お客様が本契約のいずれかの条項に違反したときは、弊社は本製品の使用の終了と、相当額の損害賠償額を請求させていただきます。

6.(限定補償および免責)
弊社のお客様に対する補償と責任は、次に記載する内容に限らせていただきます。
①本製品の格納されたCD-ROMの使用開始時に不具合があった場合は、使用開始後30日以内に弊社までご連絡ください。新しいCD-ROMと交換いたします。
②本製品に関する責任は上記①に限られるものとします。弊社及びその販売店や代理店並びに本製品に係わった者は、お客様が期待する成果を得るための本製品の導入、使用、及び使用結果より生じた直接的、間接的な損害から免れるものとします。

よくわかるマスター
Microsoft® Office Specialist
Excel 365&2019 Expert
対策テキスト&問題集
(FPT2014)

2021年３月31日　初版発行
2024年７月15日　初版第12刷発行

著作／制作：富士通エフ・オー・エム株式会社

発行者：山下　秀二

発行所：FOM出版（富士通エフ・オー・エム株式会社）
〒212-0014 神奈川県川崎市幸区大宮町１番地５ JR川崎タワー
株式会社富士通ラーニングメディア内
https://www.fom.fujitsu.com/goods/

印刷／製本：アベイズム株式会社

表紙デザインシステム：株式会社アイロン・ママ

FOM出版のシリーズラインアップ

定番の よくわかる シリーズ

「よくわかる」シリーズは、長年の研修事業で培ったスキルをベースに、ポイントを押さえたテキスト構成になっています。すぐに役立つ内容を、丁寧に、わかりやすく解説しているシリーズです。

資格試験の よくわかるマスター シリーズ

「よくわかるマスター」シリーズは、IT資格試験の合格を目的とした試験対策用教材です。

■MOS試験対策

■情報処理技術者試験対策

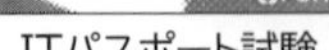

ITパスポート試験

基本情報技術者試験

FOM出版テキスト

最新情報のご案内

FOM出版では、お客様の利用シーンに合わせて、最適なテキストをご提供するために、様々なシリーズをご用意しています。

FOM出版 

https://www.fom.fujitsu.com/goods/

FAQのご案内

［テキストに関するよくあるご質問］

FOM出版テキストのお客様Q&A窓口に皆様から多く寄せられたご質問に回答を付けて掲載しています。

FOM出版　FAQ 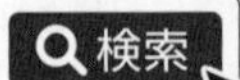

https://www.fom.fujitsu.com/goods/faq/